高 等 学 校 教 材

电子信息

数字设计基础与应用

（第2版）

邓元庆 关宇 贾鹏 石会 编著

清华大学出版社

北京

内 容 简 介

本书是普通高等教育"十一五"国家级规划教材。

与传统的数字电路教材相比,本书不仅介绍了数字电路的基本理论和经典内容,强化了中大规模数字集成电路应用、数字系统设计以及电子设计自动化等内容,而且进行了两个较大胆的尝试:将可编程逻辑器件的内容分散在组合逻辑电路和时序逻辑电路中介绍,将 VHDL 语言及其应用贯穿全书。不仅内容新颖,结构和意识上有所创新,而且分散了教学难点,更加方便教学。尤其是数字系统设计的内容,既有基于 MSI 器件的设计方法,又有基于 PLD 的设计方法,令人耳目一新。

全书共 7 章,分别是数字逻辑基础,组合逻辑电路分析与设计,时序逻辑基础,同步时序电路分析与设计,数字系统设计,电子设计自动化,数/模、模/数转换与脉冲产生电路。各章配有大量例题、习题和自测题,书末附有自测题的参考答案、模拟试卷及参考答案和计算机仿真软件 Multisin 10 简介。将 Multisin 10 仿真软件引入教材,有助于数字电路课程的教学与实验。

本书可作为电子、信息、雷达、通信、测控、计算机、电力系统及自动化等电类专业和机电一体化等非电类专业的专业基础课教材,也可作为相关专业工程技术人员的学习与参考用书。

本书建议学时为 80 学时。

图书在版编目(CIP)数据

数字设计基础与应用 / 邓元庆等编著. —2 版. —北京:清华大学出版社,(2023.12 重印)
(高等学校教材·电子信息)
ISBN 978-7-302-21406-9

Ⅰ.① 数… Ⅱ.① 邓… Ⅲ.① 数字电路–电路设计–高等学校–教材 Ⅳ.① TN79

中国版本图书馆 CIP 数据核字(2009)第 197789 号

责任编辑:魏江江
责任校对:焦丽丽
责任印制:刘海龙

出版发行:清华大学出版社
  网 址:https://www.tup.com.cn, https://www.wqxuetang.com
  地 址:北京清华大学学研大厦 A 座 邮 编:100084
  社 总 机:010-83470000 邮 购:010-62786544
  投稿与读者服务:010-62776969, c-service@tup.tsinghua.edu.cn
  质 量 反 馈:010-62772015, zhiliang@tup.tsinghua.edu.cn
印 装 者:三河市龙大印装有限公司
经 销:全国新华书店
开 本:185mm×260mm 印 张:24.25 字 数:591 千字
版 次:2005 年 4 月第 1 版 2010 年 2 月第 2 版 印 次:2023 年 12 月第 17 次印刷
印 数:23301~24100
定 价:59.00 元

产品编号:028857-02

郭维廉　　（天津大学电子信息工程学院　教授）

曾凡鑫　　（重庆通信学院　教授）

曾喆昭　　（长沙理工大学电气与信息工程学院　教授）

曾孝平　　（重庆大学通信工程学院　教授）

彭启琮　　（电子科技大学　教授）

谢显中　　（重庆邮电大学　教授）

樊昌信　　（西安电子科技大学通信工程学院　教授）

改革开放以来，特别是党的十五大以来，我国教育事业取得了举世瞩目的辉煌成就，高等教育实现了历史性的跨越，已由精英教育阶段进入国际公认的大众化教育阶段。在质量不断提高的基础上，高等教育规模取得如此快速的发展，创造了世界教育发展史上的奇迹。当前，教育工作既面临着千载难逢的良好机遇，同时也面临着前所未有的严峻挑战。社会不断增长的高等教育需求同教育供给特别是优质教育供给不足的矛盾，是现阶段教育发展面临的基本矛盾。

教育部一直十分重视高等教育质量工作。2001 年 8 月，教育部下发了《关于加强高等学校本科教学工作，提高教学质量的若干意见》，提出了十二条加强本科教学工作提高教学质量的措施和意见。2003 年 6 月和 2004 年 2 月，教育部分别下发了《关于启动高等学校教学质量与教学改革工程精品课程建设工作的通知》和《教育部实施精品课程建设提高高校教学质量和人才培养质量》文件，指出"高等学校教学质量和教学改革工程"是教育部正在制定的《2003—2007 年教育振兴行动计划》的重要组成部分，精品课程建设是"质量工程"的重要内容之一。教育部计划用五年时间（2003—2007 年）建设 1500 门国家级精品课程，利用现代化的教育信息技术手段将精品课程的相关内容上网并免费开放，以实现优质教学资源共享，提高高等学校教学质量和人才培养质量。

为了深入贯彻落实教育部《关于加强高等学校本科教学工作，提高教学质量的若干意见》精神，紧密配合教育部已经启动的"高等学校教学质量与教学改革工程精品课程建设工作"，在有关专家、教授的倡议和有关部门的大力支持下，我们组织并成立了"清华大学出版社教材编审委员会"（以下简称"编委会"），旨在配合教育部制定精品课程教材的出版规划，讨论并实施精品课程教材的编写与出版工作。"编委会"成员皆来自全国各类高等学校教学与科研第一线的骨干教师，其中许多教师为各校相关院、系主管教学的院长或系主任。

按照教育部的要求，"编委会"一致认为，精品课程的建设工作从开始就要坚持高标准、严要求，处于一个比较高的起点上；精品课程教材应该能够反映各高校教学改革与课程建设的需要，要有特色风格、有创新性（新体系、新内容、新手段、新思路，教材的内容体系有较高的科学创新、技术创新和理念创新的含量）、先进性（对原有的学科体系有实质性的改革和发展、顺应并符合新世纪教学发展的规律、代表并引领课程发展的趋势和方向）、示范性（教材所体现的课程体系具有较广泛的辐射性和示范性）

和一定的前瞻性。教材由个人申报或各校推荐（通过所在高校的"编委会"成员推荐），经"编委会"认真评审，最后由清华大学出版社审定出版。

目前，针对计算机类和电子信息类相关专业成立了两个"编委会"，即"清华大学出版社计算机教材编审委员会"和"清华大学出版社电子信息教材编审委员会"。首批推出的特色精品教材包括：

（1）高等学校教材·计算机应用——高等学校各类专业，特别是非计算机专业的计算机应用类教材。

（2）高等学校教材·计算机科学与技术——高等学校计算机相关专业的教材。

（3）高等学校教材·电子信息——高等学校电子信息相关专业的教材。

（4）高等学校教材·软件工程——高等学校软件工程相关专业的教材。

（5）高等学校教材·信息管理与信息系统。

（6）高等学校教材·财经管理与计算机应用。

清华大学出版社经过 20 多年的努力，在教材尤其是计算机和电子信息类专业教材出版方面树立了权威品牌，为我国的高等教育事业做出了重要贡献。清华版教材形成了技术准确、内容严谨的独特风格，这种风格将延续并反映在特色精品教材的建设中。

清华大学出版社教材编审委员会
E-mail: dingl@tup.tsinghua.edu.cn

前 言

"**数**字电路与逻辑设计"是电子、信息、雷达、通信、测控、计算机、电力系统及自动化等电类专业和机电一体化等非电类专业的一门重要的专业基础课。作为该课程的主教材之一，《数字设计基础与应用》教材主要介绍数字设计的基础理论及其应用方法，包括数字逻辑基础、组合逻辑电路分析与设计、时序逻辑基础、同步时序电路分析与设计、数字系统设计、电子设计自动化、数/模和模/数转换与脉冲产生电路等7章内容和三个附录。本书第1版自2005年出版以来，受到了广大师生的欢迎和专家的好评，并于2007年入选普通高等教育"十一五"国家级规划教材。

这次再版，主要做了以下几个方面的修订工作：

（1）订正第1版中的印刷错误，修改对部分问题的描述方式，更新、删减部分习题和自测题，增加教材的可读性、可用性，体现教材的时代性。

（2）以附录形式简单介绍目前广泛使用的计算机仿真软件Multisim 10，并增加部分电路仿真习题。将Multisim 10仿真软件引入教材，有助于数字电路课程的教学与实验。建议教师授课时，使用Multisim 10仿真软件辅助数字电路的教学，并安排部分仿真实验项目，使学生熟练掌握先进的仿真设计工具，实现教学手段、方法的重大飞跃。

（3）根据出版社提供的读者反馈意见，增加了一份模拟试卷及参考答案。模拟试卷反映了教材的主要内容和教学基本要求，无论对教师还是学生都具有参考价值。

修订后的版本依然保持了第1版的基本特色：

（1）打牢基础，培养能力。数字电路的经典内容在短时间内不会有大的变化，基本理论更是数字设计的基础，适当介绍这些内容，有助于打牢学生的专业理论基础，培养学生迎接千变万化挑战的能力。

（2）内容新颖，与时俱进。数字技术日新月异，作为教材，必须紧跟时代的前进步伐，使其尽可能快地反映数字技术和设计方法的最新成果。可编程逻辑器件作为数字设计的主流器件，已经大量应用于数字电路和数字系统中；VHDL语言作为可编程逻辑器件的设计语言，已经被所有PLD开发软件接受；数字设计的规模越来越大，系统设计和电子设计自动化已成为普遍采用的方法。所有这些新的技术、新的方法，都在本书中作为重点进行介绍。教材中的所有VHDL源程序都在MAX+plusⅡ或QuartusⅡ中通过了调试，便于读者使用或模仿。新增加的附录C，更可以使读者熟练掌握计算机仿真软件Multisim 10的使用方法，使课堂教学变得生动、形象，把实验室搬到课堂、宿舍。

（3）分散难点，方便教学。无论是可编程逻辑器件和 VHDL 语言，还是数字系统设计与电子设计自动化，其内容都非常广泛，且有一定的深度和难度。本书中将 PLD 的内容分散到组合电路和时序电路中进行介绍，将 VHDL 语言及其应用贯穿全书，将数字系统设计和电子设计自动化分两章进行介绍，有助于循序渐进，分散难点，非常方便教学。

本书由解放军理工大学邓元庆教授主编，关宇教授和贾鹏、石会讲师参编。邓元庆编写第 3 章、第 4 章、第 5 章，并负责编写大纲的制定和全书的统稿、定稿及其他相关事宜；关宇编写第 1 章和第 2 章，贾鹏编写第 6 章和第 7 章，石会编写附录，杨云博士和尹廷辉副教授参与了本书中大量 VHDL 源程序的调试工作。清华大学出版社魏江江编辑为本书的出版付出了辛勤的劳动，解放军理工大学理学院的各级领导及编者的家人为本书的编写提供了大量的支持，谨在此表示由衷的感谢。

由于时间仓促和编者水平有限，书中难免存在不妥之处，恳请读者批评指正。

编　者

2009 年 11 月于南京

目　录

第1章

数字逻辑基础

1958 年，美国得克萨斯仪器（TI）公司年轻的工程师基尔比（Jack Kilby）将 5 个元件（1 个晶体管、1 个电容和 3 个电阻）制作在一块 1.2cm 长的锗晶片上，实现了人类历史上的第一块集成电路（integrated circuits，IC）。今天，集成电路已经渗透到生产和生活的各个角落，计算机、移动电话、电视机、汽车、飞机……，几乎所有电器和包含电子部件的装备中都包含集成电路。集成电路可以分为处理模拟信号的模拟集成电路和处理数字信号的数字集成电路，其中，数字集成电路伴随着计算机和数字通信等技术的发展和广泛应用，正在被越来越多的人了解和掌握。

1.1 数字设计引论

数字设计又称为逻辑设计，其目的是构建符合设计要求的数字电路与数字系统。数字系统是处理离散信息（又称为数字信号）的电子设备，数字计算机就是复杂数字系统的典型代表。

1.1.1 数字电路与数字系统

自然界中存在的物理量可以分为模拟量（analog quantity）和数字量（digital quantity）。模拟量是指取值连续的物理量，如变化的温度、汽车行驶的速度等。数字量是指取值不连续的物理量，如教室中的人数、一本书的页数等。用电子电路处理物理量时，必须首先将物理量变换为电路易于处理的信号形式，一般用变化的电压（或电流）表示。与物理量的分类方法类似，电信号（electronic signal）也可以分为模拟信号（analog signal）和数字信号（digital signal）。

1. 模拟信号和数字信号

在连续的观测时间上，模拟信号（如电压）在一定的取值范围内的取值是连续变化的。模拟信号的典型例子是正弦电压信号，如图 1-1 所示。

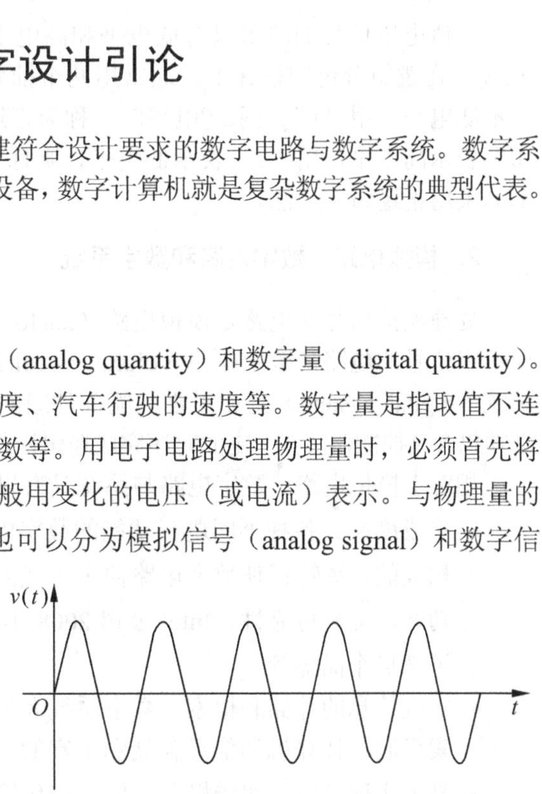

图 1-1 正弦电压信号的波形图

数字信号的变化在时间上是不连续的，总是发生在一系列离散的瞬间；同时，数字信号的取值也是不连续的，只能取有限个值。应用最广泛的数字信号是二值信号，图 1-2（a）所示是一个二值电压信号的波形，该信号只有 0V 和＋5V 两种电压取值。图 1-2（b）是多进制电压信号的一个例子。由于数字系统中很少使用多进制电压信号，通常所说的数字信号号都是指二值信号。

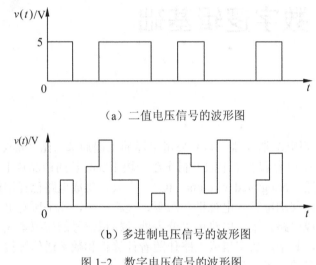

（a）二值电压信号的波形图

（b）多进制电压信号的波形图

图 1-2　数字电压信号的波形图

二值电压信号的波形只有低电平和高电平两种有效电平，如图 1-2（a）中的 0V 和＋5V。在逻辑分析和设计中，通常用两个抽象的符号"0"和"1"加以表示。当用"0"表示低电平，用"1"表示高电平时，称为正逻辑表示法（positive logic convention）；若用"0"表示高电平，用"1"表示低电平，则称为负逻辑表示法（negative logic convention）。本书采用正逻辑表示法。

2．模拟电路、数字电路和数字系统

处理模拟信号的电路是模拟电路（analog circuit），运算放大器是典型的模拟电路。处理数字信号的电路是数字电路（digital circuit），编码器、计数器是典型的数字电路。数字系统（digital system）是相对于功能部件级的数字电路而言的，一般认为，一个数字系统必须包含有控制器，按一定的时序完成逻辑操作，数字系统的准确含义将在第 5 章加以说明。

相对于模拟电路，数字电路与系统具有以下特点：

- 集成度高。各种不同逻辑功能的数字电路都是由最基本的逻辑运算元件——逻辑门构成的，该特征使数字电路便于实现大规模集成，从而可以有效地减小体积，降低功耗，提高可靠性。Intel 公司 2008 年生产的酷睿 i7 处理器芯片的集成度已经超过了 7 亿个晶体管。

- 实现信息的存储和检索。数字系统天生具有数字信息的存储能力和快速、灵活的检索机制，计算机的信息存储和丰富的寻址方式充分体现了这种能力。

- 易于实现检错、纠错机制。信息在传输、变换和处理时，不可避免地受到噪声的干扰并存在传输损耗。模拟信号由于其取值的连续性难以根除这种影响，而数字信号

的离散取值特性有利于克服这种影响，便于实现信号的再生。数字通信系统中更可以采用各种检错和纠错编码，进一步提高信号传输的可靠性。

- 灵活的可编程特性。数字系统的可编程能力包含两层含义，一是传统的软件可编程能力，即通过计算机的程序设计，使系统完成特定的任务；另一层含义是指通过对数字系统中的可编程逻辑器件（programmable logic device，PLD）的编程来改变数字系统的硬件结构，实现完成特定任务的"专用"硬件结构。用可编程逻辑器件构建数字系统是当前数字系统研究与应用最活跃的领域之一。
- 更强的处理能力。数字系统的处理能力集中体现在计算机处理能力的不断提高上。1971 年 1 月，世界上第一只微处理器 Intel 4004 问世，4004 是 4 位 CPU，工作频率为 108kHz，一次只能对 4 位二进制数进行运算。随后，CPU 的字长沿着 8 位、16 位、32 位和 64 位一路走来，工作频率已经超过了 3GHz。大量应用软件和网络技术更使计算机无所不能。

1.1.2　数字分析与数字设计

数字分析（digtal analysis）就是针对已知的数字系统，分析其工作原理、确定输入输出信号之间的关系、明确整个系统及其各组成部件的逻辑功能。数字设计（digtal design）是和数字分析相反的过程，它是针对特定的设计任务，采用一定的设计手段，构造一个符合设计要求的数字系统。本书重点介绍数字设计问题。

数字设计可以在不同层次上进行。通常，逻辑设计的层次由高到低可以分为系统级（system level）、模块级（module level）、门级（gate level）、晶体管级（transistor level）和物理级（physical level）。

系统级设计是数字系统设计的最高层次，在该层次的设计中，注重对数字系统整体功能的描述，又称为行为级描述，通常不关心具体的实现方式。通过系统级设计，将整个数字系统分解为若干个相互联系的功能模块，并描述各模块的外部属性。系统级设计通常采用各种硬件描述语言（hardware description language，HDL），以程序设计的方式描述系统各模块的行为。

模块级设计是在系统级设计基础上，进一步分解各功能模块，描述其行为和功能。模块级设计既可以用 HDL 编程实现，也可以用标准逻辑组件实现。

数字系统的逻辑功能最终可以表示为一组逻辑函数表达式，从而可以用逻辑门实现。逻辑门是实现基本逻辑运算的最小数字硬件单元，用逻辑门实现逻辑函数是数字电路设计的基本内容之一。图 1-3 是一个可以实现两个 1 位二进制数加法运算的电路，称为 1 位全加器（全加器的完整设计过程将在第 2 章讨论）。数字电路的门级分析与设计是本书的重要内容之一。

构成数字系统的逻辑门是由更基本的晶体管电路构成的，通过集成工艺在硅片上生成的晶体三极管或场效应管是构成集成电路的最基本元件，它们不仅用于构成逻辑门这样的数字集成电路，也用于构成运算放大器这样的模拟集成电路。图 1-4 是一个 CMOS 反相器的场效应管电路图，它可以实现"逻辑非"运算，该电路又叫"非门"。

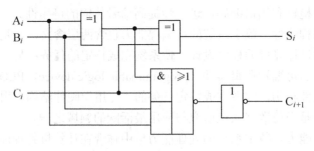

图1-3　1位全加器电路图

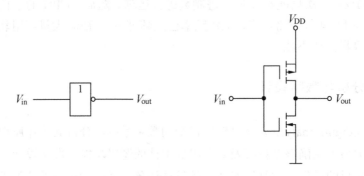

图1-4　CMOS反相器的场效应管电路图

　　数字系统设计的最低层次是器件物理和 IC 制造过程，在过去的几十年中，该层次在 IC 工作速度和集成度方面都获得了惊人的进展，著名的 Moore 定律将这种进展归纳为 IC 的集成度和工作速度每 18 个月翻一番。本书对晶体管级的门电路结构只作简要介绍（见第 2 章），且不涉及电路的物理级设计。

1.2　数制与编码

　　在数字系统中，所有信息都以高、低两种电平的形式存在，其抽象的处理对象就是"0"、"1"这两个符号。在我们熟悉的计算机中，指令、数据、字母等所有信息都必须变换成硬件系统可以接受的信号形式"0"和"1"。本节介绍数字系统中的信息表示法，以及如何将人们习惯使用的信息形式变换为数字系统可以接受的信息形式。

1.2.1　数制

　　数值计算是计算机的基本功能，数值表示法是数字系统应用的最基本问题。人们熟悉的计数体制是十进制计数法，简称十进制（decimal number system），是一种"按位计数制"（positional number system）。我们首先通过十进制介绍按位计数制的概念，然后介绍适用于数字系统的几种按位计数制，其中最重要的是二进制（binary number system）表示法。

1．十进制

人们熟知的十进制（decimal）表示法中，用一串数码表示一个数，每个数码表示的数值由该数码所处的位置"加权"，整个数的数值就等于每个数码被加权后的数值之和，例如：

$$1734.75 = 1 \times 1000 + 7 \times 100 + 3 \times 10 + 4 \times 1 + 7 \times 0.1 + 5 \times 0.01$$

上式的左边是十进制按位计数法的书写方式，右边称为按位计数法的"按权展开式"。显然，十进制数的权（weight）按 10 的幂次变化，幂次以小数点的位置为基准，左边为正，按 0、1、2、…的顺序增加；右边为负，按-1、-2、…的顺序变化。该顺序也是按位计数法中对位置的标记，即我们将小数点左边的各个位置依次称为第 0 位、第 1 位、第 2 位等，将小数点右边的位置依次称为第"-1"位、第"-2"位等。在十进制中，我们习惯地将小数点左边的位分别称为个位、十位、百位，小数点右边的位称为十分位、百分位，它们实际上就是各位的权值。

一般地，对于形如 $d_2 d_1 d_0 . d_{-1} d_{-2}$ 的十进制数 D，其按权展开式为

$$D = d_2 \times 10^2 + d_1 \times 10^1 + d_0 \times 10^0 + d_{-1} \times 10^{-1} + d_{-2} \times 10^{-2}$$

十进制的进制数 "10" 称为该进制的基数（base 或 radix），所以十进制数中第 i 位的权为 10^i。一个有着 n 位整数、m 位小数的十进制数 D 可以表示为

$$D = \sum_{i=-m}^{n-1} d_i \times 10^i \tag{1-1}$$

其中 d_i 是第 i 位数码，可以取 0、1、2、…、9 中的任何一个值。至此，可以将十进制按照按位计数法归纳如下：

- 基数是 10，使用 0、1、2、3、4、5、6、7、8、9 共 10 个字符。
- 第 i 位的权是 10^i。
- 计数时逢 10 进 1。

2．二进制

套用十进制表示法中归纳的按位计数法有关概念，二进制（binary）表示法应该具有以下特性：

- 基数是 2，只使用 0、1 两个字符。
- 第 i 位的权是 2^i。
- 计数时逢 2 进 1。

二进制数可以通过按权展开的方法转换为相应的十进制数形式。

例 1-1 分别将二进制数 $(10011)_2$ 和 $(101.101)_2$ 转换为十进制数。

解 $(10011)_2 = 1 \times 2^4 + 0 \times 2^3 + 0 \times 2^2 + 1 \times 2^1 + 1 \times 2^0 = (19)_{10}$

$(101.101)_2 = 1 \times 2^2 + 0 \times 2^1 + 1 \times 2^0 + 1 \times 2^{-1} + 0 \times 2^{-2} + 1 \times 2^{-3} = (5.625)_{10}$

表达式中数的下标用于指示数的进制，二进制数的最左边的位叫最高有效位（most significant bit，MSB），最右边的位叫最低有效位（least significant bit，LSB）。

二进制数的每个位置只有两种可能的取值 0 或 1，与数字系统中只有高、低两种电平的数字信号格式相对应，是一种适用于硬件的数值表示法，这也是学习二进制表示法的原

因。然而，由于基数太小，二进制数并不适合人们直接使用。为了便于人们读写，在数字系统中也经常使用和二进制数具有简单对应关系的十六进制表示法。

3．十六进制

十六进制（hexadecimal）表示法具有以下特性：

- 基数是 16，使用 0、1、2、3、4、5、6、7、8、9、A、B、C、D、E、F 共 16 个字符，其中字符 A、B、C、D、E、F 分别表示十进制数值 10、11、12、13、14、15。
- 第 i 位的权是 16^i。
- 计数时逢 16 进 1。

1 位十六进制数和 4 位二进制数之间有着一一对应的关系，如表 1-1 所示。根据这种关系，可以方便地进行二进制数和十六进制数之间的转换。二进制数转换为十六进制数时，以小数点为基准，整数部分由右向左每 4 位分为一组，高位不足 4 位时添"0"补足 4 位；小数部分由左向右每 4 位一组，低位不足 4 位时也添"0"补足 4 位，每组 4 位二进制数对应于 1 位十六进制数。十六进制数转换为二进制数时，只要将每位十六进制数变成 4 位二进制数，并去掉头尾多余的"0"即可。

表 1-1　1 位十六进制数和 4 位二进制数对照表

D_{16}	D_2	D_{16}	D_2	D_{16}	D_2	D_{16}	D_2
0	0000	4	0100	8	1000	C	1100
1	0001	5	0101	9	1001	D	1101
2	0010	6	0110	A	1010	E	1110
3	0011	7	0111	B	1011	F	1111

例 1-2　完成下列二进制数和十六进制数的转换。

解　$(100011001110)_2 = (1000\ 1100\ 1110)_2 = (8CE)_{16}$

$(1110110111.0101001)_2 = (0011\ 1011\ 0111.0101\ 0010)_2 = (3B7.52)_{16}$

$(3AB.C8)_{16} = (0011\ 1010\ 1011.1100\ 1000)_2 = (1110101011.11001)_2$

4．十进制数转换为二进制数

十进制数转换为二进制数比较麻烦，整数部分和小数部分要分别转换。

（1）除 2 取余法。十进制整数 N_{10} 转换为二进制数时，该二进制数也必然是整数。设与十进制整数 N_{10} 对应的二进制整数为 $b_{n-1}b_{n-2}\cdots b_1 b_0$，按权展开式为

$$N_{10} = b_{n-1} \times 2^{n-1} + b_{n-2} \times 2^{n-2} + \cdots + b_1 \times 2^1 + b_0 \times 2^0$$

等式两边同时除以 2，则两边分别得到的商和余数应相等，右边的余数就是 b_0，即 b_0 就是 N_{10} 除以 2 的余数；将两边的商再除以 2，b_1 就等于左边的余数；依此类推，直到商为 0，可以得到 $b_2 \sim b_{n-1}$，这种方法称为"除 2 取余法"。

例 1-3　将十进制数 218 转换为二进制数。

解　采用竖式连除法：

$$
\begin{array}{rll}
 & & \text{余数} \\
2\,\underline{)\,218} & & 0\,\text{(LSB)} \\
2\,\underline{)\,109} & & 1 \\
2\,\underline{)\,54} & & 0 \\
2\,\underline{)\,27} & & 1 \\
2\,\underline{)\,13} & & 1 \\
2\,\underline{)\,6} & & 0 \\
2\,\underline{)\,3} & & 1 \\
2\,\underline{)\,1} & & 1\,\text{(MSB)} \\
0 & &
\end{array}
$$

最先产生的余数是最低有效位（LSB），最后产生的余数是最高有效位（MSB），转换结果为

$$(218)_{10} = (11011010)_2$$

（2）乘 2 取整法。十进制小数 N_{10} 转换为二进制数时，该二进制数也必然是小数。设与十进制小数 N_{10} 对应的二进制小数为 $0.b_{-1}b_{-2}\cdots b_{-m}$，按权展开式为

$$N_{10} = b_{-1} \times 2^{-1} + b_{-2} \times 2^{-2} + \cdots + b_{-m} \times 2^{-m}$$

等式两边同时乘以 2，则两边得到的整数部分和小数部分应分别相等，右边的整数就是 b_{-1}，即 b_{-1} 就是 N_{10} 乘以 2 的整数部分；将两边的小数部分再乘以 2，b_{-2} 就等于左边的整数部分；以此类推可以得到 $b_{-3} \sim b_{-m}$，这种方法称为"乘 2 取整法"。

例 1-4　将十进制数 0.6875 转换为二进制数。

解　采用乘 2 取整法

$$
\begin{array}{ll}
 & \text{整数部分} \\
0.6875 \times 2 = 1.375 & 1\,\text{(MSB)} \\
0.375 \times 2 = 0.75 & 0 \\
0.75 \times 2 = 1.5 & 1 \\
0.5 \times 2 = 1.0 & 1\,\text{(LSB)}
\end{array}
$$

因此，$(0.6875)_{10} = (0.1011)_2$。

大多数十进制小数转换为二进制数时不会像例 1-4 那么幸运，而是难以得到准确的结果，此时可以根据精度要求只保留若干位小数。

例 1-5　将十进制数 0.4 转换为二进制数（保留 5 位小数）。

解　采用乘 2 取整法

$$
\begin{array}{ll}
 & \text{整数部分} \\
0.4 \times 2 = 0.8 & 0 \\
0.8 \times 2 = 1.6 & 1 \\
0.6 \times 2 = 1.2 & 1 \\
0.2 \times 2 = 0.4 & 0 \\
0.4 \times 2 = 0.8 & 0 \\
0.8 \times 2 = 1.6 & 1
\end{array}
$$

因此，$(0.4)_{10} \approx (0.01101)_2$。

本例计算到小数点后第 6 位，对第 6 位采用"0 舍 1 入"的方法，只保留 5 位小数。

除 2 取余法和乘 2 取整法合称为基数乘除法，该方法可以推广到一般的十进制数转换为 R 进制数，称为除 R 取余法和乘 R 取整法。例如，将十进制数转换为十六进制数时，可以分别对整数和小数部分进行除 16 取余和乘 16 取整转换。

1.2.2 带符号数的表示法

前面已经在按位计数法的概念下讨论了无符号数的二进制和十六进制表示法。对于带符号数，普通代数中采用的表示法是用符号"+"表示正数（通常省略），"−"表示负数；而在数字系统中，带符号数的表示包括两部分内容，一是符号的表示法，二是数值的表示法。考虑到数字系统中的所有信息都必须用"0"、"1"来表示，符号也不例外，通常规定：在数字系统中，设置一个符号位（sign bit），位于所有数值位的前面，符号位为"0"表示相应的二进制数是正数，符号位为"1"表示相应的二进制数是负数，该格式如图 1-5 所示。

符号	数值

图 1-5　带符号数的格式

带符号二进制数的数值位在数字系统中有三种表示方法，即原码表示法（sign magnitude system）、反码表示法（one's complement system）和补码表示法（two's complement system）。

1．原码表示法

原码表示法是一种简单的带符号数表示法，采用符号位加上原有的二进制数值位的格式。

例 1-6 分别计算 $(+13)_{10}$ 和 $(-13)_{10}$ 的 8 位二进制原码。

解　　　　　　　　$(+13)_{10} = (+1101)_2 = (+0001101)_2 = (00001101)_{原码}$

　　　　　　　　　　　$(-13)_{10} = (-1101)_2 = (-0001101)_2 = (10001101)_{原码}$

2．反码表示法

带符号数的反码表示法的符号位表示与原码相同，数值位表示的规则如下：对于正数，其数值位与原码表示法中相同，就是该二进制数的绝对值；对于负数，将二进制绝对值的各位取反就得到了数值位。

例 1-7 分别计算 $(+13)_{10}$ 和 $(-13)_{10}$ 的 8 位二进制反码。

解　　　　　　　　$(+13)_{10} = (+1101)_2 = (+0001101)_2 = (00001101)_{反码}$

　　　　　　　　　　　$(-13)_{10} = (-1101)_2 = (-0001101)_2 = (11110010)_{反码}$

3．补码表示法

带符号数的补码表示法的符号位表示与原码和反码相同，数值位表示的规则如下：对于正数，其数值位表示与原码和反码表示法中相同，就是该二进制数的绝对值；对于负数，将二进制绝对值的各位取反后加 1 就得到了数值位，也就是在反码的基础上加 1。

例 1-8　分别计算 $(+13)_{10}$ 和 $(-13)_{10}$ 的 8 位二进制补码。

解
$$(+13)_{10} = (+1101)_2 = (+0001101)_2 = (00001101)_{补码}$$
$$(-13)_{10} = (-1101)_2 = (-0001101)_2 = (11110011)_{补码}$$

对于带符号的二进制小数，其符号位仍用最高位表示，负数补码的数值位在反码基础上加 1 时注意是末位加 1。

例 1-9　分别计算 $(0.01101)_2$ 和 $(-0.01101)_2$ 的 8 位二进制原码、反码和补码。

解
$$(0.01101)_2 = (0.0110100)_{原码} = (0.0110100)_{反码} = (0.0110100)_{补码}$$
$$(-0.01101)_2 = (1.0110100)_{原码} = (1.1001011)_{反码} = (1.1001100)_{补码}$$

带符号二进制数的原码、反码和补码表示法可以归纳为：正数的原码、反码和补码相同，其符号位为 0，数值位就是该符号数的二进制绝对值；负数的原码、反码和补码的符号位都是 1，原码的数值位就是该符号数的二进制绝对值，反码的数值位是原码数值位的逐位取反，补码数值位是反码数值位的末位加 1。

表 1-2 给出了带符号十进制整数与相应的 8 位原码、反码和补码的取值对照表，由该表看出 n 个二进制位可以表示的数值范围如下：

n 位二进制原码的取值范围：　　$-(2^{n-1}-1) \sim +(2^{n-1}-1)$

n 位二进制反码的取值范围：　　$-(2^{n-1}-1) \sim +(2^{n-1}-1)$

n 位二进制补码的取值范围：　　　　$-2^{n-1} \sim +(2^{n-1}-1)$

表 1-2　8 位原码、反码和补码的取值对照表

十 进 制 数	原　码								反　码								补　码							
+128	—								—								—							
+127	0	1	1	1	1	1	1	1	0	1	1	1	1	1	1	1	0	1	1	1	1	1	1	1
+126	0	1	1	1	1	1	1	0	0	1	1	1	1	1	1	0	0	1	1	1	1	1	1	0
⋮	⋮								⋮								⋮							
+2	0	0	0	0	0	0	1	0	0	0	0	0	0	0	1	0	0	0	0	0	0	0	1	0
+1	0	0	0	0	0	0	0	1	0	0	0	0	0	0	0	1	0	0	0	0	0	0	0	1
+0	0	0	0	0	0	0	0	0	0	0	0	0	0	0	0	0	0	0	0	0	0	0	0	0
-0	1	0	0	0	0	0	0	0	1	1	1	1	1	1	1	1	—							
-1	1	0	0	0	0	0	0	1	1	1	1	1	1	1	1	0	1	1	1	1	1	1	1	1
-2	1	0	0	0	0	0	1	0	1	1	1	1	1	1	0	1	1	1	1	1	1	1	1	0
⋮	⋮								⋮								⋮							
-126	1	1	1	1	1	1	1	0	1	0	0	0	0	0	0	1	1	0	0	0	0	0	1	0
-127	1	1	1	1	1	1	1	1	1	0	0	0	0	0	0	0	1	0	0	0	0	0	0	1
-128	—								—								1	0	0	0	0	0	0	0

表中"—"表示用 8 位编码无法表示该值。

4. 带符号数的补码运算

二进制数的原码表示法具有概念简单、一目了然的优点，但其计算规则比较复杂，导致软件算法或硬件实现电路相对复杂，这些缺点使原码表示法很少被计算机系统采用。二进制数的补码表示法将带符号二进制数的加减运算统一为补码的加法运算，运算结果也用补码表示，十分简单。下面举例说明二进制数的补码运算。

例 1-10 利用 8 位二进制补码计算 $(89)_{10} - (71)_{10}$，计算结果仍表示为十进制数。

解 $(89)_{10} - (71)_{10} = (89)_{10} + (-71)_{10}$
$= (01011001)_补 + (10111001)_补$
$= [1](00010010)_补$
$= (00010010)_原$
$= (+18)_{10}$

$$\begin{array}{r} 01011001 \\ (+)\ 10111001 \\ \hline [1]\ 00010010 \end{array}$$

$\llcorner\!\!\rightarrow$ 自动丢失

采用补码加法运算时，运算结果仍为补码。对于字长为 8 位的运算器，只保留 8 位运算结果，最高位向上的进位"1"自动丢失。当结果的补码形式的符号位为 0 时，结果为正，否则，结果为负。

例 1-11 利用 8 位二进制补码计算 $(71)_{10} - (89)_{10}$，计算结果仍表示为十进制数。

解 $(71)_{10} - (89)_{10} = (71)_{10} + (-89)_{10}$
$= (01000111)_补 + (10100111)_补$
$= (11101110)_补$
$= (10010010)_原$
$= (-18)_{10}$

$$\begin{array}{r} 01000111 \\ (+)\ 10100111 \\ \hline 11101110 \end{array}$$

两个符号不同的补码数相加总能得到正确的结果，而两个同符号的补码数相加时，可能发生溢出错误，请看下面的例子。

例 1-12 利用 8 位二进制补码计算 $(-71)_{10} - (89)_{10}$，计算结果仍表示为十进制数。

解 $(-71)_{10} - (89)_{10} = (-71)_{10} + (-89)_{10}$
$= (10111001)_补 + (10100111)_补$
$= [1](01100000)_补$
$= (01100000)_原$
$= (+96)_{10}$

$$\begin{array}{r} 10111001 \\ (+)\ 10100111 \\ \hline [1]\ 01100000 \end{array}$$

$\llcorner\!\!\rightarrow$ 溢出错误

由于两个负数之和（或一个负数减去一个正数）的结果仍然是负数，其符号位应该为 1。从计算结果的符号位可以看出，结果是错误的，正确的结果应该是 $(-160)_{10}$。显然，错误原因是运算结果超出了 8 位二进制补码的取值范围，运算发生了溢出。

1.2.3 符号的编码表示法

前面介绍的二进制数是数值在数字系统中的一种表示方法。各种信息，包括数值、字母、操作命令、甚至语音信号、图像信号都必须用数字系统可以识别的 0、1 形式表示，才能进入计算机系统。我们把各种信息在数字系统中的表示方法统称为编码方法，即用不同长度、不同组合方式、不同时刻出现的 0、1 序列表示不同的信息。

1. 格雷码（Gray codes）

二进制数表示法是按权计数体制下的一种用 0、1 表示数值的方法，n 位二进制数可以表示 2^n 个十进制数，例如，4 位二进制数 0000～1111 表示十进制数 0～15，共 16 种取值。格雷码用 0、1 的另一种组合方式来表示数值，十进制数 0～15 也可以用 4 位格雷码来表示，表 1-3 给出了十进制数 0～15 分别用 4 位二进制数和 4 位格雷码表示的编码表。

表 1-3　十进制数 0～15 的两种二进制编码表

十进制数	二进制编码		十进制数	二进制编码	
	自然二进制码	格 雷 码		自然二进制码	格 雷 码
0	0000	0000	8	1000	1100
1	0001	0001	9	1001	1101
2	0010	0011	10	1010	1111
3	0011	0010	11	1011	1110
4	0100	0110	12	1100	1010
5	0101	0111	13	1101	1011
6	0110	0101	14	1110	1001
7	0111	0100	15	1111	1000

格雷码又叫典型循环码（typical cyclic code），不再具有按权计数的特性，即格雷码不像自然二进制码那样，每个位置具有固定的权值，格雷码是一种无权码。格雷码具有一般循环码的相邻性和循环性，相邻性是指任意两个相邻的码字之间仅有 1 位取值不同，循环性是指首尾两个码字也相邻。循环码的这种特性使之在提高计数器工作可靠性以及提高通信抗干扰能力方面都起着重要作用。格雷码除了具有一般循环码的特点外，还具有反射性。所谓反射性，是指以编码最高位的 0 和 1 分界处为镜像点，处于对称位置的代码只有最高位不同，其余各位都相同。例如，4 位格雷码的镜像对称分界点在 0100 和 1100 之间，处于镜像对称位置的格雷码 0101 和 1101 只有最高位取值不同。利用这种反射特性，通过位数扩展，可以方便地构造不同位数的格雷码，1～3 位格雷码的构造方法如图 1-6 所示。

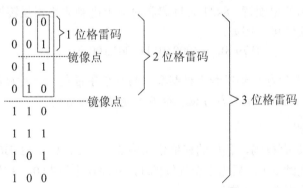

图 1-6　1～3 位格雷码构造方法示意图

2．BCD 码（binary coded decimal code）

十进制数除了可以采用等值二进制数加以表示，还有另一类简单的二进制编码表示法，即二-十进制码，简称 BCD 码。该表示法将一个具体的十进制数看做十进制字符的组合，而不是看做一个数值，对每个字符用编码表示。例如，十进制数 $(259)_{10}$ 可以看做 3 个十进制字符 2、5、9 的组合，分别用二进制代码 0010、0101、1001 替换各个字符，就得到该十进制数的一种二进制编码表示，即 $(259)_{10}=(0010\ 0101\ 1001)$。这种方法避免了十进制数转换为二进制数时比较繁琐的计算过程，具有简单、直观的优点。

十进制数中可能出现的字符是 0～9，对这 10 个符号进行编码，至少需要 4 位二进制代码。4 位二进制代码可以有 0000~1111 共 16 种不同的组合，原则上可以从中任取 10 种进行二-十进制编码。显然，有多种编码方案。数字系统中常用的 BCD 码如表 1-4 所示。

表 1-4　常用 BCD 码

十进制数	8421 码	5421 码	2421 码	余 3 码	余 3 循环码
0	0000	0000	0000	0011	0010
1	0001	0001	0001	0100	0110
2	0010	0010	0010	0101	0111
3	0011	0011	0011	0110	0101
4	0100	0100	0100	0111	0100
5	0101	1000	1011	1000	1100
6	0110	1001	1100	1001	1101
7	0111	1010	1101	1010	1111
8	1000	1011	1110	1011	1110
9	1001	1100	1111	1100	1010

（1）8421BCD 码

8421BCD 码是最常用的 BCD 码，其编码方法与 10 个十进制字符等值的二进制数完全相同，是一种有权码，各位的权值由高到低依次为 8、4、2、1。有权码的各编码位都有固定的权值，从而可以通过按权展开的方法求得各码字对应的十进制字符，所以 8421BCD 码的编码表完全不用死记硬背。8421BCD 码和对应十进制数的相互转换十分方便，只要按照编码表逐字符转换即可，例如：

$$(179.8)_{10} = (000101111001.1000)_{8421BCD}$$

注意：BCD 码中的每个码字和十进制数中的每个字符是一一对应的，一个 BCD 码表达式中整数部分高位的 0 和小数部分低位的 0 都是不可省略的。

（2）5421BCD 码

5421BCD 码也是有权码，各位的权值依次为 5、4、2、1。5421BCD 码的特点是编码的最高位先为 5 个连续的 0，后为 5 个连续的 1，从而在十进制 0~9 的计数时，最高位对应的输出端可以产生对称方波信号。

（3）2421BCD 码

2421BCD 码的权值也已由其名称说明。2421 码是一种自补码，所谓自补，在这里的含义是，若 2 个十进制字符之和为 9，则这 2 个字符关于"9"互补，而这 2 个字符对应的 2421 码互为反码，如 2421 码 0000 和 1111、0001 和 1110、0100 和 1011 都是互补的编码。

（4）余 3 码

余 3 码是一种无权 BCD 码，所谓无权码，就是找不到一组权值，满足所有码字。例如，设余 3 码的 4 位是 $b_3b_2b_1b_0$，由 $(1)_{10}=(0100)_{余3码}$，按照权值的定义，b_2 的权值是 1；由 $(5)_{10}=(1000)_{余3码}$，b_3 的权值是 5；按有权码的规则，应有 $(1100)_{余3码}=(6)_{10}$，这与余 3 码定义不符（1100 是十进制符号 9 的编码），所以余 3 码不是有权码。

余 3 码的码字比对应的 8421 码的码字大 3，这就是余 3 码名称的由来。余 3 码是一种自补码，它也可以由表 1-3 中的 4 位自然二进制码去掉头尾 3 组编码后得到，由表 1-4 容易看出余 3 码的自补特性。

（5）余 3 循环码

余 3 循环码也是一种无权码，由于它是由 4 位二进制循环码（即表 1-3 中的格雷码）去掉头尾 3 组编码后得到的，且保留了循环码的特性，因此得名。

例 1-13　分别用 8421 码、5421 码、2421 码、余 3 码和余 3 循环码表示十进制数 206.94。

解　$(206.94)_{10} = (001000000110.100101000)_{8421BCD}$

$= (001000001001.11000100)_{5421BCD}$

$= (001000001100.11110100)_{2421BCD}$

$= (010100111001.11000111)_{余3码}$

$= (011100101101.10100100)_{余3循环码}$

表 1-4 列举的 BCD 码都是 4 位的，也有些 BCD 码是 5 位的，例如 5 位右移码、5 中取 2 码等，有兴趣的读者可以查阅相关文献。

3. ASCII 码（American Standard Codes for Information Interchange）

编码除了可以用来表示数值，还可以用来表示其他符号。ASCII 码是美国信息交换标准代码的简称，它采用 7 位二进制编码格式，共有 128 种不同的编码，用来表示十进制字符、英文字母、基本运算字符、控制符和其他符号。完整的 ASCII 码编码表如表 1-5 所示，其中控制字符的含义在表下说明。表示十进制字符 0～9 的 7 位 ASCII 码是 0110000～0111001，为了便于记忆，也常用 2 位十六进制数表示，即字符 0～9 对应的 ASCII 码是 30h～39h，数字后缀 h 表示进制（常用后缀字符表示进制，二进制数用 b、十进制数用 d、十六进制数用 h）；表示大写英文字母 A～Z 的 ASCII 码是 41h～5Ah，表示小写英文字母 a～z 的 ASCII 码是 61h～7Ah。编码表中 21h～7Eh 对应的所有字符都可以在键盘上找到。

通用计算机的键盘采用 ASCII 码，每按下一个键，键盘内部的控制电路就将该键对应的 ASCII 码作为键值发送给计算机，例如，按下 A 键，键盘就送出"1000001"。

4. 奇偶检验码

奇偶检验码（parity check code）是一种差错控制编码。携带数字信息的电信号在传输中，由于衰减、噪声干扰等原因，波形会发生畸变，造成接收的数字信息出现差错。差错控制编码就是为了检测接收信息中的误码、进而纠正这些误码、实现信息的无差错传输而采用的一种技术手段。差错控制编码分为检错码和纠错码，检错码（error detecting code）具有检测传输码字中是否存在误码的能力，检错码不能确定接收码字中误码的位置，因而也就无法纠正误码。纠错码（error correcting code）可以发现接收码字中存在的误码，并能纠正该误码，实现信息的正确接收。

奇偶检验码是差错控制编码中最简单的一种检错码，具有检出传输码字中奇数个误码的能力。其工作过程是，首先在发送端将信息数据分为长度为 n 的信息数据分组，每组信息送入检验码发生器，产生该组信息的 1 个检验位，检验位与信息位共同形成长度为 $(n+1)$ 的传输码字。每个码字经信道（导线、电缆等）传输到接收端。接收端将长度为 $(n+1)$ 位的码字送入奇偶检验器，检验该码字是否符合奇偶检验规则，从而确定是否存在误码。

表 1-5　ASCII 码编码表

$B_3B_2B_1B_0$ ＼ $B_6B_5B_4$	000	001	010	011	100	101	110	111
0000	NUL	DLE	SP	0	@	P	`	p
0001	SOH	DC1	!	1	A	Q	a	q
0010	STX	DC2	″	2	B	R	b	r
0011	ETX	DC3	#	3	C	S	c	s
0100	EOT	DC4	$	4	D	T	d	t
0101	ENQ	NAK	%	5	E	U	e	u
0110	ACK	SYN	&	6	F	V	f	v
0111	BEL	ETB	'	7	G	W	g	w
1000	BS	CAN	(	8	H	X	h	x
1001	HT	EM	)	9	I	Y	i	y
1010	LF	SUB	*	:	J	Z	j	z
1011	VT	ESC	+	;	K	[	k	{
1100	FF	FS	,	<	L	\	l	|
1101	CR	GS	−	=	M	]	m	}
1110	SO	RS	.	>	N	^	n	~
1111	SI	US	/	?	O	_	o	DEL

NUL	null 空白		DC1	device control 1 设备控制 1
SOH	start of heading 标题开始		DC2	device control 2 设备控制 2
STX	start of text 正文开始		DC3	device control 3 设备控制 3
ETX	end of text 正文结束		DC4	device control 4 设备控制 4
EOT	end of transmission 传输结束		NAK	negative acknowledge 否认
ENQ	enquiry 询问		SYN	synchronous idle 同步空传
ACK	acknowledge 确认		ETB	end of transmission block 块结束
BEL	bell 响铃（告警）		CAN	cancel 取消
BS	backspace 退格		EM	end of medium 纸尽
HT	horizontal tabulation 水平制表		SUB	substitute 替换
LF	line feed 换行		ESC	escape 脱离
VT	vertical tabulation 垂直制表		FS	file separator 文件分离符
FF	form feed 走纸		GS	group separator 字组分离符
CR	carriage return 回车		RS	record separator 记录分离符
SO	shift out 移出		US	unit separator 单元分离符
SI	shift in 移入		SP	space 空格
DLE	data link escape 数据链路换码		DEL	delete 删除

奇偶检验码分为奇检验码和偶检验码两种。n 位信息数据中的 "1" 的个数是随机的，对于奇检验码，就是当信息数据中有偶数个 "1" 时，发送端的检验码发生器产生的检验码是 1，使（$n+1$）位传输码字中有奇数个 "1"；若信息数据中有奇数个 "1"，则检验码发生器产生的检验码就是 0，保证（$n+1$）位传输码字中仍有奇数个 "1"。接收端的检验器就是检验收到的（$n+1$）位中是否有奇数个 "1"，若是，则认为传输无误；否则，在（$n+1$）位数据中必然存在误码。简单地说，奇检验码就是传输码字中有奇数个 "1" 的检验系统。偶检验码的概念与之类似，就是传输码字中有偶数个 "1" 的检验系统。

例如，在 8421BCD 码中采用奇检验，则信息分组的长度 $n=4$，传输码字长度是（$n+1=5$），信息数据为 0011 时，奇检验位就是 1，传输码字是 00111（检验位在信息位的后面）；信息数据是 1000 时，传输码字是 10000。

奇偶检验码的优点是编码效率很高，对于长度为 n 的信息分组，用于检验的检验码只有 1 位，当 n 较大时，用于检验位传输的开销就很小。奇偶检验码的缺点是只能发现奇数个误码，当传输码字中出现了偶数个误码时，就无能为力了。

1.3　逻辑代数基础

逻辑代数（logic algebra），又称为布尔代数（Boolean algebra），是英国数学家乔治·布尔（George Boole）于 1849 年提出，用于研究逻辑变量和逻辑运算的代数系统。今天，逻辑代数已经成为数字系统分析和设计的数学基础，数字系统中的信号被抽象表示为逻辑变量、信号之间的相互关系被抽象表示为逻辑运算。有了逻辑代数，数字系统中的信号变换与处理过程就可以用数学的方法加以研究。基于数字信号的二值特征，本书只研究逻辑代数中的二值逻辑，在数字系统应用范畴内，介绍逻辑变量、逻辑运算和逻辑函数的有关概念。

1.3.1　逻辑变量与基本的逻辑运算

一个代数体系最基本的问题是变量和运算，人们熟悉的初等代数中，变量通常可以取整数值、有理数值、实数值等；变量之间的运算包括加、减、乘、除等；参与运算的变量称为自变量。变量经运算后产生函数，函数也是变量，称为因变量，函数可以与自变量有不同的取值范围。而适用于数字系统的逻辑代数中的变量和运算却有不同的特征。

1. 逻辑变量（logic variable）

逻辑代数中的变量称为逻辑变量，逻辑变量用字符或字符串表示，一个逻辑变量只有两种可能的取值：0、1，这两个取值称为逻辑值，通常用来表示数字电路中某条信号线上的电平，例如低电平表示为逻辑值"0"，高电平表示为逻辑值"1"。由此可以看出，逻辑值不同于前面介绍的二进制数的数值，逻辑值"0"和"1"没有大小之分，只表示两种相对的状态。逻辑值可以用来表示开关的开和关、指示灯的亮和灭、命题的真与假这类只有两种取值的事件。

2. 基本的逻辑运算

逻辑代数定义了三种基本的逻辑运算：与运算、或运算和非运算。

（1）与运算（AND）

"所有前提都为真，结论才为真"的逻辑关系称为与逻辑。图 1-7 是与逻辑的电路示意图，只有当开关 A、B 都闭合时，灯 L 才亮。电路中开关和灯的控制与被控制关系，可以抽象表示为自变量和函数关系。定义逻辑变量 A 和 B，分别用来表示开关 A 和 B 的开、闭。当开关打开时，相应的逻辑变量取值为"0"，否则为"1"。又定义逻辑变量 L 表示灯的亮与灭，当灯灭时，L=0，否则 L=1。显然，L 是 A 和 B 的函数。

逻辑代数中将符合图 1-7 的函数关系定义为与运算，又叫逻辑乘，运算符号为"·"，

两变量的与运算表达式为

$$L=A \cdot B \qquad (1-2)$$

在不致混淆的场合下，A 和 B 的与运算也可以表示为 AB。由于每个自变量都只有 0、1 两种可能的取值，可以将自变量的各种取值和相应的函数值用表格表示，称为逻辑函数的真值表表示法。式（1-2）对应的真值表如表 1-6 所示。由真值表可以看出，与运算的运算规则是

$$0 \cdot 0=0 \quad 0 \cdot 1=0 \quad 1 \cdot 0=0 \quad 1 \cdot 1=1 \qquad (1-3)$$

实现与运算的逻辑电路称为与门，一个 2 输入与门的逻辑符号如图 1-8 所示，符号中的 "&" 是与运算的定性符。

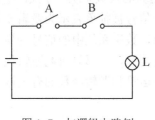

图 1-7　与逻辑电路例

表 1-6　与运算真值表

A	B	L
0	0	0
0	1	0
1	0	0
1	1	1

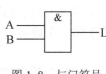

图 1-8　与门符号

（2）或运算（OR）

"只要有一个前提为真，结论就为真" 的逻辑关系称为或逻辑。图 1-9 是或逻辑的电路示意图，只要开关 A 或 B 闭合，灯 L 就亮。逻辑代数中将或逻辑定义为或运算，又叫逻辑加，运算符号为 "+"。对于图 1-9 所示电路，有

$$L=A+B \qquad (1-4)$$

式（1-4）对应的真值表如表 1-7 所示。由真值表可以看出，或运算的运算规则是

$$0+0=0 \quad 0+1=1 \quad 1+0=1 \quad 1+1=1 \qquad (1-5)$$

实现或运算的逻辑电路称为或门，一个 2 输入或门的逻辑符号如图1-10 所示，符号中的 "≥1" 是或运算的定性符。

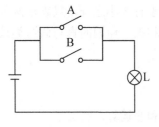

图 1-9　或逻辑电路例

表 1-7　或运算真值表

A	B	L
0	0	0
0	1	1
1	0	1
1	1	1

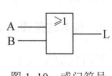

图 1-10　或门符号

（3）非运算（NOT）

"非" 就是否定。由于每个逻辑变量都只有 "0" 和 "1" 两种取值，非此即彼。对 "0" 或 "1" 取相反值的运算就称为非运算。变量 A 的非运算表示为 $\overline{A}$，称为 "A 非"，$\overline{A}$ 的含义就是取值与 A 的值相反。通常将 A 称为原变量，将 $\overline{A}$ 称为反变量。非运算的真值表如表 1-8 所示，其运算规则为

$$\overline{0}=1 \qquad \overline{1}=0 \tag{1-6}$$

实现非运算的逻辑电路称为非门，其逻辑符号如图 1-11 所示。输出端的小圆圈是非运算的电路符号。

表 1-8　非运算真值表

A	$\overline{A}$
0	1
1	0

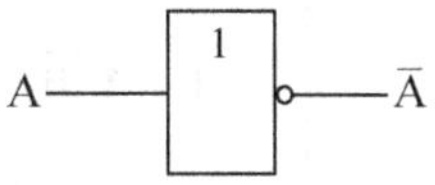

图 1-11　非门符号

三种基本逻辑运算的运算次序由高到低为：非运算、与运算、或运算。例如，在函数 $F = A + \overline{B}C$ 中，首先计算 $\overline{B}$，然后进行与运算求出 $\overline{B}C$，最后用或运算求出 F。若需要更改运算次序，可以通过加括号实现。例如，函数 $G = (A + \overline{B})C$ 中，计算次序为非运算、或运算、与运算。

前面给出的三种逻辑门符号符合国标 GB4728.12-85，也是国际电工委员会在 IEC617-12 中推荐使用的标准符号。在数字集成电路的发展中，还广泛采用过另外两类逻辑门符号，一类是符合美国 MIL-STD-806B 的逻辑门符号（简称美标），另一类是符合我国原部颁标准 SJ1223-77 的逻辑门符号（简称原部标），如图 1-12 所示。

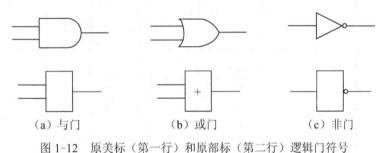

（a）与门　　　　　　　（b）或门　　　　　　　（c）非门

图 1-12　原美标（第一行）和原部标（第二行）逻辑门符号

3. 逻辑函数的基本概念

逻辑变量通过逻辑运算构成逻辑函数。例如 L=AB 中，A 和 B 是自变量，L 是 A、B 的函数；$F = \overline{A}$ 中，F 是 A 的函数。给定自变量的取值，就可以求出相应的函数值。逻辑代数中，每个自变量只能取 0、1 两种值，而逻辑函数的取值特征和自变量相同，也只能取 0 和 1 两种值。在数字电路中，逻辑代数中的自变量用于表示电路的输入信号、逻辑函数用于表示电路的输出信号。

1.3.2　复合逻辑运算与常用逻辑门

虽然与、或、非这三种基本逻辑运算构成了运算的完备集，但只用与、或、非门实现逻辑电路却不够方便。从方便电路实现的角度出发，人们又在基本逻辑运算的基础上，定义了与非、或非、与或非、异或和同或这几种新的逻辑运算，称为复合逻辑运算。表 1-9 给出了这些逻辑运算的表达式、真值表、逻辑门符号及运算特征。表中每种逻辑门的三种符号从上到下依次为国标符号、美标符号和原部标符号，其中与或非门没有相应的美标符号。

表 1-9　复合逻辑运算与常用逻辑门

运 算 名 称	逻辑表达式	真 值 表	逻辑门符号	运 算 特 征
与非	$F = \overline{A \cdot B}$	AB　F 00　1 01　1 10　1 11　0		输入全为 1 时，输出 F=0
或非	$F = \overline{A + B}$	AB　F 00　1 01　0 10　0 11　0		输入全为 0 时，输出 F=1
与或非	$F = \overline{AB + CD}$	AB CD　F 0　0　1 0　1　0 1　0　0 1　1　0		与项全为 0 时，输出 F=1
异或	$F = A \oplus B$ $= \overline{A}B + A\overline{B}$	AB　F 00　0 01　1 10　1 11　0		输入奇数个 1 时，输出 F=1
同或 （异或非）	$F = A \odot B$ $= \overline{A \oplus B}$ $= AB + \overline{A}\overline{B}$	AB　F 00　1 01　0 10　0 11　1		输入偶数个 0 时，输出 F=1

　　在各种逻辑运算中，除了非运算是单变量运算符，其他运算都是多变量运算符，多变量的与运算、或运算、与非运算、或非运算都很容易理解。而异或运算是一种对参与运算的"1"的个数的奇偶性敏感的运算，多变量做异或运算时，若参与运算的变量中有奇数个取值为"1"，则结果为"1"，否则结果为"0"。同或运算对参与运算的"0"的个数的奇偶性敏感，多变量做同或运算时，若其中有偶数个"0"，则运算结果为"1"，否则为"0"。

1.3.3　逻辑代数的基本定律与运算规则

　　逻辑代数的基本运算定律如表 1-10 所示。其中交换律、结合律和分配律含义与初等代数中的相应定律相同，而互补律、0-1 律、对合律、重叠律、吸收律和反演律是逻辑代数特有的。其中反演律又称为摩根（De.Morgan）定律，可以实现与、或运算的转换，十分有用。

表 1-10 逻辑代数的基本定律

名　　称	公　式　1	公　式　2
交换律	$A + B = B + A$	$AB = BA$
结合律	$A + (B + C) = (A + B) + C$	$A(BC) = (AB)C$
分配律	$A + BC = (A + B)(A + C)$	$A(B + C) = AB + AC$
互补律	$A + \overline{A} = 1$	$A \cdot \overline{A} = 0$
0-1 律	$A + 0 = A$	$A \cdot 1 = A$
	$A + 1 = 1$	$A \cdot 0 = 0$
对合律	$\overline{\overline{A}} = A$	$\overline{\overline{A}} = A$
重叠律	$A + A = A$	$A \cdot A = A$
吸收律	$A + AB = A$	$A(A + B) = A$
	$A + \overline{A}B = A + B$	$A(\overline{A} + B) = AB$
	$AB + A\overline{B} = A$	$(A + B)(A + \overline{B}) = A$
	$AB + \overline{A}C + BC = AB + \overline{A}C$	$(A + B)(\overline{A} + C)(B + C) = (A + B)(\overline{A} + C)$
反演律	$\overline{A + B} = \overline{A}\,\overline{B}$	$\overline{AB} = \overline{A} + \overline{B}$

证明逻辑等式有两种方法。一是真值表法，如果不论自变量取什么值，等式两边的函数值都相等，则等式成立。二是表达式变换法，又称公式法，通过运用逻辑代数的相关定律和运算规则，对表达式进行恒等变换，若等式两边的函数表达式相同，则等式成立。下面通过例子对这两种方法加以说明。

例 1-14　用真值表证明分配律公式
$$A + BC = (A + B)(A + C)$$

解　设等式左边和右边的函数分别是
$$F_1 = A + BC$$
$$F_2 = (A + B)(A + C)$$

列出 F_1 和 F_2 的真值表，如表 1-11 所示，由真值表可以看出，对于自变量 A、B、C 的任意一种取值，F_1 和 F_2 的值都相同。因此，$F_1 = F_2$。

表 1-11 例 1-14 的真值表

A	B	C	F_1	F_2	A	B	C	F_1	F_2	A	B	C	F_1	F_2
0	0	0	0	0	0	1	1	1	1	1	1	0	1	1
0	0	1	0	0	1	0	0	1	1	1	1	1	1	1
0	1	0	0	0	1	0	1	1	1					

例 1-15　用公式法证明吸收律中的公式
$$AB + \overline{A}C + BC = AB + \overline{A}C$$

解　$AB + \overline{A}C + BC = AB + \overline{A}C + (A + \overline{A})BC$ 　　　（添加项）

　　　　　　　 $= AB + \overline{A}C + ABC + \overline{A}BC$ 　　　（去括号）

　　　　　　　 $= (AB + ABC) + (\overline{A}C + \overline{A}BC)$ 　　　（重新合并）

$$= AB(1+C) + \overline{A}C(1+B) \qquad （提取公因子）$$

$$= AB + \overline{A}C \qquad （吸收）$$

左边=右边，等式得证。

逻辑代数有 3 个重要的运算规则：代入规则、对偶规则和反演规则。

1. 代入规则

代入规则：对于任何逻辑等式，以任意一个逻辑变量或逻辑函数同时取代等式两边的某个变量后，等式仍然成立。

对于一个逻辑等式，其中任何一个逻辑变量的两种取值（0 和 1）都满足该等式，而任意的逻辑函数也是一个逻辑变量，也只有 0 和 1 两种取值，以它取代等式中的逻辑变量时，等式自然成立。

利用代入规则可以方便地将前面定义的各种逻辑运算和表 1-10 中的公式推广到多变量。

例 1-16　用代入规则将反演律公式 $\overline{A+B} = \overline{A}\,\overline{B}$ 推广到三变量的形式。

解　用 $(B+C)$ 取代等式中的变量 B，由代入规则，有

$\overline{A+(B+C)} = \overline{A} \cdot \overline{(B+C)}$，对等式右边的 $\overline{B+C}$ 运用反演律，可得

$\overline{A+B+C} = \overline{A}\,\overline{B}\,\overline{C}$，显然，这就是反演律的三变量形式。

2. 对偶规则

将逻辑表达式 F 中出现的所有 "·" 和 "+" 互换，"0" 和 "1" 互换，就得到了一个新的函数表达式 F′（也可以写作 F_d），该表达式 F′ 和原表达式 F 互为对偶式。

如果两个逻辑函数相等，则它们的对偶表达式也相等。这就是对偶规则。

例 1-17　分别计算 $F_1 = AB + \overline{A}C + BC$ 和 $F_2 = AB + \overline{A}C$ 的对偶表达式

解　将 F_1 和 F_2 中的与运算和或运算的运算符号互换后，有

$$F_1' = (A+B)(\overline{A}+C)(B+C)，\qquad F_2' = (A+B)(\overline{A}+C)$$

计算对偶表达式时，应该注意保持原有的计算次序不变，必要时应在对偶式中加上括号。

由对偶表达式的定义可知，与运算和或运算是具有对偶关系的两个运算。相应的，与非运算和或非运算也是对偶的。不太直观的是，异或运算和同或运算也是互为对偶关系的运算。

例 1-17 中的函数 F_1 和 F_2 就是表 1-10 中吸收律公式 1 的最后一个等式两边的表达式，该等式成立已在例 1-15 中得到证明。根据对偶规则，若 $F_1 = F_2$，则 $F_1' = F_2'$，即

$$(A+B)(\overline{A}+C)(B+C) = (A+B)(\overline{A}+C)$$

该等式就是表 1-10 中吸收律公式 2 的最后一个等式，我们通过对偶规则，间接证明了该等式的成立。

实际上，表 1-10 的公式 1 和公式 2 中相应的等式都是互为对偶关系的等式，证明了一个，另一个自然成立。

3. 反演规则

在计算对偶表达式的基础上，再进行原变量和反变量的互换，就可以求得反函数了。

所谓反函数，就是指与原有的函数取值相反的函数，若原函数为 F，则反函数记为 $\overline{F}$。由原函数求反函数的过程叫反演或取反，可以利用前面介绍的反演律求反函数，而反演规则给出了求反函数的另一种方法。

反演规则：将一个函数表达式 F 中出现的所有"·"和"+"互换，"0"和"1"互换，原变量和反变量互换，就得到了反函数 $\overline{F}$。

在用反演规则求反函数时，也要注意保持原函数的运算次序不变。

例 1-18　分别用反演律和反演规则求函数 $Z = \overline{A + B\overline{C} + D\overline{E} + \overline{F}}$ 的反函数 $\overline{Z}$。

解　用反演律

$$\overline{Z} = \overline{\overline{A + B\overline{C} + D\overline{E} + \overline{F}}} = (A + B\overline{C})(\overline{D\overline{E} + \overline{F}})$$

$$= (A + B\overline{C})(\overline{D} + (E + \overline{\overline{F}})) = (A + B\overline{C})(\overline{D} + E + \overline{F})$$

用反演规则

$$\overline{Z} = \overline{A(\overline{B} + C)(\overline{D} + \overline{E}F)}$$

表面上看，用反演律和反演规则得到的反函数 $\overline{Z}$ 的表达式不同。其实，只要用反演律消去第二个式子中的长非号，就可以导出相同的结果。

1.4　逻辑函数的描述方式

逻辑函数有两种基本的表示方法：表达式和真值表。表达式通过变量和运算表示函数，真值表通过自变量和函数的取值关系表示函数。除此之外，把逻辑代数应用于数字电路时，还有逻辑函数的电路图表示法、波形图表示法以及为了实现电路化简而采用的卡诺图表示法。

1.4.1　逻辑表达式与真值表

逻辑函数表达式就是把函数关系表示为变量的与、或、非、异或等运算的形式。

例 1-19　在举重比赛中，安排了 3 个裁判，一个主裁判和 2 个副裁判，只有主裁判同意且至少有一个副裁判同意时，运动员的的动作才算合格。试将判决结果表示成逻辑表达式形式。

解　首先定义 3 个自变量 A、B、C，分别表示主裁判和 2 个副裁判的判决，A=0 表示主裁判认为动作不合格，A=1 表示主裁判认为动作合格；B 和 C 的取值含义类似。定义变量 Z 表示最终判决结果，Z=0 表示运动员动作不合格，Z=1 表示动作合格。

显然，Z 是 A、B、C 的函数。函数关系是只有当 A=1，且 B 和 C 中至少有一个是 1 时，Z=1；否则，Z=0。根据与、或运算的定义，满足该函数关系的表达式为

$$Z=A(B+C)$$

例 1-19 的函数关系比较简单，可以直接写出表达式。而实际的数字电路问题比这复杂，通常无法直接得到函数表达式。

真值表（truth table）的基本含义已经在介绍与运算时做了说明。通过罗列自变量的取值和相应的函数值，得到反映函数关系的真值表，这种方法是用逻辑代数描述实际设计问

题的基本方法。

例1-20 设计一个表决电路，参加表决的 3 个人中有任意 2 人或 3 人同意，则提案通过；否则，提案不能通过。

解 定义自变量 A、B、C 和函数 Z，其含义与例 1-19 类似。3 个自变量共有 8 种可能取值。由题意可知，当自变量中有 2 个或 2 个以上取值为 1 时，函数值为 1。完整反映题目要求的真值表如表 1-12 所示。

表 1-12　例 1-20 的真值表

A	B	C	Z	A	B	C	Z	A	B	C	Z
0	0	0	0	0	1	1	1	1	1	0	1
0	0	1	0	1	0	0	0	1	1	1	1
0	1	0	0	1	0	1	1				

1.4.2　逻辑图

由于逻辑表达式中的各种逻辑运算都有相应的实现电路——逻辑门，所以，任意给定的函数表达式都存在一个逻辑电路与之对应，或者说，逻辑电路图也是逻辑函数的一种表示方法。例 1-19 求出的函数表达式中包含一次或运算和一次与运算，直接实现该表达式的逻辑电路图如图 1-13（a）所示。不同的表达式形式对应于不同的电路，若将该函数写作 $Z=AB+AC$，则相应的逻辑图就变成了图 1-13（b）。显然，具有相同逻辑功能的电路（b）因为多用了一个逻辑门而不如电路（a）简单。由此我们看到，表达式的简化程度与电路的简化程度相对应。为了获得尽量简单的电路，应该尽可能化简函数表达式。

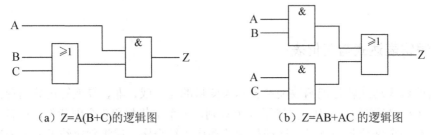

（a）$Z=A(B+C)$的逻辑图　　　　　　　（b）$Z=AB+AC$ 的逻辑图

图 1-13　例 1-19 的逻辑图

1.4.3　积之和式与最小项表达式

一个逻辑函数既可以用表达式、也可以用真值表来描述，表达式表示的是变量间的运算关系，真值表表示的是变量间的取值关系。这两种表示方法的相互转换十分重要，但其对应关系却不十分明显。从前面对真值表的说明可以知道，真值表对逻辑函数的描述是唯一的，一个确定的逻辑函数只有一个真值表；而一个逻辑函数的表达式却可以有多种形式。本节首先介绍积之和式，然后从真值表出发，建立一种与之相对应的逻辑函数标准形式——最小项表达式。

积之和式（sum of products，SOP）又称为与-或式，是若干个乘积项的和（逻辑加）。所谓乘积项（product term），就是几个自变量的与运算，参与与运算的是自变量的原变量形式或反变量形式，如 AB、$A\overline{B}$、$\overline{A}BC$、$\overline{AC}\overline{D}$，显然，实现乘积项的逻辑电路就是与门。

下面是几个积之和式的例子：

$$AB + \overline{A}BC$$

$$ABC + CDE + \overline{B}C\overline{D}$$

$$A + \overline{A}BC + BC\overline{D}$$

最小项（minterm）又称为标准积项，是一种特殊的乘积项，其中包含了所有的自变量，每个自变量以原变量或反变量的形式出现，且仅出现一次。由于每个变量只有原变量和反变量两种形式，3 个自变量 A、B、C 能并且只能构成 8 个最小项，它们是 $\overline{A}\overline{B}\overline{C}, \overline{A}\overline{B}C$，$\overline{A}B\overline{C}, \overline{A}BC, A\overline{B}\overline{C}, A\overline{B}C, AB\overline{C}, ABC$。每个最小项与变量的一组取值有着一一对应的关系，例如，能使最小项 $\overline{A}\overline{B}\overline{C} = 1$ 的变量取值只有 ABC = 000，而且"000"只能使该最小项的值为 1，即最小项 $\overline{A}\overline{B}\overline{C}$ 和变量取值"000"相对应；其他 7 个最小项和另 7 组变量取值相对应。为了简化最小项的表示，通常用 m_i 表示最小项，其中 m 是最小项标识符，下标 i 就是与该最小项对应的自变量取值的十进制数。下标 i 也可以这样确定：将一个最小项中的原变量替换为 1、反变量替换为 0，得到一个二进制数，其等值的十进制数就是 i。上述 ABC 三变量构成的最小项也可以记为 $m_0, m_1, m_2, m_3, m_4, m_5, m_6, m_7$。

最小项表达式又叫标准积之和式（standard SOP form），是积之和式中的一种，其中的每个乘积项都是最小项。下面是两个最小项表达式的例子，从中可以看到，最小项表达式中的最小项除了写成乘积项的形式外，还有两种简写形式。

$$F(A，B) = \overline{A}B + A\overline{B} = m_1 + m_2 = \sum m(1, 2)$$

$$L(A，B，C) = \overline{A}\,\overline{B}\,\overline{C} + A\overline{B}C + ABC = m_0 + m_5 + m_7 = \sum m(0, 5, 7)$$

最小项表达式之所以称为函数的标准表达式，是因为每个逻辑函数的最小项表达式都是唯一的，就像函数的真值表是唯一的一样。任何逻辑函数表达式都可以写成最小项表达式形式。

例 1-21　求出函数 $F(A，B，C) = AB + AC + BC$ 的最小项表达式。

解

$$\begin{aligned}
F(A，B，C) &= AB + AC + BC \\
&= AB(\overline{C} + C) + A(\overline{B} + B)C + (\overline{A} + A)BC \\
&= AB\overline{C} + ABC + A\overline{B}C + ABC + \overline{A}BC + ABC \\
&= \overline{A}BC + A\overline{B}C + AB\overline{C} + ABC \\
&= \sum m(3, 5, 6, 7)
\end{aligned}$$

若函数表达式不是积之和式，应该先将其变换为积之和式，再求最小项表达式。

函数的最小项表达式和真值表是一一对应的，可以方便地在两者之间相互转换。对于一个给定的真值表，可以直接写出相应的最小项表达式，反之亦然。

例 1-22　求出最小项表达式 $S(A，B，C) = \sum m(1, 2, 4, 7)$ 对应的函数真值表。

解

$$\begin{aligned}
S(A，B，C) &= \sum m(1, 2, 4, 7) \\
&= \overline{A}\overline{B}C + \overline{A}B\overline{C} + A\overline{B}\overline{C} + ABC
\end{aligned}$$

对于一个与或式，任何一个乘积项的值为"1"都使函数值为"1"，而使一个最小项的值为"1"的自变量取值只有一组。所以，对于函数 S(A,B,C)，只有当自变量 ABC 的取值为 001，010，100 和 111 时，才有 S=1；自变量取其他值时，函数值为"0"。由此可得真值表如表 1-13 所示。

表 1-13　例 1-22 的真值表

A	B	C	S	A	B	C	S	A	B	C	S
0	0	0	0	0	1	1	0	1	1	0	0
0	0	1	1	1	0	0	1	1	1	1	1
0	1	0	1	1	0	0	1	0			

由例 1-22 归纳出最小项表达式与真值表的对应关系：最小项表达式中的最小项与真值表中函数值为“1”的行相对应。

由真值表求最小项表达式的方法是，找出真值表中所有函数值为“1”的行，这些行对应的最小项之和就是最小项表达式。

1.4.4　和之积式与最大项表达式

和之积式（product of sums，POS）又称为或-与式，是若干个和项的乘积（逻辑乘）。所谓和项（sum term），就是几个自变量的或运算，参与或运算的是自变量的原变量形式或反变量形式，如 $(A+\overline{B})$、$(\overline{A}+\overline{C}+D)$，实现和项的逻辑电路就是或门。下面是两个和之积式的例子：

$$(A+B)(\overline{A}+\overline{B})$$
$$A(B+C)(C+\overline{D}+E)(\overline{A}+\overline{B}+\overline{C}+D)$$

和之积式和前面介绍的积之和式都是逻辑函数的表达式形式，它们之间可以相互转换。但是，一般的和之积式和积之和式之间并没有简单的对应关系。与最小项表达式相对应，也有最大项表达式。最大项表达式和最小项表达式之间有着简单的转换关系。

最大项（maxterm）又称为标准和项，是一种特殊的和项，其中包含了所有的自变量，每个自变量以原变量或反变量的形式出现、且仅出现一次。2 个变量 A、B 构成的 4 个最大项是 $(A+B)$，$(A+\overline{B})$，$(\overline{A}+B)$，$(\overline{A}+\overline{B})$。每个最大项与变量的一组取值有着一一对应的关系，例如，能使最大项 $(A+\overline{B})=0$ 的变量取值只有 $AB=01$，在两变量的 4 个最大项中，变量取值“01”只能使该最大项的值为 0，即最大项 $(A+\overline{B})$ 和变量取值“01”相对应；其他 3 个最大项和另外三组变量取值相对应。最大项的简写形式为 M_i，下标 i 就是与该最大项对应的自变量取值的十进制数。下标 i 的确定方法是：将一个最大项中的原变量替换为 0，反变量替换为 1，得到一个二进制数，其等值的十进制数就是 i。

最大项表达式又叫标准和之积式（standard POS form），是和之积式中的一种，其中的每个和项都是最大项。下面是两个最大项表达式的例子。从中可以看到，除了变量形式外，最大项表达式还有两种简写形式。

$$F(A，B)=(A+B)(\overline{A}+\overline{B})=M_0M_3=\prod M(0，3)$$
$$Z(A，B，C)=(A+B+\overline{C})(\overline{A}+\overline{B}+C)(\overline{A}+\overline{B}+\overline{C})=M_1M_6M_7=\prod M(1，6，7)$$

最大项表达式是函数的标准表达式之一，一个逻辑函数只有唯一的最大项表达式。最大项表达式和真值表也是一一对应的，对于一个给定的真值表，可以直接写出相应的最大项表达式；反之亦然。

例 1-23　求出最大项表达式 $Z(A，B，C)=\prod M(1，6，7)$ 对应的函数真值表，并进一步求出该函数的最小项表达式。

解　　　　$Z(A，B，C) = \prod M(1，6，7)$

$$= (A + B + \bar{C})(\bar{A} + \bar{B} + C)(\bar{A} + \bar{B} + \bar{C})$$

对于一个或与式，任何一个和项的值为"0"时，都使函数值为"0"，而使一个最大项的值为"0"的自变量取值只有一组。所以，对于函数 $Z(A，B，C)$，只有当自变量 ABC 的取值为 001、110 和 111 时，才有 $Z=0$；自变量取其他值时，函数值都是"1"。由此可得真值表如表 1-14 所示。

表 1-14　例 1-23 的真值表

A	B	C	Z	A	B	C	Z
0	0	0	1	1	0	0	1
0	0	1	0	1	0	1	1
0	1	0	1	1	1	0	0
0	1	1	1	1	1	1	0

根据真值表和最小项表达式的对应关系，在表 1-14 中找出函数值为"1"的行，这些行对应的最小项包含在最小项表达式中，最小项的下标就是自变量取值的十进制数，所以，最小项表达式为

$$Z(A，B，C) = \sum m(0，2，3，4，5)$$

$$= \bar{A}\bar{B}\bar{C} + \bar{A}B\bar{C} + \bar{A}BC + A\bar{B}\bar{C} + A\bar{B}C$$

比较函数的最小项表达式和最大项表达式，可以看出，最大项表达式包含的最大项的下标和最小项表达式包含的最小项的下标分别对应于真值表中函数值为"0"或"1"时自变量的取值。至此，我们建立了函数的表达式和真值表之间的对应关系，从而进一步明确了变量运算和变量取值之间的联系。

1.5　逻辑函数的化简

从图 1-13 中可以发现，函数表达式不同，对应的电路也不同。完成同样的逻辑功能，自然是电路越简单越好。简单的电路成本低、功耗低、故障率也低。采用逻辑门实现数字电路的最简标准是所用的逻辑门数量最少，每个逻辑门的输入端个数最少。

1.5.1　逻辑函数最简的标准和代数化简法

由最简逻辑电路的概念可以导出最简表达式的概念。对于常用的与或式和或与式来说，逻辑门最少意味着与或式中乘积项个数最少，或与式中和项个数最少；输入端个数最少对应着每个乘积项或和项中包含的变量个数最少。

逻辑函数的化简有多种方法，几种常用的化简方法是，基于表达式变换的代数化简法，基于图形的卡诺图化简法和计算机辅助化简法。本书简单介绍代数化简法，重点介绍卡诺图化简法，对计算机辅助化简法感兴趣的读者请参阅相关文献。

代数化简法就是利用逻辑代数的基本公式，通过项的合并（$AB + A\bar{B} = A$），项的吸收（$A + AB = A$），消去冗余变量（$A + \bar{A}B = A + B$）等手段使表达式中的项（与或式中的乘积项和或与式中的和项）的个数达到最少，同时也使每项所含变量的个数最少。

例 1-24　试用代数法化简下列逻辑函数：

$$F_1 = A\overline{B} + ACD + \overline{A}\,\overline{B} + \overline{A}CD$$

$$F_2 = AB + AB\overline{C} + AB(\overline{C} + D)$$

$$F_3 = A\overline{B} + \overline{A}B + B\overline{C} + \overline{B}C$$

解 $F_1 = A\overline{B} + ACD + \overline{A}\,\overline{B} + \overline{A}CD = A(\overline{B} + CD) + \overline{A}(\overline{B} + CD) = \overline{B} + CD$

$\quad F_2 = AB + AB\overline{C} + AB(\overline{C} + D) = AB[1 + \overline{C} + (\overline{C} + D)] = AB$

$\quad F_3 = A\overline{B} + \overline{A}B + B\overline{C} + \overline{B}C = A\overline{B}(C + \overline{C}) + \overline{A}B + (A + \overline{A})B\overline{C} + \overline{B}C$

$\qquad = A\overline{B}C + A\overline{B}\,\overline{C} + \overline{A}B + AB\overline{C} + \overline{A}B\overline{C} + \overline{B}C$

$\qquad = \overline{B}C(A + 1) + A\overline{C}(\overline{B} + B) + \overline{A}B(1 + \overline{C}) = \overline{B}C + A\overline{C} + \overline{A}B$

用代数法化简逻辑函数时，必须熟悉逻辑代数基本公式，当表达式比较复杂、项数较多时，求解困难，而且不易判断结果是否最简。代数化简法只能作为函数化简的辅助手段。

1.5.2 卡诺图法化简逻辑函数

当逻辑函数的自变量个数较少（6 个以内）时，卡诺图法是化简逻辑函数的有效工具。由代数化简法可知，若两个乘积项只有一个变量不同，即存在 $(A + \overline{A})$ 的情形时，这两个乘积项可以合并，例如，$(ABC + \overline{A}BC) = BC$，符合这种条件的项称为逻辑相邻项。逻辑函数的化简实际上就是寻找相邻项、合并相邻项的过程。

卡诺图（Karnaugh map）是变形的真值表，用方格图表示自变量取值和相应的函数值。其构造特点是自变量取值按循环码方式排列，使卡诺图中任意 2 个相邻的方格对应的最小项（或最大项）只有一个变量不同，从而将逻辑相邻项转换为几何相邻项，方便相邻项的合并。三变量、四变量和五变量的卡诺图结构如图 1-14 所示。卡诺图中的每个方格对应于

BC\A	00	01	11	10
0	0	1	3	2
1	4	5	7	6

（a）三变量

CD\AB	00	01	11	10
00	0	1	3	2
01	4	5	7	6
11	12	13	15	14
10	8	9	11	10

（b）四变量

CDE\AB	000	001	011	010	110	111	101	100
00	0	1	3	2	6	7	5	4
01	8	9	11	10	14	15	13	12
11	24	25	27	26	30	31	29	28
10	16	17	19	18	22	23	21	20

（c）五变量

图 1-14　卡诺图的结构

真值表中的一行，方格中应填入该函数的函数值"0"或"1"。方格中的编号是自变量取值对应的十进制数，也就是相应最小项（或最大项）的下标。卡诺图中的相邻关系不仅是图中相邻的方格，也包括第一行和最后一行（第一列和最后一列）对应的方格，如四变量卡诺图中的方格 1 和 9，方格 4 和 6 等；还包括五变量卡诺图中左边 16 个方格和右边 16 个方格的对应位置，如方格 9 和 13，方格 26 和 30 等，这些方格也都是逻辑相邻的。

1. 在卡诺图上合并最小项（或最大项）

卡诺图上任意 2 个相邻的最小项（或最大项）可以合并为一个乘积项（或一个和项），并消去其中取值不同的变量。2 个相邻项合并的例子如图 1-15 所示。

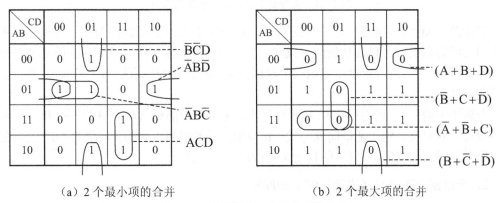

（a）2 个最小项的合并　　　　　　　　（b）2 个最大项的合并

图 1-15　卡诺图中 2 个相邻项的合并

卡诺图中 4 个相邻项可以合并为一项，并消去其中 2 个取值不同的变量。4 个相邻项合并如图 1-16 所示。

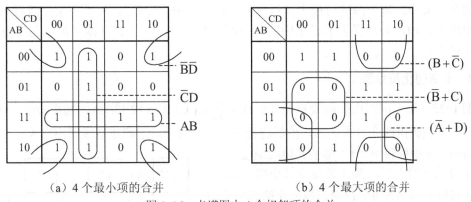

（a）4 个最小项的合并　　　　　　　　（b）4 个最大项的合并

图 1-16　卡诺图中 4 个相邻项的合并

卡诺图中 8 个相邻项可以合并为一项，并消去其中 3 个取值不同的变量。图 1-17 给出了五变量卡诺图中 8 个相邻项合并的情形，也给出了五变量卡诺图中镜像相邻的最小项合并的情形。

卡诺图中的 2^n 个相邻的最小项（或最大项）可以合并为一项，并可以消去 n 个取值不同的变量。卡诺图方格中填入的"1"或"0"在合并中可以被多个圈使用，如图 1-17 中，自变量 ABCDE 取值为 00011 和 00010 对应的两个"1"分别被两个圈所圈中，这种用法符合重叠律（$A+A=A$）。

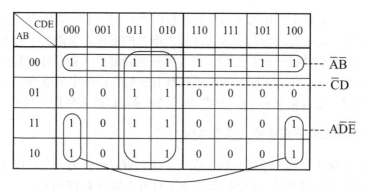

图 1-17　五变量卡诺图中最小项的合并

卡诺图中圈"1"是进行最小项的合并，每个圈中的最小项合并为一个乘积项，所有卡诺圈对应的乘积项之和就是最简与或式。书写乘积项的规则为：该圈对应的某个自变量取值为"1"时，则该自变量在乘积项中取原变量形式；自变量取值为"0"时，该自变量为反变量形式。

卡诺图中圈"0"则对应于最大项的合并，每个圈中的最大项合并为一个和项，所有卡诺圈对应的和项之积就是最简或与式。和项中变量的书写规则为：取值为"0"的自变量写成原变量形式，取值为"1"的自变量写成反变量形式。

2．卡诺图上圈"1"（或圈"0"）的原则

卡诺图上圈"1"可以得到最简与或式，圈"0"可以得到最简或与式。最简与或式是指表达式中的乘积项个数最少，每个乘积项中的变量个数最少。最简或与式是指表达式中的和项最少，每个和项中的变量个数最少。最简表达式的定义在卡诺图化简中体现为圈的个数最少，每个圈尽可能大（包含的"1"或"0"最多）。为了防止化简后的表达式中出现冗余项，必须保证卡诺图中的每个圈中至少有一个"1"（或"0"）是没有被其他圈圈过的。

3．卡诺图化简举例

例 1-25　用卡诺图化简函数 $F(A,B,C,D) = \sum m(0,3,9,11,12,13,15)$，写出最简与或式。

解　首先画出四变量卡诺图，然后将最小项填入图中。为防止造成圈不够大、或是产生冗余圈（其中的每个"1"都被其他圈圈过），画圈时先圈孤立的"1"，其含义是该最小项（m_0）无法和其他最小项合并，该圈对应的化简后的乘积项是 $\overline{A}\,\overline{B}\,\overline{C}\,\overline{D}$。然后寻找只有一个合并方向的两个"1"，在图 1-18 中，最小项 m_3 只能和最小项 m_{11} 合并，所以这个圈是必须的，该圈对应的化简结果是 $\overline{B}CD$；另外，最小项 m_{12} 只能和 m_{13} 合并，结果是 $AB\overline{C}$。最后是四个"1"的合并，卡诺图中的最小项 m_9 只能和它周围的另外 3 个"1"合并，结果是 AD。至此，卡诺图中所有的"1"都被圈过了。最

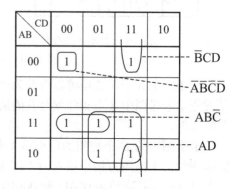

图 1-18　例 1-25 的卡诺图

简与或式就是图上 4 个圈对应的乘积项之和，即最简与或式为

$$F = \overline{A}BC\overline{D} + \overline{B}CD + AB\overline{C} + AD$$

在这个例子中，为了帮助读者理解圈"1"和最小项合并的概念，我们在每个圈后都写出了对应的乘积项，实际化简中不必如此，只要在所有的"1"都圈过之后，分别读出每个圈对应的乘积项即可。

例 1-26 用卡诺图化简函数 $F(A, B, C, D) = \sum m(1, 2, 4, 5, 6, 7, 11)$，分别求出最简与或式和最简或与式。

解 根据函数 F 的最小项表达式填写卡诺图中的"1"，其余位置填写"0"，如图 1-19 所示。

圈"1"求最简与或式：首先是孤立的"1"（m_{11}）；然后是为了化简 m_1 和 m_2 所画的两个圈；最后是为了化简 m_4 所画的圈。

圈"0"求最简或与式：首先圈孤立的"0"（M_3）；然后是为了化简 M_0，将表示 M_0 和 M_8 的两个"0"合并；剩下的"0"都可以用更大的圈来覆盖，为了化简最大项 M_9，将它和相邻的另 3 个"0"合并；为了化简 M_{10} 和 M_{15}，也分别画了两个圈。至此，所有的"0"都已圈过。注意，

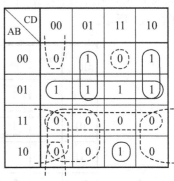

图 1-19　例 1-26 的卡诺图

为了使每个圈尽量大，卡诺图中有多个"0"都被圈过多次，但每个圈都有至少一个"0"只属于该圈。这样做就满足了卡诺图画圈的原则：所有的"0"都要被圈到，圈的数目尽可能少，每个圈尽可能大。

最后一步就是根据卡诺图中的圈写出最简表达式：对于最简与或式，选择圈"1"的圈，每个圈对应最简与或式中的一个乘积项，该圈中的自变量取值为"1"时，乘积项中的该自变量为原变量形式，否则为反变量形式。对于最简或与式，应该选择圈"0"的圈，每个圈对应最简或与式中的一个和项，该圈中的自变量取值为"0"时，和项中的该自变量为原变量形式，否则，则为反变量形式。

最简与或式：$F = A\overline{B}CD + \overline{A}CD + \overline{A}C\overline{D} + \overline{A}B$

最简或与式：$F = (A + B + \overline{C} + \overline{D})(B + C + D)(\overline{A} + C)(\overline{A} + D)(\overline{A} + \overline{B})$

例 1-27 用卡诺图化简函数 $F = \overline{A}B + AB D$，写出最简或与式。

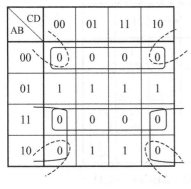

图 1-20　例 1-27 的卡诺图

解 当已知函数是与或式时，不必写出最小项表达式再填写卡诺图，而是直接根据与或运算的特点填写卡诺图：当 AB=01 时，F=1，所以卡诺图中 AB 取值 01 的一行 4 个方格都填入"1"；当 ABD=101 时，F=1，在卡诺图中找到该自变量取值条件下的两个方格填入"1"。其余方格都填入"0"。由于要求最简或与式，应圈"0"。化简 M_1 只有一种圈法，化简 M_{13} 也只有一种圈法，如图 1-20 所示。而化简 M_8 却有两种不同的圈法，分别是 $(M_0 M_2 M_8 M_{10})$ 和 $(M_8 M_{10} M_{12} M_{14})$。由此可以写出 2 个不同形式的或与式：

$$F = (A + B)(\bar{A} + \bar{B})(\bar{A} + D) \quad 和 \quad F = (A + B)(\bar{A} + \bar{B})(B + D)$$

显然，这 2 个或与式对应的电路规模完全相同，只是电路的输入信号不同，所以这 2 个或与式都是最简或与式。出现这种情况的原因是化简时对最大项的合并方式不同。

例 1-28 将下面的多输出函数化简为最简与或式，要求总体最简。

$$F_1(A,B,C,D) = \sum m(1,3,4,5,6,7,15) \quad F_2(A,B,C,D) = \sum m(1,3,10,14,15)$$

解 多输出函数化简时，每个函数最简并不代表整个电路最简。为了达到整体最简的目标，应该在卡诺图化简中寻找公共项。基本求解方法是，首先分别化简 F_1 和 F_2，如图 1-21 所示。

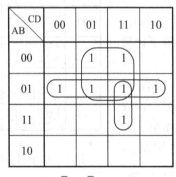
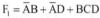
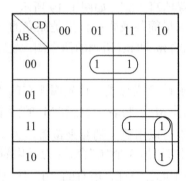

$$F_1 = \bar{A}B + \bar{A}D + BCD \qquad F_2 = \bar{A}\bar{B}D + ABC + AC\bar{D}$$

图 1-21　例 1-28 中 F_1 和 F_2 单独化简的卡诺图和最简与或式

由求得的最简与或式可知，实现 F_1 需要 3 个与门（2 个 2 输入，一个 3 输入）和一个 3 输入或门；实现 F_2 需要 3 个 3 输入与门和一个 3 输入或门。总计需要 6 个与门（2 个 2 输入，4 个 3 输入）和 2 个 3 输入或门。

下面修改圈法：在 F_1 的圈法中，为了使圈最大，化简 m_1 和 m_3 时圈了 4 个最小项，而在 F_2 的卡诺图中，已有实现 m_1 和 m_3 的乘积项。所以，在 F_1 中改为 m_1 和 m_3 合并，与 F_2 共用一个圈。在 F_1 和 F_2 的卡诺图中，为了化简 m_{15}，各画了一个圈，从而需要 2 个 3 输入与门。现在将 m_{15} 作为孤立项处理，虽然实现该孤立项需要一个 4 输入与门，但是该与门可以被 F_1 和 F_2 共同使用。修改后的卡诺图和相应的与或表达式如图 1-22 所示。

$$F_1 = \bar{A}B + \bar{A}\bar{B}D + ABCD \qquad F_2 = \bar{A}\bar{B}D + ABCD + AC\bar{D}$$

图 1-22　例 1-28 中 F_1 和 F_2 总体化简的卡诺图和与或表达式

经过上述修改，整个电路的实现需要 4 个与门（一个 4 输入、2 个 3 输入和一个 2 输入）和 2 个 3 输入或门，比两个函数单独化简时少用了 2 个与门。两个函数的实现电路如图 1-23 所示。

1.5.3 非完全描述逻辑函数的化简

上面讨论的函数都是完全描述函数，即对于任意自变量的取值，都有确定的函数值。而在实际应用中，存在大量的非完全描述函数，这种函数的自变量的某些取值是不会出现的；或是在某些自变量取值下的函数值为 0 或 1，对电路的功能没有影响。从定义函数的角度来看，此时的函数值是任意的，称为任意项（don't-care terms），用"Φ"表示。下面通过例子进一步说明任意项的概念及其在函数化简中的应用。

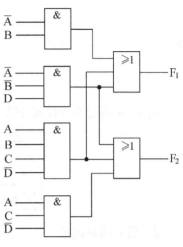

图 1-23　例 1-28 最简电路图

例 1-29 某逻辑电路的输入是 8421BCD 码，当输入的数可以被 3 整除时，电路输出为 1，否则输出为 0，试通过卡诺图化简求出该函数的最简与或式。

解 用 4 个自变量 A、B、C、D 的取值表示输入的 8421 码，当 ABCD 取值为 0000～1001 时，分别表示相应的 8421 码。根据题意，自变量取值对应的十进制数为 0，3，6，9 时，函数值 F=1；自变量取值为其他 8421 码时，F=0。自变量的取值 1010～1111 对于该电路来说不会出现（不是 8421 码），所以在这些取值条件下，F 的取值不必定义，即此时 F=Φ。满足此条件的卡诺图如图 1-24 所示。

卡诺图中的任意项既可以为 0，也可以为 1 的特点有助于简化逻辑函数。圈 1 时，若 Φ 有利于 1 的化简，就将它和 1 圈在一起，如图 1-24 中和 1 圈在一起的 Φ；若 Φ 对化简没有帮助，就弃之不顾（当做 0）。圈毕，照常读出各圈表示的乘积项，就可以写出最简与或式。

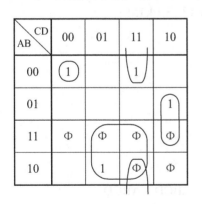

图 1-24　例 1-29 的卡诺图

$$F = \overline{ABCD} + \overline{B}CD + BC\overline{D} + AD$$

需要注意：在卡诺图化简后，所有的任意项的取值都已经确定了，那些和 1 圈在一起的 Φ 的取值是 1，其他 Φ 的取值是 0。在实际电路中，是不存在模棱两可的输出值的。

无效的输入值对实际电路的输出是有害的，对于该电路，当输入了 1010～1111 等值后，输出或为 0、或为 1。但此时的输出值并不表示输入数值是否可以被 3 整除。该电路不具备识别输入是否 8421BCD 码的能力，若要防止非 8421 码带来的错误输出，该电路还应该设置一个 8421BCD 码检测输出端，用于判别输入信号是不是 8421BCD 码。

含任意项的逻辑函数的常用表示方法如下：

1. 最小项表达式

$$F = \sum m(\quad) + \sum \Phi(\quad)$$

或

$$\begin{cases} F = \sum m(\quad) \\ \sum \Phi(\quad) = 0 \end{cases}$$

例 1-29 的逻辑函数就可以写成

$$F = \sum m(0,3,6,9) + \sum \Phi(10,11,12,13,14,15)$$

或

$$\begin{cases} F = \sum m(0,3,6,9) \\ \sum \Phi(10,11,12,13,14,15) = 0 \end{cases}$$

2. 最大项表达式

$$F = \prod M(\quad) \cdot \prod \Phi(\quad)$$

或

$$\begin{cases} F = \prod M(\quad) \\ \prod \Phi(\quad) = 1 \end{cases}$$

例 1-29 的逻辑函数也可以写成

$$F = \prod M(1,2,4,5,7,8) \cdot \prod \Phi(10,11,12,13,14,15)$$

或

$$\begin{cases} F = \prod M(1,2,4,5,7,8) \\ \prod \Phi(10,11,12,13,14,15) = 1 \end{cases}$$

3. 其他约束条件形式

由于

$$\sum \Phi(10,11,12,13,14,15)$$
$$= A\bar{B}C\bar{D} + A\bar{B}CD + AB\bar{C}\bar{D} + AB\bar{C}D + ABC\bar{D} + ABCD$$
$$= AB + AC$$

所以任意项也可以表示为

$$\begin{cases} F = \sum m(0,3,6,9) \\ \text{约束条件：} AB + AC = 0 \end{cases}$$

上式中的约束条件 $AB + AC = 0$ 应该这样理解：对于函数 $F = \sum m(0,3,6,9)$，其中的自变量取值必须受到表达式 $AB + AC = A(B+C) = 0$ 的约束，即或者 A=0，或者 B 和 C 都为 0。显然，符合该条件的自变量取值就是 0000～1001。

习　题　1

1-1　将下列二进制数转换为十进制数。

（1）$(1101)_2$ （2）$(10110110)_2$ （3）$(0.1101)_2$ （4）$(11011011.101)_2$

1-2   将下列十进制数转换为二进制数和十六进制数。

（1）$(39)_{10}$ （2）$(0.625)_{10}$ （3）$(0.24)_{10}$ （4）$(237.375)_{10}$

1-3   将下列十六进制数转换为二进制数和十进制数。

（1）$(6F.8)_{16}$ （2）$(10A.C)_{16}$ （3）$(0C.24)_{16}$ （4）$(37.4)_{16}$

1-4   求出下列各数的 8 位二进制原码和补码。

（1）$(-39)_{10}$ （2）$(0.625)_{10}$ （3）$(5B)_{16}$ （4）$(-0.10011)_2$

1-5   已知 $X=(-92)_{10}$，$Y=(42)_{10}$，利用补码计算 $X+Y$ 和 $X-Y$ 的数值。

1-6   分别用 8421 码、5421 码和余 3 码表示下列数据。

（1）$(309)_{10}$ （2）$(63.2)_{10}$ （3）$(5B.C)_{16}$ （4）$(2004.08)_{10}$

1-7   写出字符串"It's F8"对应的 ASCII 码。若对该 ASCII 码字符串采用奇检验，写出带奇检验位的编码字符串（检验位放在最高位，采用十六进制格式表示）。

1-8   判断表 1-15 所示三种 BCD 码是否是有权码。若是，请指出各位的权值。

表 1-15   题 1-8 的表

N_{10}	A	B	C	D		N_{10}	A	B	C	D		N_{10}	A	B	C	D
(a)						(b)						(c)				
0	0	0	0	0		0	0	0	0	0		0	0	0	1	1
1	0	0	0	1		1	0	0	0	1		1	0	0	1	0
2	0	0	1	1		2	0	0	1	0		2	0	1	0	1
3	0	1	0	0		3	0	0	1	1		3	0	1	1	1
4	0	1	0	1		4	0	1	0	0		4	0	1	1	0
5	0	1	1	1		5	0	1	0	1		5	1	0	0	1
6	1	0	0	0		6	0	1	1	0		6	1	0	0	0
7	1	0	0	1		7	0	1	1	1		7	1	0	1	0
8	1	0	1	1		8	1	1	1	0		8	1	1	0	1
9	1	1	1	1		9	1	1	1	1		9	1	1	0	0

1-9   用真值表证明分配律公式 $A+BC=(A+B)(A+C)$。

1-10   用逻辑代数的基本定律和公式证明。

（1）$AB+\overline{A}C+\overline{B}\,\overline{C}=\overline{A}B+A\overline{C}+BC$

（2）$(A+B+C)(\overline{A}+B+C)(\overline{A}+B+\overline{C})=\overline{A}C+B$

（3）$A\oplus B\oplus(AB)=A+B$

1-11   判断下列命题是否正确。

（1）若 $A+B=A+C$，则 $B=C$ （2）若 $AB=AC$，则 $B=C$

（3）若 $A+B=A$，则 $B=0$ （4）若 $A=B$，则 $A+B=A$

（5）若 $A+B=A+C$，$AB=AC$，则 $B=C$ （6）若 $A\oplus B\oplus C=1$，则 $A\odot B\odot C=0$

1-12   根据对偶规则和反演规则，直接写出下列函数的对偶函数和反函数。

（1）$X=\overline{A}C+\overline{B}C+A(\overline{B}+\overline{CD})$

（2）$Y=\overline{A}B\cdot\overline{\overline{B}C}+D+A(B+\overline{C})$

1-13　列出逻辑函数 $F = \overline{A}B\overline{C} + \overline{B}C + A(B + \overline{C})$，$G = A(B + \overline{C})(\overline{A} + B + C)$ 的真值表，并分别用变量形式和简写形式写出标准积之和式与标准和之积式。

1-14　求出下列函数的标准积之和式与标准和之积式。

（1）$F = A + B\overline{C} + \overline{A}C$　　　　　　　　　　（2）$F = \overline{\overline{A}(\overline{B} + C)}$

1-15　用代数法化简逻辑函数。

（1）$W = AB + \overline{A}C + \overline{B}\overline{C}$　　　　　　　　（2）$X = (A \oplus B)\overline{\overline{A}B + AB} + AB$

1-16　用卡诺图化简下列函数，写出最简与或式和最简或与式。

（1）$F(A,B,C) = \sum m(0,1,3,4,6)$

（2）$F(A,B,C,D) = \sum m(1,2,4,6,10,12,13,14)$

（3）$F(A,B,C,D) = \prod M(0,1,4,5,6,8,9,11,12,13,14)$

（4）$F(A,B,C,D,E) = \sum m(1,2,6,8,9,10,11,12,14,17,19,20,21,23,25,27,31)$

（5）$F(A,B,C,D) = (\overline{B} + C + \overline{D})(\overline{B} + \overline{C})(A + \overline{B} + C + D)$

（6）$F(A,B,C,D) = \overline{A\overline{D} + ABC + AC\overline{D} + \overline{A}\overline{B}\overline{C}D + \overline{A}BCD}$

（7）$F(A,B,C,D) = \sum m(1,3,4,7,11) + \sum \Phi(5,10,12,13,14,15)$

（8）$F(A,B,C,D) = \prod M(4,7,9,11,12) \cdot \prod \Phi(0,1,2,3,14,15)$

（9）$\begin{cases} F(A,B,C,D) = \sum m(0,2,7,13,15) \\ \text{约束条件：} \overline{A}B\overline{C} + \overline{A}B\overline{D} + \overline{A}\overline{B}D = 0 \end{cases}$

（10）$\begin{cases} F(A,B,C,D) = \overline{A}\overline{B}C\overline{D} + AB\overline{C}\overline{D} + AC\overline{D} \\ \text{约束条件：C和D不可能取相同的值} \end{cases}$

（11）$\begin{cases} F(W,X,Y,Z) = \prod M(0,2,5,10) \\ \text{约束条件：W、X、Y 和 Z 中最多只有两个同时为 1} \end{cases}$

（12）$\begin{cases} F(A,B,C,D) = (A + \overline{B} + C + D)(\overline{B} + C + \overline{D})(\overline{B} + \overline{C} + D) \\ \text{约束条件：} \quad (B + \overline{C})(B + \overline{D}) = 1 \end{cases}$

1-17　将下列多输出函数化简为最简与或式，要求总体最简。

$\begin{cases} F_1(A,B,C,D) = \sum m(0,1,4,5,9,11,13) \\ F_2(A,B,C,D) = \sum m(0,4,11,13,15) \end{cases}$

1-18　已知函数 $F_1 = A\overline{B}\overline{D} + \overline{A}BD + ACD + \overline{A}C\overline{D}$，$F_2 = B\overline{D} + AC\overline{D} + A\overline{C}D + \overline{B}CD$，试在卡诺图上实现运算 $F_1 + F_2$，$F_1 \cdot F_2$ 和 $F_1 \oplus F_2$，并用卡诺图求出这些函数的最简与或式和或与式。

1-19　若函数 $F = A\overline{B}D + \overline{A}BD + \overline{A}B\overline{D} + \overline{A}BC\overline{D}$ 的最简与或式为 $F = \overline{A}B + \overline{B}D + AC$，试求其最小约束条件表达式。

1-20　求解逻辑方程 $\overline{A} + BC = AC\overline{D} + BD = B + CD$。

1-21　已知正逻辑时电路的输出函数表达式为 $F = \overline{A + B\overline{C}}$，试列出其真值表、输入输出电平表和负逻辑时的真值表，写出负逻辑时该电路的输出函数表达式，判断该电路的正、负逻辑表达式是否互为对偶式。

1-22　某工厂有 4 个股东，分别拥有 40%、30%、20%和 10%的股份。一个议案要获得通过，必须至少有超过一半股权的股东投赞成票。试列出该厂股东对议案进行表决的电路的真值表，并求出最简与或式。

1-23　某厂有 15kW、25kW 两台发电机和 10kW、15kW、25kW 三台用电设备。已知三台用电设备可以都不工作或部分工作，但不可能三台同时工作。请设计一个供电控制电路，使用电负荷最合理，以达到节电目的。试列出该供电控制电路的真值表，求出最简与或式，并用与非门实现该电路。

自 测 题 1

1．（28 分）填空。

（1）$(AE.4)_{16} = ($　　$)_{10} = ($　　$)_{8421BCD}$

（2）$(174.25)_{10} = ($　　$)_2 = ($　　$)_{16}$

（3）已知 $X = (-0.01011)_2$，则 X 的 8 位二进制补码为（　　）

（4）已知 $X_原 = Y_补 = (10110100)$，则 X、Y 的真值分别为（　　$)_{10}$、（　　$)_{16}$

（5）8 位二进制补码所能表示的十进制数范围为（　　）

（6）$\bar{A} + AB = ($　　$)$，$A \oplus 1 = ($　　$)$

（7）$A_1 \oplus A_2 \oplus \cdots \oplus A_n = 1$ 的条件是（　　）

（8）直接根据对偶规则和反演规则，写出函数 $F = A + \overline{BC} + B(\bar{A} + C)$ 的对偶式和反函数分别为 $F_d = ($　　$)$，$\bar{F} = ($　　$)$

（9）$F = A(\bar{B} + C)$ 的标准或与式为 $F(A,B,C) = ($　　$)$

2．（10 分）判断正误。

（1）$(256.4)_8 = (0010\ 0101\ 0110.\ 0100)_{8421BCD}$　　　　　　　　　　　　　　（　　）

（2）奇偶检验码可以检测出偶数个码元错误　　　　　　　　　　　　　　　　　（　　）

（3）因为 $A \odot B = \overline{A \oplus B}$，所以 $A \odot B \odot C = \overline{A \oplus B \oplus C}$　　　　　　　（　　）

（4）$\bar{A} \oplus B = A \oplus \bar{B} = A \odot B$　　　　　　　　　　　　　　　　　　　　（　　）

（5）如果 $A \odot B = 0$，则 $A = \bar{B}$　　　　　　　　　　　　　　　　　　　　（　　）

3．（10 分）直接画出逻辑函数 $F = \bar{A}B + \bar{B}(A \oplus C)$ 的实现电路。

4．（15 分）列出函数 $F = \bar{A}B + A(\bar{B} \oplus C)$ 的真值表，写出标准与或式及或与式。

5．（10 分）用代数法化简逻辑函数 $F = \overline{(\bar{A} + B)C} + A\bar{B} + A\bar{C} + BC$。

6．（20 分）用卡诺图化简下列逻辑函数，写出其最简与或式及或与式。

（1）$\begin{cases} Y(A,B,C,D) = \sum m(4,6,7,8) \\ 约束条件：A \odot B = 0 \end{cases}$

（2）$Z(A,B,C,D) = \prod M(1,2,4,5,7,8) \cdot \prod \Phi(0,10,11,12,13,14,15)$

7．（7 分）某报警电路有 4 条输入信号线，线 A 接隐蔽的控制开关，线 B 接带锁壁柜中钢制保险箱下面的压力传感器，线 C 接时钟，线 D 接带锁壁柜门开关。各条线满足如下条件时产生逻辑 1 的电压。

   A：隐蔽的控制开关关闭。   B：钢制保险箱处于正常位置。

   C：时钟在 10:00 时到 16:00 时之间。 D：带锁壁柜柜门关闭。

当出现下列任意一种或多种情况时，报警电路发出报警信号：

（1）隐蔽的控制开关关闭而保险箱移动了。

（2）时钟的时间在 10:00 时到 16:00 时之外时，带锁壁柜柜门打开了。

（3）隐蔽的控制开关断开而带锁壁柜柜门打开了。

试定义变量，列出该报警电路的真值表。

第 2 章

组合逻辑电路分析与设计

数字电路从结构和功能上可以分为组合逻辑电路和时序逻辑电路,其中组合逻辑电路是由逻辑门级联而成的,没有反馈通道,组合电路的功能可以用真值表完全描述,其特点是,电路在任意时刻的输出完全由该时刻的输入信号确定,而与输入信号以往的取值没有关系。时序逻辑电路中包含记忆元件,其输出信号的取值与输入信号的历史有关。

第 1 章中指出,数字设计包括低层次的物理级和晶体管级设计、中层次的门级和模块级设计、以及高层次的系统级设计。本章首先从晶体管级简单介绍数字集成电路中逻辑门的结构及其电气特性;进而介绍组合逻辑电路的各种功能电路和常用芯片,并在门级和模块级讨论组合逻辑电路的分析和设计方法;然后介绍数字系统的高层次设计工具——VHDL 硬件描述语言;最后简单介绍影响逻辑电路工作可靠性的冒险现象。

2.1 集成逻辑门

实现逻辑电路的方法很多,早在集成电路出现前的 20 世纪 30 年代,贝尔实验室用电磁继电器构造逻辑电路;40 年代出现的第一台电子计算机(名叫 ENIAC)则是基于真空电子管逻辑电路的,这是一个长达 30 米、重量超过 30 吨的庞然大物,每秒 5000 次加法的运算能力与目前的个人计算机相去甚远。60 年代出现的 TTL 是第一个成功的商用数字集成电路系列,随后出现的 CMOS 和 ECL 等逻辑系列也各有其特点。

所谓逻辑系列(logic family)是一些集成电路芯片的集合,同一系列的芯片有类似的输入、输出和内部电路特征,但逻辑功能不同。同一系列的芯片可以通过相互连接实现各种逻辑功能,不同系列的芯片之间不能随意连接,它们可能采用不同的电源电压,或采用不同的电压表示逻辑 0 和逻辑 1。

通常用一个芯片中包含逻辑门或晶体管数量的多少来衡量数字集成电路的规模。目前,数字芯片的集成度分为六大类:小规模集成电路(small scale integration,SSI)、中规模集成电路(medium scale integratin,MSI)、大规模集成电路(large scale integration,LSI)、超大规模集成电路(very large scale integration,VLSI)、特大规模集成电路(ultra large scale integration,ULSI)和巨大规模集成电路(gigantic scale integration,GSI),其分类标准如表 2-1 所示。

表 2-1　数字集成电路的集成度分类

类别	SSI	MSI	LSI	VLSI	ULSI	GSI
芯片所含门电路数	<10	$10\sim10^2$	$10^2\sim10^4$	$10^4\sim10^6$	$10^6\sim10^8$	$>10^8$
芯片所含元件个数	$<10^2$	$10^2\sim10^3$	$10^3\sim10^5$	$10^5\sim10^7$	$10^7\sim10^9$	$>10^9$

集成逻辑门是最基本的数字集成电路，按制作工艺和工作机理的不同可以分为 TTL、CMOS 和 ECL 三种主要类型。TTL（transistor-transistor logic）是晶体管-晶体管逻辑的英文缩写，是由双极型晶体三极管构成的数字集成电路，TTL 电路在 20 世纪 70 年代和 80 年代占据统治地位；ECL（emitter coupled logic）也是由双极型晶体三极管构成的数字集成电路，ECL 电路在高速应用领域一枝独秀。而 CMOS（complementary MOS）则是由单极型场效应管构成的集成电路，目前 CMOS 器件已经基本取代 TTL 器件，占领了绝大部分世界 IC 市场。

2.1.1　集成逻辑门系列

1. CMOS 逻辑门

最简单的集成逻辑门是 CMOS 非门，由两个互补的场效应管构成，如图 2-1 所示。

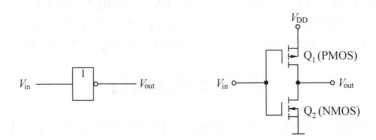

图 2-1　CMOS 反相器的场效应管电路图

场效应晶体管（field effect transistor，FET）是一种用输入电压控制输出电流的半导体器件。由于只有一种载流子（多子）参与导电，所以又称为单极型晶体管。MOS 晶体管是 FET 中的一种，全称是金属-氧化物-半导体场效应晶体管（metal-oxide semiconductor FET，MOSFET）。在数字集成电路中，MOS 器件通过隔离的栅极电压控制沟道导电，实现开关功能。NMOS 管是 N 沟道 MOS 管的简称，其结构是在 P 型半导体上制作两个 N 型电极（源极 S 和漏极 D）和一个隔离的金属栅极 G。当栅源电压 V_{GS} 大于开启电压 V_T（阈值电压）时，在源、漏极之间产生 N 型导电沟道，源漏电阻较小（几百欧姆以内），称为导通。当 V_{GS} 小于 V_T 时，导电沟道消失，源漏电阻很大（MΩ 以上），称为截止。PMOS 管是在 N 型半导体上制作两个 P 型电极和隔离栅极实现的，P 沟道 MOS 管的工作原理与 N 沟道 MOS 管完全相同，只不过导电的载流子不同，电压极性不同而已。

图 2-1 中的 Q_1 和 Q_2 分别是 P 沟道增强型 MOS 管（PMOS 管）和 N 沟道增强型 MOS 管（NMOS 管）。所谓增强型，简单地说，就是栅源电压 $V_{GS}=0$ 时，不存在导电沟道。一

个 PMOS 管和一个 NMOS 管构成互补 MOS 结构，简称 CMOS。

在图 2-1 所示电路中，当输入电压 $V_{in} = +V_{DD}$ 时，NMOS 管 Q_2 的栅源电压 $V_{GS} = +V_{DD}$，沟道导通，漏极和源极之间呈现低电阻；而 PMOS 管 Q_1 的栅源电压 $V_{GS} = 0V$，沟道夹断，漏极和源极之间呈现高阻抗，从而电路输出低电平。当输入电压 $V_{in} = 0V$ 时，NMOS 管的 $V_{GS} = 0V$，NMOS 管截止；PMOS 管的 $V_{GS} = -V_{DD}$，PMOS 管导通，从而电路输出高电平。上述分析可以归纳为：输入高电平则输出低电平，输入低电平则输出高电平，该电路是一个非门。

图 2-2 是 CMOS 两输入与非门电路原理图，两个 NMOS 管（Q_3 和 Q_4）串联，只有当两个输入端 A、B 都是高电平时，Q_3 和 Q_4 才导通，而 Q_1 和 Q_2 都截止，从而输出端为低电平；任意一个输入端为低电平时，输出都是高电平。

图 2-3 是 CMOS 两输入或非门电路原理图，两个 NMOS 管（Q_3 和 Q_4）并联，显然，任何一个输入端为高电平将使相应的 NMOS 管（Q_3 或 Q_4）导通，而相应的 PMOS 管（Q_1 或 Q_2）截止，从而输出低电平。

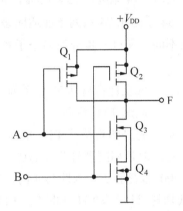 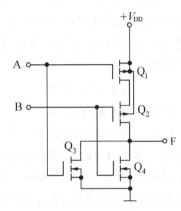

图 2-2 CMOS 与非门电路原理图　　　　图 2-3 CMOS 或非门电路原理图

CMOS 非门是最简单的门电路，其次是与非门和或非门。其他 CMOS 门电路都是在此基础上组合而成的。例如，CMOS 与门是由与非门和非门级联得到的，或门是由或非门和非门级联得到的。

率先在市场上获得成功的 CMOS 逻辑系列是 4000 系列，型号 CD4001B 的芯片是 2 输入四或非门，即该芯片内包括 4 个 2 输入或非门；CD4009B 是六非门芯片；CD4011B 是 2 输入四与非门。该系列电路采用单电源供电（+3 ～ +18V），具有低功耗的优点，但速度较慢，输入、输出电平也和当时流行的 TTL 系列不匹配。随后出现的 74HC 系列和 74HCT 系列是高性能 CMOS 器件，在保持低功耗优点的基础上，进一步提高了响应速度和负载驱动能力。74HC 系列的逻辑功能和管脚排列与原 74 系列 TTL 芯片完全相同，电源电压为 +2 ～ +6V，电源电压的降低可以使芯片的功耗更低；74HCT 系列采用 +5V 电源电压，输入电平与 TTL 电平相同，完全兼容原有的 74 系列 TTL 器件。

相对于其他逻辑系列，CMOS 逻辑电路具有以下优点：

- 允许的电源电压范围宽，方便电源电路的设计。
- 逻辑摆幅大（输出高电平接近 V_{DD}，低电平接近 0），使电路抗干扰能力强。

- 静态功耗低。
- 隔离栅结构使 CMOS 器件的输入电阻极大，从而使 CMOS 器件驱动同类型逻辑门的能力比其他系列强得多。

由于 CMOS 器件采用隔离栅结构，容易因静电感应造成器件击穿而损坏。虽然芯片内部有一定的保护措施，使用中还是应该注意防止静电的产生和积累。常用的保护措施包括器件用防静电材料包装、保证人员和设备良好接地、CMOS 逻辑门不用的输入端不能悬空（应接电源或地或接其他输入端）等。

2. TTL 逻辑门

TTL 是最常用的双极型逻辑系列。74/54 系列 TTL 逻辑电路是由美国 TI 公司（Texas Instruments）于 20 世纪 60 年代推出的逻辑系列，已经成为国际标准逻辑系列。74 商用系列和 54 军用系列芯片具有完全相同的逻辑功能和引脚排列，区别在于工作温度范围（74 系列：0℃～70℃，54 系列：-55℃～+125℃）、电源电压（74 系列：+5V±5%，54 系列：+5V±10%），以及其他个别电气指标上。总体来说，54 系列比 74 系列更能适应恶劣的自然环境和电气环境。74/54 系列中按电气性能特点的不同，又进一步分为多个子系列，以下是几个传统的子系列：

74×××	标准 TTL 系列	74LS×××	低功耗肖特基 TTL 系列
74L×××	低功耗 TTL 系列	74F×××	高速 TTL 系列
74S×××	肖特基 TTL 系列	74AS×××	先进的肖特基 TTL 系列

不同子系列器件的功耗、速度或其他特性有所不同，但是相同型号芯片的逻辑功能和管脚排列是完全相同的。例如，7400、74LS00 和 74F00 都表示 2 输入四与非门，74LS02 则是 2 输入四或非门等。TTL 系列中有代表性的是低功耗-肖特基 TTL（即 LS-TTL），该子系列在功耗和速度方面都有较好的表现，是应用最广泛的 TTL 器件。

实际应用需要和芯片技术的发展使数字芯片的种类越来越多，74/54 系列中进一步出现了电源电压为 3.3V、2.5V、1.8V 的低压系列，先进的高速系列、低功耗系列、强驱动系列等。目前，仅 TI 公司的 74 系列就有几十个子系列。

由于 74 系列的成功，后来的高性能 CMOS 逻辑电路也有了与其兼容的产品，即前面介绍的 74HC 和 74HCT 系列，例如，74HCT00 是与 7400 全面兼容的 CMOS 工艺的 2 输入四与非门。

TTL 集成电路采用单电源+5V 供电，构成逻辑门的晶体管工作于饱和或截止状态，起到电子开关的作用。TTL 逻辑门的输出逻辑电平不如 CMOS 器件，高电平约为 3.6V，低电平约为 0.3V，造成逻辑摆幅偏小，抗干扰能力不够强的缺点。TTL 器件的静态功耗比 CMOS 器件高得多，不适合电池供电场合。其工作速度虽比传统的 CMOS 器件快，但与目前先进的 CMOS 技术相比，已没有优势。虽然 TTL 的电路结构可以保证悬空的输入端等效于输入高电平，但仍不主张这种用法。处理多余输入端的正确方法与使用 CMOS 逻辑门时相同。

3. ECL 逻辑门

ECL 也是双极型晶体三极管构成的逻辑电路，与 TTL 不同的是，ECL 中的晶体管工作于截止或放大状态，并不进入饱和状态，从而有效地提高了状态转换速度，使其适用于对速度要求特别高的场合。ECL 系列逻辑电路具有下列特点：

- ECL 的基本逻辑门是"或/或非门"，同时具有"或"和"或非"输出端。
- 早期 ECL 电路使用 −5.2V 的单一负电源供电，输出低电平为 −1.8V，输出高电平为 −0.8V，该电平与 TTL 和 CMOS 器件的逻辑电平不兼容。新型 ECL 器件既可以采用 +5V，也可以采用 −5V 供电，方便了不同系列逻辑器件的互连。
- 强调高速度的 ECL 系列存在高功耗的缺点。

2.1.2　集成逻辑门的主要电气指标

在电气指标规定的范围内正确使用集成逻辑门，是电路安全和正常工作的重要保证。集成逻辑门的主要电气指标包括：

1. 逻辑电平

在第 1 章中已经介绍，二值逻辑中的逻辑值 0 和 1 是通过电路的逻辑电平加以表示的，用低电平表示逻辑 0、高电平表示逻辑 1 时，称为正逻辑表示法；用高电平表示逻辑 0、低电平表示逻辑 1 时，称为负逻辑表示法。逻辑电平就是指逻辑电路的输入、输出电平，可以分为输入低电平、输入高电平、输出低电平和输出高电平四种。图 2-4 是一个电源电压为 5.0V 的 CMOS 非门的输入、输出电压对应关系图，称为电压传输特性。该图描述了当输入电压 V_{IN} 由低到高变化时，输出电压 V_{OUT} 由高到低的变化过程。

输入低电平 V_{IL}：指逻辑门允许输入的低电平。V_{IL} 不是一个取值，而是一个取值范围。当输入电平在该范围内变化时，逻辑门将输入电平识别为低电平。一个重要的指标是输入低电平的最大值 V_{ILMAX}，大于该值的输入电平不再是可靠的逻辑低电平。V_{ILMAX} 又叫关门电平 V_{OFF}。在图 2-4 中，定义 $V_{ILMAX} = 1.5V$。当输入电平在 0～1.5V 之间时，输入为低电平。

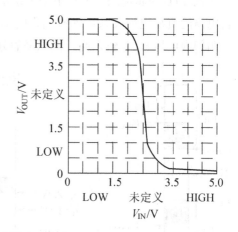

图 2-4　典型 CMOS 非门的电压传输特性

输入高电平 V_{IH}：指逻辑门允许输入的高电平。V_{IH} 也是一个取值范围。当输入电平在该范围内变化时，逻辑门将输入电平识别为高电平。一个重要的指标是输入高电平的最小值 V_{IHMIN}，输入高电平不应小于该值。V_{IHMIN} 又叫开门电平 V_{ON}。图 2-4 中，定义 $V_{IHMIN} = 3.5V$。当输入电平在 3.5～5.0V 之间时，输入为高电平。

输出低电平 V_{OL}：指逻辑电路制造厂家可以确保的，在正常使用条件下，该逻辑电路输出低电平时的取值，V_{OL} 也是一个取值范围，其上限是输出低电平的最大值 V_{OLMAX}，正常使用时，输出低电平的值不会高于 V_{OLMAX}。对于 CMOS 器件，V_{OLMAX} 约为 0.1V。

输出高电平 V_{OH}：指逻辑电路制造厂家可以确保的，在正常使用条件下，该逻辑电路输出高电平时的取值，V_{OH} 的下限是输出高电平的最小值 V_{OHMIN}，正常使用时，输出高电平的值不会低于 V_{OHMIN}。对于 CMOS 器件，V_{OHMIN} 约为 $V_{\text{DD}} - 0.1\text{V}$。

2. 噪声容限

叠加在输入信号上的噪声会改变输入电平的取值，严重时会影响电路的逻辑动作。衡量一个逻辑电路抗干扰能力的指标是电路的噪声容限，可以分为低电平输入时的噪声容限 V_{NL} 和高电平输入时的噪声容限 V_{NH}。

V_{NL}：一般情况下，逻辑门的输入低电平 V_{IL} 就是前级逻辑门的输出低电平 V_{OL}，V_{OL} 最坏的情况是 V_{OLMAX}。而允许输入的低电平最大值是 V_{ILMAX}，也就是关门电平 V_{OFF}。噪声的作用使实际输入电平发生变化，只要实际输入电平低于关门电平，就不会影响电路的输出。因此，低电平输入时的噪声容限为

$$V_{\text{NL}} = V_{\text{OFF}} - V_{\text{OLMAX}}$$

V_{NH}：一般情况下，逻辑门的输入高电平 V_{IH} 就是前级逻辑门的输出高电平 V_{OH}，V_{OH} 最坏的情况是 V_{OHMIN}。而允许输入的高电平最小值是 V_{IHMIN}，也就是开门电平 V_{ON}。只要实际输入高电平不低于开门电平，就不会影响电路的输出。因此，高电平输入时的噪声容限为

$$V_{\text{NH}} = V_{\text{OHMIN}} - V_{\text{ON}}$$

输入电平、输出电平和噪声容限的关系可以用图 2-5 形象地加以表示。图 2-5（a）概括表示了输入高、低电平，输出高、低电平和噪声容限的相互关系，图 2-5（b）是电源为 +5V 的 TTL 逻辑电路的典型电平关系示意图，图 2-5（c）是电源电压为 +5V 的 CMOS 逻辑电路的典型电平关系示意图。图中的参数 V_{TH} 是输入电平的阈值电压（threshold voltage，又叫门限电压），是输入高、低电平的分界点。

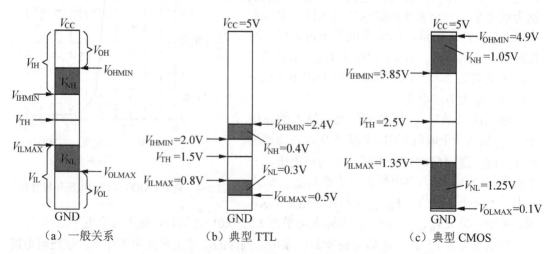

（a）一般关系 （b）典型 TTL （c）典型 CMOS

图 2-5　输入、输出电平和噪声容限示意图

显然，由于 TTL 逻辑电路的输出高电平的下限较低（2.4V），使其噪声容限较低，只有 0.3～0.4V；而 CMOS 逻辑电路的电平分布比较均匀，更接近理想电压特性，其噪声容限超过 1.0V。

3. 输出驱动能力

逻辑电路的驱动能力（也叫负载能力）通常用其输出电流的大小来表示。当逻辑电路驱动负载时，会有电流从负载中流过，并在负载上产生压降，从而使电路的输出逻辑电平发生变化。当输出高电平低于 V_{OHMIN} 或输出低电平高于 V_{OLMAX} 时，则认为负载太重了，超出了该电路的负载能力。

高电平输出电流 I_{OH}：指逻辑电路输出高电平时的输出电流，该电流由输出端流向负载。对应于不同的输出高电平 V_{OH} 的取值(负载变化造成的)，I_{OH} 有不同的值。对应于 V_{OHMIN}，I_{OH} 达到最大值，记为 I_{OHMAX}。

低电平输出电流 I_{OL}：指逻辑电路输出低电平时的输出电流，该电流由负载流入逻辑电路的输出端。当负载变化时，I_{OL} 有不同的值。对应于 V_{OLMAX}，I_{OL} 达到最大值，记为 I_{OLMAX}。

扇出系数 N_O：逻辑电路的驱动能力也可以用扇出系数 N_O 表示。所谓扇出系数，是指逻辑电路正常工作时，一个输出端可以同时驱动同系列逻辑电路输入端数目的最大值。当逻辑电路的输出端驱动同类逻辑电路的输入端时，逻辑电路的输入电流就是输出端的负载电流。逻辑门正常工作时，输入端所需电流分为输入高电平时的电流 I_{IH} 和输入低电平时的电流 I_{IL}。从而高电平输出时的扇出系数就是小于或等于 I_{OH}/I_{IH} 的整数，低电平输出时的扇出系数就是小于或等于 I_{OL}/I_{IL} 的整数，该类电路的扇出系数 N_O 就是两者之中较小的一个。

4. 功耗

逻辑电路的功耗是指逻辑电路消耗的电源功率。电路的工作状态不同时，消耗的功率也不同。通常分为静态功耗和动态功耗。所谓静态功耗，就是电路的输出状态不变时的功率损耗，通常，逻辑电路在输出高电平和输出低电平时的静态功耗并不相同，所以，常用平均静态功耗表示。而动态功耗则是电路状态变化时产生的功耗，由于电路状态变化所需时间很短（ns 量级），对于低速电路，其动态功耗很小，芯片的功耗以静态功耗为主。而对于高速应用的电路，状态变化所需时间变得突出了，从而动态功耗成为电路功耗的主要部分。CMOS 电路的静态功耗很低，在 μW 量级以下，使其可以用于电池供电的场合。TTL 电路的静态功耗则较高，通常在 mW 量级。而 ECL 电路为了达到高速度，其功耗更高。

5. 时延

任何电路对信号的传输与处理都会产生时延。所谓时延 t_{pd} (propagation delay time)，就是从输入信号达到电路输入端，到相应的输出信号出现在电路输出端所需要的时间。信号时延又进一步分为上升时延 t_{pLH} 和下降时延 t_{pHL}，图 2-6 是非门的传输时延示意图。t_{pHL} 是指输入信号的变化引起输出信号由高到低变化对应的时延，而 t_{pHL} 则是输出信号由低到高变化对应的时延。时延测量的时刻是由输入信号幅度变化的中间值到输出信号幅度变化的中间值，

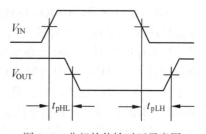

图 2-6　非门的传输时延示意图

如图 2-6 所示。上升时延和下降时延通常并不相等，其均值称为平均时延 t_{pd}，$t_{pd} = (t_{pHL} + t_{pLH})/2$。

6. 不同系列逻辑门的性能比较

市场上众多的数字集成电路中，TTL 以 74/54 系列为主，CMOS 以 4000 系列和 74 系列为主，ECL 则以 10K 和 100K 系列为主。表 2-2 给出了不同系列或子系列中典型器件的主要性能指标。

表 2-2   典型逻辑系列性能指标对照表

系列\指标		TTL			ECL		CMOS		
		7400	74LS00	74AS00	MC10E101		74HC00	74HCT00	CD4011B
电源电压	V_{CC}(V)	5.0	5.0	5.0	5.0	−5.0	2～6	5.0	3～18
输入电压	V_{IH}(V)	≥2.0	≥2.0	≥2.0	≥3.87	≥−1.13	≥3.15	≥2	≥3.5
	V_{IL}(V)	≤0.8	≤0.8	≤0.8	≤3.52	≤−1.48	≤1.35	≤0.8	≤1.5
输入电流	I_{IH}(μA)	≤40	≤20	≤20	≤150	≤150	≤0.1μA	≤0.1μA	≤0.1μA
	I_{IL}(mA)	≤1.6	≤0.4	≤0.1	0.25μA	0.65μA			
输出电压	V_{OH}(V)	≥2.4	≥2.7	≥3	≥4.02	≥−0.98	≥4.4	≥4.4	≥4.95
	V_{OL}(V)	≤0.4	≤0.4	≤0.5	≤3.37	≤−1.63	≤0.1	≤0.1	≤0.05
输出电流	I_{OH}(mA)	−0.4	−0.4	−2	<50	<50	±4	±4	±1
	I_{OL}(mA)	16	8	20					
静态电流	I_{CC}(mA)	4～22	0.8～4.4	2～17	30	30	2μA	2μA	0.25μA
传输时延	t_{pd}(ns)	7～22	9～15	1～4	0.2～0.5	0.2～0.5	7	8	125
噪声容限	V_{NH}(V)	0.4	0.7	1	0.15	0.15	1.25	2.4	1.45
	V_{NL}(V)	0.4	0.4	0.3	0.15	0.15	1.25	0.7	1.45
静态功耗	P_O(mW)	20～110	4～22	10～85	150	150	9μW	10μW	1.25μW

注：除 ECL 工艺的 MC10E101 是 Motorola 公司的产品外，其他都是 TI 公司的产品。

74HC00 的参数是 V_{CC}=+4.5V 时的取值，CD4000B 的参数是 V_{CC}=+5V 时的取值。

同一系列的不同芯片，以及不同厂家产品的各项指标可能有所不同。

表 2-2 中的 ECL 芯片 MC10E101 是 4 输入四或/或非门，采用+5V 供电时，称为 PECL；采用−5V 供电时，称为 NECL。74 系列后缀为 00 的芯片的逻辑功能是 2 输入四与非门。CD4011B 是 CMOS 4000 系列中的一个芯片，其逻辑功能是 3 输入三与非门。

由表 2-2 可以看出：传输时延以 ECL 最小（低于 500ps），CMOS4000 系列最大（大于 100ns）。噪声容限以 CMOS 系列最好（4000 系列接近 1.5V），ECL 系列最差（只有 150mV）。静态功耗以 CMOS 系列最低（只有 1.25μW），ECL 系列最高（达到 150mW）。而 TTL 中除了早期的标准系列（7400 所在系列）外，其他改进系列（74LS、74AS 等）性能比较适中。特别值得注意的是，表中所列的 CMOS 工艺的 74HC、74HCT 在保持 CMOS 器件低功耗、抗干扰能力强等特点的同时，极大地改善了工作速度（降低了时延），还有一些系列（如 74AC、74ACT 等）具有很强的驱动能力（输出电流可达 ±24 ～ ±64mA）。CMOS 器件是目前发展最快、性能改善最大、产品最丰富的逻辑电路系列。

2.1.3 逻辑电路的其他输入、输出结构

为了满足特定应用的需要，集成电路设计者以多种方式对基本逻辑电路结构进行了修改。本节介绍改善输入抗干扰能力的施密特触发器输入结构、三态输出结构、漏极（集电极）开路输出结构，以及 CMOS 传输门结构。

1. 施密特触发器输入（Schmitt-trigger input）

前面已经介绍了典型 CMOS 非门的电压传输特性（图 2-4），当输入电压 V_{IN} 围绕阈值电压 V_{TH}（V_{TH} 概念见图 2-5）上下波动时，如图 2-7（a）所示，则非门的输出电压 V_{OUT} 也将发生阶跃变化，如图 2-7（b）所示。这说明典型逻辑门对输入电压在阈值电压附近的波动敏感，容易造成输出错误。

施密特触发器输入结构采用 2 个不同的阈值电压（V_{TH}^+ 和 V_{TH}^-）来克服输入电压的波动，其电压传输特性如图 2-7（d）所示。当输出电压为高电平，输入电压由低到高变化时，输出电压沿右边曲线变化。只有当输入电压高于阈值电压 V_{TH}^+ 时，输出电压才变为低电平。而当输出电压为低电平，输入电压由高到低变化时，输出电压沿左边曲线变化。只有当输入电压低于阈值电压 V_{TH}^- 时，输出电压才变为高电平。对于具有施密特触发器输入结构的 CMOS 非门，根据这种特性绘出对应图 2-7（a）所示输入电压作用下的输出电压波形如图 2-7（c）所示。比较图 2-7（b）和图 2-7（c），显然，施密特触发器输入结构具有一定的抗输入电压波动能力。

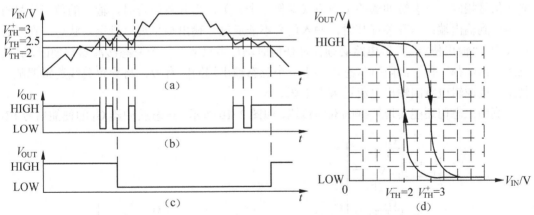

（a）有噪声的缓慢变化输入信号　（b）普通非门的输出信号
（c）施密特触发非门的输出信号　（d）施密特触发非门的电压传输特性

图 2-7　施密特触发器输入结构波形图和电压传输特性

施密特触发器输入结构是一种独立于器件工艺和逻辑功能的输入抗干扰结构，在各系列的 TTL、CMOS 逻辑电路中，许多芯片都带有施密特触发器输入结构。有关施密特触发器的相关内容参见 7.3.3 节。

2. 三态输出结构

正常的逻辑输出有两种可能的状态（低电平和高电平），分别对应于逻辑值 0 和 1。电

路中，有时还需要输出端处于类似于"断开连接"的高阻抗状态。所谓三态输出(three states output)，就是逻辑电路的输出端不仅可以输出 0 和 1，还可以呈现高阻抗状态（high impedance state），简写为 Z 状态，也称为悬浮状态（floating state）。呈现高阻抗的输出端只有很小的漏电流（可以忽略），就好像没有和外部电路连接一样。

实现三态输出需要一个额外的输入端，称为输出使能端（output enable），常记为 EN，用它来控制电路输出是否处于高阻态。图 2-8 是具有三态输出结构的非门的逻辑符号和真值表，国标符号中的"$\bigtriangledown$"符号是三态输出的定性符。当使能信号 EN＝1 时，电路执行正常的非门逻辑；当 EN＝0 时，电路输出呈现高阻抗。

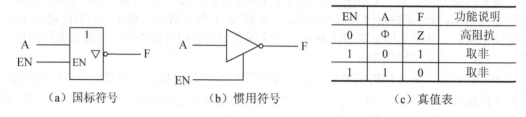

EN	A	F	功能说明
0	Φ	Z	高阻抗
1	0	1	取非
1	1	0	取非

（a）国标符号　　　　　　（b）惯用符号　　　　　　（c）真值表

图 2-8　三态输出非门的逻辑符号和真值表

三态输出是一种独立于电路逻辑功能的输出结构，不同逻辑功能的电路，可以根据需要设置三态输出端。

将多个三态输出端接在一起就构成了三态总线（three state bus），如图 2-9 所示，电路中的逻辑门 $G_1 \sim G_n$ 称为三态缓冲器（buffer）。当某个三态缓冲器被使能时，其输出信号与输入信号相同。三态缓冲器的工作方式就像一个开关，当开关闭合时，输入的数字信号直接传送到输出端；当开关打开时，输入信号不能通过，输出端呈现"悬空"状态。在三态总线中，"输出使能"控制电路必须保证任何时刻最多只能有一个三态缓冲器被使能，其他三态输出端都工作于高阻抗状态。多于一个三态输出端同时有效，将导致总线逻辑混乱，甚至造成逻辑电路因输出电流过大而损坏。

利用三态门还能实现数据的双向传输，如图 2-10 所示。三态缓冲器 G_1 的使能信号 EN

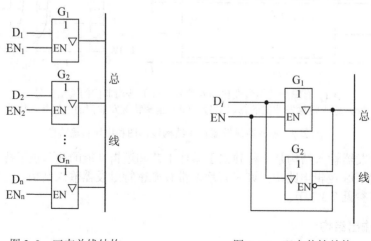

图 2-9　三态总线结构　　　　　　图 2-10　双向传输结构

高电平有效，当 EN=1 时 G_1 导通。三态缓冲器 G_2 的使能信号 EN 低电平有效（G_2 逻辑符号使能端的圆圈表示该输入信号低电平有效），当 EN=0 时 G_2 导通。因此，当 EN=1 时，G_1 工作而 G_2 为高阻抗状态，数据 D_i 被送上总线；当 EN=0 时，G_2 工作而 G_1 为高阻抗状态，来自总线的数据经三态缓冲器 G_2 送往 D_i。

3．漏极（集电极）开路输出结构

在图 2-2 所示 CMOS 与非门电路中，两个 PMOS 管（Q_1 和 Q_2）分别是两个 NMOS 管（Q_3 和 Q_4）的漏极有源电阻。将 Q_1 和 Q_2 从电路中去掉，就得到图 2-11（a）所示的漏极开路输出（open drain output）与非门电路。该漏极开路与非门的逻辑符号如图 2-11（b）所示。符号 "◇" 是漏极开路输出的定性符。漏极开路逻辑门由于缺少漏极上拉电阻，在使用时必须在输出端 Z 外接一个负载电阻 R_L，上拉到一个正电源 V_{CC}，或直接上拉到 V_{DD}。改变上拉电源，可以改变输出高电平，使之适用于逻辑电平不同的器件系列的互连。

多个漏极开路逻辑门的输出高端可以直接连在一起，实现所谓的 "线与逻辑"。如图 2-11（c）所示，两个漏极开路的与非门输出端直接相连，负载电阻 R_L 是两个门的漏极上拉电阻。输出线直接相连，实现了两个与非门输出函数的 "与运算"（只有当两个逻辑门都输出高电平时，Z 才为高电平），即 $Z = \overline{AB} \cdot \overline{CD}$。需要说明的是，普通逻辑门绝对不能将输出端直接相连，否则，当两个门输出电平相反时，会产生一个大电流的低阻通道，导致输出电平异常，甚至造成逻辑门　　。

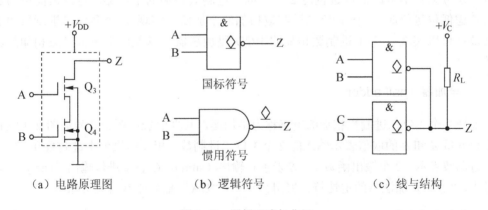

（a）电路原理图　　（b）逻辑符号　　（c）线与结构

图 2-11　漏极开路与非门

负载电阻 R_L 的取值必须在保证输出逻辑电平正确的前提下，使负载电流和电路时延不致过大。需要进一步了解相关知识的读者，可以查阅相关文献。

TTL 系列也有类似结构，称为集电极开路输出结构（open collector output），相应的逻辑门称为集电极开路门。输出端直接相连也可以实现 "线与" 功能。

ECL 系列的输出端也可以直接相连，实现 "线或" 功能。

4．CMOS 模拟信号传输门结构

一个 NMOS 管和一个 PMOS 管除了可以如图 2-1 构成 CMOS 非门外，还可以如图 2-12

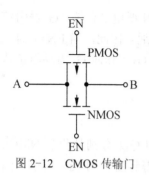

图 2-12 CMOS 传输门

那样，构成一个可控的模拟开关。当使能信号 EN=1（$\overline{EN}$=0）时，MOS 管导通，A 和 B 之间呈现低阻通道（在数百欧姆以内，特别设计的芯片导通电阻在几欧姆内），模拟信号（也包括数字信号）可以沿任意方向传输（A→B 或 B→A）。当使能信号 EN=0（$\overline{EN}$=1）时，MOS 管截止，沟道消失，A 和 B 之间只有极低的漏电流（1μA 以内），相当于开关断开。CMOS 传输门可以双向传输模拟和数字信号的特点使其在模拟电路和数字系统中都得到了广泛的应用。

2.2 常用 MSI 组合逻辑模块

本节介绍常用的组合逻辑电路模块，这些模块各自具有特定的逻辑功能，构成这些模块通常需要数 10 个逻辑门，因此被称为 MSI 模块。在结构化、层次化数字系统设计中，这些功能模块是实现更大规模数字系统的单元电路。

2.2.1 加法器

加法器是用于实现 2 个二进制数加法运算的电路。加法器按其功能和电路复杂度可以进一步分为：不考虑低位进位时 2 个 1 位二进制数相加的半加器，这是最简单的加法器；考虑低位进位时 2 个 1 位二进制数相加的全加器；实现 2 个多位二进制数相加的加法器；可以实现 2 个十进制数相加的 BCD 码加法器，以及用于带符号数相加的加法器等。

1. 半加器（half adder）

实现 2 个 1 位二进制数相加的电路称为半加器，其真值表和逻辑符号如图 2-13 所示。其中自变量 A 和 B 的取值表示输入的 2 个 1 位二进制数。相加结果为十进制数 0～2，用 2 位二进制数表示。2 个输出函数中，S 表示和输出（sum），C 表示进位输出（carry）。国标符号中，"   "是加法器的定性符。惯用符号中，"HA"是半加器的英文缩写。

A	B	C	S
0	0	0	0
0	1	0	1
1	0	0	1
1	1	1	0

（a）真值表 　　　　（b）国标符号 　　　　（c）惯用符号

图 2-13 半加器真值表和逻辑符号

由真值表可以看出，半加器的两个输出函数表达式为

$$C = AB, \quad S = A \oplus B$$

显然，用一个与门和一个异或门就可以实现半加器。

2．全加器（full adder）

2 个多位二进制数相加时，常用的方法是由低位到高位逐位相加，除最低位之外，各位相加时还要加上低位送上来的进位。全加器是带有低位进位输入的 1 位加法器。1 位全加器的真值表如表 2-3 所示，自变量 A_i、B_i 是 2 个加数，C_i 是相邻低位加法器送来的进位。函数 S_i 是本位的和输出，C_{i+1} 是向高位的进位输出。与该真值表对应的一种函数表达式为

$$S_i = A_i \oplus B_i \oplus C_i$$
$$C_{i+1} = A_i B_i + A_i C_i + B_i C_i$$

1 位全加器的逻辑符号如图 2-14 所示。国标符号中 CI 和 CO 分别是进位输入和进位输出的定性符，惯用符号中的 FA 是全加器的英文缩写。

表 2-3　全加器真值表

A_i	B_i	C_i	C_{i+1}	S_i
0	0	0	0	0
0	0	1	0	1
0	1	0	0	1
0	1	1	1	0
1	0	0	0	1
1	0	1	1	0
1	1	0	1	0
1	1	1	1	1

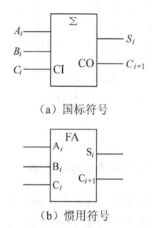

（a）国标符号

（b）惯用符号

图 2-14　1 位全加器逻辑符号

3．4 位二进制全加器 7483/283

将 n 个 1 位全加器级联，就可以实现 2 个 n 位二进制数的加法电路，图 2-15 是由 4 个 1 位全加器级联构成的 4 位二进制数加法器，称为串行加法器。它可以实现 2 个 4 位二进制数 $A_3 A_2 A_1 A_0$ 和 $B_3 B_2 B_1 B_0$ 的加法运算，和是 5 位二进制数 $C_4 S_3 S_2 S_1 S_0$，最低位相加时的进位输入 C_0 应置为 0。由于进位逐级传递的缘故，串行加法器的时延较大，工作速度较慢。

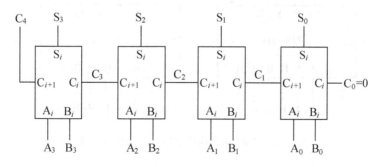

图 2-15　4 位串行加法器

7483 是具有先行进位功能的 4 位二进制全加器，先行进位设计改变了加法器的进位产生方式，使电路的工作速度有了很大提高，输入输出端之间的最大时延仅为 4 级门时延。7483 的逻辑符号如图 2-16 所示，国标符号中的 P 和 Q 是操作数限定符， 是和输出限定符。74283 的逻辑功能与 7483 完全相同，仅在芯片引脚排列上有所不同。

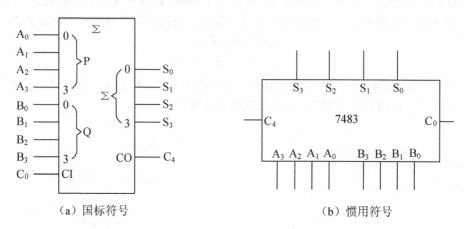

（a）国标符号   （b）惯用符号

图 2-16   7483 逻辑符号

4．7483/283 的级联扩展

4 位以内的二进制数的加法运算可以用一片 7483 实现。例如，2 个 3 位二进制数相加时，只要将 2 个加数分别置于 $A_2A_1A_0$ 和 $B_2B_1B_0$，并将 A_3、B_3 和 C_0 置 "0"，相加的结果是 4 位以内的二进制数，在 $S_3S_2S_1S_0$ 上输出。

超过 4 位二进制数的加法运算可以通过 7483 芯片的级联扩展实现。图 2-17 是用两片 7483 级联实现 2 个 7 位二进制数求和的电路图，注意高位芯片的 A_3、B_3 置 "0"，2 个 7 位二进制数之和不超过 8 位，因此，结果是图中的 $S_7 \sim S_0$。注意，该电路 2 个模块内部的进位是先行进位，而级联模块之间的进位是串行进位。

7483/283 的典型应用还包括构成 8421BCD 码加法器、代码转换电路等，稍后介绍。

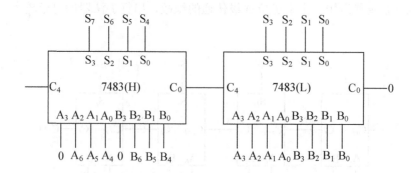

图 2-17   7483 级联构成 7 位二进制数加法器

2.2.2　比较器

　　数值比较器（magnitude comparator）简称比较器，用于比较 2 个数的大小，并给出"大于"、"等于"和"小于"三种比较结果。只能比较 2 个 1 位二进制数的比较器称为半比较器。2 个多位二进制数比较大小的典型方法是从高位开始，逐位比较，若高位不同，则结果立现，不必再对低位进行比较；若高位相等，则比较结果由低位的比较结果决定；当各位都对应相等时，则 2 个数完全相等。除最低位的比较采用半比较器外，其他各位的比较应该采用全比较器，全比较器也是 1 位二进制数比较器，与半比较器不同的是，当参与比较的 2 个 1 位二进制数相等时，全比较器的比较结果由低位送来的比较结果决定。多个全比较器串行级联就可以构成多位二进制数比较器，有关概念与加法电路的讨论类似。

1. 4 位二进制数比较器 7485

　　7485 是采用并行比较结构的 4 位二进制数比较器，逻辑符号如图 2-18 所示。国标符号中的 COMP 是比较器的定性符，P 和 Q 是操作数定性符，P>Q、P=Q、P<Q 是三种比较结果输出定性符。$A_3 \sim A_0$ 和 $B_3 \sim B_0$ 是参加比较的 2 个 4 位二进制数，A_3 和 B_3 分别是两数的高位。a>b、a=b、a<b 是级联输入端，用于芯片的级联扩展时，连接低位芯片的比较输出。7485 的功能表如表 2-4 所示，功能表（function table）是一种描述芯片功能的表格，与真值表罗列输入变量和输出变量的取值不同，功能表注重表示不同输入条件下芯片的功能，功能表是描述 MSI 模块逻辑功能的最重要的形式。

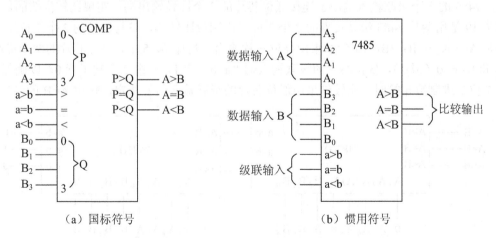

图 2-18　7485 逻辑符号

　　由表 2-4 可以看出，当参加比较的 2 个 4 位二进制数 $A_3 \sim A_0$ 和 $B_3 \sim B_0$ 的高位不等时，比较结果就由高位确定，低位和级联输入的取值不起作用；高位相等时，比较结果由低位确定；当 2 个 4 位二进制数相等时，比较结果由级联输入决定。正常使用时，3 个级联输入信号应该只有一个有效（为"1"）。表中最后三行表示，当多个级联输入端为"1"、或全为"0"时，电路的实际输出值。

表 2-4　7485 功能表

比 较 输 入				级 联 输 入			输　　出		
$A_3\ B_3$	$A_2\ B_2$	$A_1\ B_1$	$A_0\ B_0$	a>b	a<b	a=b	A>B	A<B	A=B
$A_3>B_3$	Φ	Φ	Φ	Φ	Φ	Φ	1	0	0
$A_3<B_3$	Φ	Φ	Φ	Φ	Φ	Φ	0	1	0
$A_3=B_3$	$A_2>B_2$	Φ	Φ	Φ	Φ	Φ	1	0	0
$A_3=B_3$	$A_2<B_2$	Φ	Φ	Φ	Φ	Φ	0	1	0
$A_3=B_3$	$A_2=B_2$	$A_1>B_1$	Φ	Φ	Φ	Φ	1	0	0
$A_3=B_3$	$A_2=B_2$	$A_1<B_1$	Φ	Φ	Φ	Φ	0	1	0
$A_3=B_3$	$A_2=B_2$	$A_1=B_1$	$A_0>B_0$	Φ	Φ	Φ	1	0	0
$A_3=B_3$	$A_2=B_2$	$A_1=B_1$	$A_0<B_0$	Φ	Φ	Φ	0	1	0
$A_3=B_3$	$A_2=B_2$	$A_1=B_1$	$A_0=B_0$	1	0	0	1	0	0
$A_3=B_3$	$A_2=B_2$	$A_1=B_1$	$A_0=B_0$	0	1	0	0	1	0
$A_3=B_3$	$A_2=B_2$	$A_1=B_1$	$A_0=B_0$	Φ	Φ	1	0	0	1
$A_3=B_3$	$A_2=B_2$	$A_1=B_1$	$A_0=B_0$	1	1	0	0	0	0
$A_3=B_3$	$A_2=B_2$	$A_1=B_1$	$A_0=B_0$	0	0	0	1	1	0

注：“Φ”表示可以输入任何逻辑电平。

“1”和“0”分别对应逻辑高电平和逻辑低电平。

$A_i>B_i$ 表示 $A_i=1$、$B_i=0$；$A_i<B_i$ 表示 $A_i=0$、$B_i=1$。

级联输入和比较输出端的“1”表示相应的信号有效，“0”表示相应的信号无效。

2. 7485 的级联扩展

　　7485 的 3 个级联输入端用于连接低位芯片的 3 个比较输出端，实现比较位数的扩展。图 2-19 是用两片 7485 级联实现的 2 个 7 位二进制数比较器，参与比较的 2 个 7 位二进制数是 $A_7\sim A_1$ 和 $B_7\sim B_1$，比较结果由高位芯片输出。两片 7485 中，高位芯片的两个最高位 A_3 和 B_3 置 0（或 1），低位芯片的级联输入端“a=b”置 1，其余 2 个端子置 0，以确保当 2 个 7 位二进制数相等时，比较结果由低位芯片的级联输入信号决定，输出 A=B 的结果。

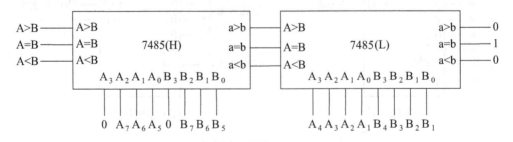

图 2-19　7485 级联构成 7 位二进制数比较器

2.2.3　编码器

　　编码（coding）是将一组字符或信号用若干位二进制代码加以表示。例如，8421BCD 码就是用 4 位二进制代码表示 10 个　拉伯字符的一种编码，ASCII 码就是用 7 位二进制代码表示特定字符和操作命令的一种编码。编码器（encoder）就是实现编码的数字电路，对于每一个有效的输入信号，编码器输出与之对应的一组二进制代码。

1. 2^n 线-n 线编码器

最基本的编码器是 2^n-n 编码器，又叫二进制编码器（binary encoder）。以 8 线-3 线编码器为例，编码器的输入是 8 个信号，输出是各输入信号的 3 位二进制编码。编码器框图如图 2-20 所示。输入信号的特点是，任意时刻有且只有一个输入信号有效。可以把输入信号理解为一个 8 键小键盘的按键信号，当第 i 个键（i=0~7）被按下时，I_i=1，此时对应的编码输出为 i 的二进制值。符合此输入输出关系的函数真值表如表 2-5 所示。该真值表对应的输出函数表达式为

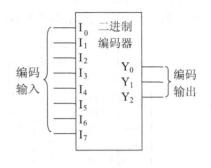

图 2-20　8 线-3 线编码器框图

$$Y_0 = I_1 + I_3 + I_5 + I_7$$
$$Y_1 = I_2 + I_3 + I_6 + I_7$$
$$Y_2 = I_4 + I_5 + I_6 + I_7$$

表 2-5　8 线-3 线编码器真值表

I_0	I_1	I_2	I_3	I_4	I_5	I_6	I_7	Y_2	Y_1	Y_0
1	0	0	0	0	0	0	0	0	0	0
0	1	0	0	0	0	0	0	0	0	1
0	0	1	0	0	0	0	0	0	1	0
0	0	0	1	0	0	0	0	0	1	1
0	0	0	0	1	0	0	0	1	0	0
0	0	0	0	0	1	0	0	1	0	1
0	0	0	0	0	0	1	0	1	1	0
0	0	0	0	0	0	0	1	1	1	1

读者不难画出上述表达式对应的逻辑电路图。

简单的 8 线-3 线编码器存在一些问题，一是若没有键被按下（即编码输入全为 0）时，由表达式可知，编码输出为"000"，无法与 I_0=1 的编码输入相区别；二是若同时有多个键被按下（即有多个编码输入端同时为 1），编码输出将出现混乱。例如，若 I_1 和 I_2 都为"1"，则由表达式可知，编码输出为"011"。优先编码器可以解决这些问题。

2. 8 线-3 线优先编码器 74148

优先编码器（priority encoder）的特点是，当多个编码输入信号同时有效时，编码器仅对其中优先级最高的信号进行编码。74148 的逻辑符号如图 2-21 所示，功能表如表 2-6 所示。该芯片的所有输入输出信号都是低电平有效信号。所谓低电平有效，就是信号有效时为低电平。对于编码输入信号 $\overline{I_i}$，就是当 $\overline{I_i}$ 为低电平时，该编码输入信号有效。对于编码输出，低电平有效就相当于输出反码。例如 $\overline{A_2}\,\overline{A_1}\,\overline{A_0}$ 都是低电平时，表示输出编码是"000"（正逻辑指定时，低电平对应于逻辑 0），它是"111"的反码，表示被编码的输入信号是 $\overline{I_7}$。

国标符号中，HPRI/BIN 是二进制优先编码器的定性符，输入输出端的小圆圈符号表示低电平有效。MSI 国标符号强调通过该符号直接表明器件各信号的逻辑含义和相互关系，其表示方法十分严格，所用字符和图形种类较多，对于初学者有一定难度。而惯用逻辑符号的表示方法比较随意，并没有特别严格的格式要求，从而使用比较方便，在逻辑电路图中广泛应用。图 2-21(b)中输入输出端的小圆圈表示对相应信号取非，也表示低电平有效。

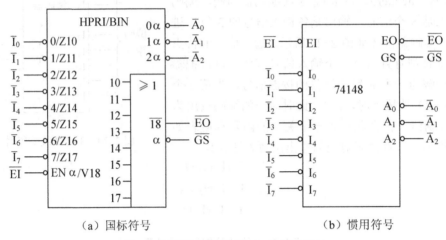

（a）国标符号 （b）惯用符号

图 2-21 优先编码器 74148 的逻辑符号

该优先编码器有一个低电平有效的使能输入信号 $\overline{EI}$（enable input），8 个编码输入信号优先级由高到低排列次序为 $\overline{I_7} \rightarrow \overline{I_0}$。编码器除二进制编码输出信号 $\overline{A_2}\,\overline{A_1}\,\overline{A_0}$ 外，还有使能输出信号 $\overline{EO}$ 和组选择输出信号 $\overline{GS}$。

由功能表可知，当 $\overline{EI}$ 为 "1" 时（功能表第一数据行），芯片不被使能，编码输入信号不起作用，编码输出无效（"111"）。当 $\overline{EI}$ 为 "0" 时，该芯片被选中，此时若没有有效的编码输入（第二数据行），编码输出无效（"111"）；否则，按优先级对输入信号编码。

$\overline{EO}$ 是用于级联低位芯片的使能输出信号，级联扩展时连接到低位编码器的 $\overline{EI}$ 上。仅当该编码器使能、且无有效编码输入时（功能表第二数据行），$\overline{EO}$ 输出 "0"，使能下一级编码器。

表 2-6 74148 功能表

输　　入									输　　出				
$\overline{EI}$	$\overline{I_0}$	$\overline{I_1}$	$\overline{I_2}$	$\overline{I_3}$	$\overline{I_4}$	$\overline{I_5}$	$\overline{I_6}$	$\overline{I_7}$	$\overline{A_2}$	$\overline{A_1}$	$\overline{A_0}$	$\overline{GS}$	$\overline{EO}$
1	Φ	Φ	Φ	Φ	Φ	Φ	Φ	Φ	1	1	1	1	1
0	1	1	1	1	1	1	1	1	1	1	1	1	0
0	Φ	Φ	Φ	Φ	Φ	Φ	Φ	0	0	0	0	0	1
0	Φ	Φ	Φ	Φ	Φ	Φ	0	1	0	0	1	0	1
0	Φ	Φ	Φ	Φ	Φ	0	1	1	0	1	0	0	1
0	Φ	Φ	Φ	Φ	0	1	1	1	0	1	1	0	1
0	Φ	Φ	Φ	0	1	1	1	1	1	0	0	0	1
0	Φ	Φ	0	1	1	1	1	1	1	0	1	0	1
0	Φ	0	1	1	1	1	1	1	1	1	0	0	1
0	0	1	1	1	1	1	1	1	1	1	1	0	1

组选择输出信号 $\overline{\mathrm{GS}}$ 用于指示该编码器的编码输出是否有效，仅当编码器输出二进制编码时，$\overline{\mathrm{GS}}$ 才为 "0"。

3．74148 的级联扩展

两片 8 线-3 线优先编码器 74148 级联，附加一片 7408（2 输入 4 与门），就可以构成一个 16 线-4 线优先编码器，如图 2-22 所示。该编码器的编码输入端是 $\overline{\mathrm{I}}_{15} \sim \overline{\mathrm{I}}_{0}$，下标数值越大优先级越高。编码输出端是 $\overline{\mathrm{A}}_{3} \sim \overline{\mathrm{A}}_{0}$。该 16 线-4 线优先编码器仅仅对编码规模进行了扩展，其有效电平、控制输入、控制输出信号和 74148 相同。读者可以根据 74148 的功能表建立该电路的功能表。

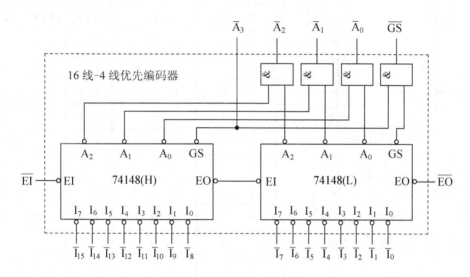

图 2-22　由 74148 构成的 16 线-4 线优先编码器

4．BCD 码编码器

图 2-22 所示 16 线-4 线优先编码器可以用于实现各种 BCD 码编码器，例如，使用 $\overline{\mathrm{I}}_{9} \sim \overline{\mathrm{I}}_{0}$ 作为 10 个阿拉伯数字输入，就可以在 $\overline{\mathrm{A}}_{3} \sim \overline{\mathrm{A}}_{0}$ 获得相应的 8421BCD 码（反码）。

2.2.4　译码器

译码器（decoder）执行与编码器相反的操作。译码器输入的 n 位二进制代码有 2^n 种取值，称为 2^n 种不同的编码值。若将每种编码分别译出，则译码器有 2^n 个译码输出端，这种译码器称为全译码器。若译码器的输入编码是 1 位 BCD 码，则不是输入取值的所有组合都有意义，此时只需要与输入 BCD 码相对应的 10 个译码输出端，这种译码器称为部分译码器。

1. 3 线-8 线译码器 74138

74138 是 3 位自然二进制编码的全译码器，将输入的 3 位自然二进制编码的 8 种取值分别译码输出，译码输出端的个数是 $2^3=8$ 个。74138 的逻辑符号如图 2-23 所示，功能表如表 2-7 所示。国标符号中的 BIN/OCT 是二进制转换为八进制（octal）的意思。74138 有一个高电平有效的使能信号 G_1、2 个低电平有效的使能信号 $\overline{G}_{2A}$ 和 $\overline{G}_{2B}$，由功能表可知，只有当 $G_1\overline{G}_{2A}\overline{G}_{2B}=100$ 时，该译码器才使能。

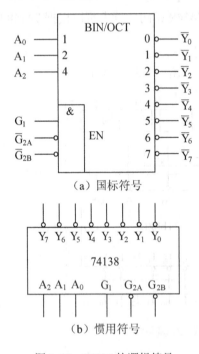

图 2-23　74138 的逻辑符号

（a）国标符号

（b）惯用符号

表 2-7　74138 功能表

使 能 输 入			编 码 输 入			输　　出							
G_1	G_{2A}	G_{2B}	A_2	A_1	A_0	Y_0	Y_1	Y_2	Y_3	Y_4	Y_5	Y_6	Y_7
Φ	1	Φ	Φ	Φ	Φ	1	1	1	1	1	1	1	1
Φ	Φ	1	Φ	Φ	Φ	1	1	1	1	1	1	1	1
0	Φ	Φ	Φ	Φ	Φ	1	1	1	1	1	1	1	1
1	0	0	0	0	0	0	1	1	1	1	1	1	1
1	0	0	0	0	1	1	0	1	1	1	1	1	1
1	0	0	0	1	0	1	1	0	1	1	1	1	1
1	0	0	0	1	1	1	1	1	0	1	1	1	1
1	0	0	1	0	0	1	1	1	1	0	1	1	1
1	0	0	1	0	1	1	1	1	1	1	0	1	1
1	0	0	1	1	0	1	1	1	1	1	1	0	1
1	0	0	1	1	1	1	1	1	1	1	1	1	0

74138 的译码输出信号低电平有效，当芯片未被选中（不使能）时，译码输出端都是无效的高电平。当芯片被选中时，与 $A_2A_1A_0$ 输入的编码相应的输出端为低电平，其余输出端为高电平。由功能表还可以看出，芯片使能时，74138 的每个输出函数都是编码输入变量的一个最大项（或称为最小项的非，因为 $M_i=\overline{m}_i$）。74138 可以产生编码输入变量的所有最大项的性质使之可以被用做函数发生器。

2. 4 线-16 线译码器 74154 和 BCD 码译码器

74154 是输出低电平有效的 4 线-16 线全译码器，有 2 个低电平有效的使能端 $\overline{G}_1$ 和 $\overline{G}_2$，其惯用逻辑符号如图 2-24 所示。

利用 74154 可以实现各种 BCD 码译码器。BCD 码译码器是 4 线-10 线译码器，由于 74154 可以输出 4 位二进制编码的所有 16 种译码结果，而各种 BCD 码都是 16 取 10 的编码。所以，只要将 BCD 编码信号送入 74154 的 $A_3\sim A_0$，在 74154 的 16 个译码输出端中选择适当的输出信号，就可以构成相应的 BCD 码译码器。表 2-8 是用 74154 构成各种 BCD

译码器时，BCD 译码输出端的位置。由于 74154 的译码输出是低电平有效，相应的 BCD 码译码输出信号也是低电平有效。由 74154 构成的 1 位 5421BCD 码译码器如图 2-25 所示。

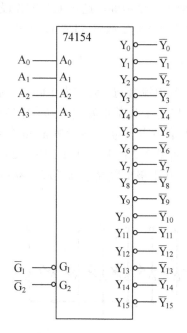

图 2-24　74154 惯用符号

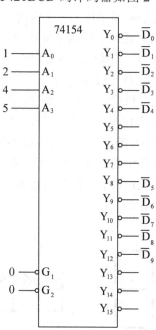

图 2-25　74154 构成的 5421BCD 码译码器

表 2-8　用 74154 构成 BCD 码译码器

编码输入 $A_3 \sim A_0$	74154 译码输出	BCD 码译码输出			
		8421	5421	余 3 码	余 3 循环码
0000	$\overline{Y}_0$	$\overline{D}_0$	$\overline{D}_0$		
0001	$\overline{Y}_1$	$\overline{D}_1$	$\overline{D}_1$		
0010	$\overline{Y}_2$	$\overline{D}_2$	$\overline{D}_2$		$\overline{D}_0$
0011	$\overline{Y}_3$	$\overline{D}_3$	$\overline{D}_3$	$\overline{D}_0$	
0100	$\overline{Y}_4$	$\overline{D}_4$	$\overline{D}_4$	$\overline{D}_1$	$\overline{D}_4$
0101	$\overline{Y}_5$	$\overline{D}_5$		$\overline{D}_2$	$\overline{D}_3$
0110	$\overline{Y}_6$	$\overline{D}_6$		$\overline{D}_3$	$\overline{D}_1$
0111	$\overline{Y}_7$	$\overline{D}_7$		$\overline{D}_4$	$\overline{D}_2$
1000	$\overline{Y}_8$	$\overline{D}_8$	$\overline{D}_5$	$\overline{D}_5$	
1001	$\overline{Y}_9$	$\overline{D}_9$	$\overline{D}_6$	$\overline{D}_6$	
1010	$\overline{Y}_{10}$		$\overline{D}_7$	$\overline{D}_7$	$\overline{D}_9$
1011	$\overline{Y}_{11}$		$\overline{D}_8$	$\overline{D}_8$	
1100	$\overline{Y}_{12}$		$\overline{D}_9$	$\overline{D}_9$	$\overline{D}_5$
1101	$\overline{Y}_{13}$				$\overline{D}_6$
1110	$\overline{Y}_{14}$				$\overline{D}_8$
1111	$\overline{Y}_{15}$				$\overline{D}_7$

3．七段显示译码器

七段字符显示技术广泛应用于计算器、电子表、大型数字显示屏，通过七个发光段的亮/灭组合，显示十进制字符 0～9，最常见的七段显示器是由发光二极管（LED）或液晶显示器（LCD）构成的，本节仅介绍 LED 七段显示器。

（1）LED 七段显示器

发光二极管是一种二极管，在加上适当的正向电压，且电流合适（通常为 10mA 左右）时，会发出可见光（红、黄、绿等）。七段显示器就是将七个长条形发光二极管排列为图 2-26（a）的形式，通过点亮不同的 LED 使其显示不同的字符形状，各段按 a～g 命名。七段显示器中的 LED 可以连接成共阴极或共阳极方式，如图 2-26（b）和图 2-26（c）所示。共阴极连接的七段显示器各段的驱动为高电平有效，共阳极七段显示器的段驱动电平是低电平有效。

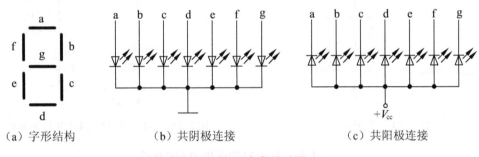

（a）字形结构　　　　（b）共阴极连接　　　　（c）共阳极连接

图 2-26　LED 七段显示器

（2）七段显示译码器 7448

七段显示器是用于显示十进制字符 0～9 的，而十进制数在数字系统中通常采用 8421BCD 码表示。用七段显示器显示 8421BCD 码表示的十进制数，需要将 8421BCD 码变换为符合七段显示器字符格式的七段显示码，7448 就是专门用于实现这种转换的逻辑器件。

7448 的逻辑符号如图 2-27 所示，功能表如表 2-9 所示。8421BCD 码由 $A_3A_2A_1A_0$ 输入，七段显示码由 a～g 输出，高电平有效，用于直接驱动共阴极七段 LED 显示器。7448 的控制端包括灭灯输入 $\overline{BI}$（blanking input）、试灯输入 $\overline{LT}$（lamp test）、灭 0 输入 $\overline{RBI}$（ripple blanking input）和灭 0 输出 $\overline{RBO}$（ripple blanking output），都是低电平有效，其中输入信号 $\overline{BI}$ 和输出信号 $\overline{RBO}$ 共用一个引脚，表示为 $\overline{BI}/\overline{RBO}$。

7448 的功能分为字符显示、灭灯、灭 0 和试灯四种工作模式。字符显示模式（功能表第一列为 0～15 对应的 16 行）显示 16 种字符，其中输入为 0000～1001 时输出 8421BCD 码对应的字符 0～9；输入 1010～1111 时输出特殊字符。灭灯模式就是强行熄灭所有 LED，只要 $\overline{BI}=0$ 就进入该模式（$\overline{BI}$ 优先级最高）。灭 0 模式用于多位显示时关闭有效位之外多余的 0 的显示。当 $\overline{BI}=1$，且 $\overline{LT}=0$ 时，工作于试灯模式，各段全亮，与数据输入无关，该模式用于检验 LED 是否正常。

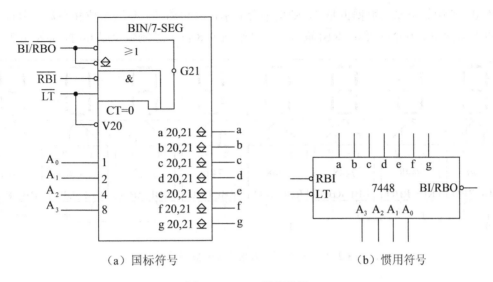

（a）国标符号　　　　　　　　　　　　　（b）惯用符号

图 2-27　7448 逻辑符号

表 2-9　7448 功能表

十进制数或功能	输 入			BI/RBO	输 出	显示
	$\overline{\text{LT}}$	$\overline{\text{RBI}}$	$A_3 A_2 A_1 A_0$	$\overline{\text{BI/RBO}}$	a b c d e f g	字形
0	1	1	0 0 0 0	1	1 1 1 1 1 1 0	0
1	1	Φ	0 0 0 1	1	0 1 1 0 0 0 0	1
2	1	Φ	0 0 1 0	1	1 1 0 1 1 0 1	2
3	1	Φ	0 0 1 1	1	1 1 1 1 0 0 1	3
4	1	Φ	0 1 0 0	1	0 1 1 0 0 1 1	4
5	1	Φ	0 1 0 1	1	1 0 1 1 0 1 1	5
6	1	Φ	0 1 1 0	1	0 0 1 1 1 1 1	6
7	1	Φ	0 1 1 1	1	1 1 1 0 0 0 0	7
8	1	Φ	1 0 0 0	1	1 1 1 1 1 1 1	8
9	1	Φ	1 0 0 1	1	1 1 1 0 0 1 1	9
10	1	Φ	1 0 1 0	1	0 0 0 1 1 0 1	c
11	1	Φ	1 0 1 1	1	0 0 1 1 0 0 1	Ɔ
12	1	Φ	1 1 0 0	1	0 1 0 0 0 1 1	∪
13	1	Φ	1 1 0 1	1	1 0 0 1 0 1 1	⊑
14	1	Φ	1 1 1 0	1	0 0 0 1 1 1 1	Ɛ
15	1	Φ	1 1 1 1	1	0 0 0 0 0 0 0	（灭）
灭灯	Φ	Φ	Φ Φ Φ Φ	0	0 0 0 0 0 0 0	（灭）
灭 0	1	0	0 0 0 0	0	0 0 0 0 0 0 0	（灭）
试灯	0	Φ	Φ Φ Φ Φ	1	1 1 1 1 1 1 1	8

图 2-28 是利用 $\overline{\text{RBI}}$ 和 $\overline{\text{RBO}}$ 实现多位十进制数码显示器中熄灭多余 0 的电路。各 7448 芯片的 $\overline{\text{BI/RBO}}$ 引脚用做 $\overline{\text{RBO}}$ 功能，整数最高位和小数最低位的 $\overline{\text{RBI}}$ 输入 0，$\overline{\text{RBO}}$ 接入相邻位的 $\overline{\text{RBI}}$。当这两位输入的十进制数是 0 时，就不会显示，并通过 $\overline{\text{RBO}}$ 向相邻位的 $\overline{\text{RBI}}$

送入 0，若相邻位输入数据也是 0，则也不会显示，以此类推。整数个位和小数十分位（小数点左右两位）不允许灭 0（$\overline{\text{RBI}}$ 输入 1），当输入的 8 位十进制数全是 0 时，显示值为 0.0。

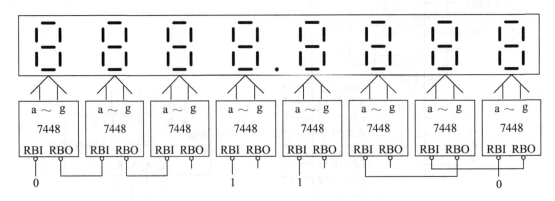

图 2-28　具有灭 0 效果的 8 位数码显示电路

4．译码器的扩展和应用

利用译码器的使能端，可以扩展译码器的规模，图 2-29 是用两片 3 线-8 线译码器 74138 实现的带有一个低电平有效使能端（$\overline{\text{G}}$）的 4 线-16 线译码器。输入编码为 0000～0111 时，$A_3=0$，高位芯片无效，$\overline{Y}_{15} \sim \overline{Y}_8$ 输出无效的高电平；低位芯片使能，对 $A_2A_1A_0$ 输入的编码进行译码，输出端 $\overline{Y}_7 \sim \overline{Y}_0$ 中的一个输出低电平。输入编码为 1000～1111 时，$A_3=1$，低位芯片无效，高位芯片使能，输出端 $\overline{Y}_{15} \sim \overline{Y}_8$ 中的一个输出低电平。

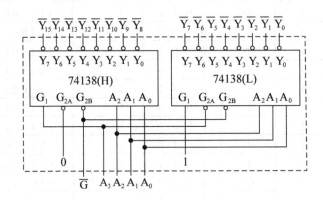

图 2-29　74138 构成的 4 线-16 线译码器

译码器的基本应用就是在计算机中用作地址译码器，计算机中的众多设备采用总线结构相互连接，特定时刻由哪个设备占用总线通过地址译码器的输出加以选择。如图 2-30 所示，（$k+1$）个设备共用一组数据总线 DB（data bus），为了避免总线上的信号冲突，所有设备都以三态方式接入总线，设备数据输出通过它们的使能信号 EN 加以控制，任何时刻最多只有一个设备输出使能。各设备的使能信号可以通过译码器产生，地址译码器通过对计算机地址总线 AB（address bus）的全部或部分地址线进行译码，产生不重叠的地址译码输出，作为各总线设备的使能信号。

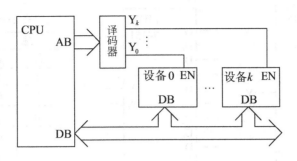

图 2-30　译码器在计算机中的应用

　　译码器的另外两种典型应用：译码器用作数据分配器，有关概念在数据选择器和数据分配器中讨论；译码器用作逻辑函数发生器，在第 2.5 节讨论。

2.2.5　数据选择器和数据分配器

　　数据选择器和数据分配器的概念可以用一个简单的多路开关电路加以描述，如图 2-31 所示，左边的多路开关实现从 4 路信号中选择 1 路信号输出，右边的多路开关将 1 路信号分配到 4 条不同的支路上。左边的多路开关实现了 4 选 1 的功能，称为多路选择器（multiplexer），也叫数据选择器（data selector）。右边的多路开关（两个开关实际上是完全相同的）实现 1 线到 4 线的信号分配功能，称为数据分配器（demultiplexer）。这两个器件可以用继电器实现，由于继电器中传输的电信号可以是双向模拟信号，所以只要用一种继电器就可以了。类似的集成器件是采用 CMOS 传输门技术实现的集成多路选择器，可以实现模拟或数字信号的双向传输。这里只讨论单向传输数字信号的选择器和分配器。

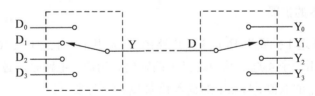

图 2-31　数据选择器和数据分配器示意图

1．8 选 1 数据选择器 74151

　　74151 是 8 选 1 数据选择器，其逻辑符号和真值表分别如图 2-32 和表 2-10 所示。该芯片有一个低电平有效的使能信号输入端 $\overline{G}$，当 $\overline{G}=1$ 时，芯片未选中，输出处于无效电平。地址输入信号（又叫选择输入信号）$A_2A_1A_0$ 用于指定从 8 个数据输入端 $D_0 \sim D_7$ 中选择一个输出，当地址值为 i 时，被输出的数据是 D_i。2 个输出端 Y 和 $\overline{W}$ 是相互反相的信号，Y 是高电平有效的输出端，当芯片未选中时，输出低电平；当芯片选中时，输出 D_i。$\overline{W}$ 的输出总与 Y 相反。从功能表可以看出，只要给定一个具体的地址值，就可以从 $D_0 \sim D_7$ 选择一个信号，以原变量（Y）或反变量（$\overline{W}$）形式输出。

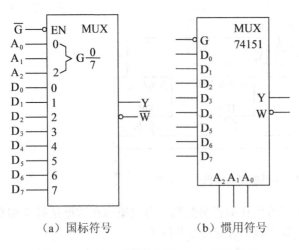

表 2-10　74151 功能表

输　　入		输　　出	
$\overline{G}$	$A_2A_1A_0$	Y	$\overline{W}$
1	Φ Φ Φ	0	1
0	0 0 0	D_0	$\overline{D}_0$
0	0 0 1	D_1	$\overline{D}_1$
0	0 1 0	D_2	$\overline{D}_2$
0	0 1 1	D_3	$\overline{D}_3$
0	1 0 0	D_4	$\overline{D}_4$
0	1 0 1	D_5	$\overline{D}_5$
0	1 1 0	D_6	$\overline{D}_6$
0	1 1 1	D_7	$\overline{D}_7$

（a）国标符号　　　　　　（b）惯用符号

图 2-32　8 选 1 数据选择器 74151 逻辑符号

在 $\overline{G}=0$，芯片被选中时，输出信号 Y 是输入数据 $D_0\sim D_7$ 和地址信号 $A_2A_1A_0$ 的函数，函数表达式为

$$Y = \sum_{i=0}^{7}D_i \cdot m_i$$
$$= D_0\overline{A}_2\overline{A}_1\overline{A}_0 + D_1\overline{A}_2\overline{A}_1 A_0 + D_2\overline{A}_2 A_1\overline{A}_0 + D_3\overline{A}_2 A_1 A_0$$
$$+ D_4 A_2\overline{A}_1\overline{A}_0 + D_5 A_2\overline{A}_1 A_0 + D_6 A_2 A_1\overline{A}_0 + D_7 A_2 A_1 A_0$$

显然，表达式中包含地址变量 $A_2A_1A_0$ 的所有最小项，可以通过数据输入端 $D_0\sim D_7$ 控制函数 Y 中包含的最小项。数据选择器的这种特性使其可以被用来实现逻辑函数，详见第 2.5 节。

2. 数据选择器的扩展

图 2-33 是由 4 选 1 扩展为 16 选 1 的电路图。首先用 4 个 4 选 1 从 16 路输入信号 $D_0\sim D_{15}$ 选出 4 路，再用一个 4 选 1 从中选择 1 路输出。构造该电路时，必须注意输入的四位地址信号 $A_3A_2A_1A_0$ 的取值 i 与选中的输入数据 D_i 的下标要一致。

3. 数据分配器

数据分配器实现与数据选择器相反的功能，在常用逻辑芯片系列中，并没有单独的数据分配器芯片。由于数据分配器和译码器具有相似的电路结构，通常用译码器实现分配器的逻辑功能。例如，3 线-8 线译码器 74138 又称为 1 线-8 线数据分配器，可以实现 1 路输入信号分配到 8 路输出的功能。

图 2-34 是 74138 用做 1 线-8 线分配器的电路图，低电平有效的使能信号输入端 G_{2B} 被用做外部串行数据输入端 D，$A_2A_1A_0$ 用做地址输入端，其含义与数据选择器中相同，输出端 $\overline{Y}_0\sim\overline{Y}_7$ 就是 8 路信号输出端 $D_0\sim D_7$，该电路保留了两个使能端供用户使用。表 2-11 是该数据分配器的功能表。

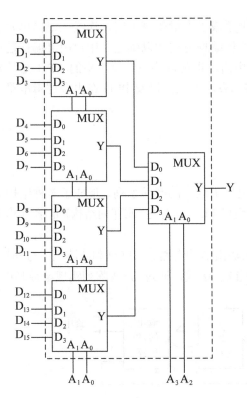

图 2-33 由 4 选 1 构成的 16 选 1

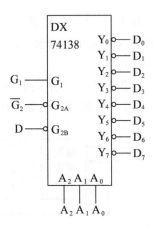

图 2-34 74138 构成的 1 线-8 线数据分配器

表 2-11 74138 构成的 1 线-8 线数据分配器功能表

使能输入		数据输入	地址输入			数 据 输 出							
G_1 (G_1)	$\overline{G_2}$ $(\overline{G_{2A}})$	D $(\overline{G_{2B}})$	A_2	A_1	A_0	D_0 $(\overline{Y_0})$	D_1 $\overline{Y_1}$	D_2 $\overline{Y_2}$	D_3 $\overline{Y_3}$	D_4 $\overline{Y_4}$	D_5 $\overline{Y_5}$	D_6 $\overline{Y_6}$	D_7 $\overline{Y_7}$
0	Φ	Φ	Φ	Φ	Φ	1	1	1	1	1	1	1	1
Φ	1	Φ	Φ	Φ	Φ	1	1	1	1	1	1	1	1
1	0	D	0	0	0	D	1	1	1	1	1	1	1
1	0	D	0	0	1	1	D	1	1	1	1	1	1
1	0	D	0	1	0	1	1	D	1	1	1	1	1
1	0	D	0	1	1	1	1	1	D	1	1	1	1
1	0	D	1	0	0	1	1	1	1	D	1	1	1
1	0	D	1	0	1	1	1	1	1	1	D	1	1
1	0	D	1	1	0	1	1	1	1	1	1	D	1
1	0	D	1	1	1	1	1	1	1	1	1	1	D

2.3 组合型可编程逻辑器件

　　传统的数字电路采用标准中、小规模逻辑器件（74/54 系列、4000 系列等）实现。随着集成技术的发展，可编程逻辑器件（programmable logic device，PLD）在数字系统的实现中起着越来越重要的作用。可编程逻辑器件中集成了大量的逻辑门、连线、记忆单元等电路资源，这些电路资源的使用由用户通过计算机编程方式加以确定。用户用可编程逻辑器件可以构成编/译码器、加法器等简单的逻辑电路，也可以构成计算机中的 CPU 这种极其复杂的逻辑器件。本节介绍 PLD 的基本结构和表示方法，以及 PLD 在组合逻辑电路中的简单应用。

2.3.1 PLD 的一般结构与电路画法

PLD 从 20 世纪 70 年代发展到现在，已经出现了众多的产品系列、形成了多种结构并存的局面，其集成度从几百门到几百万门不等，简单 PLD 具有与-或阵列结构，是学习 PLD 硬件结构的基础。

图 2-35 是 PLD 的基本结构框图，包括输入输出缓冲电路、与阵列和或阵列。与-或阵列是 PLD 的主体，任何逻辑函数都可以写成与-或表达式，通过与-或阵列实现函数功能。

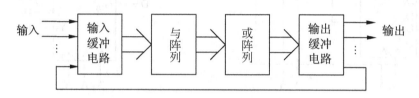

图 2-35 PLD 基本结构框图

为了更好地表示 PLD 中的与-或阵列及其编程连接状况，目前广泛采用以下表示方法。

1. PLD 中连接的表示方法

图 2-36 是 PLD 中两条信号线之间的三种连接表示方法，分别是不可更改的固定连接、已经通过编程实现连接的编程连接，以及没有连接的不连接。

（a）固定连接　　　（b）编程连接　　　（c）不连接

图 2-36 PLD 中连接的表示方法

2. 基本逻辑门的 PLD 表示法

PLD 中的输入缓冲电路和反馈缓冲电路都采用了互补输出结构，对于单个变量产生原变量和反变量两种形式，供与阵列选择使用，互补输出缓冲器的表示方法如图 2-37（a）所示。输出缓冲电路通常采用三态输出结构，高电平使能和低电平使能的三态反相缓冲器（非门）分别如图 2-37（b）和图 2-37（c）所示。PLD 中与门和或门的表示方法如图 2-37（d）～图 2-37（f）所示，3 个逻辑门都有 3 个输入端，其中给出了固定连接、编程连接和不连接的示例，图 2-37（e）是一个逻辑门的所有输入端都编程连接的表示方法。

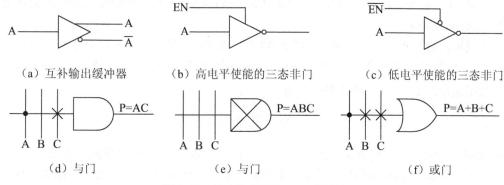

（a）互补输出缓冲器　　　　（b）高电平使能的三态非门　　　（c）低电平使能的三态非门

（d）与门　　　　　　　　　　（e）与门　　　　　　　　　　（f）或门

图 2-37　基本逻辑门的 PLD 表示法

3. 与-或阵列图

PLD 中的与门被组织成与阵列结构，或门被组织成或阵列结构，与门输出的乘积项在或阵列中求和（或运算）。图 2-38 是一个用与-或阵列表示的电路图，其中与阵列是固定的（不可编程），包含 4 个与门，每个与门都有 4 个输入端，4 个与门实现了 A，B 2 个变量的 4 个最小项；或阵列是可以编程的，包含 2 个 4 输入或门。根据图 2-38 中的编程连接情况，函数 F_1 和 F_2 的表达式为

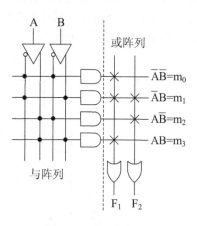

$$F_1(A,B) = \overline{A}\overline{B} + \overline{A}B + AB = \sum m(0,1,3)$$
$$F_2(A,B) = \overline{A}B + A\overline{B} = \sum m(1,2)$$

当与-或阵列很大时，常将图 2-38 中的逻辑门符号省略，以简化阵列图的绘制。

图 2-38　与-或阵列图

2.3.2　组合型 PLD

最早被用做 PLD 的是可编程只读存储器（PROM）。随后出现了可编程逻辑阵列（PLA）、可编程阵列逻辑（PAL）、通用阵列逻辑（GAL）等。今天，复杂可编程逻辑器件（CPLD）和现场可编程门阵列（FPGA）是 PLD 的典型代表，CPLD 和 FPGA 的复杂度都在数千门以上，可以用来实现包括组合电路和时序电路功能的复杂数字系统。这里只介绍 PROM、PLA、PAL 等简单 PLD 的硬件结构和功能特点。

1. 可编程只读存储器（PROM 和 EPROM）

PROM（programmable read only memory）是只读存储器（ROM）中的一种。只读存储器（ROM）是计算机中用于存储确定信息的存储器。其中的数据由 ROM 生产厂家在制造 ROM 时"写入"，出厂后，用户无法修改。ROM 中的数据通常按字节（8 比特）寻址，每个地址对应一字节数据。其基本结构如图 2-39 所示，n 条地址线 $A_{n-1} \sim A_0$（n 位地址）

通过全译码产生 2^n 个译码输出信号，可以寻址 2^n 个字节，8 条数据线 $D_7 \sim D_0$ 每次输出一字节数据，ROM 通常还有一个片选输入端 $\overline{CS}$（chip select）和一个数据三态输出的使能端 $\overline{OE}$（output enable）。

从逻辑函数发生器的角度来看，图 2-39 所示 ROM 的地址译码器可以实现 n 个输入变量 $A_{n-1} \sim A_0$ 的全部 2^n 个最小项 $m_0 \sim m_{2^n-1}$，从而地址译码器就是一个固定连接的与阵列。每条数据输出线 D_i 的输出函数表达式为

$$D_i = \sum_{k=0}^{2^n-1} d_k m_k$$

其中 d_k 是存储矩阵第 i 列第 k 行存储的一位数据，当 $d_k=0$ 时，m_k 被屏蔽；当 $d_k=1$ 时，m_k 参与求和。所以，可以通过 d_k 选择参与求和的最小项，使 D_i 是任意 n 变量的函数。存储矩阵的结构从实现逻辑函数的角度来看，就像多输出函数的真值表，地址译码器输出的 2^n 个最小项就相当于真值表中自变量的 2^n 种取值，存储矩阵中的每一列的取值就是多输出函数的真值表中各函数的取值，取值为 1 表示函数值为 1，取值为 0 表示函数值为 0。因此，存储矩阵就是一个连接关系可以编程的或阵列。该 ROM 可以等效为一个与-或阵列，可以实现 8 个 n 变量的逻辑函数。

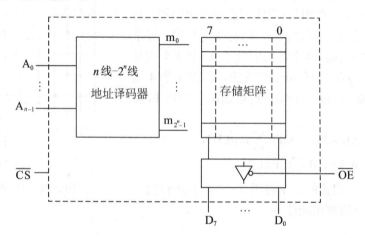

图 2-39 ROM 的基本结构

最早出现的可编程 ROM 器件是熔丝型 PROM，这种 PROM 通过熔丝是否被熔断来控制存储矩阵中每一位是 0 或 1，显然，这种 PROM 只能进行一次编程。

EPROM 是可擦除（erasable）的 PROM，早期的 UV-EPROM 是用紫外线（ultraviolet radiation）擦除存储信息的 EPROM。这种 EPROM 通过 MOS 工艺，在绝缘的浮动栅极上保存信息，并通过紫外线照射清除浮栅上的信息，从而可以改变 ROM 中的信息。

E^2PROM 是电擦除（electrically erasable）PROM，其编程（写入信息）和擦除都是通过电脉冲实现的，这种形式的 PROM 的信息改写可以在系统实现（不必将存储器从电路中取出），十分方便与快捷。当前流行的闪存（flash memory）芯片也是一种 E^2PROM。

2. 可编程逻辑阵列（PLA）

PROM 采用固定的与阵列和可编程的或阵列，当输入变量个数增加时，与阵列的规模成倍增加，这种结构限制了 PROM 作为函数发生器的应用。作为一种改进措施，可编程逻

辑阵列（programmable logic array，PLA）采用与、或阵列都可编程的结构，使乘积项不必是最小项，从而为实现逻辑函数提供了较大的灵活性。PLA 出现于 20 世纪 70 年代中期，由于器件制造中的困难和相关应用软件的开发没有跟上，PLA 很快被随后出现的 PAL 取代。

3. 可编程阵列逻辑（PAL）

PAL 具有可编程的与阵列、固定的或阵列，早期的 PAL 采用一次性编程的熔丝工艺，目前也有可以重复编程的 E²PROM 结构。图 2-40 是一个规模最小的 PAL 芯片——PAL16L8

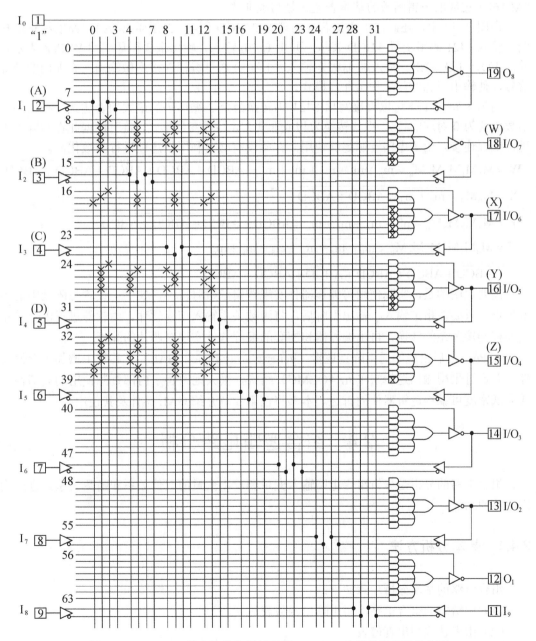

图 2-40　PAL16L8 的电路结构图以及用 PAL16L8 实现的编码转换电路

的电路结构图，该芯片有 10 个专用输入端，2 个专用三态输出端和 6 个输入/三态输出（I/O）端，I/O 端既可以用做输出端，也可以用做输入端，还可以将输出信号反馈回与阵列。PAL16L8 的每个输入信号都通过互补缓冲器产生原变量和反变量供阵列选用。可编程与阵列包括 64 个与门，每个与门有 32 个输入端，可以通过编程实现所需的任意乘积项。64个与门分为 8 组，每组中的 7 个与门经或门求和，实现包含 7 个乘积项的积之和式，另一个与门输出用于控制输出三态非门。或阵列包含 8 个 7 输入或门，这些或门和与门的连接关系是固定的，可以同时实现 8 个输出逻辑函数。注意到输出由三态非门控制，所以用PAL16L8 实现的逻辑函数的基本表达式是与或非式。

在图 2-40 中，还画出了用该芯片实现 8421BCD 码–余 3 循环码转换电路的编程连接图。输入 8421 码用变量 ABCD 表示，并由 $I_1 \sim I_4$ 输入，输出余 3 循环码用 WXYZ 表示，并由 $I/O_7 \sim I/O_4$ 输出。输入端 I_0 固定输入"1"，并通过编程连接用做输出三态非门的使能信号，使输出三态非门工作于非门模式。

由第 1 章表 1-4 可以直接写出 8421 码转换为余 3 循环码的最大项表达式（找出每个函数取值为 0 对应的行），将其转换为与或非式，并写成变量形式，就可以据此在与阵列上进行编程连接。由于电路资源足够使用，在此没有必要利用任意项进行函数化简。

$$W = M_0 M_1 M_2 M_3 M_4 = \overline{m_0 + m_1 + m_2 + m_3 + m_4} = \overline{\overline{ABCD} + \overline{ABC}\overline{D} + \overline{AB}\overline{C}D + \overline{AB}\overline{CD} + \overline{A}BCD}$$

$$X = M_0 M_9 = \overline{m_0 + m_9} = \overline{\overline{ABCD} + A\overline{BC}D}$$

$$Y = M_3 M_4 M_5 M_6 = \overline{m_3 + m_4 + m_5 + m_6} = \overline{\overline{AB}CD + \overline{A}B\overline{CD} + \overline{A}B\overline{C}D + \overline{A}BC\overline{D}}$$

$$Z = M_0 M_1 M_4 M_5 M_8 M_9 = \overline{m_0 + m_1 + m_4 + m_5 + m_8 + m_9}$$
$$= \overline{\overline{ABCD} + \overline{ABC}D + \overline{A}B\overline{CD} + \overline{A}B\overline{C}D + A\overline{BCD} + A\overline{BC}D}$$

需要说明的是，实际使用可编程器件实现逻辑函数时，不需要手工设置与阵列中的各编程点，只要在指定输入、输出引脚后，将函数关系输入相应软件，由软件进行函数关系到编程连接关系的转换，再由编程器和配套的编程软件实现对芯片的编程。

在 PAL 之后出现的通用阵列逻辑（generic array logic，GAL）在芯片中增加了存储元件，并通过采用输出逻辑宏单元（OLMC）结构，极大地改善了内部资源使用的灵活性，成为低密度可编程逻辑器件的首选。本书将在第 3 章介绍 GAL 器件及其使用。

2.4　组合逻辑电路分析

组合电路的分析是分析组合电路输入变量和输出变量的取值关系和函数关系，进而确定电路的功能。

2.4.1　基本分析方法

组合电路的基本分析步骤如下：
（1）由给定的组合电路，写出输出函数表达式。
（2）由表达式列出真值表。
（3）由真值表确定电路的逻辑功能。

例 2-1　分析图 2-41 所示电路。

解　该电路是一个简单的两级与非门电路，由输入端开始，将逻辑门所表示的逻辑运算写成表达式形式，一直写到输出端，就得到了输出函数表达式。此过程中，可以随时对表达式进行代数变换，使之具有适当的形式。本例中，将表达式写成了易于理解的与或式。

$$F = \overline{\overline{AB} \cdot \overline{BC} \cdot \overline{AC}} = AB + BC + AC$$

根据求出的表达式列出真值表，如表 2-12 所示。由真值表可以看出，只有当自变量中有两个或两个以上取值为 1 时，函数值才为 1，我们把这种电路称为少数服从多数的表决电路。该逻辑函数也可以作为全加器的进位输出信号，如本章第 2.2.1 节所示。一个逻辑电路的功能是什么，有时孤立地来看，很不容易说清楚，但在具体的系统环境中，各部分电路的含义和用途都是明确的。

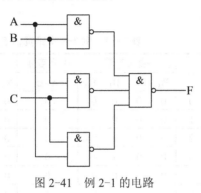

图 2-41　例 2-1 的电路

表 2-12　例 2-1 真值表

A	B	C	F
0	0	0	0
0	0	1	0
0	1	0	0
0	1	1	1
1	0	0	0
1	0	1	1
1	1	0	1
1	1	1	1

2.4.2　分析实例

例 2-2　分析图 2-42 所示电路。

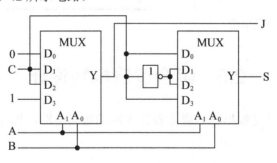

图 2-42　例 2-2 的电路

解　该电路由 2 个 4 选 1 数据选择器和一个非门组成，由 4 选 1 的输出函数表达式 $Y = \sum D_i m_i$，可以将输出 J 和 S 表示为自变量 ABC 的函数。

$$J = 0 \cdot \overline{A}\overline{B} + C \cdot \overline{A}B + C \cdot A\overline{B} + 1 \cdot AB = \overline{A}BC + A\overline{B}C + AB$$
$$= BC + AC + AB$$
$$S = C \cdot \overline{A}\overline{B} + \overline{C} \cdot \overline{A}B + \overline{C} \cdot A\overline{B} + C \cdot AB = \overline{A}\overline{B}C + \overline{A}B\overline{C} + A\overline{B}\overline{C} + ABC$$
$$= A \oplus B \oplus C$$

显然，该电路实现了一位全加器的逻辑功能，其中 J 是进位输出，S 是本位和输出。

有时通过表达式并不能直接看出函数的意义，那就进一步列出真值表，通过自变量和函数取值关系判断电路的逻辑功能。

例 2-3　分析图 2-43 所示电路，已知输入信号 $B_3B_2B_1B_0$ 是 5421BCD 码。

解　该电路由 4 位全加器 7483 和 4 位二进制数比较器 7485 构成。显然，已经无法写出它的输出函数表达式。由于输入是 5421BCD 码，根据 2 个 MSI 的功能，容易写出反映输入输出关系的真值表，如表 2-13 所示。由真值表可以看出，该电路实现了 5421 码到 8421 码的转换。

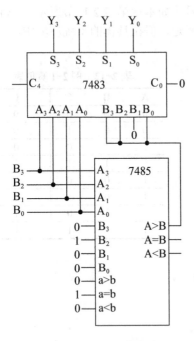

图 2-43　例 2-3 的电路

表 2-13　例 2-3 电路真值表

N_{10}	输入变量				中间变量	输出变量			
	B_3	B_2	B_1	B_0	A>B	Y_3	Y_2	Y_1	Y_0
0	0	0	0	0	0	0	0	0	0
1	0	0	0	1	0	0	0	0	1
2	0	0	1	0	0	0	0	1	0
3	0	0	1	1	0	0	0	1	1
4	0	1	0	0	0	0	1	0	0
5	1	0	0	0	1	0	1	0	1
6	1	0	0	1	1	0	1	1	0
7	1	0	1	0	1	0	1	1	1
8	1	0	1	1	1	1	0	0	0
9	1	1	0	0	1	1	0	0	1

2.5　组合逻辑电路设计

组合逻辑电路设计是根据功能要求设计相应的逻辑电路。设计的基本要求是功能正确，电路尽可能简化。

2.5.1　基本设计方法

采用逻辑门设计两级门电路时，通常采用下列设计步骤：

（1）由功能要求，确定输入、输出变量，列出相应的真值表。

（2）由设计要求，采用适当的化简方法求出与所要求的逻辑门相适应的输出函数的最简表达式。

（3）画出与最简表达式相对应的逻辑电路图。

下面通过一个综合性的例子来说明以上步骤。

例 2-4　设计一个组合电路，该电路能够判断一位 BCD 码是否 8421 码。若是 8421 码，则当该码能被 4 或 5 整除时，输出有所指示。要求分别用与非门、或非门、与或非门实现该电路（允许反变量输入）。

解　（1）定义输入、输出变量，并列出真值表：用输入变量 ABCD 的取值表示一位 8421BCD 码，定义输出变量 $F_1=1$ 表示输入的是 8421 码，输出变量 $F_2=1$ 表示输入 8421 码可以被 4 或 5 整除。真值表如表 2-14 所示。

表 2-14　例 2-4 真值表

A	B	C	D	F_1	F_2	A	B	C	D	F_1	F_2
0	0	0	0	1	1	1	0	0	0	1	1
0	0	0	1	1	0	1	0	0	1	1	0
0	0	1	0	1	0	1	0	1	0	0	Φ
0	0	1	1	1	0	1	0	1	1	0	Φ
0	1	0	0	1	1	1	1	0	0	0	Φ
0	1	0	1	1	1	1	1	0	1	0	Φ
0	1	1	0	1	0	1	1	1	0	0	Φ
0	1	1	1	1	0	1	1	1	1	0	Φ

（2）用卡诺图化简法求最简式：用与非门实现时，应圈 1 得最简与或式，再转换为最简与非式。用或非门实现时，应圈 0 得最简或与式，再转换为最简或非式。用与或非门实现时，应圈 0 得最简或与式，再转换为最简与或非式。本例有两个输出函数，还应注意多输出函数化简中整体最简的问题。函数 F_1 和 F_2 的卡诺图如图 2-44 所示。

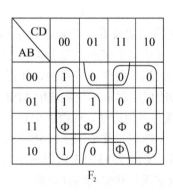

图 2-44　例 2-4 的卡诺图

输出函数的最简与或式和最简与非式为

$$F_1 = \overline{A} + \overline{B}\,\overline{C} \quad \text{（最简与或式）} \qquad F_2 = \overline{C}\overline{D} + B\overline{C} \quad \text{（最简与或式）}$$

$$= \overline{A \cdot \overline{\overline{B}\,\overline{C}}} \quad \text{（最简与非式）} \qquad = \overline{\overline{C}\overline{D} \cdot \overline{B\overline{C}}} \quad \text{（最简与非式）}$$

输出函数的最简或与式、最简或非式和最简与或非式为

$$F_1 = (\overline{A} + \overline{B})(\overline{A} + \overline{C}) \quad \text{（最简或与式）} \qquad F_2 = \overline{C}(B + \overline{D}) \quad \text{（最简或与式）}$$

$$= \overline{\overline{A} + \overline{B}} + \overline{\overline{A} + \overline{C}} \quad \text{（最简或非式）} \qquad = \overline{C + \overline{B + \overline{D}}} \quad \text{（最简或非式）}$$

$$= \overline{AB + AC} \quad \text{（最简与或非式）} \qquad = \overline{C + \overline{B}D} \quad \text{（最简与或非式）}$$

（3）根据上述表达式可以画出实现该逻辑功能的三种电路形式，如图 2-45 所示。

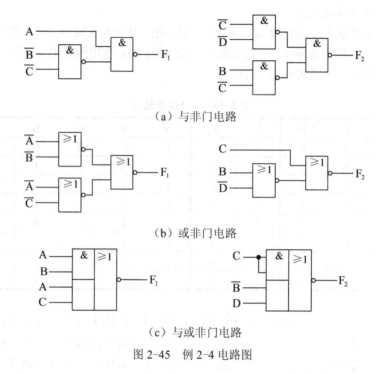

（a）与非门电路

（b）或非门电路

（c）与或非门电路

图 2-45　例 2-4 电路图

2.5.2　设计实例

直接采用逻辑门实现数字电路是数字电路设计的最基本方法，通常称为数字电路的 SSI 设计。在实际数字系统中，完全采用逻辑门来实现整个系统的逻辑功能将使系统设计和实现变得十分繁琐。现代数字系统设计提倡采用模块化设计方法，即将数字系统划分为功能模块，各功能模块尽量采用现成的 MSI 实现，逻辑门更多地用于模块间的连接。熟练掌握 MSI 的功能与使用方法，在数字电路与系统设计中灵活应用 MSI，是系统设计人员必须掌握的技能。下面通过几个例子，介绍基于 MSI 的数字电路设计方法。

4 位二进制全加器 7483/283 可以用于需要加法运算特性的场合，如 BCD 码加法、带符号数加法、减法运算和编码转换电路。

例 2-5　试用 4 位全加器芯片 7483 实现 5421BCD 码到 8421BCD 码的转换。

解　由表 2-15 可以看出 8421 码和 5421 码的对应关系，即当十进制数 $N_{10} \leqslant 4$ 时，8421 码和 5421 码相同；当 $N_{10} \geqslant 5$ 时，8421 码比相应的 5421 码小 3。采用 7483 实现该编码转换电路时，基本思路是将 5421 码作为一个加数输入加法器，加法器的和输出端输出 8421 码。当 $N_{10} \leqslant 4$ 时，应在另一个加数输入端输入 0；当 $N_{10} \geqslant 5$ 时，应将输入的 5421 码减 3。对于 4 位二进制数来说，减 3 等价于加 13（在 4 位二进制数的计算中，3 和 13 对模 16 互补）。判断输入的 5421 码是否小于或等于 4，只要看其最高位即可。以上分析可以表示为

$$WXYZ = \begin{cases} ABCD + 0000; & \text{当 } N_{10} \leqslant 4 \text{ 时} \\ ABCD - 0011; & \text{当 } N_{10} \geqslant 5 \text{ 时} \end{cases}$$

$$= \begin{cases} ABCD + 0000; & \text{当 A=0 时} \\ ABCD + 1101; & \text{当 A=1 时} \end{cases}$$

$$= ABCD + AA0A$$

实现 5421 码到 8421 码的转换电路如图 2-46 所示。

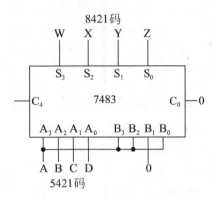

图 2-46　例 2-5 的电路

表 2-15　例 2-5 真值表

5	4	2	1	8	4	2	1	5	4	2	1	8	4	2	1
A	B	C	D	W	X	Y	Z	A	B	C	D	W	X	Y	Z
0	0	0	0	0	0	0	0	1	0	0	0	0	1	0	1
0	0	0	1	0	0	0	1	1	0	0	1	0	1	1	0
0	0	1	0	0	0	1	0	1	0	1	0	0	1	1	1
0	0	1	1	0	0	1	1	1	0	1	1	1	0	0	0
0	1	0	0	0	1	0	0	1	1	0	0	1	0	0	1

例 2-6　试用 4 位全加器芯片 7483 实现 1 位 8421BCD 码加法器。

解　7483 是 4 位二进制加法器，其进位规则是逢 16 进 1。而 8421BCD 码表示的是十进制数，进位规则是逢 10 进 1。用 7483 将 2 个 1 位 8421BCD 码相加时，当和≤9 时，结果正确；当和≥10 时，由于 7483 将输入的 BCD 码当做二进制数相加，将出现误差。例如，当和为 $(10)_{10}$ 时，按 BCD 码运算，应该进位，而 7483 的输出却是 $(1010)_2$。用 7483 实现 BCD 码相加，关键在于确定何时应该对结果进行修正，以及如何修正。

由于 2 个 1 位十进制数相加时，和的取值范围是 0～18，我们将该范围内各数值对应的二进制数和 8421BCD 码列表如表 2-16 所示，以便寻找将二进制结果转换为 8421BCD 码的规律，$(18)_{10}$ 应该用 2 位 8421BCD 码表示，由于 10 位数仅为 0 或 1，为简便起见，仅用 D_C 表示。

表 2-16　例 2-6 真值表

N_{10}	二进制数					8421BCD 码					N_{10}	二进制数					8421BCD 码				
	C_4	S_3	S_2	S_1	S_0	D_C	D_8	D_4	D_2	D_1		C_4	S_3	S_2	S_1	S_0	D_C	D_8	D_4	D_2	D_1
0	0	0	0	0	0	0	0	0	0	0	3	0	0	0	1	1	0	0	0	1	1
1	0	0	0	0	1	0	0	0	0	1	4	0	0	1	0	0	0	0	1	0	0
2	0	0	0	1	0	0	0	0	1	0	5	0	0	1	0	1	0	0	1	0	1

续表

N_{10}	二进制数					8421BCD 码					N_{10}	二进制数					8421BCD 码				
	C_4	S_3	S_2	S_1	S_0	D_C	D_8	D_4	D_2	D_1		C_4	S_3	S_2	S_1	S_0	D_C	D_8	D_4	D_2	D_1
6	0	0	1	1	0	0	0	1	1	0	13	0	1	1	0	1	1	0	0	1	1
7	0	0	1	1	1	0	0	1	1	1	14	0	1	1	1	0	1	0	1	0	0
8	0	1	0	0	0	0	1	0	0	0	15	0	1	1	1	1	1	0	1	0	1
9	0	1	0	0	1	0	1	0	0	1	16	1	0	0	0	0	1	0	1	1	0
10	0	1	0	1	0	1	0	0	0	0	17	1	0	0	0	1	1	0	1	1	1
11	0	1	0	1	1	1	0	0	0	1	18	1	0	0	1	0	1	1	0	0	0
12	0	1	1	0	0	1	0	0	1	0											

比较表中的二进制数和 BCD 码可以发现，当 $N_{10} \leqslant 9$ 时，二进制数与 8421 码相同；当 $N_{10} \geqslant 10$ 时，8421 码比相应的二进制数大 6。

判断 $N_{10} \geqslant 10$ 的电路就用表中的 D_C，当 $C_4 = 1$ 时，或 $S_3 = 1$ 且 S_2 和 S_1 中至少有一个为 1 时，$D_C = 1$。因此，可以写出表达式为

$$D_C = C_4 + S_3(S_2 + S_1) = C_4 + S_3 S_2 + S_3 S_1$$

当 $D_C = 1$ 时，将 $(0110)_2$ 与 BCD 码相加的输出值相加，就可以实现输出值的修正。完整的 1 位 8421BCD 码加法器电路如图 2-47 所示。

前面在介绍译码器时提到，全译码器的所有输出函数是译码输入变量的全部最小项（输出高电平有效时）或最大项（输出低电平有效时）。利用该性质，对于输出高电平有效的译码器，外接一个用于最小项求和的或门，就可以实现所需逻辑函数；对于输出低电平有效的译码器，输出的最大项也就是最小项的非，此时外接一个与非门，就可以实现所需逻辑函数。

例 2-7 试用 3 线-8 线译码器 74138 实现 1 位二进制数全减器。

解 1 位二进制数全减器就是 2 个 1 位二进制数的带借位的减法运算。设被减数、减数和低位的借位输入分别为 X，Y，B_i，运算结果为本位的差 D 和向高位的借位输出 B_o，其真值表如表 2-17 所示。

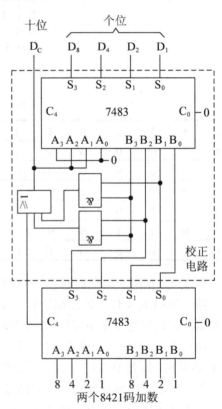

图 2-47　1 位 8421BCD 码加法器

表 2-17　例 2-7 真值表

X	Y	B_i	B_o	D	X	Y	B_i	B_o	D
0	0	0	0	0	1	0	0	0	1
0	0	1	1	1	1	0	1	0	0
0	1	0	1	1	1	1	0	0	0
0	1	1	1	0	1	1	1	1	1

由表 2-17 可以直接写出输出函数的最小项表达式。当采用输出低电平有效的 74138 实现该功能时，应该进一步将函数表达式变换为与 74138 低电平有效的输出端相符的形式。

$$B_o(X,Y,B_i) = m_1 + m_2 + m_3 + m_7 = \overline{\overline{m_1}\,\overline{m_2}\,\overline{m_3}\,\overline{m_7}} = \overline{\overline{Y_1}\,\overline{Y_2}\,\overline{Y_3}\,\overline{Y_7}}$$

$$D(X,Y,B_i) = m_1 + m_2 + m_4 + m_7 = \overline{\overline{m_1}\,\overline{m_2}\,\overline{m_4}\,\overline{m_7}} = \overline{\overline{Y_1}\,\overline{Y_2}\,\overline{Y_4}\,\overline{Y_7}}$$

电路如图 2-48 所示。

例 2-8　试用输出高电平有效的 3 线-8 线译码器实现逻辑函数 $F(A,B,C) = \sum m(0,1,2,4,5,6)$。

解　输出高电平有效的译码器的输出函数就是输入变量的最小项，直接实现该最小项表达式需要外接一个 6 输入的或门。对函数表达式稍加变换，就可以使电路更简单，如图 2-49 所示。

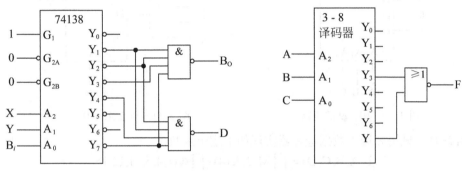

图 2-48　用 74138 实现的 1 位全减器　　　　图 2-49　例 2-8 的电路图

$$F(A,B,C) = \sum m(0,1,2,4,5,6) = Y_0 + Y_1 + Y_2 + Y_4 + Y_5 + Y_6 \text{（用 6 输入或门实现）}$$

$$= \prod M(3,7) = M_3 M_7 = \overline{\overline{M_3} + \overline{M_7}} = \overline{m_3 + m_7} = \overline{Y_3 + Y_7} \text{（用 2 输入或非门实现）}$$

数据选择器的输出函数是地址变量的全部最小项和对应的各路输入数据的与或式，其表达式形式为 $Y = \sum m_i D_i$，其中的 D_i 是输入数据，m_i 是地址变量形成的最小项。用数据选择器实现逻辑函数的基本方法是将逻辑函数表达式变换为 MUX 输出函数表达式形式，从而确定地址变量和输入数据变量。降维卡诺图是另一种有效的方法。

例 2-9　试用 8 选 1 数据选择器实现逻辑函数 $F(A,B,C,D) = \sum m(0,5,7,9,14,15)$。

解　首先将函数 F 写成最小项表达式的变量形式，然后从 4 个自变量中选择 3 个作为 MUX 的地址变量（本例选 ABC），并将表达式写成 MUX 输出函数的表达式形式。

$$F(A,B,C,D) = \overline{A}\,\overline{B}\,\overline{C}\,\overline{D} + \overline{A}B\overline{C}D + \overline{A}BCD + A\overline{B}\,\overline{C}D + ABC\overline{D} + ABCD$$

$$= \overline{A}\,\overline{B}\,\overline{C} \cdot \overline{D} + \overline{A}B\overline{C} \cdot D + \overline{A}BC \cdot D + A\overline{B}\,\overline{C} \cdot D + ABC \cdot \overline{D} + ABC \cdot D$$

$$= \overline{A}\,\overline{B}\,\overline{C} \cdot \overline{D} + \overline{A}B\overline{C} \cdot D + \overline{A}BC \cdot D + A\overline{B}\,\overline{C} \cdot D + ABC \cdot 1$$

显然，当 MUX 的地址变量 $A_2 A_1 A_0 = ABC$ 时，输入数据端 $D_0 \sim D_7 = \overline{D},0,D,D,D,0,0,1$。电路图如图 2-50 所示。

例 2-10　试用 4 选 1 数据选择器实现例 2-9 中的逻辑函数。

解　4 选 1 数据选择器只有 2 个地址输入端，一般来说，用 4 选 1 实现四变量逻辑函数时，有 2 个变量要放在数据输入端，可能需要附加逻辑门。本例选 AB 作为 MUX 的地址变量，按 AB 2 个变量的最小项形式变换函数 F 的表达式为

$$F(A,B,C,D) = \overline{A}\,\overline{B} \cdot \overline{C}\,\overline{D} + \overline{A}B \cdot \overline{C}D + \overline{A}B \cdot CD + A\overline{B} \cdot \overline{C}\,\overline{D} + AB \cdot C\overline{D} + AB \cdot CD$$
$$= \overline{A}\,\overline{B} \cdot \overline{C}\,\overline{D} + \overline{A}B \cdot (\overline{C}D + CD) + A\overline{B} \cdot \overline{C}\,\overline{D} + AB \cdot (C\overline{D} + CD)$$
$$= \overline{A}\,\overline{B} \cdot \overline{C}\,\overline{D} + \overline{A}B \cdot D + A\overline{B} \cdot \overline{C}\,\overline{D} + AB \cdot C$$

当 4 选 1 MUX 的地址变量 $A_1A_0=AB$ 时，MUX 的数据输入端 $D_0 = \overline{C}\,\overline{D}$，$D_1 = D$，$D_2 = \overline{C}\,\overline{D}$，$D_3 = C$。实现 D_0 和 D_2 需要附加 2 个与门，函数的逻辑电路图如图 2-51 所示。

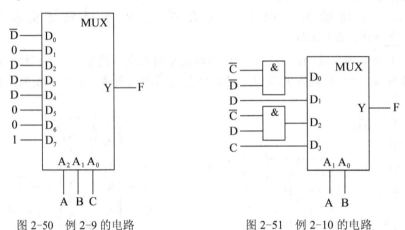

图 2-50　例 2-9 的电路　　　　　图 2-51　例 2-10 的电路

例 2-11　试用 8 选 1 数据选择器实现如下逻辑函数：

$$F(A,B,C,D) = \prod M(2,3,14) \cdot \prod \Phi(1,4,5,11,12,15)$$

解　本例采用降维卡诺图方法。首先选择 MUX 的地址变量 $A_2A_1A_0=BCD$（也可以选择其他变量），将 BCD 作为卡诺图中的一组变量，函数 F 中的其他变量作为另一组变量，画出卡诺图，如图 2-52（a）所示。注意，此时 BCD 的变量取值可以按自然二进制方式排列，因为化简不能沿此方向进行。化简沿变量 A 方向进行，当 BCD=000 时，对应方格的化简结果为 MUX 中 D_0 的输入信号，当 BCD 为其他取值时，对应的化简结果为相应数据输入的值。最后得到的电路如图 2-52（b）所示。

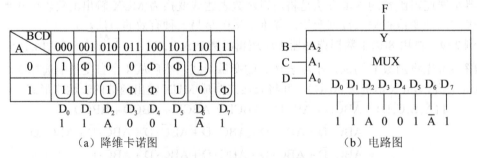

（a）降维卡诺图　　　　　　　　　　（b）电路图

图 2-52　例 2-11 的降维卡诺图和电路图

2.6　组合逻辑电路的 VHDL 描述

数字电路的描述方法除了前面已经介绍的真值表、表达式、电路图之外，还可以采用硬件描述语言来描述，VHDL 和 Verilog HDL 是两种典型的高级硬件描述语言。VHDL 是 VHSIC Hardware Description Language 的简称，是 20 世纪 80 年代美国国防部提出的超高速集成电路（very high speed integrated circuit，VHSIC）计划的产物。VHDL 于 1987 年被国际电子电气工程师学会（Institute of Electrical and Electronics Engineers，IEEE）接纳为 IEEE—1076 标准，后于 1993 年更新为 IEEE—1164。今天，VHDL 和 Verilog 使用都非常广泛，两者占有逻辑综合市场的份额比约为 1∶1。本教材只介绍 93 版 VHDL 最基本的语法知识和有关概念。

2.6.1 VHDL 源程序的基本结构

VHDL 源程序通常包括实体说明、结构体、库、程序包和配置 5 个部分，如图 2-53 所示。

实体说明和结构体组成设计实体，简称实体。实体是 VHDL 源程序的基本单元，具有很强的描述能力，可以表示一个逻辑门、一个功能模块、直至整个系统。通常，将实体理解为一个逻辑模块，实体说明用来描述该模块的端口，类似于电路原理图中的逻辑符号，它并不描述模块的具体功能和内部结构，而结构体则用来描述该模块的内部功能。这种将设计实体分为内外两部分的描述方法符合数字系统的模块化设计思想。

图 2-53　VHDL 程序结构

1. 实体说明

实体说明（entity declaration）用于描述逻辑模块的输入输出信号，其语法如下：

```
entity 实体名 is          -- 实体名自选，通常用反映模块功能特征的名称
    [generic (类属表);]   -- [ ]表示可选项
    [port(端口表);]
end entity 实体名;        -- 这里的实体名要和开始的实体名一致
```

entity 和 end entity 定义了实体说明的开始和结束，entity 是实体说明的关键字。generic 是类属说明语句的关键字，用于定义类属参量，其具体含义通过后面的例题加以说明。port 是端口说明语句的关键字，端口表中列出输入、输出端口的有关信息。在 VHDL 语法中，每条语句都必须以 “;” 结尾。“--” 是注释的引导符号，随后的字符作为注释信息，不被编译。下面的例子说明了实体说明语句的格式和 port 语句的用法。

例 2-12　用实体说明语句描述 2 输入与非门的输入输出端口。
解

```
entity NAND2 is                    -- 实体名为 NAND2
    port (A,B: in STD_LOGIC;       -- 输入端口为 A,B
          C: out STD_LOGIC);       -- 输出端口为 C
end entity NAND2;
```

程序的 port 语句中，关键字 in 说明端口 A 和 B 是输入模式，out 说明端口 C 是输出模式；STD_LOGIC 用于说明端口 A，B，C 的数据类型是标准逻辑型，这里的端口就是指我们平常所说的信号。

（1）端口说明（如图 2-54 所示）。

端口说明语句的一般格式如下：

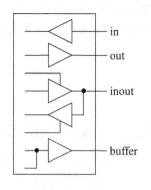

图 2-54　端口模式示意图

port(端口名：端口模式 数据类型;…);

端口模式指端口的数据传输方向，共有以下 4 种：

in　输入端口，该引脚接收外部信号。

out　输出端口，该引脚向外输出信号。

inout　双向端口，可以双向传输信号。

buffer　缓冲端口，工作于缓冲模式。

数据类型是端口信号的取值类型，例 2-12 中输入、输出端口的数据类型是工业标准逻辑型，是最常用的数据类型，该类型的数据有 0，1，X（未知），Z（高阻）等 9 种取值。VHDL 有着丰富的数据类型，具体内容详见库和程序包。

（2）类属说明

类属说明语句用于指定参数，其格式为

generic(常数名：数据类型:=设定值；…);

例 2-13　用类属说明语句定义总线宽度。

解

```
entity MCU1 is                              -- 实体名为 MCU1
    generic (ADDR_WIDTH: integer:= 16);     -- 定义 ADDR_WIDTH 为整型值 16
    port (ADDR_BUS: out STD_LOGIC_VECTOR (ADDR_WIDTH-1 downto 0));
    …
```

在该例子中，port 引导的端口说明语句定义 ADDR_BUS 为输出型总线，数据类型是标准逻辑向量，宽度是 ADDR_WIDTH，标准逻辑向量是标准逻辑型数据的组合。总线宽度的具体取值由类属说明语句定义，generic 引导的类属说明语句定义了总线宽度是整型数据，取值为 16。

类属说明语句也常用来定义仿真时需要的时间参数，下面的例子是一个 2 输入与门的实体说明，其中用类属说明语句定义了上升沿 TRISE 和下降沿 TFALL 的宽度。

```
entity AND2 is
    generic (TRISE: time:= 1 ns;
             TFALL: time:= 1 ns);
    port (A0,A1: in STD_LOGIC; Z: out STD_LOGIC);
end entity AND2;
```

实体说明只是指出了输入、输出信号的名称、方向、类型，并没有指出其函数关系，即电路功能的实现。该功能被认为是模块的内部信息，由相应的结构体定义。

2. 结构体

VHDL 通过结构体（architecture）具体描述实体的逻辑功能。结构体的语句格式如下：

```
architecture 结构体名 of 实体名 is
```

```
        [说明语句];
begin
        [功能描述语句];
end architecture 结构体名;
```

上述语句格式中，**architecture** 是结构体关键字，实体名必须是该结构体对应实体说明中定义的实体名，结构体名由用户自选，通常用体现结构体特征的名称。

例 2-14　与例 2-12 中实体说明对应的一种结构体。

解

```
architecture DATAFLOW of NAND2 is   -- DATAFLOW 是这个结构体的名称
begin
    C <= A nand B;                  -- 用逻辑表达式描述输入、输出关系
end architecture DATAFLOW;
```

3. 配置

一个实体的功能可以有多种描述方式，也就是说，一个实体可以用不同的结构体来描述。在仿真或硬件映射时，具体采用哪个结构体，可以通过配置语句实现。配置（configuration）就像电路板设计中的元件清单，用于说明电路板中的各个部分采用哪个元件。配置语句用于确定一个具体的实体和结构体对。

配置语句的关键字是 configuration，语句的一般格式如下

```
configuration 配置名 of 实体名 is   -- 配置名由用户定义
    配置说明
end configuration 配置名;
```

如果例 2-12 中的实体说明有多个结构体，可以通过配置语句为它指定一个实际使用的结构体。例如，将例 2-14 的结构体配置给实体说明，其配置语句如下：

```
configuration FIRST of NAND2 is   -- 配置名是 FIRST
    for DATAFLOW                  -- 将结构体 DATAFLOW 配置给实体 NAND2
    end for;
end configuration FIRST;
```

4. 库和程序包

一个实体中定义的数据类型、常量和子程序只能用于该实体，不能用于其他实体。为了使这些信息可以被不同实体共享，VHDL 提供了库和程序包结构。

程序包（package）也叫包集合，主要用来存放各个设计都能共享的数据类型、子程序说明、属性说明和元件说明等部分。VHDL 有许多标准程序包，用户也可以自己编写程序包。

程序包由两部分组成，程序包说明和程序包体，其语法格式为

```
package 程序包名  is ⎫
    说明语句         ⎬ 程序包说明
end package 程序包名; ⎭
```

```
package body 程序包名  is
    说明语句                          程序包体
end package  body 程序包名;
```

数据类型、常量，以及子程序和元件等首先在程序包说明中定义，然后在程序包体中描述各项的具体内容。

例 2-15 一个程序包的例子。

解

```
package P_EXAMPLE is                    -- 定义 DIGIT 为 0~9 的整型数
    type DIGIT is range 0 to 9;
    constant PI: real := 3.1415926;     -- 定义常量并赋值
    constant DEF_CONSTANT: integer;     -- 定义常量未赋值
end package P_EXAMPLE;
package body P_EXAMPLE is
    constant DEF_CONSTANT: integer := 10;  -- 常量赋值
end package body P_EXAMPLE;
```

库（library）是已编译数据的集合，它存放包集合定义、实体定义、结构定义和配置定义。库以 VHDL 源文件形式存在，主要包括：

（1）STD 库

STD 库是 VHDL 的标准库，库中有两个程序包 STANDARD 和 TEXTIO，在 STANDARD 程序包中定义了多种 VHDL 常用的数据类型（如 BIT，BIT_VECTOR）、子类型和函数等；TEXTIO 程序包中定义了支持 ASCII I/O 操作的若干数据类型和子程序，多用于测试。

（2）WORK 库

WORK 库是现行作业库。设计者正在进行的数据不需要任何说明，经编译后都会自动存入 WORK 库中。

（3）IEEE 库

除了 STD 库和 WORK 库以外，其他库都被称为资源库。IEEE 库是最常用、最重要的资源库，该库中的 STD_LOGIC_1164 是被 IEEE 正式认可的标准程序包。

（4）ASIC 库

ASIC 库是由各个公司提供的 ASIC 逻辑单元信息，在进行门级仿真时可以针对具体的公司进行。

（5）用户自定义库

用户根据设计需要而开发的一些共用程序包、实体等汇集在一起定义成一个库，称为用户库。

VHDL 的库说明语句格式为

```
library 库名;
use 库名.程序包名.项目名; --当项目名为 ALL 时，表示打开整个程序包
```

例如，IEEE 的 STD_LOGIC_1164 程序包的库说明语句为

```
library IEEE;                          -- 说明使用的库
use IEEE.STD_LOGIC_1164.ALL;           -- 说明使用的程序包
```

2.6.2　VHDL 的基本语法

1. VHDL 的语言要素

VHDL 是一种计算机编程语言，其语言要素包括数据对象、数据类型和运算操作符。

（1）数据对象

数据对象包括变量、信号和常数。

① 变量（variable）

VHDL 的变量是局部量，只能用于进程和子程序中，变量的使用包括变量定义语句和变量赋值语句。变量定义语句的语法格式为

```
variable 变量名:数据类型 := 初始值;
```

例 2-16　变量定义语句举例。

解

```
variable A : bit;                    -- 定义 A 是位型变量
variable B: boolean := false;        -- 定义 B 是布尔变量，且赋初值 false
variable C : STD_LOGIC_VECTOR(3 downto 0); -- 定义 C 是标准逻辑矢量
variable D, E : integer := 2;        -- 定义 D 和 E 是整型变量，且赋初始值 2
```

变量赋值语句的格式为

```
变量名 := 表达式;
```

变量的赋值符号为 “:=”，使用变量赋值语句时，要注意保持赋值符号两边的数据类型一致，下面是几种不同的变量赋值方式

例 2-17　变量赋值语句举例。

解

```
variable A, B : bit;                 -- 定义变量 A、B 是位型
variable C, D : bit_vector(0 to  3); -- 定义变量 C、D 是位矢量
A := '0';                            -- 位赋值
C := "1001";               -- 位矢量赋值
D(0 to 1) := C(2 to 3);    -- 段赋值，将矢量 C 的后两位赋值给矢量 D 的前两位
D(2) := '0';               -- 位赋值
```

② 信号

VHDL 的信号（signal）概念类似于硬件电路中的连接线，与之相关的信号赋值、延时等语句适合于描述硬件电路的一些基本特征。信号的适用范围是实体、结构体和程序包，信号不能用于进程和子程序。信号语句包括信号定义语句和信号赋值语句。

信号定义语句的格式为

```
signal 信号名:数据类型:=初始值;
```

其中 “初始值” 不是必需的，而且只在 VHDL 的行为仿真时有效。以下是几个信号定义语句。

例 2-18 信号定义语句举例。
解

```
signal A : bit;                           -- 定义 bit 型信号 A
signal B : std_logic :='0';               -- 定义标准逻辑型信号 B，初始值为低电平
signal DATA : STD_LOGIC_VECTOR(15 downto 0);    -- 定义标准位矢量信号
signal X, Y : integer range 0 to 7;       -- 定义整型信号 X 和 Y，信号值变化范
                                             围是 0 ~ 7
```

信号赋值语句的格式为

```
信号名 <= 表达式;
```

信号的赋值符号是"<="，需要注意的是，信号的初始赋值符号是":="。下面是几个信号赋值语句。

例 2-19 信号赋值语句举例。
解

```
X <= A and B;
Z <= '1' after 5 ns;      -- after 是延时关键字，信号 Z 的赋值时间在 5ns 之后
```

信号定义语句用来说明电路内部使用的信号，这些信号并不送往外部端口，所以在结构体中说明，而不是在实体说明语句中说明。下面的例子就说明了这种用法，结构体中定义的信号 S0 和 S1 是电路内部的信号，而 A，B，C，D，Y 则是模块的端口信号，在实体说明中描述。

例 2-20 用信号定义与赋值语句说明图 2-55 所示电路。

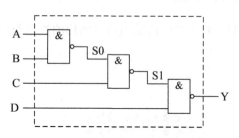

图 2-55 例 2-20 电路图

解

```
architecture DATAFLOW of EX is
    signal S0, S1: std_logic;
begin
    S0 <= A nand B;
    S1 <= S0 nand C;
    Y <= S1 nand D;
end architecture DATAFLOW;
```

③ 常数

VHDL 设计实体中的常数（constant）可以使程序容易阅读和修改，定义常数后，程序中所有用到该常数值的地方都用定义的常数名表示，需要修改该常数时，只要在该常数名定义处修改即可。常数定义的语法格式为

constant 常数名：数据类型 := 表达式;

例 2-21 常数定义语句举例。
解

```
constant A_BUS : bit_vector (7 downto 0) := "10010101";
                                    -- A_BUS 是位矢量常数
    constant WIDTH: integer := 8;       -- 定义 WIDTH 是整型常数 8
    constant PI : real := 3.1415926;    -- 定义 PI 是实数类型常数 π
    constant T_DELAY : time := 25 ns;   -- T_DELAY 是时间型常数，用于表示时延
```

（2）数据类型

VHDL 的数据类型可以分为标准数据类型和用户自定义数据类型。

标准数据类型：VHDL 的 STD 库中 STANDARD 程序包中定义了 10 种数据类型，称为标准数据类型或预定义数据类型。

- bit：位型数据，有 0、1 两种取值，表示为'0'和'1'，可以参与逻辑运算。
- bit_vector：位矢量型，是多个位型数据的组合，表示如"1001"，使用时必须注明位宽。
- integer：包括正、负整数和零，整型数据的取值范围是$-(2^{31}-1)\sim+(2^{31}-1)$。
- boolean：布尔型数据，取值是 true 和 false。
- real：实型数据，取值范围是$-1.0\times10^{38}\sim+1.0\times10^{38}$。
- character：字符型数据，可以是任意的数字和字符，表示字符型数据时，字符用单引号括起来，如'A'。
- string：字符串，是用双引号括起来的一个字符序列，又称为字符矢量或字符数组，如"integer range"，字符串是字符型数据的扩展。
- time：时间型数据，是一个物理量，由整数和单位组成，预定义单位是 fs，ps，ns，us，ms，sec，min 和 hr。使用时，数值和单位之间应有空格，如 10 ns。系统仿真时，时间型数据用于表示信号时延，使模拟更符合实际系统的状况。
- severity level：错误等级类型，用来表示仿真中出现的错误分级，共有 4 种等级：note（注意），warning（警告），error（出错），failure（失败），调试人员可以据此了解系统仿真状态。
- natural 和 positive：前者是自然数类型，后者是正整数类型。

IEEE 库的 STD_LOGIC_1164 程序包中还定义了两种应用十分广泛的数据类型。

- std_logic：工业标准逻辑型，有 0，1，X（未知），Z（高阻）等 9 种取值。
- std_logic_vector：标准逻辑矢量型，是多个 std_logic 型数据的组合。

VHDL 的 STD 库中定义的数据类型可以直接使用而无须事先说明。而 IEEE 库中定义的数据类型在使用前必须在程序开始处，用库调用语句加以说明（详见库和程序包）。

用户自定义数据类型：用户可以选择 VHDL 标准数据类型的一个子集，作为自定义数据类型，例如：

```
type DIGIT is range 0 to 9;     — 定义 DIGIT 的数据类型是 0~9 的整数
```

（3）VHDL 的运算操作符

不同的 VHDL 版本和编译器支持的运算有所不同，常用的运算操作符包括逻辑运算符、算术运算符和关系运算符，如表 2-18 所示，表中各运算符的优先级由低到高排列。使用操作符时，应注意操作符和操作数类型相符。

逻辑运算符用于对逻辑型数据 bit 和 std_logic、逻辑型矢量 bit_vector 和 std_logic_ vector 以及布尔型数据 boolean 的逻辑运算。逻辑运算经 VHDL 综合器综合后通常直接产生组合电路。

算术运算符包括对整型数的加、减运算符，对整型或实型（含浮点数）的乘、除运算符，对整型数的取模和取余运算符，对单操作数添加符号的符号操作符"+"和"−"，以及指数运算符"**"和取绝对值运算符"ABS"。

并置运算符"&"用于将位或数组组合起来，形成新的数组，例如，"VH"&"DL"的结果是"VHDL"，"01"&"00"的结果是"0100"。

实际能综合为逻辑电路的算术运算符只有加、减、乘运算符，对于较长数据位，应慎重使用乘法运算，以免综合时电路规模过于庞大。

关系运算符的作用是比较相同类型的数据，并将结果表示为 boolean 型数据的 true 或 false。关系运算符包括等于（=）、不等于（/=）、大于（>）、大于等于（>=）、小于（<）、小于等于（<=）。

表 2-18 VHDL 的运算符

分类	运算	功能说明	分类	运算	功能说明
逻辑 运算符	AND	与运算	算术 运算符	+	正
	OR	或运算		-	负
	NAND	与非运算		**	指数
	NOR	或非运算		ABS	取绝对值
	XOR	异或运算		&	并置
	NOT	非运算	关系 运算符	=	等于
算术 运算符	+	加		/=	不等于
	—	减		<	小于
	*	乘		>	大于
	/	除		<=	小于等于
	MOD	取模		>=	大于等于
	REM	取余			

2. VHDL 的语句

VHDL 有两种类型的语句：并行执行语句和顺序执行语句。

（1）并行语句

并行语句（parallel）主要用来描述模块之间的连接关系。并行语句之间是并行关系，当某个信号发生变化时，受此信号触发的所有语句同时执行。常用的并行语句有信号赋值语句、条件赋值语句和元件例化语句。前面已经介绍了信号赋值语句，下面介绍条件赋值语句和元件例化语句。

① 条件赋值语句

条件赋值语句包括 when_else 和 with_select_ when。

when_else 语句的语法格式为

```
赋值目标 <= 表达式 when 赋值条件 else
            表达式 when 赋值条件 else
                ...
            表达式;
```

例 2-22 采用 when_else 语句描述表 2-19 所示的 2 线-4 线译码器。

解

```
architecture A of DECODER4 is
    begin
        Y0 <= '1' when X="00" else '0';
        Y1 <= '1' when X="01" else '0';
        Y2 <= '1' when X="10" else '0';
        Y3 <= '1' when X="11" else '0';
    end architecture A;
```

with_select_when 语句的语法格式为

```
with 选择表达式 select
    赋值目标信号 <= 表达式 when 选择值,
                表达式 when 选择值,
                ...
                表达式 when 选择值;
```

表 2-19　2 线-4 线译码器真值表				
输入	输		出	
X	Y0	Y1	Y2	Y3
00	1	0	0	0
01	0	1	0	0
10	0	0	1	0
11	0	0	0	1

表 2-20　4 线-2 线编码器真值表	
X	Y
0001	00
0010	01
0100	10
1000	11

例 2-23　采用 with_select_when 语句描述表 2-20 所示的 4 线-2 线编码器。
解

```
architecture A of ENCODER2 is
begin
    with X select
        Y <= "00" when "0001",
             "01" when "0010",
             "10" when "0100",
             "11" when "1000",
             "00" when others;
end architecture A;
```

② 元件例化语句

元件例化就是引入一种连接关系，将预先设计好的实体定义为一个元件，然后通过关联将实际信号与当前实体中指定的端口相连接。

元件例化分为两部分，第一部分是元件定义语句，将一个已有的设计实体定义为一个元件，实现封装，使之只保留对外的端口，可以被其他模块调用。第二部分是元件例化语句，就是指元件的调用，方法是将元件端口（输入输出信号，即引脚）映射到需要连接的位置上。其语句格式为

```
-- 元件定义语句
component 元件名 is
    generic (类属表);
    port (端口名表);
end component 元件名;
-- 元件例化语句
```

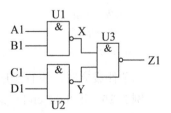

图 2-56　例 2-24 的电路

例化名：元件名 port map (端口名 => 连接端口名，…);

例 2-24　采用元件例化的方式实现图 2-56 所示电路。

解　首先用 VHDL 描述一个两输入与非门，然后把该与非门当做一个已有元件，用元件例化语句结构实现图 2-56 所示的连接关系。源程序中的

2 个实值应存为 2 个 vhd 文件，放在同一个目录下，先编译 GNAND2.vhd，再编译 CIRCUIT.vhd。

```
library IEEE;                          -- 两输入与非门的设计
use IEEE.std_logic_1164.all;
entity GNAND2 is
    port (A,B: in std_logic; C: out std_logic);
end entity GNAND2;
architecture ARCH_GNAND2 of GNAND2 is
begin
    C <= A nand B;
end architecture ARCH_GNAND2;
library IEEE;                          -- 用元件例化方式实现图 2-56 所示电路的连接关系
use IEEE.std_logic_1164.all;
entity CIRCUIT is
    port (A1,B1,C1,D1: in std_logic; Z1: out std_logic);
end entity CIRCUIT;
architecture ARCH_CIR of CIRCUIT is
component GNAND2                       -- 元件说明，引用前面描述的与非门
    port (A,B: in std_logic; C: out std_logic);
end component GNAND2;
signal X,Y: std_logic;                 -- 定义电路中的两个连接信号
begin                                  -- 用元件例化语句实现元件在电路中的连接
    U1: GNAND2 port map (A => A1, B => B1, C => X);--元件例化语句实现引脚连接
    U2: GNAND2 port map (A => C1, B => D1, C => Y);
    U3: GNAND2 port map (A => X, B => Y, C => Z1);
end architecture ARCH_CIR;
```

（2）顺序语句

顺序语句（sequential）是完全按照程序书写顺序执行的语句，前面的语句执行结果会影响后面的语句。顺序语句只能出现在进程和子程序中，从仿真角度来看，是顺序执行的。VHDL 的顺序语句包括赋值语句、流程控制语句、子程序调用语句和等待语句等类别，这里只介绍流程控制语句中的 if 和 case 语句。

① if 语句

根据语句所设条件，if 语句有选择地执行指定的语句，其语法格式由简单到复杂可以分为三种，分别是 if_then_end if、if_then_else_end if 和 if_elsif_else_end if。

if_then_end if 语句的语法格式为

```
if 条件 then
    顺序语句;
end if;
```

当条件成立时，执行顺序语句，否则跳过该语句。

例 2-25 if_then_end if 语句举例。
解

```
if (EN='1') then
    A<=B;       -- 当条件 EN=1 成立时，A 随 B 变化; 否则，该语句不执行
end if;
```

if_then_else_end if 语句的语法格式为

```
if 条件 then
    顺序语句 1；
else
    顺序语句 2；
end if；
```

若条件成立，就执行 then 后的顺序语句 1；否则，就执行 else 后的顺序语句 2。

例 2-26　用 if 语句描述一个表 2-21 所示的三态非门。

解

```
if OE = '0'  then
    Y <= not X；
else
    Y <= 'Z'；           -- 高阻符号 "Z" 要大写
end if；
```

if_elsif_else_end if 语句的语法格式为

```
if 条件 then
    顺序语句 1；
elsif 条件 then
    顺序语句 2；
[elsif 条件 then
    顺序语句 3；]        -- elsif 根据需要可以有若干个
[else
    顺序语句 4；]        -- 最后的 else 语句可以按需要选用
end if；
```

若条件成立，就执行 then 后的顺序语句；否则，检测后面的条件，并在条件满足时，执行相应的顺序语句。

if 语句至少有一个条件句，条件句必须是 boolean 表达式，当条件句的值为 true 时（即条件成立），执行 then 后的顺序语句。方括号中的内容是可选项，用于多个条件的情形。

② case 语句

case 语句根据表达式的取值直接从多组顺序语句中选择一组执行，其语句格式为

```
case 表达式 is
when 选择值 => 顺序语句 1；
when 选择值 => 顺序语句 2；
...
[when others => 顺序语句 n；]
end case；
```

例 2-27　用 case 语句描述一个表 2-22 所示的 1 线-4 线分配器。
解

```
D0 <= '0'； D1 <= '0'；
D2 <= '0'； D3 <= '0'；   -- 输出赋初值
case SEL is
    when "00" => D0 <= D；
```

```
    when "01" => D1 <= D;
    when "10" => D2 <= D;
    when others => D3 <= D;
end case;
```

表 2-21　三态非门真值表

输　　　入		输出
OE	X	Y
1	Φ	Z
0	0	1
0	1	0

表 2-22　例 2-27 真值表

选择输入	数　据　输　出			
SEL	D0	D1	D2	D3
00	D	0	0	0
01	0	D	0	0
10	0	0	D	0
11	0	0	0	D

3．结构体功能描述语句的结构类型

用结构体进行功能描述可以采用五种不同类型的语句结构，如图 2-57 所示。这五种语句结构都以并行方式工作，可以看做结构体的 5 个子结构。信号赋值语句和元件例化语句已经在数据对象中做了介绍，这里介绍其他三种语句结构：块语句、进程语句和子程序调用语句。

结构体

　说明语句

　功能描述语句结构
　　块语句
　　进程语句
　　信号赋值语句
　　子程序调用语句
　　元件例化语句

图 2-57　结构体的语句结构

（1）块语句

块（block）语句用于将结构体中的并行描述语句组成一个模块，类似于电路图中的模块划分，其目的是改善并行语句的结构，增加其可读性，或用来限制某些信号的使用范围。

block 语句的格式为

```
块结构名: block
    [块保护表达式;]
    [端口说明语句;]
    [类属说明语句;]
begin
    并行语句;
end block 块结构名;
```

例 2-28　由半加器和或门构成的一位二进制全加器电路如图 2-58 所示，试采用 block 语句结构描述该电路。

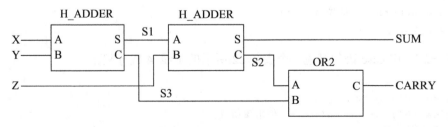

图 2-58　例 2-28 的电路图

解 在 VHDL 描述时，采用 block 语句结构将两个半加器 H_ADDER 和或门 OR2 分别实现，可以使 VHDL 源程序更加清晰易懂。该电路结构采用 block 语句结构描述如下：

```
library IEEE;                              -- 引用库
use IEEE.STD_LOGIC_1164.ALL;
entity F_ADDER is                          -- 全加器 F_ADDER 的实体说明
    port (X, Y, Z: in STD_LOGIC; SUM, CARRY: out STD_LOGIC);
end entity F_ADDER;
architecture BLK_STYLE of F_ADDER is       -- 全加器 F_ADDER 的结构体
    signal S1, S2, S3: STD_LOGIC;          -- 定义三个内部连接信号
begin
    H_ADDER1: block                        -- 用 block 语句描述半加器 H_ADDER1
    begin
        S1 <= X xor Y;                     -- 半加器的和函数
        S3 <= X and Y;                     -- 半加器的进位函数
    end block H_ADDER1;
    H_ADDER2: block                        -- 用 block 语句描述半加器 H_ADDER2
    begin
        SUM <= S1 xor Z;
        S2 <= S1 and Z;
    end block H_ADDER2;
    OR2: block                             -- 用 block 语句描述 2 输入或门 OR2
    begin
        CARRY <= S2 or S3;
    end block OR2;
end architeture BLK_STYLE;
```

（2）进程语句

进程（process）语句结构采用顺序语句描述事件，其语法结构为

```
[进程名: ]    process [(敏感信号表)]
             [进程说明部分]
             begin
                 顺序描述语句;
             end process [进程名];
```

进程名不是必需的。敏感信号表中列出启动该进程的敏感信号，敏感表中任一信号发生变化，都会触发该进程。进程说明部分定义了该进程所需的局部数据，包括数据类型、常数、变量、子程序等。顺序描述语句可以是赋值语句、子程序调用语句、顺序描述语句、进程启动与跳出语句等。

例 2-29 一个 2 选 1 多路选择器 MUX2 的进程描述语句。

解

```
MUX2: process (A,B,S)   -- MUX2 是进程名,
                        -- 敏感信号 A, B 是数据输入, S 是选择输入
    begin               -- 任何一个敏感信号发生变化，都将启动该进程
        if (S='0') then -- 用 if_then_else 语句完成功能描述
            X <= A;     -- X 是 MUX2 的输出信号
```

```
        else
            X <= B;
        end if;
    end process MUX2;
```

（3）子程序调用语句

子程序是一种 VHDL 程序模块，在被主程序调用后，子程序可以将处理结果返回主程序。子程序中只能使用顺序语句。VHDL 中的子程序有两种类型：函数和过程。

① 函数

函数（function）的语句格式为

```
funtcion 函数名(参数 1;参数 2;…) return 数据类型名 is
    [说明部分]
begin
    [顺序语句];
return [返回变量值]
end function 函数名;
```

在 VHDL 中，function 语句只能计算数值，不能改变其参数的值，所以其参数的模式只能是 in，通常省略不写。通常，各种功能的函数语句的程序都被集中放置在包集合中，并且可以在结构体中直接调用。

例 2-30 函数 MIN 的功能是比较 2 个变量 X，Y 的大小，并返回两数中较小的一个。

解

```
function MIN (X,Y: integer) return integer is
begin                    -- 函数名 MIN，输入参数 X、Y 和返回值的类型都是 integer
    if X < Y then        -- 用 if_then_else 语句实现比较输出
        return X;        -- 若 X<Y，返回值为 X
    else
        return Y;        -- 若 X>Y，返回值为 Y
    end if;
end function MIN;
```

② 过程

过程（procedure）的语句格式为

```
procedure 过程名(参数 1;参数 2;…)is
    [说明部分]
begin
    [顺序语句];
end procedure 过程名;
```

例 2-31 用过程语句结构实现 2 线-4 线译码器。

解

```
procedure DECODER                         -- 过程名是 DECODER
    (CODE_IN: in integer range 0 to 3;    -- 译码输入整型数取值 0~3
    DEC_OUT: out std_logic_vector (3 downto 0)) is
```

```
                                              -- 输出是 4 位标准逻辑矢量
begin
variable TEMP: out std_logic_vector (3 downto 0);
                                              -- 定义变量 TEMP 为 4 位
case CODE_IN is
    when 0 => TEMP := "0001";                 -- 输入 0, 则译码输出 0001
    when 1 => TEMP := "0010";
    when 2 => TEMP := "0100";
    when 3 => TEMP := "1000";
end case;
DEC_OUT <= TEMP;                              -- 过程中定义的变量值输出
end procedure DECODER;
```

2.6.3 用 VHDL 描述组合逻辑电路

VHDL 可以通过多种方式在结构体中描述实体的逻辑功能, 结构体功能描述的基本方式有以下三种: 行为描述方式 (behavior)、数据流描述方式(dataflow, 又称为寄存器传输级 RTL 描述)、结构化描述方式(structural)。其中行为描述方式属于高级描述方式, 通过对电路行为的描述实现设计。这种描述方式不包含与硬件结构有关的信息, 易于实现系统优化, 易于维护。数据流描述方式的特点是采用逻辑函数表达式形式表示信号关系。结构化描述方式通过元件例化来实现, 这种方法类似电路图的描述方式, 将电路的逻辑功能分解为功能单元, 每个功能单元都被定义为一个元件, 通过元件说明和元件调用的方式, 构成电路中各元件的连接关系。实际设计中, 应根据功能、性能和资源的实际情况, 选择适当的描述方式, 通常是混合使用这三种描述方式。前面介绍 VHDL 的语法知识时已经采用了这些描述方式, 下面再举一个例子说明这三种描述方式的用法。

例 2-32 分别用数据流描述、结构化描述和行为描述方式设计一个 3 人表决电路。

解 3 人表决电路的概念和门电路结构已经在本章第 4 节的例 2-1 介绍了, 为方便起见, 将电路图和真值表重画, 如图 2-59 和表 2-23 所示。对该电路采用三种不同描述方式的 VHDL 源程序如下。

```
library IEEE;
use IEEE.std_Logic_1164.all;

entity MAJ is              -- 实体说明
    port (A,B,C: in bit; F: out bit);   -- 该实体有 3 个输入、1 个输出
end entity MAJ;
architecture CONCURRENT of MAJ is       -- 结构体采用数据流描述方式
    signal ABC bit_vector(2 downto 0);
begin
    ABC<=A&B&C;
    with A&B&C select    -- 用并置运算符形成位矢量, 根据真值表选出 F=1 的行
        F <= '1' when "011" | "101" | "110" | "111", '0' when others;
end architecture CONCURRENT;
architecture STRUCTURE of MAJ is        -- 结构体采用结构化描述方式
    component GNAD2 port (IN1, IN2: in BIT; OUT1: out BIT);   -- 元件说明
    end component;
```

```
        component GNAD3 port (IN1, IN2, IN3: in BIT; OUT1: out BIT);
        end component;
        signal S1, S2, S3: BIT;              ── 定义内部连接信号
    begin
        GATE1: GNAD2 port map (A, B, S1);    ── 采用元件例化语句实现管脚映射
        GATE2: GNAD2 port map (B, C, S2);
        GATE3: GNAD2 port map (A, C, S3);
        GATE4: GNAD3 port map (S1, S2, S3, F);
    end architecture STRUCTURE;
    architecture BEHAVIOUR of MAJ is         ── 结构体采用行为描述方式
    begin
        process (A,B,C)
            constant TABLE: BIT_VECTOR (0 to 7) := "00010111";
            variable INDEX: NATURAL;         ── 定义变量 INDEX 为自然数类型
        begin
            INDEX := 0;                      ── 每次执行时都要初始化指针为 0
            if C = '1' then INDEX := INDEX+1; end if;
            if B = '1' then INDEX := INDEX+2; end if;
            if A = '1' then INDEX := INDEX+4; end if;
            F <= TABLE (INDEX);              ── 根据 INDEX 的取值查表 TABLE
        end process;
    end architecture BEHAVIOUR;
```

表 2-23 例 2-32 真值表

A	B	C	F
0	0	0	0
0	0	1	0
0	1	0	0
0	1	1	1
1	0	0	0
1	0	1	1
1	1	0	1
1	1	1	1

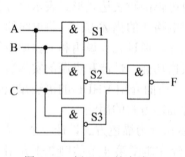

图 2-59 例 2-32 的电路

　　该电路的 VHDL 源程序有一个实体说明和三种不同的结构体，实际使用哪个结构体，可以由配置语句加以选择。

　　在采用数据流描述方式的结构体中，语句 with_select_when 采用了一种简写方式，将真值表中 F=1 的行并列地写成“"011" | "101" | "110" | "111"”，从而只用一个语句行就说明了整个真值表的内容。

　　在采用结构化描述方式的结构体中，首先采用元件说明语句说明了电路中 2 输入与非门 GNAND2 和 3 输入与非门 GNAND3 的 I/O 引脚，并定义了电路中出现的 3 个内部信号 S1、S2 和 S3。然后用元件例化语句实现逻辑门的管脚映射，完成电路中各逻辑门的连接。需要注意的是，在该例子中，没有给出 GNAND2 和 GNAND3 的设计，只是把它们当做已有的元件加以使用。

　　在采用行为描述方式的结构体中，将真值表中函数 F 的取值定义为一个长度为 8 的位矢量 TABLE，用三条 if 语句将 A、B、C 的取值转换为变量 INDEX 的值，最后以 INDEX 的值作为 TABLE 位矢量的位地址，选出 TABLE 中相应的位，作为 F 的取值。这个过程就是根据自变量 ABC 的取值在真值表中找出相应的函数值。

各种组合逻辑电路都可以用 VHDL 描述，下面给出 3 个完整的 VHDL 实现组合逻辑电路的源程序。

例 2-33 用 VHDL 描述一个三态输出总线电路，总线宽度 BUS_WIDTH 为 8 位，数据输入和输出分别用 D_IN 和 D_OUT 表示，使能输入信号 OE 高电平有效。

解

```
library IEEE;
use IEEE.std_logic_1164.all;
entity TRI_BUS is
    generic (BUS_WIDTH: integer := 8);  -- 用类属说明语句定义总线宽度
    port (OE: in std_logic;
        D_IN: in std_logic_vector (BUS_WIDTH-1 downto 0);
        D_OUT: out std_logic_vector (BUS_WIDTH-1 downto 0));
end entity TRI_BUS;
architecture A of TRI_BUS is
begin
    D_OUT <= D_IN when OE = '1' else (others => 'Z');-- 这里必须用大写 Z
end architecture A;
```

本例中，采用类属说明语句定义总线宽度 BUS_WIDTH，当需要修改总线宽度时，只要修改类属说明语句中的值即可。在端口说明语句中，定义输入和输出端口的宽度都是 BUS_WIDTH，还定义了一个高电平有效的输入使能信号 OE。在结构体中，when_else 语句描述了三态输出的逻辑功能：当 OE=1 时，开启总线输出；否则，总线输出为高阻抗状态。

例 2-34 用 VHDL 描述一个 8 线-3 线优先编码器，该编码器的编码输入端是 I(7)～I(0)，编码优先顺序由高到低是 I(7)～I(0)，编码输出端是 A(2)～A(0)，该电路还有一个高电平有效的编码有效输出端 GS。

解

```
library IEEE;
    use IEEE.std_logic_1164.all;
    entity PRI_ENCODER is              -- 实体说明
    port (I : in bit_vector(7 downto 0);   -- 编码输入
        A : out bit_vector(2 downto 0);    -- 编码输出
        GS : out bit);                 -- GS 是编码有效输出，高电平有效
    end entity PRI_ENCODER;
    architecture ARCH_EN of PRI_ENCODER is -- 结构体
begin
    process(I)              -- 输入信号 I 是敏感值，当数组 I 有变化时，启动进程
    begin
        GS <= '1';          -- GS 赋初值，当 GS=1 时，表示编码输出有效
        if I(7) = '1' then A <= "111";  -- I(7)优先级最高，相应编码为"111"
        elsif I(6) = '1'    then A <= "110";
        elsif I(5) = '1'    then A <= "101";
        elsif I(4) = '1'    then A <= "100";
        elsif I(3) = '1'    then A <= "011";
        elsif I(2) = '1'    then A <= "010";
```

```
            elsif I(1) = '1'    then A <= "001";
            elsif I(0) = '1'    then A <= "000";
            else GS <= '0';     -- 当数据输入都为"0"时，输出编码无效，用 GS=0 表示
                A <= "000";     -- 编码无效时，将编码输出设置为 "000"
            end if;
        end process;
    end architecture ARCH_EN;
```

例 2-35 用 VHDL 描述一个将输入的 1 位 8421BCD 码转换为高电平有效的七段显示码的七段显示译码器。

解

```
library IEEE;
use IEEE.std_logic_1164.all;
entity SEG7DEC is
    port (BCD_IN: in std_logic_vector (3 downto 0);
          SEG_OUT : out std_logic_vector (6 downto 0));
end SEG7DEC;
architecture ARCH_SEG7 of SEG7DEC is
begin
    with BCD_IN select      -- 根据 BCD_IN 的输入值选择相应的 7 段码输出
        SEG_OUT <= "1111110" when x"0",          --x 是十六进制基数符号
                   "0110000" when x"1",
                   "1101101" when x"2",
                   "1111001" when x"3",
                   "0110011" when x"4",
                   "1011011" when x"5",
                   "1011111" when x"6",
                   "1110000" when x"7",
                   "1111111" when x"8",
                   "1111011" when x"9",
                   "0000000" when others;        -- 非 BCD 码输入时无显示
end architecture ARCH_SEG7;
```

2.7 组合逻辑电路中的险象

在前面对组合逻辑电路的讨论中，只从抽象的逻辑行为角度进行了分析和设计，没有考虑在实际电路中必然存在的信号传输时延和信号电平变化时刻对逻辑功能的影响。逻辑门的传输时延，以及多个输入信号变化时刻不同步可能引起短暂的输出差错，这种现象称为逻辑电路的冒险现象（hazard），简称险象，电路中出现的短暂的错误输出称为毛刺（glitch）。险象的持续时间虽然短暂，危害却不可忽视。尤其在驱动时序电路时，组合电路输出信号中的险象可能造成严重后果。

2.7.1 险象的来源、种类与识别方法

信号传输时延引起的险象称为逻辑险象（logic hazard），可以通过修改逻辑设计来消除。多个输入信号的变化时刻不同步引起的险象称为功能险象（function hazard），这种险象无法通过逻辑设计加以消除，只能通过适当选择输出信号的读取时间来避开险象。若输入信号的变化只引起一个毛刺，这种险象称为静态险象（static hazard）；若出现多个毛刺，就称为动态险象（dynamic hazard）。本节只讨论逻辑门时延引起的静态险象及其消除方法。

根据毛刺的不同极性，可以把险象分为 0 型险象和 1 型险象：输出信号中的毛刺为负向脉冲的险象称为 0 型险象，通常出现在与或、与非、与或非型电路中；输出信号中的毛刺为正向脉冲的险象称为 1 型险象，通常出现在或与、或非型电路中。

静态逻辑险象可以用两种方法来识别：代数识别法和卡诺图识别法。

1. 代数识别法

对于一个逻辑表达式，若在给定其他自变量适当的逻辑值后，出现了下列两种情形之一，则存在逻辑险象：

$$F = A + \overline{A} \ （存在 0 型险象） \qquad F = A \cdot \overline{A} \ （存在 1 型险象）$$

例 2-36 判断图 2-60 所示电路是否存在险象，说明险象类型，并画出输出波形。

解 函数表达式为

$$F = \overline{\overline{A\overline{B}} \cdot \overline{ABC} \cdot D} = A\overline{B} + ABC + \overline{D}$$

显然，F 中只有变量 B 同时具有原变量和反变量形式，当自变量 A=C=D=1 时，$F = \overline{B} + B$。因此，该电路存在变量 B 引起的 0 型险象。

设逻辑门的信号传输时延为 t_{pd}，当输入信号 A，C，D 固定为高电平（逻辑 1）时，对于输入信号 B 的变化，可以逐点画出信号传输波形，如图 2-61 所示，由于输入信号 A，C，D 是固定电平，简便起见，波形图中没有画出它们的波形。

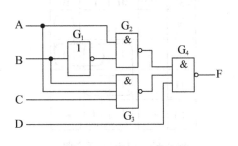
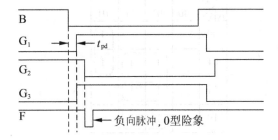

图 2-60 例 2-36 的电路　　　　　图 2-61 例 2-36 的波形图

由波形图可以看到，当输入信号 B 出现下降沿时，由于信号在电路中传输时延的不同，输出信号中出现不应有的负脉冲（毛刺），即该电路确实存在 0 型险象。

2. 卡诺图识别法

在逻辑函数的卡诺图中，若有 2 个圈存在相切部分，且相切部分没有被另一个圈覆盖

时，该卡诺图对于的逻辑函数存在险象。

例 2-37 用卡诺图识别法判断函数 $F = AD + BD + \overline{A}C\overline{D}$ 是否存在险象。

解 F 的卡诺图如图 2-62 所示，与乘积项 BD 和 $\overline{A}C\overline{D}$ 对应的两个圈相切，且相切部分的 1 没有被其他圈覆盖。当变量 D 的取值变化时，函数将从一个圈转移到另一个圈，因此产生险象。由于函数是与或式，该险象是 D 变量引起的 0 型险象。

2.7.2 险象的消除方法

消除险象有以下几种基本思路：一是设计一个不会发生险象的逻辑电路，这是消除险象的根本方法，对于简单电路和静态险象是一种可行的方法，但是对于复杂的电路和其他类型的险象，例如功能险象，采用逻辑设计的方法消除险象十分困难。二是设法避开险象发生的时刻，由于险象都是在输入信号变化后很短的时间内发生，等输出稳定后再读取其值，也能避免险象的危害，这种方法叫选通法。选通法存在的问题是选通信号的产生并不总是很方便。三是采用额外的滤波电路消除输出信号中的毛刺，因为险象造成的输出毛刺都是高频信号，与正常的输出信号频率相差较大，可以用简单的低通滤波器清除。滤波法存在的问题是滤波器虽然清除了毛刺，但也使输出信号的上升沿和下降沿变坏。

下面简单介绍如何通过修改逻辑设计消除险象。

修改逻辑设计消除险象的方法，就是通过增加冗余项使函数在任何情况下都不会出现 $F = A + \overline{A}$ 和 $F = A \cdot \overline{A}$。从卡诺图上看，就是在两个圈的相切部分增加一个冗余圈，将相切处的 0 或 1 圈起来。

例 2-38 采用增加冗余项的方法，消除例 2-37 中存在的险象。

解 在图 2-62 卡诺图中增加一个冗余的圈，如图 2-63 所示。该卡诺图对应的函数表达式为 $F = AD + BD + \overline{A}C\overline{D} + \overline{A}BC$，新增加的乘积项 $\overline{A}BC$ 是冗余项。当 ABC=011 时，函数为 $F = 0 + D + \overline{D} + 1 = 1$，显然，冗余项的存在屏蔽了原来产生 0 型险象的 $D + \overline{D}$。为了消除险象而增加的冗余项，也使函数变得不是最简了。

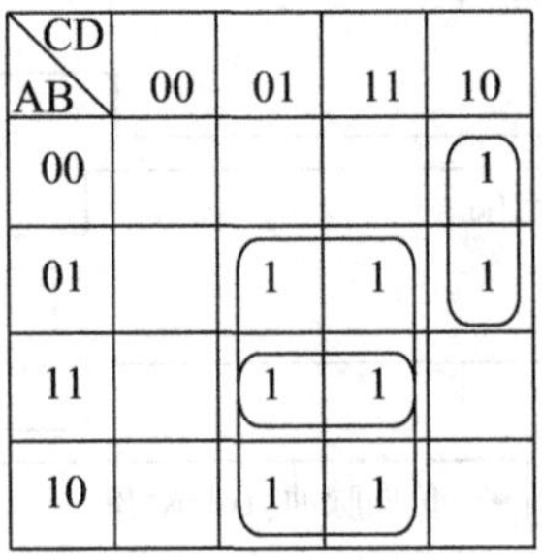

图 2-62 例 2-37 卡诺图

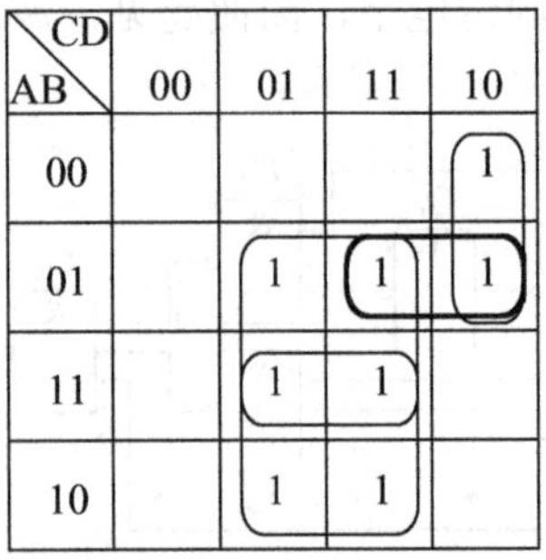

图 2-63 例 2-38 卡诺图

习 题 2

2-1 图 2-64 是两个 CMOS 逻辑门的内部结构图，试说出逻辑门的名称，并写出输出函数表达式，画出其逻辑符号。

2-2 已知 74S00 是 2 输入四与非门，I_{OL}=20mA，I_{OH} =1mA，I_{IL}=2mA，I_{IH}=50μA；7410

是 3 输入三与非门，I_{OL}=16mA，I_{OH}=0.4mA，I_{IL}=1.6mA，I_{IH}=40μA。试分别计算 74S00 和 7410 的扇出系数。理论上，一个 74S00 逻辑门的输出端最多可以驱动几个 7410 逻辑门，一个 7410 逻辑门的输出端最多可以驱动几个 74S00 逻辑门？

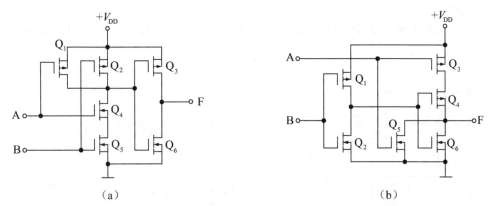

（a）　　　　　　　　　　　（b）

图 2-64　CMOS 逻辑门内部结构图

2-3　图 2-65 中的逻辑门均为 TTL 门。试问图中电路能否实现 $F_1 = AB$，$F_2 = \overline{\overline{AB} \cdot \overline{BC}}$ 的功能？说明理由。

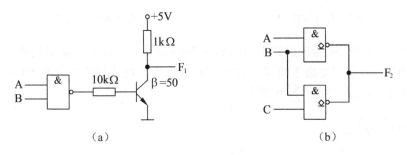

（a）　　　　　　　　　　　（b）

图 2-65　题 2-3 的图

2-4　试用 OC 与非门实现逻辑函数 $F = \overline{A}C + AB\overline{C} + \overline{A}C\overline{D}$，假定不允许反变量输入。

2-5　某组合逻辑电路如图 2-66（a）所示。

（1）写出输出函数 F 的表达式。

（2）列出真值表。

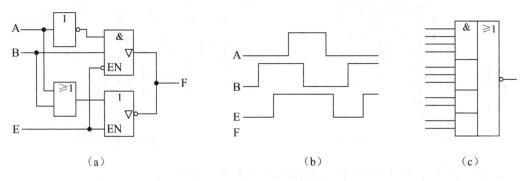

（a）　　　　　　　　　　　（b）　　　　　　　　　　　（c）

图 2-66　题 2-5 的图

（3）对应图 2-66（b）所示输入波形，画出输出信号 F 的波形。

（4）用图 2-66（c）所示与或非门实现函数 F（允许反变量输入）。

2-6　写出图 2-67 所示电路的输出函数表达式，并说明该电路的逻辑功能和每个输入变量和输出变量的含义。

2-7　列表说明图 2-68 所示电路中，当 $S_3S_2S_1S_0$ 作为控制信号时，F 与 A、B 的逻辑关系。

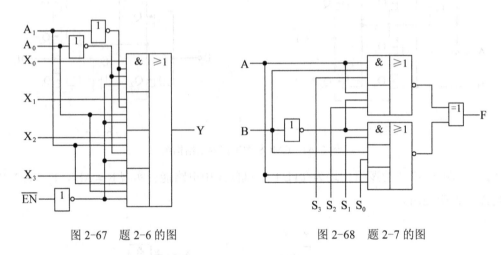

图 2-67　题 2-6 的图　　　　　　　图 2-68　题 2-7 的图

2-8　译码器 74154 构成的逻辑电路如图 2-69 所示，写出输出函数的最小项表达式。

2-9　图 2-70 所示是由 2 线-4 线译码器和 8 选 1 数据选择器构成的逻辑电路，试写出输出函数表达式，并整理成 $\sum m$ 形式。

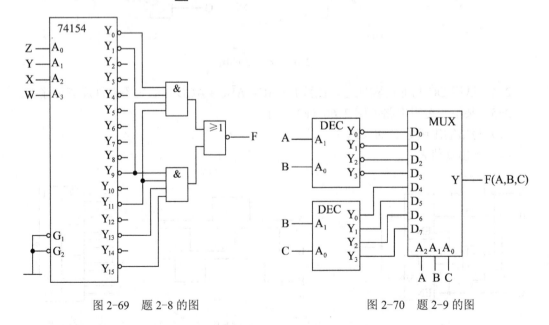

图 2-69　题 2-8 的图　　　　　　　图 2-70　题 2-9 的图

2-10　分别用与非门实现下列逻辑函数，允许反变量输入。

（1）$F = AB + \overline{\overline{A} + C} \cdot BD + B\overline{\overline{C}D}$

（2）$F(A,B,C,D) = \prod M(2,4,6,10,11,14,15) \cdot \prod \Phi(0,1,3,9,12)$

2-11　分别用与非门和或非门实现以下函数：
$$F(W,X,Y,Z) = \sum m(0,1,2,7,11) + \sum \Phi(3,8,9,10,12,13,15)$$
允许反变量输入。

2-12　试用 3 输入与非门实现以下函数：
$$F = \overline{A}\overline{B}\overline{D} + B\overline{C} + AB\overline{D} + BD$$

2-13　试用一片 2 输入四与非门芯片 7400 实现函数 $F = \overline{\overline{AC} + \overline{BC} + B(A \oplus C)}$，不允许反变量输入。

2-14　改用最少的与非门实现图 2-71 所示电路的功能。

2-15　已知输入信号 A，B，C，D 的波形如图 2-72 所示，用最少的逻辑门（种类不限）设计产生输出 F 波形的组合电路，不允许反变量输入。

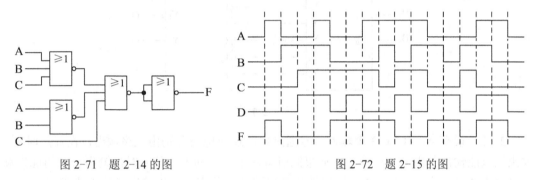

图 2-71　题 2-14 的图　　　　　　　　　　图 2-72　题 2-15 的图

2-16　用一片 4 位全加器 7483 和尽量少的逻辑门，分别实现下列 BCD 码转换电路：

（1）8421 码到 5421 码的转换

（2）5421 码到余 3 码的转换

2-17　不附加逻辑门，只用 1 片 74LS83 分别实现下列 BCD 码转换电路：

（1）余 3 码到 8421 码的转换

（2）2421 码到 8421 码的转换

2-18　试用 4 位全加器 7483 和 4 位比较器 7485 实现一位 8421BCD 码全加器，并用 Multisim 仿真。

2-19　试用 4 位全加器 7483 实现一位余 3 BCD 码加法器，允许附加其他器件。

2-20　设 A，B，C 为 3 个互不相等的 4 位二进制数，试用 4 位二进制数比较器 7485 和二选一数据选择器设计一个逻辑电路，从 A，B，C 中选出最大的一个输出，用框图形式给出解答。

2-21　二进制码到循环码的转换。

（1）完成 3 位二进制码（$B_2B_1B_0$）转换为典型循环码（$G_2G_1G_0$）的真值表（如表 2-24 所示）。

（2）推导 G_2，G_1，G_0 的逻辑表达式。

（3）用图 2-73 所示的 3-8 译码器和 8-3 编码器实现 3 位二进制码到循环码的转换，并加以文字说明（芯片输入输出都是高电平有效）。

（4）用 Multisim 仿真电路的功能。

表 2-24 题 2-21 的真值表

N_{10}	二进制码 $B_2B_1B_0$	循环码 $G_2G_1G_0$	N_{10}	二进制码 $B_2B_1B_0$	循环码 $G_2G_1G_0$
0	0 0 0		4	1 0 0	
1	0 0 1		5	1 0 1	
2	0 1 0		6	1 1 0	
3	0 1 1		7	1 1 1	

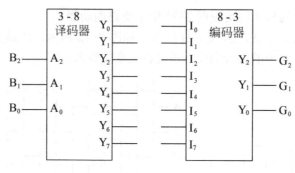

图 2-73

2-22 设有 A，B，C 3 个输入信号通过排队逻辑电路分别由三路输出，在任意时刻，输出端只能输出其中的一个信号。如果同时有两个以上的输入信号时，输出选择的优先顺序是首先 A，其次 B，最后 C。列出该排队电路的真值表，写出输出函数表达式。

2-23 学校举办游艺会，规定男生持红票入场，女生持绿票入场，持黄票的人无论男女都可入场。如果一个人同时持有几种票，只要有符合条件的票就可以入场。试分别用与非门和或非门设计入场控制电路。

2-24 一个走廊的两头和中间各有一个开关控制同一盏灯。无开关闭合时，电灯不亮；当电灯不亮时，任意拨动一个开关都使灯亮；当灯亮时，任意拨动一个开关都使灯熄灭。试用异或门实现该电灯控制电路。

2-25 设 A，B，C，D 分别代表四对话路，正常工作时最多只允许两对同时通话，并且 A 路和 B 路、C 路和 D 路、A 路和 D 路不允许同时通话。试用或非门设计一个逻辑电路（不允许反变量输入），用以指示不能正常工作的情况。

2-26 用与非门为医院设计一个血型配对指示器，当供血和受血血型不符合表 2-25 所列情况时，指示灯亮。

表 2-25 题 2-26 的表

供血血型	受血血型	供血血型	受血血型
A	A,AB	AB	AB
B	B,AB	O	A,B,AB,O

2-27 分别用 3 线-8 线译码器 74138 和必要的逻辑门实现下列逻辑函数：

（1）$F(A,B,C) = \sum m(0,3,6,7)$

（2）$F(A,B,C) = (A + C)(A + B + C)$

2-28　试用高电平输出有效的 4 线-16 线译码器和逻辑门实现多输出函数：

$$\begin{cases} X(A,B,C,D) = \prod M(2,8,9,14) \\ Y(A,B,C,D) = \prod M(1,4,5,6,7,9,10,11,12,13,14) \\ Z(A,B,C,D) = (A \oplus B) \oplus (C \odot D) \end{cases}$$

2-29　试用 3 线-8 线译码器 74138 和必要的逻辑门实现 5 线-32 线译码器，并用 Multisim 仿真电路的功能。

2-30　试用高电平译码输出有效的 4 线-16 线译码器和逻辑门设计一个组合逻辑电路，计算两个 2 位二进制数的乘积。

2-31　分别用四选一和八选一数据选择器实现下列逻辑函数：

（1）$F(A,B,C) = \sum m(0,1,2,6,7)$

（2）$F(A,B,C,D) = \prod M(1,2,8,9,10,12,14) \cdot \prod \Phi(0,3,5,6,11,13,15)$

2-32　试用双 4 选 1 数据选择器 74153 实现 16 选 1 数据选择器。

2-33　试用 4 选 1 数据选择器和必要的逻辑门设计一个 1 位二进制数全加器。

2-34　只用一片图 2-74 所示双 4 选 1 数据选择器实现 $F(A,B,C,D)=\sum m(3,4,5,8,9,10,14,15)$，允许反变量输入。

2-35　用一片 4 位二进制数全加器 7483 和一片含有 4 个 2 选 1 数据选择器的芯片 74157 及非门实现可控 4 位二进制补码加法/减法器。当控制端 X=0 时，实现加法运算；当 X=1 时，实现减法运算（提示：将减数取反加 1 后，进行加法运算）。

2-36　试用 3 线-8 线译码器 74138 和与非门设计一个组合逻辑电路，该电路的输入为一个 3 位二进制数 $A=A_2 A_1 A_0$，输出为一个 6 位二进制数 $Y=Y_5 Y_4 Y_3 Y_2 Y_1 Y_0$，且 $Y=A^2+1$。如改用 PROM

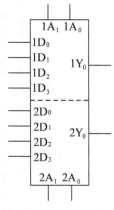

图 2-74　题 2-34 的图

实现该电路，选用的 PROM 至少需要几位地址？每个单元的字长至少需要几位？

2-37　用适当容量的 PROM 实现 8421BCD 码的共阴极七段显示译码电路，要求列出真值表，画出与-或阵列图。

2-38　试将图 2-75 中 PLA 的各输出函数写成 $\sum m$ 的形式。

2-39　图 2-76 是一个输出极性可编程的 PLA，试通过编程连接实现下列函数：

$$F_1 = AB + \overline{A}\,\overline{C}$$
$$F_2 = (A + B)(A + C)$$

2-40　试用 PAL16L8 实现一位全加器的逻辑电路，在图 2-77 上标明编程连接。

2-41　试编写一个实现 3 输入与非门的 VHDL 源程序。

2-42　试用 with_select_when 语句描述一个 4 选 1 数据选择器。

2-43　试用进程语句结构和 if_then_elsif 语句描述一个 4 选 1 数据选择器。

2-44　图 2-78 是 1 位二进制数全加器的电路图，试用元件例化语句描述该电路。

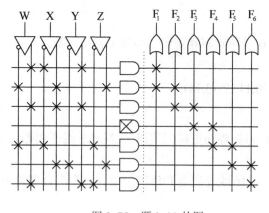

图 2-75 题 2-38 的图

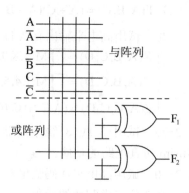

图 2-76 题 2-39 的图

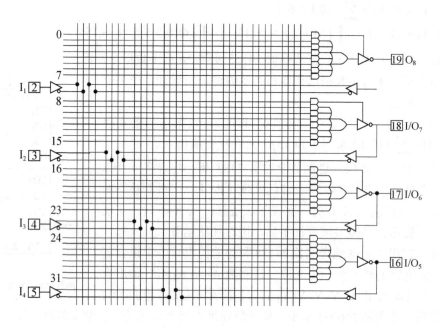

图 2-77 题 2-40 的图

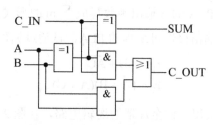

图 2-78 题 2-44 的图

2-45 逻辑电路如图 2-79（a）所示，写出 G 和 F 的逻辑表达式，若非门的延迟为 3ns，其他门的延迟为 6ns，根据图 2-79（b）所示 A 的输入波形，画出 G 和 F 的波形，并对输出波形加以说明。

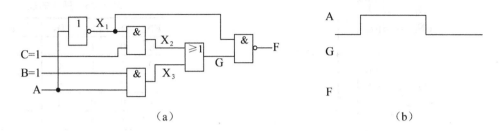

图 2-79 题 2-45 的图

2-46 判断图 2-80 所示各电路是否存在险象，如果存在，请说明险象类型，并通过修改逻辑设计消除险象，用 Multisim 仿真修改前后电路的工作波形。

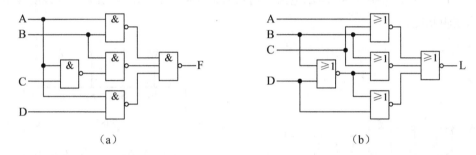

图 2-80 题 2-46 的图

自 测 题 2

1．（20 分）填空

（1）同一电路的正逻辑表达式与负逻辑表达式具有（   ）关系。

（2）多个标准 TTL 逻辑门的输出端直接相连，结果是（   ）；多个集电极或漏极开路逻辑门的输出端直接相连，结果是（   ）；多个三态输出端直接相连，结果是（   ）。

（3）在典型的 TTL、CMOS 和 ECL 逻辑门中，（   ）速度最快，（   ）功耗最低。

（4）4 选 1 数据选择器的输出函数表达式为（   ）。

（5）在 PROM、PLA 和 PAL 中，与阵列可编程、或阵列固定的器件是（   ）；与、或阵列都可编程的器件是（   ）。

（6）一个 VHDL 源程序可以分为 5 个组成部分，其中必不可少的两个部分是（   ）。

2．（6 分）图 2-81 为三态非门构成的电路，试根据输入条件填写表 2-26 中的 F 栏。

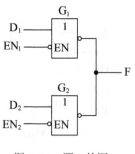

图 2-81 题 2 的图

表 2-26 题 2 的表

EN$_1$	D$_1$	EN$_2$	D$_2$	F
0	0	1	1	
0	1	1	0	
1	0	0	0	
1	0	0	1	
1	1	0	1	
1	1	1	0	

3.（10 分）分析图 2-82 所示电路，写出表达式，列出真值表，并说明电路的逻辑功能。

4.（10 分）分析图 2-83 所示电路，输入为余 3 码，试列出真值表，并说明该电路完成什么逻辑功能。

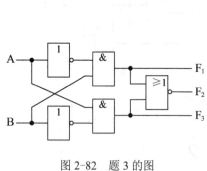

图 2-82 题 3 的图

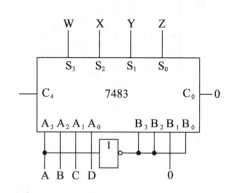

图 2-83 题 4 的图

5.（10 分）写出图 2-84 所示电路的输出函数表达式，列出真值表。

6.（10 分）试用最少的与非门，设计一个组合电路，实现表 2-27 所示的逻辑功能。

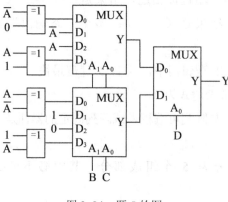

图 2-84 题 5 的图

表 2-27 题 6 的表

A	B	F
0	0	C+D
0	1	$\overline{C+D}$
1	0	C⊕D
1	1	C⊙D

7.（14 分）用 3 个继电器 A，B，C 控制两个指示灯 R，G。R 和 G 不能同时亮；当 3 个继电器都动作时 R 亮；当 A 不动作，且 B 和 C 中至少有一个动作时 G 亮；如果 A，B，C 均不动作，则 R 和 G 均不亮；其他情况下 R 都亮。试根据以上要求列出反映此控制关系的真值表，并编写 VHDL 源程序。

8.（10 分）使用 3 线-8 线译码器 74138 和与非门实现一个 1 位二进制数全加器。

9.（10 分）将逻辑表达式 $F(A,B,C) = AB + \overline{B+C}$ 写成标准与或表达式 $\sum m$ 的形式，并使用 8 选 1 数据选择器 74151 实现该函数。

第3章

时序逻辑基础

第2章介绍的组合逻辑电路，由于内部不存在输出到输入的反馈，其输出只与当前输入有关，与过去的输入无关，因而不具备记忆功能。时序逻辑电路（sequential logic circuit）则不同，它通过在电路内部引入反馈来"记住"输入信号的历史，从而解决了组合逻辑电路无法解决的"记忆"问题。人们通常把具有记忆功能的这类数字电路称为时序逻辑电路或时序电路。

本章首先简单介绍时序逻辑电路的一般结构、种类和描述方法，然后着重介绍常用时序逻辑器件——触发器、计数器、移位寄存器、随机存取存储器及各种具有记忆单元的可编程逻辑器件，为分析和设计时序逻辑电路打下坚实的理论基础。

3.1 时序逻辑概述

3.1.1 时序逻辑电路的一般结构

时序逻辑电路的一般结构如图 3-1 所示，它由组合逻辑电路和存储器件两部分组成。存储器件用于记忆电路过去的输入情况，是时序电路的核心。存储器件的输入 $W_1 \sim W_r$ 称为激励；存储器件的输出 $Q_1 \sim Q_r$ 称为状态变量，用来描述电路的状态：电路现在所处的状态称为现态（present state），将要到达的下一个状态称为次态（next state）。外部输入 $X_1 \sim X_k$ 和外部输出 $Z_1 \sim Z_m$ 分别称为电路的输入和输出。从图中可见，$Q_1 \sim Q_r$ 和 $W_1 \sim W_r$ 同时也分别是组合逻辑电路的内部输入（反馈输入）和内部输出，$Z_1 \sim Z_m$ 和 $W_1 \sim W_r$ 是输入变量 $X_1 \sim X_k$ 和状态变量 $Q_1 \sim Q_r$ 的组合逻辑函数。

与组合逻辑电路相比，时序逻辑电路具

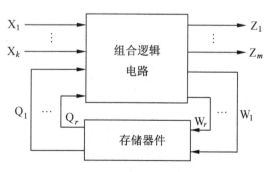

图 3-1 时序逻辑电路的一般结构

有以下几个特点：
- 结构上存在输出到输入的反馈通道。
- 内含存储器件。
- 具有记忆功能。

3.1.2 时序逻辑电路的描述方法

1. 方程组描述法

时序逻辑电路通常需要用以下 3 个方程组才能完全描述其逻辑功能。

输出方程组：

$$Z_i^n = F_i(X_1^n, \cdots, X_k^n; \ Q_1^n, \cdots, Q_r^n) \qquad i=1, \cdots, m \qquad (3\text{-}1)$$

激励方程组：

$$W_j^n = G_j(X_1^n, \cdots, X_k^n; \ Q_1^n, \cdots, Q_r^n) \qquad j=1, \cdots, r; \qquad (3\text{-}2)$$

次态方程组：

$$Q_j^{n+1} = H_j(Q_j^n; \ W_j^n) \qquad j=1, \cdots, r; \qquad (3\text{-}3)$$

其中，上标 n 和 $n+1$ 用以标记时间上的先后顺序：n 对应于现在时刻 t^n，$n+1$ 对应于下一个时刻 t^{n+1}。按照这种约定，Q^n 表示电路的现态，Q^{n+1} 表示电路的次态。

上述方程组表明，时序逻辑电路在时刻 t^n 的输出和激励是该时刻电路的外部输入 X^n 和现态 Q^n 的组合逻辑函数，在时刻 t^{n+1} 的状态（次态）则是时刻 t^n 的状态（现态）Q^n 和激励函数 W^n 的函数。因此，即使时序电路的输入相同，也可能因为现态不同而产生不同的输出和激励，并转向不同的次态。

2. 状态表描述法

状态表（state table）是状态转换表的简称，它可以清晰地描述时序逻辑电路的状态转换关系和输入输出关系。

状态表的一般结构如图 3-2 所示。表的上方为电路的所有可能输入组合，表的左列为电路所有的可能状态（现态），表栏中为现态和输入产生的结果——次态和输出。状态表的读法如下：当电路在时刻 t^n 处于现态 S_i 而输入为 X 时，电路输出为 Z；在时刻 t^{n+1}，电路将转换到次态 S_j。表 3-1 是状态表的一个实例，其中 S^n 表示现态，S^{n+1} 表示次态。

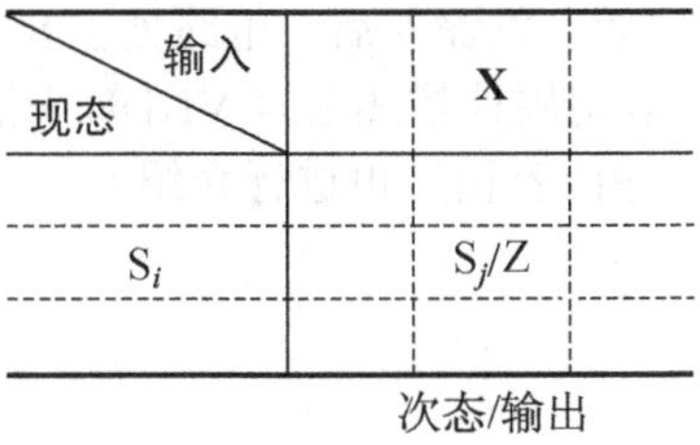

现态 ＼ 输入	X
S_i	S_j/Z
	次态/输出

图 3-2 状态表的结构

表 3-1 状态表

S^n ＼ X^n	0	1
S_0	$S_0/0$	$S_1/0$
S_1	$S_0/0$	$S_2/0$
S_2	$S_3/0$	$S_2/0$
S_3	$S_0/0$	$S_1/1$

$$S^{n+1}/Z^n$$

3．状态图描述法

状态图（state diagram）是状态转换图的简称，它能比状态表更加直观地描述时序逻辑电路的状态转换关系和输入输出关系，是分析和设计时序逻辑电路的重要工具。图 3-3 描述了状态图的画法：状态名符号外加圆圈（称为状态圈）表示电路的状态，箭头表示状态转换的方向，状态转换所需的输入条件 X 和相应的电路输出 Z 以 X/Z 的形式标于箭头旁。状态图的读法与状态表相似：当电路在时刻 t^n 处于现态 S_i 而输入为 X^n 时，电路输出为 Z^n；在时刻 t^{n+1}，电路将转换到次态 S_j。

状态图和状态表可以方便地相互转换。例如，表 3-1 所示的状态表可以用图 3-4 所示状态图来表示，反过来也一样。

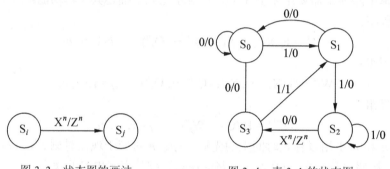

图 3-3　状态图的画法　　　　图 3-4　表 3-1 的状态图

例 3-1　某时序逻辑电路的状态图如图 3-4 所示。假定电路现在处于状态 S_0，试确定电路输入序列为 X=1011011011 时的状态序列和输出序列。

解　根据电路的状态图，推导如下：

时刻	0	1	2	3	4	5	6	7	8	9
输入 X	1	0	1	1	0	1	1	0	1	1
现态	S_0	S_1	S_0	S_1	S_2	S_3	S_1	S_2	S_3	S_1
次态	S_1	S_0	S_1	S_2	S_3	S_1	S_2	S_3	S_1	S_2
输出 Z	0	0	0	0	0	1	0	0	1	0

可见，当电路处于初始状态 S_0 且输入序列 X=1011011011 时，对应的状态序列为 $S_1S_0S_1S_2S_3S_1S_2S_3S_1S_2$，输出序列为 Z=0000010010。最后一位输入后，电路处于 S_2 状态。

除了上述三种描述方法以外，时序逻辑电路还可以用硬件描述语言 VHDL 来描述；对于单元集成电路，则常用功能表的形式进行描述。这些内容稍后再进行介绍。

3.1.3　时序逻辑电路的一般分类

1．按照状态改变的方式分类

按照状态改变方式的不同，时序逻辑电路可以分为同步时序电路（synchronous

sequential circuit）和异步时序电路（asynchronous sequential circuit）两种类型。有统一时钟脉冲信号 CP、各触发器只在时钟脉冲信号 CP 作用下才可能发生状态转换的时序逻辑电路称为同步时序电路，没有统一时钟脉冲信号 CP、各触发器（或延迟元件）状态变化不同步的时序逻辑电路称为异步时序电路。

根据输入信号特征的不同，异步时序电路又可以划分为电平型和脉冲型两类。电平型异步时序电路没有通常意义下的时钟脉冲信号输入，状态转换完全由输入信号的电平变化直接引起；脉冲型异步时序电路虽有时钟脉冲信号输入，但各个触发器并没有使用统一的时钟，因而各触发器的状态变化不是同时发生的。

两种时序电路相比，同步时序电路具有工作速度快、可靠性高、分析和设计方法简单等突出优点，应用最广泛。因此，本书将主要介绍同步时序电路。

2. 按照输出变量的依从关系分类

按照输出变量依从关系的不同，时序逻辑电路又可以分为米里（mealy）型电路和摩尔（moore）型电路两种类型。输出与输入变量直接相关的时序逻辑电路称为米里型电路，输出与输入变量无直接关系的时序逻辑电路称为摩尔型电路。

米里型电路的输出是现态和输入的函数，其输出方程组如式（3-1）所示，状态表和状态图的形式分别如表 3-1 和图 3-4 所示。

摩尔型电路的输出只是现态 Q^n 的函数，其输出方程组的形式变为

$$Z_i^n = F_i(Q_1^n, \cdots, Q_r^n) \qquad i=1, \cdots, m \tag{3-4}$$

摩尔型电路的状态表和状态图形式也与米里型电路有所不同，如图 3-5 所示。在状态表中，输出 Z 单列给出；在状态图中，输出 Z 与状态名同处状态圈内，输入值标于箭头旁。

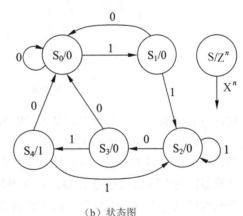

S^n	X^n		Z^n
	0	**1**	
S_0	S_0	S_1	0
S_1	S_0	S_2	0
S_2	S_3	S_2	0
S_3	S_0	S_4	0
S_4	S_0	S_2	1
	S^{n+1}		

（a）状态表　　　　　　　　　　　（b）状态图

图 3-5　摩尔型电路的状态表和状态图示例

对于同一个时序逻辑功能而言，摩尔型电路的输出电路一般比米里型电路简单，但所需状态(或存储器件)一般比米里型要多。例如，图 3-4 和图 3-5 两个状态图所描述的功能其实相同，都为重叠型的"1101"序列检测器，每当输入信号中出现"1101"序列时，电路输出一个"1"。但从图中不难看出，米里型的电路只需要 4 个状态，而摩尔型的电路需要 5 个状态；电路实现时，米里型只需要两个触发器，摩尔型则需要 3 个触发器。大多数

情况下，人们喜欢将电路设计为米里型。

3.2 触 发 器

作为时序逻辑电路最基本的存储器件，触发器（flip-flop）具有高电平和低电平两种稳定的输出状态和"不触不发，一触即发"的工作特点。只有在一定的外部信号作用下，触发器的状态才会发生变化。

3.2.1 SR 触发器

1. 基本 SR 触发器

基本 SR 触发器电路及逻辑符号如图 3-6 所示，它由两个与非门交叉耦合构成。输入信号符号上的非号表示低电平有效，输入、输出端的小圆圈表示逻辑非。Q 和 $\overline{Q}$ 是触发器的两个互补输出端，规定 Q 输出端的逻辑值表示触发器的状态，即 Q=1 表示触发器处于 1 状态，Q=0 表示触发器处于 0 状态，并将使 Q=1 的操作称为置位（set）或置 1，使 Q=0 的操作称为复位（reset）或清 0（clear）。

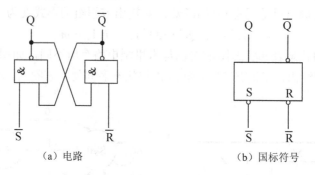

（a）电路　　　　　　　　　　　　（b）国标符号

图 3-6　基本 SR 触发器

根据与非门的特点，不难得到基本 SR 触发器的真值表如表 3-2 所示。其中第一种情况比较特殊，下面进行必要的说明。

当 $\overline{S}$ 和 $\overline{R}$ 端同时为 0 时，从电路可见，触发器的两个互补输出端 Q 和 $\overline{Q}$ 都为 1，这违背了触发器的两个输出信号 Q 和 $\overline{Q}$ 应该互补的规定。而且，当 $\overline{S}$ 和 $\overline{R}$ 同时从 0 变为 1 时，触发器的输出状态将取决于与非门的工作速度，速度快的那个与非门输出为 0，速度慢的那个与非门输出为 1。由于无法确知两个与非门的延迟时间差异，因此说不清触发器的稳定状态到底是 0 还是 1，这违背了电路设计的确定性原则。因此，应该坚决禁止出现这种情况。

从表 3-2 可以看出，基本 SR 触发器具有置位（Q=1）、复位（Q=0）、保持三种功能，输入信号 $\overline{S}$、$\overline{R}$ 分别起置位和复位作用，且都是低电平有效。

基本 SR 触发器的工作波形如图 3-7 所示，其中阴影部分表示 Q 和 $\overline{Q}$ 状态不确定，既可能为 1，也可能为 0。

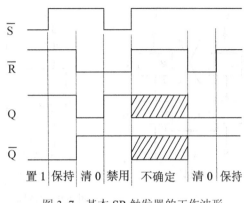

图 3-7　基本 SR 触发器的工作波形

表 3-2　基本 SR 触发器真值表

$\overline{S}$	$\overline{R}$	Q^{n+1}	功能说明
0	0	Φ	禁止使用
0	1	1	置位(置 1)
1	0	0	复位(清 0)
1	1	Q^n	保持

　　基本 SR 触发器结构简单，是构成各种实用触发器的基础。此外，它还常常用来消除电路中按键开关的抖动。图 3-8 就是由这种基本 SR 触发器构成的一个手动微机复位电路，它可以消除按键开关抖动对微机复位的不良影响，保证微机可靠复位。其中，电容器 C 用于复位延时，使按键开关 K 松开后，G_1 门输入端的低电平能够保持一段时间，保证 $\overline{RST}$ 有足够长的低电平时期，实现微机的可靠复位。该电路还兼有加电后自动复位的功能。

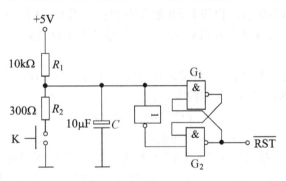

图 3-8　微机复位电路

2. 时钟同步 SR 触发器

　　基本 SR 触发器虽然具有直接置 1 和清 0 功能，能够用来存储二进制信息，但因为状态随输入信号 $\overline{S}$ 或 $\overline{R}$ 有效而立即发生相应变化，在实际使用时并不方便。因为实际使用过程中，通常要求触发器的状态按照一定的时间节拍变化，其翻转时刻必须受一个称为时钟脉冲的信号 CP（clock pulse）控制。每来一个 CP 脉冲，触发器才能发生一次状态翻转（也可以不翻转，即保持原状态不变）。

　　将基本 SR 触发器进行适当改造，就可以构成各种时钟控制触发器的基本电路——时钟同步 SR 触发器，其电路、逻辑符号和真值表如图 3-9 所示。电路图中，G_1、G_2 构成基本 SR 触发器，G_3、G_4 为导引电路；国标符号中，C 是控制关联符；C 后、S 和 R 前的数字为关联对象号，表示仅当控制输入有效时，具有对应关联号的输入信号才能对电路起作用，此处即为只有当 CP 信号有效时，输入信号 S、R 才能起作用。由于时钟信号 CP 只是触发器状态变化的时间基准，所以真值表中没有将其列入输入栏。

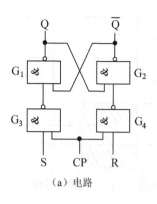 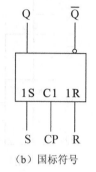

S^n	R^n	Q^{n+1}	功能说明
0	0	Q^n	保持
0	1	0	复位(清 0)
1	0	1	置位(置 1)
1	1	Φ	禁止使用

(a) 电路   (b) 国标符号   (c) 真值表

图 3-9 时钟同步 SR 触发器

当时钟信号 CP=0 时，导引门 G_3、G_4 关闭（输出 1），由 G_1、G_2 构成的基本 SR 触发器保持原状态不变；当 CP=1 时，导引门 G_3、G_4 打开，S、R 信号取反后加到基本 SR 触发器上，触发器的状态根据 S 和 R 的取值相应变化，S、R 仍然分别起置位和复位作用，但均为高电平有效。由此可见，时钟同步 SR 触发器的状态转换分别由 S、R 和 CP 控制。S、R 控制状态转换的方向，即触发器的次态是什么由 S、R 的取值决定；CP 控制状态转换的时刻，即触发器何时发生状态转换由 CP 决定。CP 脉冲作用前的状态称为现态，CP 脉冲作用后的状态称为次态。和基本 SR 触发器相似，当 S、R 同时为 1 时，在 CP 为高电平期间，Q 和 $\overline{Q}$ 都为 1；CP 下降沿到来后，Q 和 $\overline{Q}$ 状态无法确定。因此，也应该禁止出现这种输入情况。

用卡诺图化简真值表，可以得到描述该触发器状态转换规律的次态方程(也称状态方程或特征方程)及对输入信号 S、R 的约束条件：

$$\begin{cases} Q^{n+1} = S^n + \overline{R}^n Q^n \\ 约束条件\ S^n R^n = 0 \end{cases} \tag{3-5}$$

时钟同步 SR 触发器的工作波形如图 3-10 所示。从波形图可见，在最后一个 CP 脉冲的高电平期间，S、R 的变化引起触发器状态发生了 3 次变化。这种在一个 CP 脉冲作用期间触发器发生多次状态变化的现象称为空翻。空翻违背了每来一个 CP 脉冲触发器最多发生一次状态翻转的原则，必须坚决避免。解决的办法就是采用只对 CP 边沿而不是电平进行响应的边沿触发器。现在的集成触发器大多采用这种边沿触发（edge-triggered）的电路结构，触发器的状态只可能在 CP 脉冲的上升沿（positive edge）或下降沿（negative edge）发生翻转，从而有效地防止了空翻。

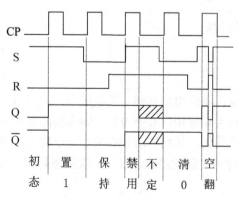

图 3-10 时钟同步 SR 触发器的工作波形

3.2.2 集成触发器

集成触发器的内部电路一般比较复杂，为了突出重点，本书将从使用的角度出发介绍它们的外部特性，主要包括逻辑符号、真值表、激励表、次态方程以及工作波形等。

1. 集成触发器的功能描述

各种集成触发器的外部特性如表 3-3 所示。

表 3-3 集成触发器的外部特性

触发器	国 标 符 号	真 值 表	状 态 图	次态方程	激 励 表
D 触发器	D—1D Q；CP—▷C1 $\overline{Q}$	D^n | Q^{n+1} 0 | 0 1 | 1	(状态图)	$Q^{n+1}=D^n$	Q^n | Q^{n+1} | D^n 0 | 0 | 0 0 | 1 | 1 1 | 0 | 0 1 | 1 | 1
JK 触发器	J—1J Q；CP—○▷C1；K—1K $\overline{Q}$	J^n K^n | Q^{n+1} 0 0 | Q^n 0 1 | 0 1 0 | 1 1 1 | $\overline{Q^n}$	(状态图)	$Q^{n+1}=$ $J^n\overline{Q}^n+\overline{K}^n Q^n$	Q^n | Q^{n+1} | $J^n K$ 0 | 0 | 0 Φ 0 | 1 | 1 Φ 1 | 0 | Φ 1 1 | 1 | Φ 0
T 触发器	T—1T Q；CP—▷C1 $\overline{Q}$	T | Q^{n+1} 0 | Q^n 1 | $\overline{Q^n}$	(状态图)	$Q^{n+1}=$ $Q^n \oplus T^n$	Q^n | Q^{n+1} | T^n 0 | 0 | 0 0 | 1 | 1 1 | 0 | 1 1 | 1 | 0

　　D 触发器（delay flip-flop）一般采用时钟脉冲 CP 上升沿触发翻转的边沿触发电路结构，D 为激励信号输入端。国标符号中，符号">"表示动态输入，说明触发器响应加于该输入端的 CP 信号的边沿，输入端无小圈表示上升沿触发（有小圈则表示下降沿触发）。从真值表可见，D 触发器是一种延迟型触发器，不管触发器的现态是 0 还是 1，CP 脉冲上升沿到来后，触发器的状态都将变成与 CP 脉冲上升沿到来时的 D 端输入值相同，相当于将数据 D 存入了 D 触发器中。

　　JK 触发器（JK flip-flop）一般采用时钟脉冲 CP 下降沿触发翻转的边沿触发电路结构，J、K 是触发器的两个激励信号输入端，时钟输入端的小圆圈表示下降沿触发。从真值表可见，JK 触发器的逻辑功能相当丰富，可以实现保持（第 1 行）、清 0（第 2 行）、置 1（第 3 行）和翻转（第 4 行）等操作。J、K 的作用分别与 SR 触发器中 S 和 R 的作用相当，分别起置位和复位作用，均为高电平有效，但允许同时有效。

　　T 触发器（toggle flip-flop）是一种只有保持和翻转功能的翻转触发器，也称为计数触发器，T 是它的激励信号输入端。将 T 端固定接逻辑 1，则可得只有翻转功能的触发器，称为 T′ 触发器，每来一个时钟脉冲，T′ 触发器的状态就翻转一次。但通用数字集成电路中并无 T 触发器或 T′ 触发器这类器件，一般需要用 D 触发器或 JK 触发器改接。用 D 触发器构成 T 触发器时，D 触发器的激励函数表达式为 D=Q⊕T；用 JK 触发器构成 T 触发器时，JK 触发器的激励函数表达式为 J=K=T。此时，T 触发器的触发类型与所使用的触发器相同。如果是在 CP 脉冲的下降沿触发，逻辑符号的 CP 输入端应有小圆圈。

激励表用来反映触发器从某个现态转向规定的次态时，在其激励输入端所必须施加的激励信号，常在设计时序逻辑电路时使用。激励表可由真值表反向推导得到。JK 触发器的激励表中，激励函数 J^n、K^n 取值为 Φ 表示 0、1 均可，对状态转换没有影响。

必须指出，各种集成触发器使用时，必须满足其脉冲工作特性。一般地说，就是在 CP 脉冲的有效边沿到来时，激励输入信号应该已经到来一段时间，这个时间通常称为建立时间，用 t_{set} 表示；CP 脉冲的有效边沿到来后，激励输入信号还应该继续保持一段时间，这个时间通常称为保持时间，用 t_h 表示；从 CP 脉冲的有效边沿到来到输出端得到稳定的状态所经历的时间称为触发器的延迟时间，用 t_{pd} 表示。触发器的建立时间和延迟时间通常为几十个纳秒，保持时间通常为几个纳秒。由于这些因素的影响，时钟脉冲信号 CP 也必须满足高电平持续时间 T_{WH}、低电平持续时间 T_{WL} 和最高工作频率 f_{max} 等指标要求。否则，触发器将不能正常工作。例如双 D 触发器芯片 74LS74A，手册上给出的技术指标为 $t_{setmin}=20ns$，$t_{hmin}=5ns$，$t_{pdmax}=40ns$，$T_{WHmin}=25ns$，$T_{WLmin}=25ns$，$f_{max}=25MHz$。

JK 触发器除了表中所列的边沿触发电路结构外，还有一种主-从触发（master-slave triggered）电路结构，也称脉冲触发（pulse-triggered）结构。它由主、从两个触发器构成，从触发器的输出作为整个触发器的输出。在 CP 为高电平期间，主触发器动作，从触发器保持不变；CP 下降沿到来时主触发器状态传送到从触发器；在 CP 为低电平期间，主、从触发器的状态都保持不变。主-从触发器的国标符号与边沿触发器有所不同，它的 CP 输入端无小圆圈和动态输入符号 ">"，但 Q 和 $\overline{Q}$ 输出端框内要加延迟输出符号 "⌐"，用以表示触发器状态在 CP 下降沿到来时才发生变化，如图 3-11 所示。对于采用主-从触发电路结构的触发器，为了保证可靠工作，要求激励信号在 CP=1 期间保持不变。

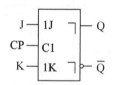

图 3-11　主-从结构
JK 触发器
国际符号

表 3-3 中各种集成触发器的工作波形如图 3-12 所示。从图中可见，D 触发器和 T 触发器的状态在 CP 脉冲的上升沿才能发生变化，JK 触发器的状态在 CP 脉冲的下降沿才能发生变化。

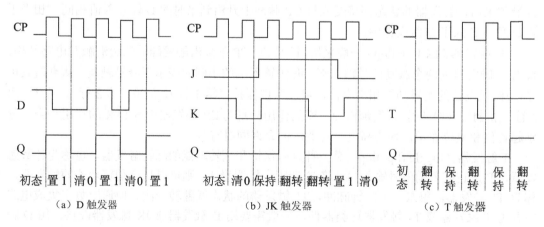

图 3-12　集成触发器的工作波形

2. 集成触发器的异步置位端 S 和异步复位端 R

为了便于给触发器设置确定的初始状态，集成触发器除了具有受时钟脉冲 CP 控制的激励输入端 D，T，JK 外，还设置了优先级更高的异步置位端 S 和异步复位端 R。带有异步端的 D 触发器的逻辑符号、真值表和工作波形如图 3-13 所示，异步置位信号 $\overline{PR}$、异步复位信号 $\overline{CLR}$ 低电平有效。当异步置位或复位信号有效时，触发器将立即被置位（Q=1）或复位（Q=0），时钟 CP 和激励信号都不起作用。只有当异步信号无效时，时钟和激励信号才起作用。和基本 SR 触发器的用法一样，不允许异步置位与复位信号同时有效。

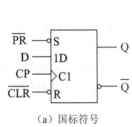

（a）国标符号

$\overline{PR}$	$\overline{CLR}$	CP	D^n	Q^{n+1}	功能说明
0	0	Φ	Φ	Φ	禁止使用
0	1	Φ	Φ	1	异步置 1
1	0	Φ	Φ	0	异步清 0
1	1	↑	0	0	同步清 0
1	1	↑	1	1	同步置 1

（b）真值表

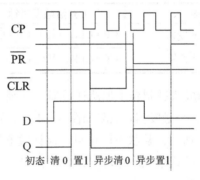

（c）工作波形

图 3-13　带异步端的 D 触发器

3.3 计 数 器

计数器（counter）是用来累计收到的输入脉冲个数的逻辑电路，在计算机和各类数字设备中应用非常广泛。微机系统中使用的各种定时器和分频电路，电子表、电子钟和交通控制系统中使用的计时电路，本质上都是计数器。

计数器的种类很多，常见的就有模 M 计数器、加法计数器、减法计数器、双向计数器、BCD 计数器、变模计数器等。模 M 计数器也称为 M 进制计数器，它的状态图中包含 M 个状态，每来 M 个 CP 脉冲，状态循环一次；加法计数器的计数状态按照递增的规律变化，减法计数器的计数状态按照递减的规律变化；双向计数器既可以按照加法规律计数，也可以按照减法规律计数，也称可逆计数器；BCD 计数器的状态按照某种 BCD 码编码，实际上是特殊编码的十进制计数器；变模计数器的进制或模可以随控制变量变化，例如，X=0

时为三进制计数器，X=1 时为四进制计数器。

尽管计数器的实际种类很多，但根据计数器中各个触发器状态在计数过程中是否同步变化来分，可以将计数器分为同步计数器和异步计数器两大类。下面，就按照这种分类进行介绍。

3.3.1 异步计数器

1. 异步计数器的电路结构

（1）2^n 进制异步计数器

2^n 进制异步计数器是电路结构最简单的一类计数器。因时序波形类似行波，常称为行波计数器（ripple counter）。

2^n 进制异步计数器共有 2^n 个状态，需要用 n 个触发器才能实现，各触发器的连接规律如表 3-4 所示，其中 CP_0 是最低位触发器 Q_0 的时钟输入端，CLK 是外部时钟（计数脉冲）。

表 3-4 2^n 进制异步计数器的连接规律

计 数 方 式	激 励 输 入	上升沿触发时钟	下降沿触发时钟
加法计数器	全部连接为 T′ 触发器：$J_i=K_i=1$，$T_i=1$，$D_i=\overline{Q}_i$	$CP_0=CLK$，其他 $CP_i=\overline{Q}_{i-1}$	$CP_0=CLK$，其他 $CP_i=Q_{i-1}$
减法计数器		$CP_0=CLK$，其他 $CP_i=Q_{i-1}$	$CP_0=CLK$，其他 $CP_i=\overline{Q}_{i-1}$

例 3-2 用 JK 触发器构成八进制异步加法计数器，并画出其工作波形和状态图。

解 八进制计数器需要 3 个触发器，电路如图 3-14（a）所示，工作波形如图 3-14（b）所示，状态图如图 3-14（c）所示。从状态图可见，该计数器的计数循环内包含 8 个状态，每经过 8 个 CLK 脉冲，状态按递增顺序循环一次，因此是一个八进制加法计数器。

（2）任意进制异步计数器

利用触发器的异步置位端 S 和异步复位端 R，可以方便地将 2^n 进制计数器修改为任意进制计数器，这种方法通常称为异步清 0-置 1 法，其设计步骤如下：

① 首先按照前述方法构造一个满足 $2^{n-1}<M<2^n$ 的 2^n 进制异步加法或减法计数器，其中 M 为待设计计数器的进制数或模数，n 为触发器的个数。

② 如果是加法计数器，则遇状态 M 异步清 0，使计数器跳过后面的 2^n-M 个状态。具体连接方法是，将 M 表示为 n 位二进制数，将其中为 1 的触发器的 Q 端"与非"后接到各触发器的异步复位端 R 上，电路即构造完毕。此处的与非门称为反馈识别门。

③ 如果是减法计数器，则遇全 1 状态异步置 $M-1$ 状态，使计数器跳过后面的 2^n-M 个状态。具体连接方法是，将 $M-1$ 表示为 n 位二进制数，将其中为 1 的触发器的异步置位端 S 及为 0 的触发器的异步复位端 R 连到一个反馈识别与非门的输出端，各个触发器的 Q 端作为该与非门的输入，电路即构造完毕。

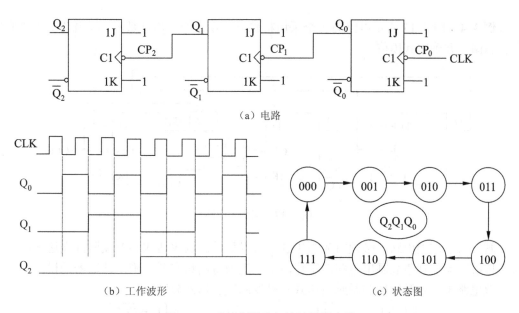

（a）电路

（b）工作波形　　　　　　　（c）状态图

图 3-14　八进制异步加法计数器电路

例 3-3　用 D 触发器构成六进制异步减法计数器，并画出状态图。

解　首先用 3 个 D 触发器构成八进制减法计数器，然后进行修改。

因为 $6-1=(101)_2$，Q_2 和 Q_0 为 1，Q_1 为 0，所以将各个触发器的 Q 端"与非"后接到 Q_2 和 Q_0 触发器的 S 端及 Q_1 触发器的 R 端，即可将八进制修改为六进制，电路如图 3-15 所示。因为 Q_2 和 Q_0 原本就为 1，所以其 S 端也可以不连。TTL 触发器的异步输入端悬空相当于接逻辑 1，CMOS 触发器不用的异步输入端必须接高电平。

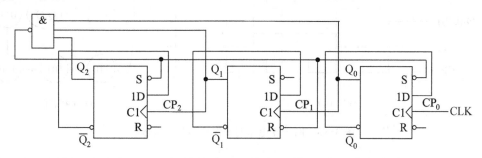

图 3-15　六进制异步减法计数器电路

图 3-15 计数器的状态图如图 3-16 所示。其中虚线圈中的状态是过渡状态（通常不需要画出来），计数器到达这个状态后，与非门输出 0，因为异步置 0 或置 1 端的作用，计数器将立即转到下一个状态。因此，计数循环中只有 6 个有效状态，是六进制计数器。图中同时给出了多余状态（110）的状态转换关系，像这种包含触发器所有状态的状态图称为全状态图。

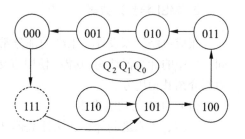

图 3-16　六进制异步减法计数器状态图

例3-4 图3-17所示电路为一个采用特殊方法设计的异步计数器，画出其工作波形和全状态图，并确定其模值。

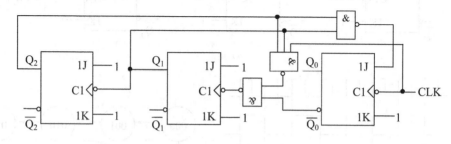

图3-17　例3-4电路

解 对于这类电路，必须首先写出各个触发器的激励表达式和触发脉冲表达式，然后再根据触发器的真值表画出电路的工作波形，进而得出状态图，确定计数器的模。

该电路中，各触发器的激励表达式和触发脉冲表达式分别为

$$\begin{cases} J_2 = 1 \\ K_2 = 1 \\ CP_2 = Q_1 \end{cases} \quad \begin{cases} J_1 = 1 \\ K_1 = 1 \\ CP_1 = Q_0 + Q_2 Q_1 CLK \end{cases} \quad \begin{cases} J_0 = \overline{Q_2 Q_1} \\ K_0 = 1 \\ CP_0 = CLK \end{cases}$$

电路的工作波形和全状态图如图3-18所示。

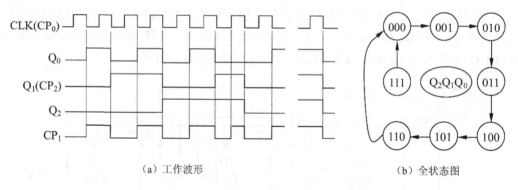

（a）工作波形　　　　　　　　　　（b）全状态图

图3-18　例3-4电路的工作波形及全状态图

图3-18（a）右侧的单个CLK脉冲作用下的工作波形是为得到全状态图而画的。从全状态图可见，该异步计数器的模为7，且为加法计数。

2. MSI异步计数器

集成电路厂家设计、生产的部分常用MSI异步计数器型号及基本特性如表3-5所示，同一栏中的计数器结构、功能、使用方法相近。此处以二-八-十六进制异步加法计数器7493为例介绍其使用方法。

（1）7493的功能描述

二-八-十六进制异步加法计数器7493采用14引脚双列直插式封装，电源和地的引脚位置与大多数标准集成电路不同，第5脚为电源，第10脚为地，使用时需要注意。

7493 的电路结构、逻辑符号如图 3-19 所示。从电路结构可见，7493 在电路内部实际上分为二进制和八进制两部分，分开使用时，为二进制计数器或八进制计数器；级联使用时，为十六进制计数器。2 个时钟脉冲输入信号 CP_A、CP_B 均为下降沿有效。

表 3-5　部分常用 MSI 异步计数器型号及基本特性

型号	计数方式	模数、编码	计数规律	预置方式	复位方式	触发方式	输出方式
7490	异步	2-5-10	加法	异步（置9）	异步	下降沿	常规
74290	异步	2-5-10	加法	异步（置9）	异步	下降沿	常规
74490	异步	双模10，8421码	双CP，加法	异步（置9）	异步	下降沿	常规
74176	异步	2-5-10	加法	异步	异步	下降沿	常规
74177	异步	2-8-16	加法	异步	异步	下降沿	常规
7493	异步	2-8-16	加法		异步	下降沿	常规
74293	异步	2-8-16	加法		异步	下降沿	常规
CD4020	异步	模 2^{14}，二进制	加法		异步	下降沿	常规
CD4024	异步	模 2^7，二进制	加法		异步	下降沿	常规
CD4040	异步	模 2^{12}，二进制	加法		异步	下降沿	常规

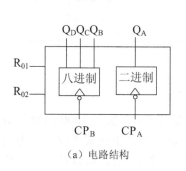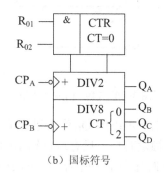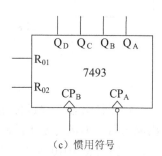

（a）电路结构　　　　　（b）国标符号　　　　　（c）惯用符号

图 3-19　7493 的电路结构与逻辑符号

国标符号中，CTR 是计数器限定符，DIV 是分频器限定符，时钟端的"+"表示加法计数。中部 DIV2 表示这部分为 2 分频，下部 DIV8 表示这部分为 8 分频。上部 T 型框为公共控制部分，CT=0 表示当 R_{01}、R_{02} 逻辑与结果为 1 时，计数器将清 0（复位）。

7493 的功能表如表 3-6 所示。功能表能够比逻辑符号更清楚地描述各个输入信号的作用，是 MSI 数字集成电路功能的一种重要的描述方法。只要理解了功能表，一般就可以正确使用所描述的芯片。从功能表可见，CP 是时钟脉冲信号，下降沿触发；R_{01}、R_{02} 是异步清 0 信号，均为高电平有效，且优先权比 CP 高，只有当 R_{01}、R_{02} 无效时，CP 才起作用。必须说明的是，集成电路手册上给出的功能表中，一般用 H 表示逻辑 1，用 L 表示逻辑 0，用×表示输入值无关。

表 3-6　7493 的功能表

输		入	输		出	
R_{01}	R_{02}	CP	Q_D	Q_C	Q_B	Q_A
1	1	Φ	0	0	0	0
0	Φ	↓		计数		
Φ	0	↓				

（2）7493 的使用方法

如前所述，7493 是二-八-十六进制计数器，只使用 Q_A 时，是二进制计数器；只使用 $Q_DQ_CQ_B$ 时，是八进制计数器；将它们级联使用时，是十六进制计数器。如果利用它的异步清 0 端，可以构成任意进制计数器，其方法与前面介绍的异步清 0-置 1 法相同。

一种用 7493 构成的十进制计数器电路及其工作波形如图 3-20 所示。级联时，二进制在低位，八进制在高位，因此 Q_D 为最高位，Q_A 为最低位，计数脉冲 CLK 需要从 CP_A 输入。每当电路进入状态 1010（即十进制状态 10）时，R_{01} 和 R_{02} 同时为 1，计数器立即清 0，使 1010 成为过渡状态，此时波形出现了毛刺。这是异步清 0-置 1 法的共同缺点。一般情况下，毛刺持续时间极短，波形上不必把它画出来。

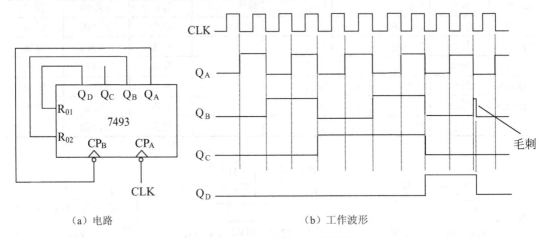

（a）电路　　　　　　　　　　　（b）工作波形

图 3-20　7493 构成的十进制计数器

如果计数器需要进位输出，可以用 Q_D 作为进位输出。虽然 Q_D 在状态 1000 时进位输出就为 1，但因为是下降沿触发芯片，只有进位输出的下降沿才能产生有效进位。本电路中，要到状态 1010 异步清 0 时才产生下降沿，向下级电路有效进位，所以符合逢十进一的十进制加法规则。当然，如果下级电路是上升沿触发，则需调整进位输出的连接方式，保证正确进位。

（3）7493 的级联扩展

当计数器的模 M 超过 16 时，需要使用多片 7493 进行级联扩展。级联扩展的一般方法是，先将每片 7493 接为十六进制计数器，且最低位芯片的 CP 端外接计数脉冲 CLK，各芯片的 Q_D 作为进位输出接相邻高位芯片的 CP 端，级联构成 16^n 进制计数器，然后遇 M 异步清 0。扩展时，应尽量利用 R_{01}、R_{02} 端，不加或少加逻辑门。

例 3-5　用 7493 构成 135 进制计数器。

解　首先用两片 7493 构成 $16^2 = 256$ 进制计数器，然后遇 135 清 0。由于 $135 = 16 \times 8 + 7$，因此应该在高位芯片为 8、低位芯片为 7 时清 0，电路连接如图 3-21 所示。其中，左侧 7493 是高位芯片，右侧 7493 是低位芯片。

该计数器的工作过程为：一般情况下，右侧 7493 每来 1 个 CLK 脉冲状态加 1，满 16 后向左侧 7493 进位。当左侧 7493 为 8（$Q_DQ_CQ_BQ_A = 1000$）、右侧 7493 为 7（$Q_DQ_CQ_BQ_A = 0111$）时，两片 7493 的 R_{01}、R_{02} 同时为 1，Q 端立即清 0，计数器回到 0 状态。由于有效计数状态为 0～134，所以它是一个一百三十五进制加法计数器，Z 是它的进位输出。

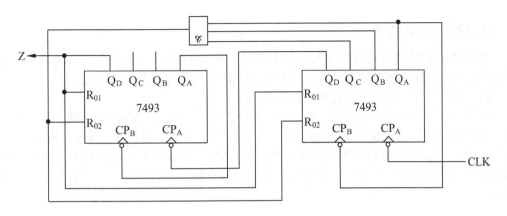

图 3-21   7493 构成的一百三十五进制计数器

3.3.2   同步计数器

1. 2^n进制同步计数器

2^n进制同步计数器同样需要 n 个触发器，其连接规律如表 3-7 所示。由于是同步计数器，所以各触发器的时钟脉冲输入端均接外部计数脉冲 CLK。

表 3-7 2^n进制同步计数器的连接规律

计数方式	触发时钟 CP_i（$i=0\sim n-1$）	Q_0 激励	其他触发器 Q_i 激励（$i=1\sim n-1$）
加法计数器	全部连接 CLK	连接为 T'触发器	$T_i=J_i=K_i=Q_0Q_1\cdots Q_{i-2}Q_{i-1}$
减法计数器	CP_i=CLK	$T_0=1$，$J_0=K_0=1$	$T_i=J_i=K_i=\overline{Q}_0\overline{Q}_1\cdots\overline{Q}_{i-2}\overline{Q}_{i-1}$

在任何情况下，最低位触发器 Q_0 都工作在来 CLK 脉冲就翻转的 T'触发器状态，因此激励 $T_0=1$，$J_0=K_0=1$。最低位以外的各个触发器，加法计数和减法计数时的激励输入连接方法则不同。对于加法计数器，各位触发器在其所有低位触发器 Q 端均为 1 时，激励应为1，以便下一个 CLK 脉冲到来、低位向本位进位时状态发生翻转，因此，激励 $T_i=J_i=K_i=Q_0Q_1\cdots Q_{i-2}Q_{i-1}$；对于减法计数器，各位触发器在其所有低位触发器 Q 端均为 0 时，激励应为 1，以便下一个 CLK 脉冲到来、低位向本位借位时状态发生翻转，因此，激励 $T_i=J_i=K_i=\overline{Q}_0\overline{Q}_1\cdots\overline{Q}_{i-2}\overline{Q}_{i-1}$。

用 JK 触发器构成的一个十六进制同步加法计数器电路如图 3-22 所示。

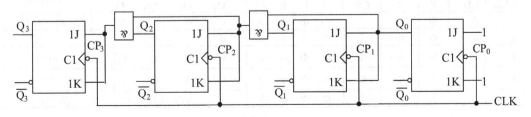

图 3-22   十六进制同步加法计数器电路

2. MSI 同步计数器

部分常用 MSI 同步计数器型号及基本特性如表 3-8 所示。下面以 4 位二进制同步可预置加法计数器 74163 和十进制同步可逆计数器 74192 为例介绍其使用方法。

（1）4 位二进制同步可预置加法计数器 74163

4 位二进制（1 位十六进制）同步可预置加法计数器 74163 采用 16 引脚双列直插式封装，其逻辑符号与功能表如图 3-23 所示。它有一个进位输出端 CO（carry output），当控制端 T 和计数器所有的 Q 端都为高电平时，CO 输出为 1，因此 $CO = T \cdot Q_D Q_C Q_B Q_A$。74163 的国标符号比较复杂，此处不详细介绍。下面直接从功能表来看输入信号的作用及它的逻辑功能。

表 3-8　部分 MSI 同步计数器型号及基本特性

型号	计数方式	模数、编码	计数规律	预置方式	复位方式	触发方式	输出方式
74160	同步	模 10，8421BCD 码	加法	同步	异步	上升沿	常规
74161	同步	模 16，二进制	加法	同步	异步	上升沿	常规
74162	同步	模 10，8421BCD 码	加法	同步	同步	上升沿	常规
74163	同步	模 16，二进制	加法	同步	同步	上升沿	常规
74190	同步	模 10，8421BCD 码	单 CP，可逆	异步		上升沿	常规
74191	同步	模 16，二进制	单 CP，可逆	异步		上升沿	常规
74192	同步	模 10，8421BCD 码	双 CP，可逆	异步	异步	上升沿	常规
74193	同步	模 16，二进制	双 CP，可逆	异步	异步	上升沿	常规
74568	同步	模 16，二进制	单 CP，可逆	同步	异步/同步	上升沿	三态输出
74569	同步	模 16，二进制	单 CP，可逆	同步	异步/同步	上升沿	三态输出

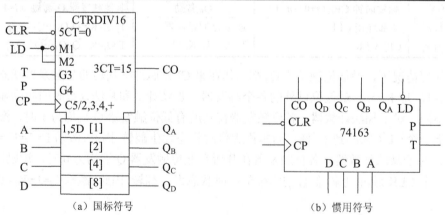

（a）国标符号　　　　　　　　　　　（b）惯用符号

输 入									输 出				工作方式
$\overline{CLR}$	$\overline{LD}$	P	T	CP	D	C	B	A	Q_D	Q_C	Q_B	Q_A	
0	Φ	Φ	Φ	↑	Φ	Φ	Φ	Φ	0	0	0	0	同步清 0
1	0	Φ	Φ	↑	d	c	b	a	d	c	b	a	同步置数
1	1	Φ	0	Φ	Φ	Φ	Φ	Φ	Q_D^n	Q_C^n	Q_B^n	Q_A^n	保持
1	1	0	Φ	Φ	Φ	Φ	Φ	Φ	Q_D^n	Q_C^n	Q_B^n	Q_A^n	保持
1	1	1	1	↑	Φ	Φ	Φ	Φ	加法计数				加法计数

（c）功能表

图 3-23　74163 逻辑符号与功能表

从功能表可见，$\overline{\text{CLR}}$ 是低电平有效的同步清 0 信号，在所有输入信号中优先权最高；$\overline{\text{LD}}$ 是低电平有效的同步置数信号，在所有输入信号中优先权第二，DCBA 是需要置入的并行数据输入端；P、T 为计数控制信号，只有当 P、T 同时为 1 时，计数器才能计数。注意，在复位、置数和计数方式中，计数器需要时钟脉冲 CP 的上升沿到来时才能实现相关功能。仅 $\overline{\text{CLR}}$ 为低电平时，计数器并不能复位，必须 CP 上升沿到来时才能复位；仅 $\overline{\text{LD}}$ 为低电平时，计数器也不能置数，必须 CP 上升沿到来时才能置数。P 和 T 的作用也有区别：进位输出 CO 与 T 有关，与 P 无关。

从功能表可见，74163 具有同步清 0、同步置数、同步计数和状态保持等功能，是一种功能比较全面的 MSI 同步计数器。利用清 0 和置数功能，可以构成任意进制的计数器。

① 反馈清 0 法构成 M 进制计数器

由于 74163 的 $\overline{\text{CLR}}$ 是同步清 0，其反馈识别门应该在状态 "$M{-}1$" 时就输出低电平，以便下一个 CP 脉冲（即第 M 个 CP 脉冲）上升沿到来时清 0。此处的状态 "$M{-}1$" 是稳定状态，因此计数器输出波形不会出现毛刺。

例 3-6　用 74163 构成十一进制计数器，并画出工作波形。

解　$M{-}1{=}11{-}1{=}10{=}(1010)_2$，$Q_D$、$Q_B$ 为 1，因此，识别与非门输入端接 Q_D 和 Q_B，输出端接 $\overline{\text{CLR}}$。为了保证 $\overline{\text{CLR}}{=}1$ 时计数器正常计数，$\overline{\text{LD}}$，P，T 等信号均应接逻辑 1。电路及工作波形如图 3-24 所示。

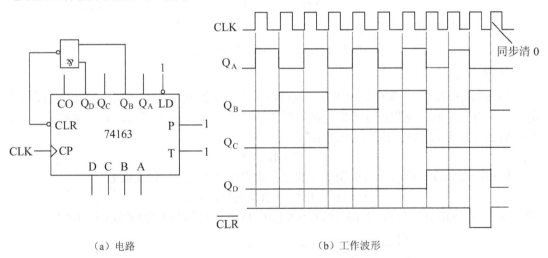

（a）电路　　　　　　　　　　　（b）工作波形

图 3-24　例 3-6 的电路及工作波形图

② 反馈预置法构成 M 进制计数器

给电路置入初始状态的操作称为预置（preset）。在计数器中，如果每当计数器到达末状态时都给其预置一个初始状态，便可改变计数器的模。

使用 74163 和反馈预置法构成 M 进制计数器的连接方式为：计数器状态循环的第一个状态作为预置数接 DCBA，计数器状态循环的最后一个状态中 "1" 所对应的触发器 Q 端接识别与非门输入端，识别与非门输出端接 74163 的 $\overline{\text{LD}}$。如果计数器状态循环的最后一个状态是 "15"，则直接将进位输出 CO 取反后接 $\overline{\text{LD}}$ 即可。为了保证 $\overline{\text{LD}}{=}1$ 时计数器正常计数，74163 的其他控制端 $\overline{\text{CLR}}$、P、T 均应接逻辑 1。在这种连接方法中，改变 DCBA 端的预置数，就可以改变计数器的模，非常便于程序控制，因此常将这种方法设计的计数器称为程控计数器。为了尽量扩大程控范围，通常以"15"作为计数器的最后一个状态，即用 CO 取反后接 $\overline{LD}$，此时，计数器的模 M 与 DCBA 端的预置数 Y 的关系为

$$Y = 16 - M \qquad (3-6)$$

例 3-7 用 74163 构成余 3 码计数器，并画出工作波形。

解 余 3 码计数器是一个十进制计数器，首状态是 0011，末状态是 1100，因此，DCBA=0011，$\overline{LD} = \overline{Q_D Q_C}$，计数器电路和工作波形如图 3-25 所示。

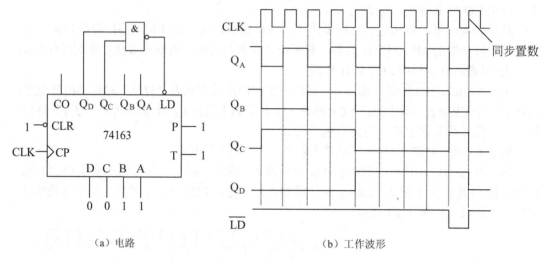

（a）电路 （b）工作波形

图 3-25 例 3-7 的电路及工作波形

③ 级联扩展

74163 既可像 7493 那样异步级联，也可以采用同步级联。用两片 74163 同步级联构成的二～二百五十六进制程控计数器电路如图 3-26 所示。设预置数为 Y，计数器模数为 M，级联的芯片数为 k，则三者之间的关系为

$$Y = 16^k - M \qquad (3-7)$$

例如，要构成一百三十五进制的计数器，需要两片 74163，预置数为

$$Y = 16^2 - 135 = 121 = (0111\ 1001)_2$$

即如图 3-26 电路中，左侧 74163 的 DCBA 接 0111，右侧 74163 的 DCBA 接 1001。

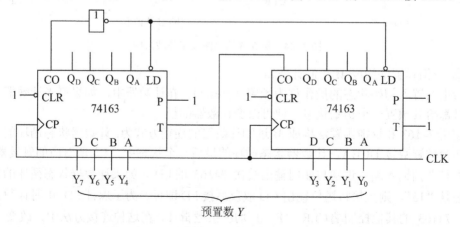

图 3-26 二～二百五十六进制程控计数器电路

　　按照这种低位芯片的进位输出 CO 接相邻高位芯片的 T 控制端、最高位芯片的进位输出 CO 取反后接各个 74163 的 $\overline{LD}$ 控制端的连接方式，可以实现更多芯片的级联。但要注意，因为进位输出 CO 与 P 无关，所以电路中的 P、T 不能互换连接。

　　这里顺便指出，集成同步计数器家族中，74160、74161、74162 的引脚名称和惯用符号与 74163 完全相同，使用方法也几乎一样。不同之处主要在于，74161 为异步清 0 的十六进制计数器，74160 和 74162 分别为异步清 0 和同步清 0 的十进制计数器（进位输出表达式相应变为 $CO = T \cdot Q_D \overline{Q_C}\,\overline{Q_B} Q_A$）。使用 74160 或 74162 构成程控计数器时，预置数 Y、计数器模数 M 和级联芯片数 k 的关系为

$$Y = 10^k - M \tag{3-8}$$

其中，Y 应以 8421BCD 码的形式接入芯片的并行数据输入端 DCBA。例如，用两片 74160 构成八十三进制的程控计数器，预置数 $Y = 10^2 - 83 = 17 = （0001\ 0111）_{8421BCD}$，即十位芯片的 DCBA 接 0001，个位芯片的 DCBA 接 0111，其他引脚的连接方式与 74163 相同。

　　（2）同步十进制可逆计数器 74192

　　同步十进制可逆计数器 74192 为 16 引脚双列直插式封装，采用 8421BCD 码编码，其逻辑符号与功能表如图 3-27 所示。CP_U 为加法计数脉冲输入，CP_D 为减法计数脉冲输入，均为上升沿有效；$\overline{CO}$ 为加法计数器的进位输出，$\overline{CO} = \overline{Q_D} + Q_C + Q_B + \overline{Q_A} + CP_U$，且低电平有效；$\overline{BO}$ 为减法计数器的借位输出（borrow output），$\overline{BO} = Q_D + Q_C + Q_B + Q_A + CP_D$，也为低电平有效；$\overline{LD}$ 为低电平有效的异步置数控制输入端，DCBA 为它的预置数并行输入端；CLR 为高电平有效的异步清 0 控制信号输入端，优先权比 $\overline{LD}$ 高。注意，加法计数时，CP_U 输入计数脉冲，CP_D 必须维持逻辑 1；减法计数时，CP_D 输入计数脉冲，CP_U 必须维持逻辑 1。

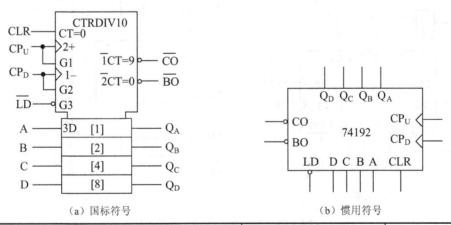

（a）国标符号　　　　　　　　　（b）惯用符号

输　　入					输　　出				工 作 方 式
CLR	$\overline{LD}$	CP_U	CP_D	D C B A	Q_D	Q_C	Q_B	Q_A	
1	Φ	Φ	Φ	Φ Φ Φ Φ	0	0	0	0	异步清0
0	0	Φ	Φ	d c b a	d	c	b	a	异步置数
0	1	↑	1	Φ Φ Φ Φ	加法计数				计数
0	1	1	↑	Φ Φ Φ Φ	减法计数				

（c）功能表

图 3-27　74192 的逻辑符号与功能表

① 反馈清 0 法构成 M 进制计数器

74192 是异步清 0，使用反馈清 0 法构成加法计数器的方法与 7493 相同，即遇 M 清 0。构成减法计数器时，遇 10–M 状态清 0，使用 0 和后面 M–1 个状态构成计数循环。

② 反馈预置法构成 M 进制计数器

74192 是异步置数，不仅和异步清 0 一样会在波形上产生毛刺输出，而且在构成计数器时预置数与进制数的关系也与 74163 有所不同。

构成 M 进制加法计数器时，DCBA 接计数循环的首状态，以末状态加 1 后的状态作为识别与非门的输入，与非门的输出接置数控制端 $\overline{\text{LD}}$。若用"9"状态作为识别与非门的输入，即 $\overline{\text{LD}} = \overline{Q_D Q_A}$，则可构成程控计数器，预置数 Y 与进制数 M 的关系为

$$Y = 10^k - M - 1 \tag{3-9}$$

其中 k 为需要级联的芯片数。

构成 M 进制减法计数器时，与用触发器构成任意进制计数器的方法类似，遇 9 置为 M–1 状态。

例 3-8 用 74192 构成六进制程控加法计数器，画出其工作波形。

解 六进制程控加法计数器使用后面 6 个状态，预置数 DCBA=10–6–1=3=(0011)$_2$，$\overline{\text{LD}} = \overline{Q_D Q_A}$，电路及工作波形如图 3-28 所示。由波形图可见，$Q_D Q_C Q_B Q_A = (1001)_2$ 是一个过渡状态。

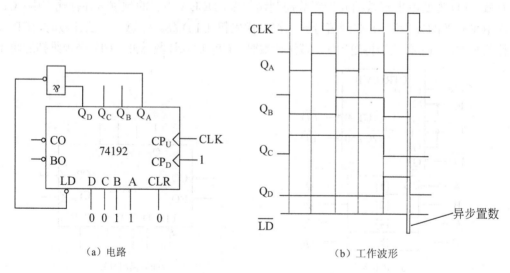

（a）电路　　　　　　　　　　（b）工作波形

图 3-28　例 3-8 的电路及工作波形

③ 级联扩展

由于 74192 为时钟上升沿触发，为了便于级联，其进位和借位均采用了负脉冲输出。只要将低位芯片的进位或借位输出端直接和相邻高位芯片的加法或减法时钟脉冲输入端相连，就可以保证加法计数时逢 10 进 1、减法计数时借 1 为 10。

用两片 74192 构成的一百进制可逆计数器电路如图 3-29 所示，其中 X 为加法/减法控制端。当 X=0 时，CP$_U$=1，CP$_D$=$\overline{\text{CLK}}$，为一百进制减法计数器；当 X=1 时，CP$_U$=$\overline{\text{CLK}}$，CP$_D$=1，为一百进制加法计数器。按照类似方式级联，可以构成更大规模的 10^k 进制可逆计

数器；采用反馈清 0 或反馈预置方法，可以将其修改为任意进制计数器。

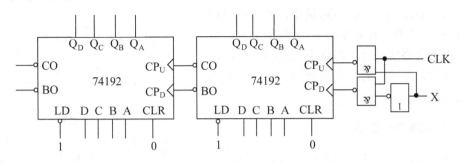

图 3-29　一百进制可逆计数器电路

3.3.3　计数器的应用

计数器的用途非常广泛。利用计数器不仅可以实现计数，还可以实现计时、分频、脉冲分配和产生周期序列信号等功能。下面简单介绍计数器在这些方面的应用。

1.　构成计时器

计时器是一种用来记录时间长短的数字电路，其输入基准时间信号是周期性的。用计数器对基准时钟脉冲个数进行计数，就可以实现计时。电子钟、电子表就是采用的这种计时原理，其结构框图如图 3-30 所示。

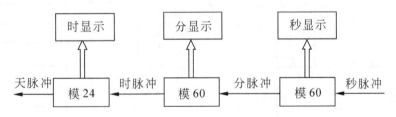

图 3-30　电子钟、电子表的结构框图

2.　构成分频器

分频器是一种能够从较高频率的输入信号得到较低频率的输出信号的数字电路。用计数器对较高频率的输入信号脉冲计数，就可以实现分频，计数器的模就是分频次数。

例 3-9　某数字信号处理系统的振荡器时钟频率为 20MHz，系统中部分电路需要使用 2MHz 的时钟脉冲。试用 74161 设计一个分频器电路，能够从 20MHz 的输入时钟获得 2MHz 的时钟信号输出。

解　该分频器的分频次数 M=20MHz/2MHz=10，因此，设计一个带有输出的十进制计数器即可满足使用要求。用 74161 实现的一种 10 分频器电路如图 3-31 所示，由于改变预置数就可以改变分频次数，非常便于程控，因此称为程控分频器。

当分频器的分频次数为 2^k 且所使用的计数器芯片的模为 2^n 时，可以将计数器接为模

2^n 计数器，直接从 Q 端得到 2^k 分频的方波信号输出。例如，用 1 片 74161 构成模 16 计数器，分别从 Q_A、Q_B、Q_C、Q_D 输出，就可分别得到 2 分频、4 分频、8 分频和 16 分频的方波信号输出。由于这些信号可以提供不同的时间基准，因此常将这种能够同时产生多个频率信号的电路称为时标电路。

3．构成脉冲分配器

脉冲分配器是一种能够在周期时钟脉冲作用下输出各种节拍脉冲的数字电路。利用计数器和译码器，可以方便地实现脉冲分配。

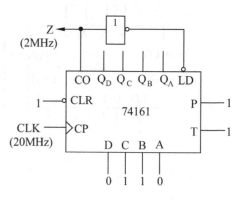

图 3-31 10 分频器电路

用 74160 计数器和 74138 译码器实现的 8 路脉冲分配器电路及工作波形如图 3-32 所示。在时钟脉冲 CLK 驱动下，计数器 74160 的 $Q_C Q_B Q_A$ 输出端将周期性地产生 000～111 输出，通过译码器 74138 译码后，依次在 $\overline{Y_0} \sim \overline{Y_7}$ 端输出 1 个时钟周期的负脉冲，从而实现 8 路脉冲分配。

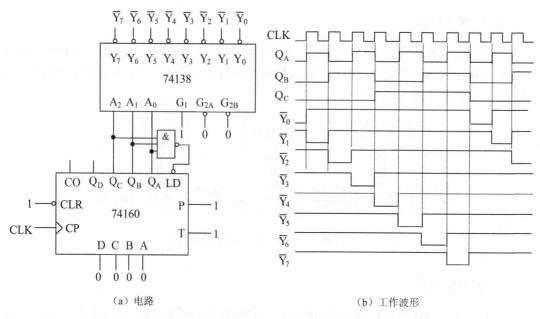

（a）电路　　　　　　　　　　　　（b）工作波形

图 3-32 8 路脉冲分配器电路及工作波形

4．构成计数型序列产生器

序列产生器是一种能够在时钟脉冲作用下产生周期性序列输出的数字电路。利用计数器的状态循环特性和数据选择器，可以非常方便地实现计数型周期序列产生器。在这种序列产生器中，计数器的模数 M 等于序列的周期，计数器的状态输出作为数据选择器的地址选择码，数据选择器的数据输入端接要产生的序列，数据选择器的输出即为输出周期序列。

一个用计数器 74163 和数据选择器 74151 构成的（周期性）"11100100" 序列产生器电路如图 3-33 所示。因为序列的周期为 8，所以 74163 应接成模 8 计数器，这可以通过只使用 74163 的 $Q_C Q_B Q_A$ 简单地实现。当 74163 的 $Q_C Q_B Q_A$ 在 000～111 间循环时，74151 将依次选择 D_0～D_7 作为输出，从而在 Z 输出端周期性地产生 11100100 序列输出。

图 3-33 所示电路也可作为并行输入/串行输出的数据格式变换电路使用。8 位并行输入数据从 74151 的 D 端并行输入，从 Z 端串行输出。

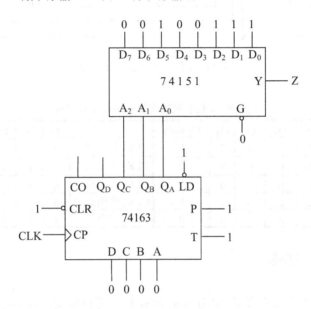

图 3-33 "11100100" 序列产生器

3.4 移位寄存器

移位寄存器（shift register）是用来寄存二进制数字信息并能将存储信息移位的时序逻辑电路（如果只能寄存二进制数字信息则称为寄存器），在数字通信中应用极其广泛。例如计算机远程数据通信中，发送端需要发送的信息总是先送入移位寄存器中，然后由移位寄存器将其逐位移出发送到线路（这称为数据格式的并入/串出变换）；与此对应，接收端则从线路上逐位接收信息并将其移入移位寄存器中，待收完一个完整的数据组后才从移位寄存器中取走数据（这称为数据格式的串入/并出变换）。

3.4.1 移位寄存器的一般结构

移位寄存器的一般结构如图 3-34 所示。它是一个用 D 触发器构成的 4 位二进制数右移寄存器，在移位时钟 CLK 的每个脉冲上升沿将数据右移 1 位，同时将输入数据 D 移入 Q_0 中寄存。电路的移位工作过程如表 3-9 所示，其中的 CLK_i 表示 CLK 的第 i 个移位脉冲。

改变 D 触发器激励端的连接方式，可以将图 3-34 电路修改为左移寄存器。

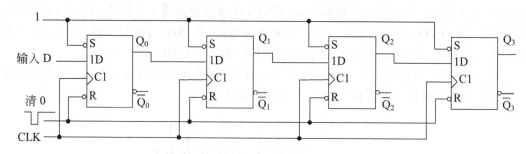

图 3-34　4 位二进制数右移寄存器

表 3-9　4 位右移寄存器的移位工作过程

	D	Q_0	Q_1	Q_2	Q_3	Q_3 输出		D	Q_0	Q_1	Q_2	Q_3	Q_3 输出
清 0 后	a	0	0	0	0	0	CLK_4 作用后	e	d	c	b	a	a
CLK_1 作用前	a	0	0	0	0	0	CLK_5 作用后	f	e	d	c	b	b
CLK_1 作用后	b	a	0	0	0	0	CLK_6 作用后	g	f	e	d	c	c
CLK_2 作用后	c	b	a	0	0	0	CLK_7 作用后	h	g	f	e	d	d
CLK_3 作用后	d	c	b	a	0	0	CLK_8 作用后	i	h	g	f	e	e

3.4.2　MSI 移位寄存器

MSI 移位寄存器产品非常多，部分常用 MSI 移位寄存器及其基本特性如表 3-10 所示。其中，串行输入是指输入数据逐位输入，并行输入是指输入数据各位同时输入；串行输出是指输出数据逐位输出，并行输出是指输出数据各位同时输出；右移是指数据向右侧移位，双向是指数据既可以向右侧移位，也可以向左侧移位。

表 3-10　部分常用 MSI 移位寄存器及其基本特性

型号	位数	输入方式	输出方式	移位方式	型号	位数	输入方式	输出方式	移位方式
7491	8	串	串	右移	74194	4	串、并	串、并	双向移位
74164	8	串	串、并	右移	74195	4	串、并	串、并	右移
74165	8	串、并	互补串行	右移	74198	8	串、并	串、并	双向移位
74166	8	串、并	串	右移	74299	8	串、并	串、并（三态）	双向移位
74179	4	串、并	串、并	右移	74323	8	串、并	串、并（三态）	双向移位

本节以功能最全、规模适中的 8 位双向移位寄存器 74198 为例介绍 MSI 移位寄存器的使用方法。74194 除了位数不同外，使用方法与 74198 完全相同。

1. 74198 的功能描述

74198 采用 24 引脚双列直插式封装，其逻辑符号、功能表如图 3-35 所示。其中，SRG 为移位寄存器的限定符，SRG8 表示 74198 是 8 位移位寄存器。

从功能表可见，74198 具有异步清 0、数据保持、同步左移、同步右移、同步置数等 5 种工作模式。$\overline{CLR}$ 为异步清 0 输入，低电平有效，且优先级最高。M_1、M_0 为方式控制输入，其 4 种组合对应 4 种工作方式：M_1M_0=00 时，74198 工作于保持方式；M_1M_0=01 时，74198 工作于右移方式，其中 D_R 为右移数据输入端，Q_H 为右移数据输出端；M_1M_0=10 时，74198 工作于左移方式，其中 D_L 为左移数据输入端，Q_A 为左移数据输出端；M_1M_0=11 时，74198 工作于同步置数方式，其中 A～H 为并行数据输入端。无论何种方式，Q_A～Q_H 都是并行数据输出端。

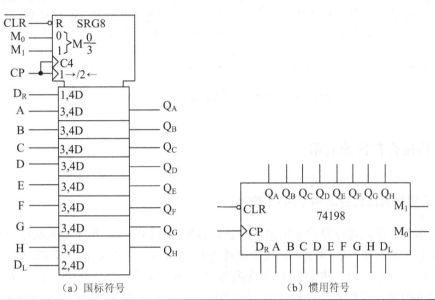

（a）国标符号　　　　　　　　（b）惯用符号

输 入														输 出								工作模式
CLR	M_1	M_0	CP	D_R	D_L	A B C D E F G H								Q_A	Q_B	Q_C	Q_D	Q_E	Q_F	Q_G	Q_H	
0	Φ	Φ	Φ	Φ	Φ	Φ Φ Φ Φ Φ Φ Φ Φ								0	0	0	0	0	0	0	0	异步清 0
1	0	0	↑	Φ	Φ	Φ Φ Φ Φ Φ Φ Φ Φ								Q_A^n	Q_B^n	Q_C^n	Q_D^n	Q_E^n	Q_F^n	Q_G^n	Q_H^n	数据保持
1	0	1	↑	0	Φ	Φ Φ Φ Φ Φ Φ Φ Φ								0	Q_A^n	Q_B^n	Q_C^n	Q_D^n	Q_E^n	Q_F^n	Q_G^n	同步右移
1	0	1	↑	1	Φ	Φ Φ Φ Φ Φ Φ Φ Φ								1	Q_A^n	Q_B^n	Q_C^n	Q_D^n	Q_E^n	Q_F^n	Q_G^n	
1	1	0	↑	Φ	0	Φ Φ Φ Φ Φ Φ Φ Φ								Q_B^n	Q_C^n	Q_D^n	Q_E^n	Q_F^n	Q_G^n	Q_H^n	0	同步左移
1	1	0	↑	Φ	1	Φ Φ Φ Φ Φ Φ Φ Φ								Q_B^n	Q_C^n	Q_D^n	Q_E^n	Q_F^n	Q_G^n	Q_H^n	1	
1	1	1	↑	Φ	Φ	a b c d e f g h								a	b	c	d	e	f	g	h	同步置数

（c）功能表

图 3-35　74198 的逻辑符号与功能表

2．74198 的使用方法

74198 的使用方法非常简单，只要根据功能要求，按照功能表进行相应的电路连接即可。例如，74198 需要工作于右移方式，根据功能表，将 CP 接移位时钟脉冲 CLK，$\overline{CLR}$ 接 1，M_1M_0 接 01，D_R 接右移输入数据 D，即可实现数据右移功能。

如果将多个移位寄存器芯片接为正常的工作状态，且低位芯片的串行输出端接到高位芯片的串行输入端，便可实现移位寄存器的级联扩展。用两片 74198 级联构成的 16 位左移寄存器如图 3-36 所示，其中 D 为串行输入数据。

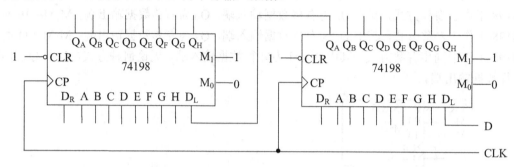

图 3-36　74198 级联构成的 16 位左移寄存器

3.4.3　移位寄存器的应用

1. 实现数据格式的串/并和并/串变换

如前所述，移位寄存器常常用来实现数据传输格式的变换。如果输入数据为串行而输出数据为并行，则称为串/并变换，反之则称为并/串变换。在移位寄存器家族中，74164 和 74165 是最常用的 8 位二进制数串/并变换器和并/串变换器。此处介绍一个用 74198 和 D 触发器构成的带有识别标志的 8 位串/并变换器，电路如图 3-37 所示。该电路的优点是省去了一般串/并变换器所必需的数位计数器，因而成本低，经济实用。下面简介其工作过程。

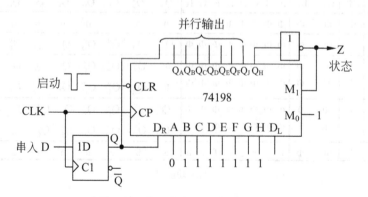

图 3-37　8 位串/并变换电路

开始工作时，首先加一个负向启动脉冲将 74198 异步清 0。清 0 后，$M_1M_0=11$，使 74198 工作于置数方式，在第 1 个 CLK 脉冲到来时执行置数操作，将 01111111 置入 74198 的 $Q_A \sim Q_H$ 中，同时将串行输入数据 D 的最低位 D_0 移入 D 触发器。并行置数后，$Q_H=1$，$M_1M_0=01$，使 74198 改为右移方式，在接下来的第 2～8 个 CLK 脉冲到来时处于移位状态。在第 8 个 CLK 移位脉冲作用后，D 的前面 7 位 $D_6 \sim Q_0$ 已经移入 74198 的 $Q_A \sim Q_G$ 中，D 的第 8 位 D_7 移入 D 触发器中，原来置入 74198 Q_A 中的 0 移入到 Q_H，状态输出 Z=1。一方面，Z=1 表示 8 位串行数据已经变换为并行数据，系统查询到该状态信息时将执行取数操作，将 8

位并行数据及时取走；另一方面，Z=1 又使 M_1M_0=11，74198 又回到置数方式，在下一个 CLK 脉冲到来时再一次置数，开始新一轮串/并变换。可见，此处置入的 0 是一个重要的识别标志。

2．构成序列检测器

序列检测器是一种能够从输入信号中检测特定输入序列的逻辑电路。利用移位寄存器的移位和寄存功能，可以非常方便地构成各种序列检测器。

一个用 4 位二进制数双向移位寄存器 74194 构成的"1011"序列检测器如图 3-38 所示。从电路可见，当 X 端依次输入 1、0、1、1 时，输出 Z=1，否则 Z=0。因此，Z=1 表示电路检测到了"1011"序列。注意，"1011"的最后一个 1 还可以作下一组"1011"的第一个 1，这称为允许输入序列码重叠，这种序列检测器称为重叠型序列检测器。

由于输出 Z 与输入 X 没有直接关系，因此该序列检测器属于摩尔型电路。

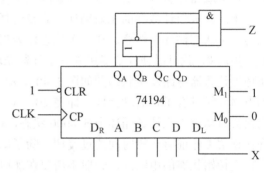

图 3-38 "1011"序列检测器

3．构成移位型计数器

用移位寄存器构成的计数器称为移位型计数器，包括环形计数器（ring counter）、扭环形计数器（twisted counter）和变形扭环形计数器等三种典型类型。

环形计数器的特点是：n 级移位寄存器的末级输出反馈连接到首级数据输入端，可以构成模为 n 的环形计数器。扭环形计数器的特点是：n 级移位寄存器的末级输出取反后反馈连接到首级数据输入端，可以构成模为 $2n$ 的扭环形计数器。变形扭环形计数器的特点是：n 级移位寄存器的最后两级输出"与非"后反馈连接到首级数据输入端，可以构成模为 $2n-1$ 的变形扭环形计数器。

一个用 74194 构成的八进制扭环形计数器电路及全状态图如图 3-39 所示。从状态图可见，它有两个 8 状态的循环，可以任意选取其中一个为主计数循环，另一个则为无效循环。

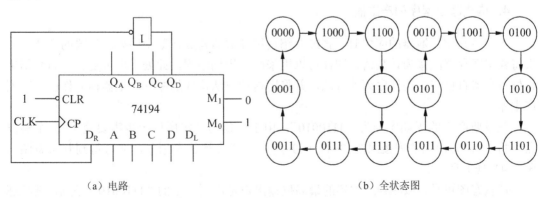

（a）电路　　　　　　　　　　　　　　（b）全状态图

图 3-39 八进制扭环形计数器

在时序电路中，常常要求电路具有自启动特性，即电路加电后，无论处于哪一个初始状态，在经过有限个时钟脉冲后，都能够自动进入主循环，这可以使电路加电后不必预置初始状态。自启动特性还可以使电路在工作过程中遇到干扰而脱离主循环时，自动回归主循环，使电路具有一定的纠偏能力。

显然，图 3-39 所示八进制扭环形计数器不具有自启动能力。一旦电路进入无效循环，将无法自动回到主计数循环，这正是移位型计数器的一个不足之处。移位型计数器的另外两个不足之处是：状态编码比较乱，不利于采用现成器件进行状态译码；有效利用的状态数少，造成器件资源浪费。这些因素限制了移位型计数器的使用。

下面打破该计数器的无效循环。假设选择含有 0000 的状态循环为主计数循环，那么从另一个状态循环中随意选择一个状态作为识别状态，当计数器到达这个状态时，让计数器异步清 0，就可以使计数器进入到主计数循环。采用 0100 作为识别状态的自启动八进制扭环形计数器电路及全状态图如图 3-40 所示，其中 0100 状态为过渡状态。显然，改进后的电路已经具有了自启动特性，即使加电后计数器处于 1010 状态，经过 7 个时钟脉冲后，它也会自动进入主计数循环中的 0000 状态，从此开始正常的八进制计数。时序电路一般允许在正常工作前有一段时间的过渡期。除了串行加法器、串行比较器这类要求加电后必须有特定初始状态的电路外，一般不需要在加电后预置初始状态。

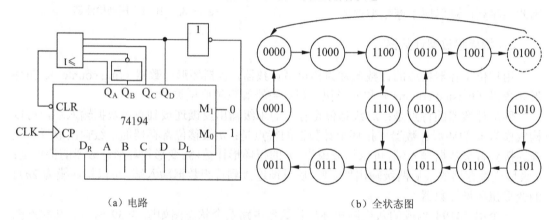

（a）电路　　　　　　　　　　　　　　　（b）全状态图

图 3-40　自启动八进制扭环形计数器

4. 构成移位型序列产生器

上一节介绍计数器的应用时，曾经介绍过用计数器构成计数型序列产生器的方法。如果将移位寄存器改接为计数器，同样可以用来产生周期序列，此处不再重复。下面介绍用移位寄存器直接产生周期序列的方法，并将用这种方法构成的序列产生器称为移位型序列产生器。

假设要产生的周期序列为"1110010"，由于周期为 7，所以至少需要使用 3 个触发器。将"1110010"序列按照图 3-41（a）所示方式进行状态划分，便可得到其状态图如图 3-41（b）所示。

从状态图可见，该序列产生器的最高位输出正是需要产生的"1110010"序列，其状态转换可以靠左移位来完成。如果用 74194 来实现，其左移串行输入数据 D_L 可以用八选一数据选择器 74151 直接根据状态图来产生，电路连接如图 3-42 所示。

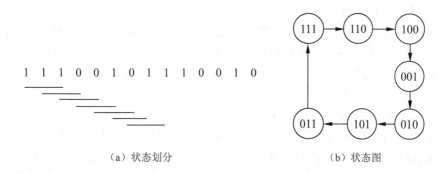

（a）状态划分　　　　　　　　　　（b）状态图

图 3-41　"1110010" 序列产生器的状态划分

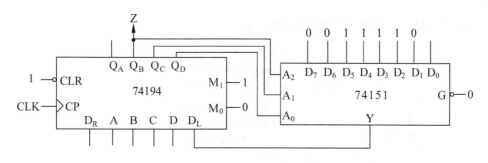

图 3-42　移位型 "1110010" 序列产生器

该序列产生器使用了 3 个触发器，所产生序列的周期为 7。人们通常把这种用 n 个触发器构成的周期为 2^n-1 的移位型序列产生器称为最长周期序列产生器，简称 m 序列产生器。m 序列产生器的反馈函数可以表示为移位寄存器的某些 Q 端输出的异或函数，这称为线性反馈。本电路中的反馈函数 D_L 也可以用 $D_L = Q_B \oplus Q_C$ 来表示，因此，图 3-42 中的 74151 可以用一个异或门代替。

m 序列具有非常好的伪随机特性，在数字通信中常常用它来模拟信道中的白噪声，用以评估系统抗白噪声的性能。

3.5　半导体存储器

存储器（memory）是数字系统用来存储大量信息的存储部件，具有集成度高、容量大、价格低等突出优点，在计算机中常用来存储程序和数据。将信息存入存储器的操作称为"写入"或"写"，从存储器中取出信息的操作称为"读出"或"读"，有时也把这两种操作分别称为"存"和"取"，并统称为对存储器的"访问"。

3.5.1　半导体存储器的分类

根据信息的存取方式，可以将半导体存储器分为只读存储器（read-only memory，ROM）和读写存储器两大类。只读存储器在正常工作时，只能读出信息而不能写入信息，断电后信息不会丢失，是非易失性存储器件。读写存储器工作时，既能读又能写，但断电后会丢失信息，是易失性存储器件。

读写存储器又包括顺序存取存储器（sequential access memory，SAM）和随机存取存储器（random access memory，RAM）两类器件。SAM 工作时，只能够按照顺序写入或读出信息。RAM 能够随机读写，可以随时读出任何一个 RAM 单元存储的信息或向任何一个 RAM 单元写入 新的信息。

ROM、SAM 、RAM 的不同特点，决定了它们各自的应用领域。ROM 用于工作时不需要修改存储内容、断电后不能丢失信息的场合，如在计算机中用做程序存储器和常数表存储器；SAM 用于需要顺序读写存储内容的场合，如在 CPU 中用做堆栈（stack），以保存程序断点；RAM 用于需要经常随机修改存储单元内容的场合，如在计算机中用做数据存储器。

半导体存储器的详细分类如图 3-43 所示。

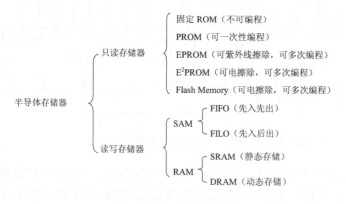

图 3-43　半导体存储器的分类

只读存储器 ROM 中，固定 ROM 的存储内容由厂家生产芯片时"掩膜编程"决定，用户无法更改其内容；PROM 为用户可一次性编程的可编程只读存储器（programmable ROM）；EPROM 为用户可多次编程的可（紫外线）擦除可编程只读存储器（erasable PROM），也经常缩写为 UVPROM（ultraviolet erasable PROM）；E^2PROM 为用户可多次编程的可电擦除的可编程只读存储器（electrically erasable PROM）；Flash Memory 为兼有 EPROM 和 E^2PROM 优点的闪速存储器（简称闪存），可电擦除、可编程、速度快，是 ROM 家族中的新品。

顺序存取存储器 SAM 中，FIFO 为先入先出存储器（first-in first-out memory），它按照写入的顺序读出信息，即先写先读、后写后读；FILO 为先入后出存储器（first-in last-out memory），它按照写入的逆序读出信息，即后写先读、先写后读。

随机存取存储器 RAM 中，SRAM 为静态随机存取存储器（static RAM），以双稳态触发器存储信息，只要不断电，写入的信息就可以一直保存；DRAM 为动态随机存取存储器（dynamic RAM），以 MOS 管栅、源极间寄生电容存储信息，因电容器存在放电现象，DRAM 必须每隔一定时间（通常为毫秒级）重新写入存储的信息，这个过程称为刷新（refresh）。

3.5.2 随机存取存储器（RAM）

在第 2 章中，已经对 ROM 器件的原理和应用方法进行了介绍。本节介绍随机存取存储器（RAM）的一般结构和存储器的使用、扩展方法。

1. RAM 的一般结构

RAM 的一般结构如图 3-44 所示。

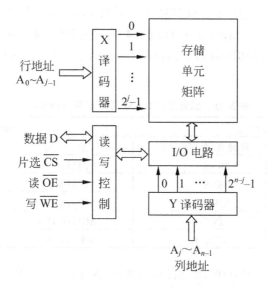

图 3-44 RAM 的一般结构

存储单元矩阵是 RAM 的核心，用来保存二进制数字信息。存储单元是存储矩阵存储信息的单位，每个存储单元中存储的一组二进制信息称为一个字（word），字的二进制位数称为字长（word length），每个二进制位称为比特（bit）。为了便于读写操作，各个存储单元都分配了唯一的编号，该编号称为存储单元的地址（address）。输入不同的地址码，就可以选中不同的存储单元。

读控制信号 $\overline{OE}$ 和写控制信号 $\overline{WE}$ 分别用于对存储器进行读、写操作控制，均为低电平有效。有的存储器芯片的读写控制共用一个信号 $R/\overline{W}$，当 $R/\overline{W}$ 为高电平时执行读操作，$R/\overline{W}$ 为低电平时执行写操作。

片选信号 $\overline{CS}$ 为便于系统扩展而设，也为低电平有效。只有当片选信号 $\overline{CS}$ 有效时，芯片才被选中，才可以对芯片进行读写操作。当芯片未被选中时，数据线处于高阻状态。

译码器用于地址译码，以便选中地址码指定的存储单元。由于存储器的容量通常很大，地址码或地址线位数较多，如果直接对地址进行译码，仅地址译码器就非常庞大。为了简化电路，常常将地址码分为 X 和 Y 两部分，用两个译码器分别进行译码，这称为二维译码。X 部分的地址称为行地址，Y 部分的地址称为列地址。只有同时被行地址译码器和列地址译码器选中的存储单元，才能进行读写操作。

存储器的容量大小通常用存储单元的个数（即字数）与字长的乘积来表示，并用符号 C 表示存储容量。n 位地址码、m 位字长的存储器的存储容量为

$$C = 2^n \times m \ （位）\tag{3-10}$$

在计算机中，常将 $2^{10}=1024$ 称为 1K。例如 SRAM 芯片 HM6116 有 11 条地址线和 8 条数据线，说明它有 $2^{11} = 2048 = 2K$ 个存储单元，每个单元的位数或字长为 8，存储容量为 $2^{11} \times 8 = 2048 \times 8 = 2K \times 8$ 位，也可以说存储容量为 2K 字或 16K 位或 16K 比特。

2. 常用 RAM 芯片

部分常用 RAM 芯片型号及存储容量如表 3-11 所示，大多数芯片型号后面的数字指明了存储容量的大小。例如，SRAM 中 HM6264 最后两位数 64 表示这种存储器的存储容量为 64K 位；DRAM 中 MB81464 最后两位数 64 表示存储容量为 64K 字，前面 1 位 4 表示存储单元的字长。

表 3-11　部分常用 RAM 芯片型号及存储容量

SRAM		DRAM	
型　　号	存储容量（字×位）	型　　号	存储容量（字×位）
HM6116	2K×8	MB2118	16K×1
HM6264	8K×8	MB81416	16K×4
HM62256	32K×8	MB81464	64K×4
HM628128	128K×8	MB81C4256	256K×4
HM628512	512K×8	MB814101	4K×1

静态 RAM 芯片 HM6116 的逻辑符号如图 3-45 所示。国标符号中，A 为地址关联符，1G2 和 1G3 表示写入控制信号 $\overline{WE}$ 和读出控制信号 $\overline{OE}$ 只有当片选信号 $\overline{CS}$ 有效时才起作用。

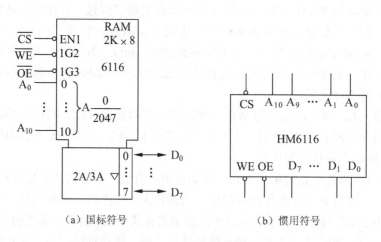

（a）国标符号　　　　　　　　　（b）惯用符号

图 3-45　HM6116 的逻辑符号

HM6116 的读/写时序如图 3-46 所示，有关参数见表 3-12。

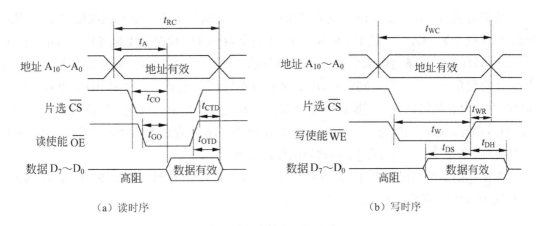

（a）读时序 　　　　　　　　　　　　　　　（b）写时序

图 3-46　HM6116 的读/写时序

表 3-12　HM6116 的读/写周期参数

周　　期	符　　号	参 数 名 称	最小值（ns）	最大值（ns）
读周期	t_{RC}	读周期时间	120	
	t_A	地址信号改变到数据有效的延迟时间		120
	t_{CO}	$\overline{CS}$ 有效到数据有效的延迟时间		120
	T_{GO}	$\overline{OE}$ 有效到数据出现的延迟时间		80
	t_{CTD}	$\overline{CS}$ 结束到数据消失的延迟时间		60
	t_{OTD}	$\overline{OE}$ 结束到数据消失的延迟时间		40
写周期	t_{WC}	写周期时间	120	
	t_W	$\overline{WE}$ 有效时间	70	
	t_{WR}	$\overline{WE}$ 结束后地址保持时间	5	
	t_{DS}	$\overline{WE}$ 结束前的数据建立时间	35	
	t_{DH}	$\overline{WE}$ 结束后的数据保持时间	5	

3.5.3　存储器的容量扩展

实际使用时，常常需要扩展存储器的容量。有时候可能是存储器的单元数（字数）不够，有时候可能是存储器数据位数（字长）不够，有时候可能是二者均不够。扩展存储器单元数称为字扩展，扩展存储器数据位数称为位扩展。下面通过一个具体实例介绍存储器的一般扩展和使用方法。

例 3-10　某计算机系统的 CPU 有 16 位地址总线和 16 位数据总线，试用 HM6116 为该系统构造存储容量为 4K×16 位的数据存储器，要求地址范围为 8000H～8FFFH。

解　HM6116 的存储容量为 2K×8 位。要求构造存储器容量为 4K×16 位的数据存储器，不仅需要进行位扩展，而且也需要进行字扩展。首先用两片 HM6116 进行位扩展，构成 2K×16 位的存储器，然后再用另外两片 HM6116 进行字扩展，构成另外的 2K×16 位存储器。因此，共需要 4 片 HM6116。

电路连接时，每个 2K×16 位的存储器中，低位 HM6116 芯片的数据线接 CPU 数据总线的低 8 位（$D_7 \sim D_0$），高位 HM6116 芯片的数据线接 CPU 数据总线的高 8 位（$D_{15} \sim D_8$）。所有 HM6116 的 11 条地址线全部接 CPU 地址总线的低 11 位（$A_{10} \sim A_0$），以便片内译码选中某个存储单元；读、写控制信号 $\overline{OE}$、$\overline{WE}$ 分别与 CPU 的读、写信号 $\overline{RD}$、$\overline{WR}$ 相连，以便 CPU 对存储器进行读写操作。每个 2K×16 位的存储器中，高位、低位 HM6116 的片选线 $\overline{CS}$ 相连，以便同时选中。高 2K×16 位和低 2K×16 位存储器的片选信号由 CPU 的剩余地址线译码产生，它们决定了存储器的地址范围。

存储器的地址译码如表 3-13 所示，假设采用 74138 进行剩余地址译码产生高 2K×16 位和低 2K×16 位存储器的片选信号。

表 3-13　存储器的地址译码

HM6116 芯片	地 址 范 围	片 外 译 码			片 内 译 码	
		74138 连接			HM6116 连接	
		G_1　$\overline{G_{2A}}$	$\overline{G_{2B}}$　A_2　A_1　A_0		$A_{10} A_9 A_8 A_7 A_6 A_5 A_4 A_3 A_2 A_1 A_0$	
	CPU 地址总线	A_{15}　A_{14}	A_{13}　A_{12}　A_{11}		$A_{10} A_9 A_8 A_7 A_6 A_5 A_4 A_3 A_2 A_1 A_0$	
低 2K×16 位	8000H～87FFH	1　　0	0　　0　　0　($\overline{CS} = \overline{Y_0}$)		0 0 0 0 0 0 0 0 0 0 0 ～	
		1　　0	0　　0　　0		1 1 1 1 1 1 1 1 1 1 1	
高 2K×16 位	8800H～8FFFH	1　　0	0　　0　　1　($\overline{CS} = \overline{Y_1}$)		0 0 0 0 0 0 0 0 0 0 0 ～	
		1　　0	0　　0　　1		1 1 1 1 1 1 1 1 1 1 1	

从表 3-13 可见，低 2K×16 位 HM6116 芯片的地址范围为 8000H～87FFH，当 CPU 输出地址在这个范围时，74138 的 $A_2 A_1 A_0 = 000$，$\overline{Y_0} = 0$，因此，低 2K×16 位 HM6116 芯片的片选信号 $\overline{CS}$ 应该接 74138 的 $\overline{Y_0}$；同理，高 2K×16 位 HM6116 芯片的片选信号 $\overline{CS}$ 应该接 74138 的 $\overline{Y_1}$。为了保证 CPU 输出地址在 8000H～8FFFH 范围时 74138 工作，74138 的使能端 G_1 应该接 CPU 的 A_{15}，$\overline{G_{2A}}$ 和 $\overline{G_{2B}}$ 应该一个接 CPU 的 A_{14}，一个接地。

4K×16 位的数据存储器和 CPU 的电路连接如图 3-47 所示。其中，HM6116-2 和 HM6116-1 构成低 2K×16 位数据存储器，$\overline{CS_0}$ 是它的片选信号；HM6116-4 和 HM6116-3 构成高 2K×16 位数据存储器，$\overline{CS_1}$ 是它的片选信号。

现在假设 CPU 地址总线上送出的地址为 89ABH，即 16 位二进制地址为 1000100110101011。由于最高 5 位地址 $A_{15}A_{14}A_{13}A_{12}A_{11}=10001$，所以 74138 的使能端 $G_1 \overline{G_{2A}}\ \overline{G_{2B}}$ 为 100，译码器工作；74138 的译码输入 $A_2 A_1 A_0 = 001$，所以 $\overline{CS_1} = \overline{Y_1}$ 有效，选中 HM6116-4 和 HM6116-3，即高 2K×16 位数据存储器工作。通过对地址码的低 11 位 00110101011 的片内译码，即可选中 89ABH 存储单元。如果同时 $\overline{RD}$ 有效，则可读出该单元的内容。

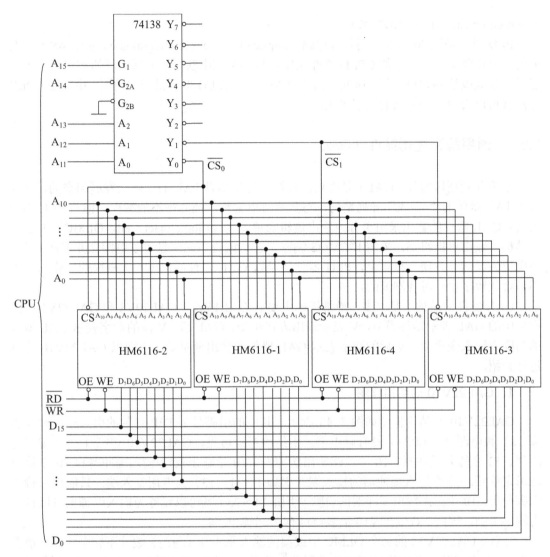

图 3-47　用 HM6116 构成 4K×16 的数据存储器

3.6　时序型可编程逻辑器件

第 2 章曾经介绍过可编程逻辑器件的基本概念和 PROM、PLA、PAL 等比较简单的 PLD 器件的结构特点和使用方法。出于尚未介绍寄存器的原因，不曾提及部分 PLA 和 PAL 器件中可能包含寄存器的事实。人们习惯上把包含寄存器的 PLD 器件称为寄存器型 PLD 器件或时序型 PLD 器件，用这类器件不仅可以实现任何组合电路，也能实现任何时序电路。

本节介绍各种常用的时序型 PLD 器件，包括通用阵列逻辑器件（generic array logic，GAL）和复杂可编程逻辑器件（compex PLD，CPLD）。GAL 器件虽然比 PROM，PLA 和 PAL 复杂，但其中的等效 PLD 门数仍然不是很多，所以常将 GAL 和 PROM，PLA，PAL 一起称为简单可编程逻辑器件（simple PLD，SPLD）或低密度 PLD 器件（low-density PLD，LDPLD），而把其他非常复杂的 PLD 器件称为复杂可编程逻辑器件 CPLD 或高密度 PLD 器件（high-density PLD，HDPLD）。

PLD 器件是近 20 年来专用集成电路（application specific integrated circuit，ASIC）发展的一个重要分支，其中的 CPLD 器件在现代数字系统中获得了非常广泛的应用。今天，已经有集成度达到数百万门、速度达到几百 MHz 的 CPLD 器件供用户使用，用一块 CPLD 芯片就可以实现一个复杂的数字系统。

3.6.1 通用阵列逻辑器件（GAL）

通用阵列逻辑器件（GAL）是在可编程阵列逻辑器件 PAL 的基础上发展起来的，它继承了 PAL 器件的"与-或"阵列结构，与阵列可以编程，或阵列不能编程。但与 PAL 不同的是，GAL 器件的输出采用了称为输出逻辑宏单元（out logic macrocell，OLMC）的宏单元结构，输出可以组态；采用 E^2CMOS 编程工艺，编程单元信息可以电擦除并多次编程，使用更为灵活、方便。事实上，PLD 器件就是以 GAL 器件的出现和大规模使用作为标志引领现代数字设计时代潮流的。

GAL 器件的品种不是很多，最常用的主要有 GAL16V8，GAL20V8 和 GAL22V10 等。型号中的 GAL 表示器件类型，V 表示输出方式可变，GAL 后、V 前的数字表示 GAL 器件的与阵列输入变量数，V 后的数字表示 GAL 器件的输出变量数。下面以 GAL22V10 为例进行介绍。

1. GAL22V10 的结构框图

GAL22V10 的结构框图如图 3-48 所示，其中的引脚号为 DIP 封装的引脚号，地（引脚 12）和电源（引脚 24）没有画出来。由结构框图可见，GAL22V10 包括 1 个可编程与阵列、12 个输入缓冲器、10 个三态输出缓冲器、10 个输出反馈/输入缓冲器和 10 个输出逻辑宏单元。12 个输入缓冲器的输入端（引脚 1～11，13）为专用输入端，只能作为输入引脚使用；10 个三态输出缓冲器的引脚（引脚 14～23）既可以设置为输入引脚也可以设置为输出引脚。因此，GAL22V10 最多可以有 22 个输入端。

注意，GAL22V10 的每个 OLMC 中或门的输入乘积项（与门）数并不完全相同，最多的有 16 个乘积项，最少的只有 8 个乘积项。此外，用做时序电路时，引脚 1 为时钟 CLK 输入端，CLK 同时送到 10 个 OLMC 中的 D 触发器 CP 端。各个 D 触发器使用统一的异步复位信号和同步置位信号，且均由与阵列的乘积项产生。图 3-48 中各个 OLMC 间相连的 3 条竖线从左至右就分别是异步复位信号（AR）、时钟信号（CLK）和同步置位信号（SP），异步复位信号和时钟信号由上部输入，同步置位信号由下部输入。

2. GAL22V10 的输出逻辑宏单元（OLMC）

GAL22V10 的输出逻辑宏单元（OLMC）的结构框图如图 3-49 所示，它包括以下几个部分：

- 1 个或门。其输入为来自与阵列的 8～16 个乘积项，其输出为各个乘积项之和。GAL22V10 有 10 个 OLMC，10 个或门构成了 GAL22V10 的或阵列。 由于或门是固定连接，因此或阵列不可编程。
- 1 个 D 触发器。D 触发器用于寄存或门的输出结果，使 GAL 器件能够用于时序电路。注意，它的复位端 AR 是异步的，置位端 SP 是同步的，且均为高电平有效。

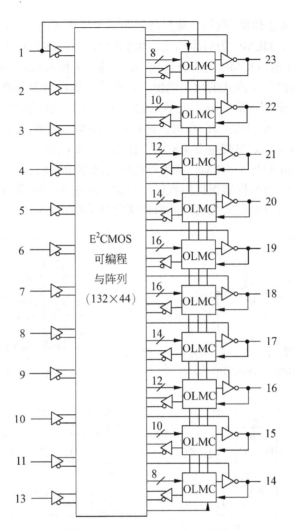

图 3-48 GAL22V10 的结构框图

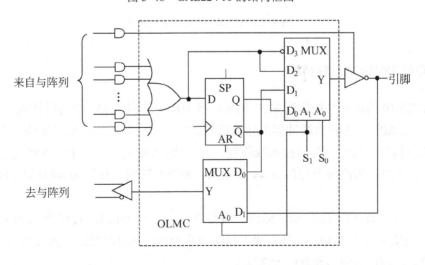

图 3-49 OLMC 结构框图

- 1 个四选一数据选择器。四选一数据选择器用于选择输出方式，受内部编程信息 S_1S_0 控制。$S_1=0$ 时，OLMC 为时序输出，引脚输出为 $\overline{Q}$（$S_0=0$，低有效）或 Q（$S_0=1$，高有效）；$S_1=1$ 时，OLMC 为组合输出，引脚输出为低有效（$S_0=0$）或高有效（$S_0=1$）。低有效是指输出为与或式的反相输出，高有效是指输出为与或式的同相输出。
- 1 个二选一数据选择器。二选一数据选择器用于选择反馈缓冲器送到与阵列的信号，受内部编程信息 S_1 控制。$S_1=0$ 时，选择 $\overline{Q}$ 反馈至与阵列；$S_1=1$ 时，选择引脚信号反馈至与阵列（如果引脚定义为输入，即将该引脚的输入信号馈送至与阵列）。

这样，GAL22V10 的每个 OLMC 就可以根据内部编程信息 S_1S_0 的不同组态为图 3-50 所示的 4 种模式。S_1S_0 由编程器根据编程时用户定义的引脚和实现的功能自动写入，不需要用户进行控制。如果引脚定义为输入，编程器会自动将三态输出缓冲器置为高阻状态。

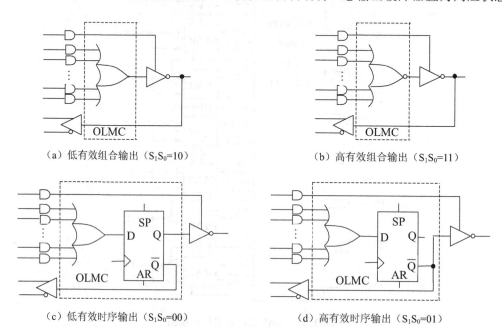

（a）低有效组合输出（S_1S_0=10） （b）高有效组合输出（S_1S_0=11）

（c）低有效时序输出（S_1S_0=00） （d）高有效时序输出（S_1S_0=01）

图 3-50 OLMC 的 4 种组态模式

3. GAL22V10 的阵列结构

GAL22V10 的阵列结构如图 3-51 所示。可编程与阵列由 132 个与门构成，其中 10 个与门产生 OLMC 三态输出缓冲器的使能信号，2 个与门分别产生触发器的异步复位信号和同步置位信号，120 个与门接入或阵列。22 个输入变量中，每个输入经过缓冲器产生原变量和反变量，因此每个与门有 44 个输入，整个与阵列的规模为 44×132=5808 个编程单元。

此外，每个 OLMC 还有 S_1、S_0 两个编程单元，10 个 OLMC 共有 20 个编程单元。该 20 个单元的地址见表 3-14。这样，加上与阵列的 5808 个编程单元，GAL22V10 共有 5828 个编程单元，地址范围为 0000～5827。

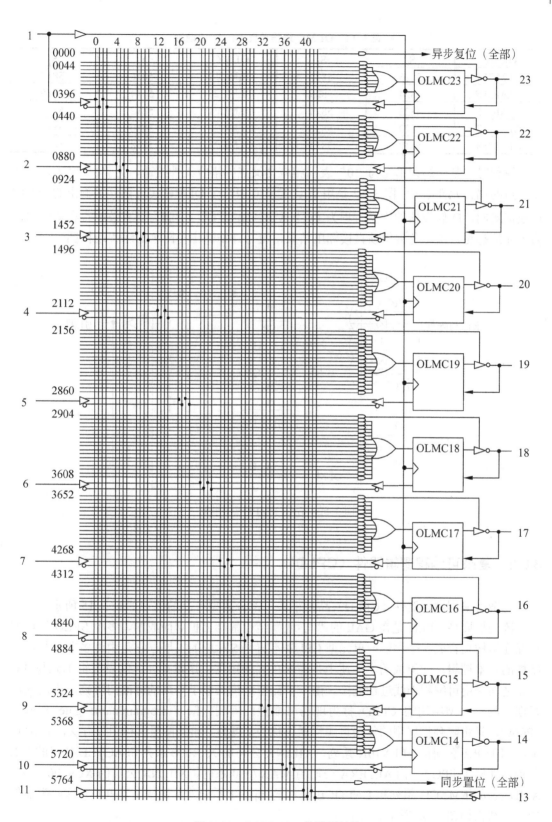

图 3-51　GAL22V10 的阵列结构

表 3-14　OLMC 编程单元 S_0、S_1 的地址

OLMC	S_0	S_1	OLMC	S_0	S_1
OLMC14	5826	5827	OLMC19	5816	5817
OLMC15	5824	5825	OLMC20	5814	5815
OLMC16	5822	5823	OLMC21	5812	5813
OLMC17	5820	5821	OLMC22	5810	5811
OLMC18	5818	5819	OLMC23	5808	5809

编程时，某个编程单元为"0"表示相应交叉点的耦合元件接通，为"1"则表示相应交叉点的耦合元件断开。图 3-52 是用 GAL22V10 中一个 OLMC 实现寄存器输出的一个编程连接实例，D 触发器的次态方程为 $Q^{n+1}=A^nB^n+\overline{B}^nC^nQ^n$，引脚为高有效的寄存器输出。为了简洁起见，图中各乘积项直接标出结果，没有详细画出与阵列的编程连接图。

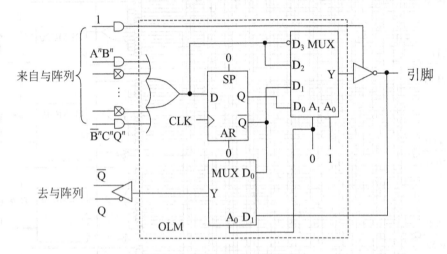

图 3-52　GAL22V10 应用举例

3.6.2　复杂可编程逻辑器件（CPLD）

复杂可编程逻辑器件（CPLD）品种很多，部分典型产品的特性如表 3-15 所示。

阵列扩展型 CPLD 是在 GAL 的"与-或"结构基础上扩展而成的，多个 SPLD 经可编程互连结构集合成一个整体；单元型 CPLD 不再是 SPLD 的扩展，它是由许多非"与-或"结构的基本逻辑单元组成的，本质上是逻辑单元的矩阵，逻辑单元之间及逻辑单元与 I/O 单元之间采用可编程连线进行连接。由于单元型结构类似于早期的标准门阵列，因此人们习惯上将单元型结构的 CPLD 称为现场可编程门阵列（field programmable gate array，FPGA），只将阵列扩展型的复杂可编程器件称为 CPLD。如果按照这种划分方法，表 3-15 中，ALTERA 公司的 FLEX10K 系列、XILINX 公司的 XC4000 系列和 ACTEL 公司的 MX 系列器件属于 FPGA，而 ALTERA 公司的 MAX7000 系列、XILINX 公司的 XC9500 系列、AMD 公司的 MACH 系列和 LATTICE 公司的 ispLSI 系列器件则属于 CPLD。这两类器件的一般结构如图 3-53 所示。

表 3-15 部分 CPLD 典型产品特性

厂商	产品系列	结构类型	连线类型	编程工艺	编程技术
ALTERA	MAX7000 系列	阵列扩展型	确定型	E^{2}PROM、EPROM	个别 ISP
ALTERA	FLEX10K 系列	单元型	确定型	SRAM	ICR
XILINX	XC9500 系列	阵列扩展型	确定型	FLASH	ISP
XILINX	XC4000 系列	单元型	统计型	SRAM	ICR
ACTEL	MX 系列	单元型	统计型	反熔丝	编程器
AMD	MACH 系列	阵列扩展型	确定型	E^{2}PROM	个别 ISP
LATTICE	ispLSI 系列	阵列扩展型	确定型	E^{2}PROM	ISP

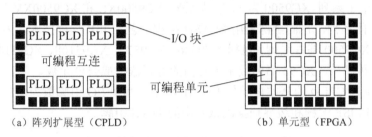

图 3-53 CPLD 的基本结构

确定型连线结构器件内部采用同样长度的连线，信号通过器件的路径长度和时延是固定的且可预知，连线结构比较简单，但布线不够灵活；统计型连线结构器件内部包含长度不等的连线，信号通过器件的路径长度和时延是非固定的且不可预知，连线结构比较复杂，但布线非常灵活。CPLD 大多采用确定型连线结构，FPGA 大多采用统计型连线结构。

传统的 PLD 器件都需要通过编程器才能编程。随着技术的进步，后来相继出现了在系统可编程（in-system programmablity，ISP）技术和在电路可重构（in-circuit reconfigurability，ICR）编程技术。

ISP 编程技术不使用编程器，计算机通过编程电缆就可以直接对系统或电路板上的 ISP 器件进行编程，彻底打破了先编程后装配的传统做法，非常便于系统的使用、维护和重构，是一种革命性的编程技术。

ICR 编程技术针对采用 SRAM 编程工艺的 PLD 器件开发，在 SRAM 掉电、丢失存储的编程数据后将存放在外部非易失性存储器如 E^{2}PROM 中的编程数据重新装入 SRAM 中，也是在系统或电路板上直接对 PLD 进行重构的。ICR 重构有被动重构和主动重构两种方式。采用被动重构方式时，由微机控制将存放在非易失性存储器的编程数据装入 PLD 的 SRAM 中；采用主动重构方式时，由 PLD 器件本身控制将存放在非易失性存储器中的编程数据装入 PLD 的 SRAM 中。FPGA 大多采用 SRAM 编程工艺和 ICR 编程技术。

无论是 ISP 还是 ICR，PLD 器件的 I/O 引脚在编程重构期间都处于高阻状态，使 PLD 器件在编程期间和外系统实现逻辑上的短暂脱离，以防止编程时损坏器件。

反熔丝编程工艺采用可编程低阻元件作为反熔丝介质，未编程时反熔丝呈现极高的阻抗（通常大于 100MΩ），相当于断开；编程后，反熔丝介质被编程电压永久击穿，呈现非常低的阻抗，使两层导电材料实现永久性的物理接触，相当于导通。这与早期的熔丝编程器件 PROM 和 PAL 恰好相反。PROM 和 PAL 在通常情况下熔丝导通，编程熔断后不导通。

反熔丝和熔丝编程这两类器件都属于一次性编程器件，也称 OTP（one-time programmable）器件，编程后不能再重新编程，所以设计风险较大。部分 FPGA 采用反熔丝编程工艺，目的是为了永久性保存编程数据，以免掉电后数据丢失。

目前，美国 XILINX 公司和 ALTERA 公司的 PLD 产品几乎垄断了可编程逻辑器件市场，因此，本节只介绍这两家公司的典型 CPLD 器件。

1. XC9500 系列 CPLD

XC9500 系列 CPLD 是 XILINX 公司的典型产品，它包括 XC9500、XC9500XV 和 XC9500XL 三个子系列。XC9500 为 5V 基本系列，XC9500XL 和 XC9500XV 分别为 3.3V 和 2.5V 高速高性能系列，它们全部采用 FLASH 编程工艺和 ISP 编程技术，内部结构几乎相同。此处介绍 XC9500 基本系列，包括 XC9536、XC9572、XC95108、XC95144、XC95216、XC95288 等 6 种型号，XC95 后的数字为片内的寄存器数或宏单元数。

XC9500 系列 CPLD 的基本参数如表 3-16 所示，其中 I/O 引脚数为用户可以使用的引脚数目，不包括 ISP 编程和边界扫描测试专用的 JTAG 引脚。

表 3-16　XC9500 系列 CPLD 的基本参数

参　　数		器　件　型　号					
		XC9536	XC9572	XC95108	XC95144	XC95216	XC95288
等效门数		800	1600	2400	3200	4800	6400
寄存器数		36	72	108	144	216	288
引脚-引脚时延 T_{PD}/ns		5	7.5	7.5	7.5	10	15
系统时钟 f_s/MHz		100	83.3	83.3	83.3	66.7	56.6
I/O 引脚数	44 引脚 VQFP 封装	34					
	44 引脚 PLCC 封装	34	34				
	48 引脚 CSP 封装	34					
	84 引脚 PLCC 封装		69	69			
	100 引脚 TQFP 封装		72	81	81		
	100 引脚 PQFP 封装		72	81	81		
	160 引脚 PQFP 封装			108	133	133	
	208 引脚 HQFP 封装					166	168
	352 引脚 BGA 封装					166	192

（1）XC9500 的结构框图

XC9500 的结构框图如图 3-54 所示，它包括 I/O 块 IOB、功能块（函数块）FB、快速连接开关矩阵 FCSM、ISP 控制和 JTAG 控制等部分。

I/O 块 IOB 提供器件输入、输出缓冲；功能块 FB 提供器件的可编程逻辑能力，一个功能块相当于一个内部 PLD；快速连接开关矩阵 FCSM 用于 I/O 块、功能块和 I/O 引脚的编程连接；ISP 控制用于 CPLD 的在系统编程；JTAG 控制用于 CPLD 芯片的边界扫描测试。

外部 I/O 引脚可以编程设置为输入、输出或双向引脚，下边几个引脚还可以设置为特殊功能引脚。其中，3 个引脚可以设置为全局时钟引脚 GCK（global clock），作为功能块中宏单元的输入时钟；一个引脚可以设置为全局置位/复位引脚 GSR（global set/reset），用于功能块中宏单元触发器的异步置位或复位信号；2 个或 4 个（XC95216 和 XC95288 为 4 个，其余为 2 个）引脚可以设置为全局三态控制引脚 GTS（global three-state control）。

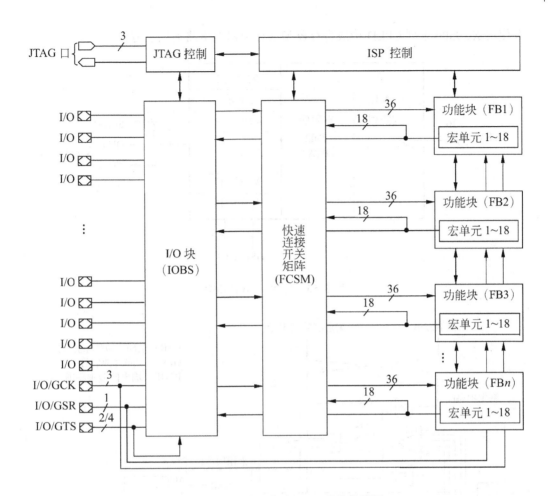

图 3-54　XC9500 系列 CPLD 的结构框图

（2）XC9500 的功能块和宏单元结构

功能块 FB 是 XC9500 的核心，其结构如图 3-55 所示。来自快速连接开关矩阵 FCSM 的逻辑变量在可编程与阵列中形成乘积项，然后经乘积项调配电路将这些乘积项送到 FB 宏单元中的或门；全局时钟信号 GCK 和全局置位/复位信号 GSR 则接到宏单元中寄存器的时钟和置位/复位控制端。功能块（宏单元）的输出 OUT 送到 I/O 块的同时反馈至快速连接开关矩阵 FCSM，乘积项 PTOE 用于 I/O 块中输出驱动器使能。

每个功能块 FB 中有 18 个宏单元，每个宏单元可以直接使用 5 个乘积项，共计 90 个乘积项。虽然 XC9500 的每个宏单元只有 5 个乘积项输入，少于 GAL 器件中宏单元输入的乘积项数，但 FB 中的乘积项调配电路（PTA）可以对乘积项实施再分配，使宏单元能够调用本功能块中其他宏单元不用的乘积项，从而扩展宏单元的乘积项数目。许多 CPLD 都采用了这种乘积项调配方法。

XC9500 的乘积项调配电路和宏单元结构如图 3-56 所示。其中，虚线框左侧的与门为来自可编程与阵列的 5 个乘积项；虚线框内为乘积项调配电路，S1～S8 为可编程数据分配器；虚线框右侧为宏单元结构，M1～M5 为可编程数据选择器，M1 的输出通过异或门 G5 改变输出极性。需要注意的是，宏单元中的触发器可以编程为 D 触发器或 T 触发器，为设计者使用 XC9500 系列 CPLD 构成寄存器型或计数器型电路提供了方便。

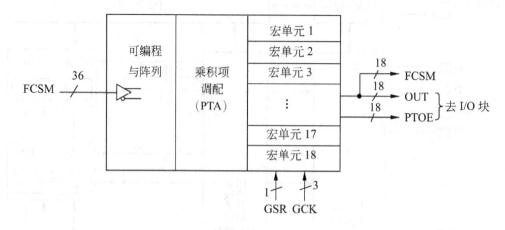

图 3-55　功能块 FB 的结构

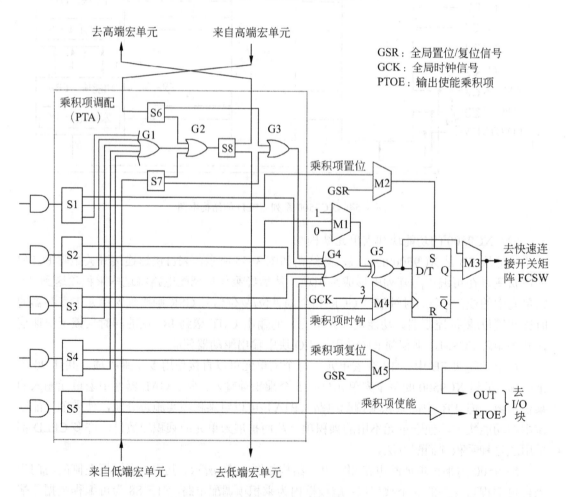

图 3-56　XC9500 的乘积项调配电路和宏单元结构

图 3-57 是宏单元间乘积项调配的一个实例。其中一个宏单元使用了 18 个乘积项，而另一个宏单元只使用了两个乘积项。

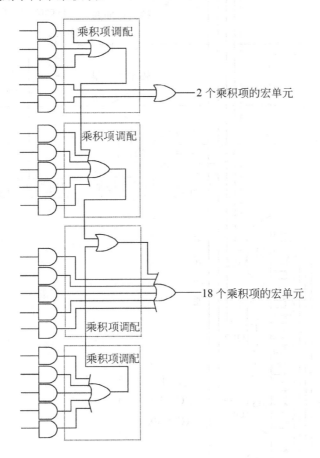

图 3-57　几个宏单元间的乘积项调配

（3）XC9500 的 I/O 块结构

I/O 块的结构如图 3-58 所示，XC9500 中包括多个这样的 I/O 块。其中，V_{CCINT} 为输入缓冲器使用的 5V 电源，保证输入门限不随 V_{CCIO} 变化；两个二极管保护输入缓冲器在引脚输入电平异常时不会被损坏。V_{CCIO} 为输出驱动器使用的 5V 或 3.3V 电源，以兼容 5V 或 3.3V 的 I/O 引脚电平。输出驱动器可以提供 24mA 的输出驱动能力，有 4 种使能选择：乘积项 PTOE、2 个或 4 个全局使能信号中的一个、常量 1 和常量 0。摆率（slew rate）控制用于控制输出驱动器输出信号的上升和下降时间，可编程地则允许用户根据需要将某些引脚编程为地。

（4）XC9500 的快速连接开关矩阵

快速连接开关矩阵 FCSM 是一个传输通路时延固定且可预测的可编程互连矩阵，它接受来自 I/O 块的输入信号和来自功能块中宏单元输出的反馈输入信号，其输出接至功能块的可编程与阵列，如图 3-59 所示。

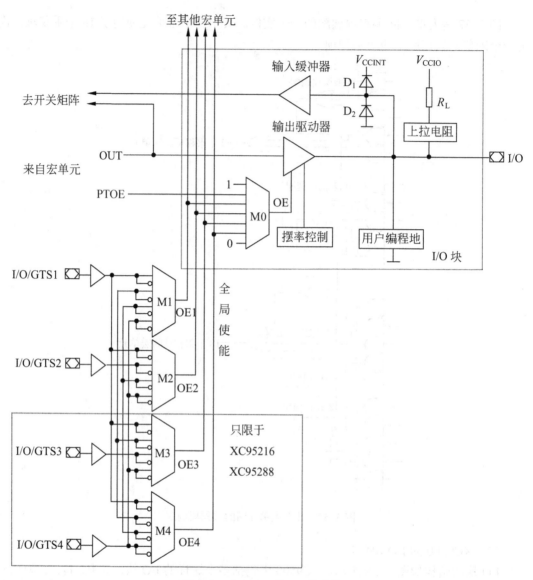

图 3-58　XC9500 的 I/O 块结构

（5）XC9500 的边界扫描和在系统编程

XC9500 系列 CPLD 器件支持 IEEE 1149.1 边界扫描协议。该协议是联合行动小组（joint test action group，JTAG）为解决高密度引脚器件和高密度电路板上器件的测试问题而制定的技术规范，只需要 4～5 根信号线就可以对电路板上所有支持边界扫描的芯片逻辑和边界引脚进行测试。通过边界扫描测试，不仅可以测试芯片的功能，检测电路板连线的正确性，而且可以检测电路板是否具有规定的功能，进而对设备进行故障检测和定位。其他 CPLD 器件一般也都支持 IEEE 1149.1 边界扫描协议。

XC9500 系列 CPLD 器件通过标准的 4 引脚 JTAG 协议和编程电缆实现在系统编程，如图 3-60 所示。编程期间，所有引脚处于高阻状态，且被功能块 FB 内部上拉电阻上拉为高电平。如果某些引脚输出信号在编程期间必须为低电平，则可以在引脚端外接下拉电阻。

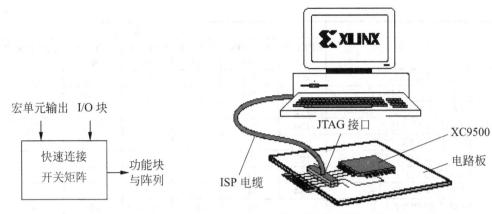

图 3-59 XC9500 的快速连接开关矩阵 FCSM   图 3-60 XC9500 系列 CPLD 的在系统编程

用于边界扫描测试和编程的 JTAG 端口引脚定义见表 3-17。

表 3-17 JTAG 引脚定义

JTAG 引脚	用于边界扫描测试	用于编程
TDI	测试数据、命令串行输入	编程数据、命令串行输入
TDO	测试数据串行输出	编程数据串行输出
TMS	测试模式选择	编程模式选择
TCK	测试时钟输入	编程时钟输入
TRST（可选）	测试复位信号	

（6）XC9500 的读写安全保护

为了防止编程数据被他人非法读出或不小心擦除和再次编程，CPLD 器件一般都设置有读写保护位，一旦这些位被编程置位，将禁止相应的操作。XC9500 的读写保护情况如下：读保护时，禁止读出和编程，但允许擦除；写保护时，禁止编程、擦除，但允许读出；读、写双重保护时，禁止读出、编程和擦除操作。

2. FLEX10K 系列 CPLD

FLEX10K 系列 CPLD 是 ALTERA 公司的典型 FPGA 产品，包括 FLEX10K、FLEX10KA 和 FLEX10KE 三个子系列。FLEX10K 为 5V 基本系列，FLEX10KA 和 FLEX10KE 分别为 3.3V 和 2.5V 高性能系列，全部采用 SRAM 编程工艺和 ICR 编程技术，内部结构几乎相同。此处介绍 FLEX10K 基本系列，包括 EPF10K10、EPF10K20、EPF10K30、EPF10K40、EPF10K50、EPF10K70、EPF10K100 等 7 种型号，EPF10K 后的数字为片内等效门的千门数。

FLEX10K 系列 CPLD 的基本参数如表 3-18 所示（不包括 JTAG 边界扫描测试需要使用的引脚和逻辑门）。

表 3-18 FLEX10K 系列 CPLD 的基本参数

参　　数	器 件 型 号						
	EPF10K 10	EPF10K 20	EPF10K 30	EPF10K 40	EPF10K 50	EPF10K 70	EPF10K 100
等效门数	10 000	20 000	30 000	40 000	50 000	70 000	100 000
逻辑单元（LE）数	576	1152	1728	2304	2880	3744	4992
逻辑阵列块（LAB）数	72	144	216	288	360	468	624
嵌入阵列块（EAB）数	3	6	6	8	10	9	12
RAM 比特数	6 144	12 288	12 288	16 384	20 480	18 432	24 576

续表

参　　数	器 件 型 号						
	EPF10K 10	EPF10K 20	EPF10K 30	EPF10K 40	EPF10K 50	EPF10K 70	EPF10K 100
16 选 1 时延 T_{PD}（ns）	4.2	4.2	4.2	4.2	4.2	4.2	4.2
16 位计数器速度（MHz）	204	204	204	204	204	204	204
256×8RAM 读周期速度（MHz）	172	172	172	172	172	172	172
256×8RAM 读写期速度（MHz）	106	106	106	106	106	106	106
I/O 引脚数　84 引脚 PLCC 封装	59						
144 引脚 TQFP 封装	102	102					
208 引脚 PQFP 封装	134	147	147	147			
208 引脚 RQFP 封装	134	147	147	147			
240 引脚 PQFP 封装		189	189	189	189	189	
240 引脚 RQFP 封装		189	189	189	189	189	
356 引脚 BGA 封装			246		274		
403 引脚 PGA 封装					310		
503 引脚 PGA 封装						358	406

（1）FLEX10K 的结构框图

FLEX10K 的结构框图如图 3-61 所示，它主要包括逻辑阵列块 LAB（logic array block）、嵌入式阵列块 EAB（embedded array block）、I/O 单元 IOE（I/O element）和快速通道互连 FTI（fast track interconnect）等 4 部分。逻辑阵列块 LAB 用于实现一般逻辑功能，嵌入式阵列块 EAB 用于实现 RAM、ROM、FIFO 等存储器功能，I/O 单元 IOE 实现输入、输出功能，快速通道互连 FTI 实现各个单元的快速互连。JTAG 边界扫描测试部分没有画出来。

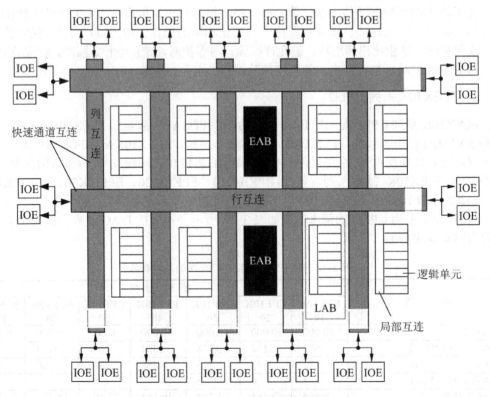

图 3-61　FLEX10K 的结构框图

（2）FLEX10K 的逻辑阵列块 LAB

逻辑阵列块 LAB 的结构框图如图 3-62 所示，它包括 8 个逻辑单元 LE、进位链、级联链、控制信号和局部互连。4 个控制信号中，两个为 LE 的时钟信号，两个作为 LE 的清 0/预置信号。时钟信号可以来自于专用时钟输入引脚、全局信号、I/O 信号或局部互连内部信号，清 0/预置信号可以来自全局信号、I/O 信号或局部互连内部信号。全局控制信号通常用做全局时钟、清 0 或预置信号。

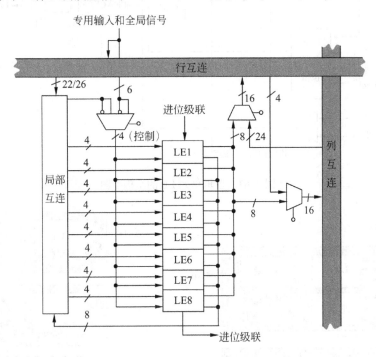

图 3-62 LAB 的结构

逻辑单元 LE 是 FLEX10 结构中最小的逻辑单位，其结构如图 3-63 所示。其中，LE 的输入 $D_4 \sim D_1$ 来自 LAB 的局部互连，LE 的输出送到快速通道互连的同时反馈至局部互连。

4 输入查找表 LUT（look-up table）是一个函数发生器，它能够快速计算任何 4 变量的组合逻辑函数，其原理与用 ROM 实现组合逻辑函数相同。输入变量作为 SRAM 的地址，函数值作为 SRAM 的内容，改变 SRAM 中的编程数据，就可以改变函数发生器的功能。大多数 FPGA 都采用这种基于 SRAM 查找表的逻辑形成结构。

可编程触发器可以编程为 D 触发器、JK 触发器、T 触发器和 SR 触发器中任意的一种，为逻辑设计带来了极大的方便。PRN 和 CLRN 分别是触发器的异步预置和异步清 0 控制端，均为低电平有效；ENA 为触发器的同步使能端，只有当 ENA 为高电平时，时钟和激励才起作用。如果是实现组合逻辑功能，输出数据选择器将直接选择级联链的组合输出送到快速通道互连，此时，触发器被旁路。

进位链（carry chain）和级联链（cascade chain）是连接相邻 LE 的两个专用高速数据通道，时延仅 0.2ns。进位链用来支持高速计数器、比较器和加法器，级联链用来实现多输入逻辑函数。图 3-64 是一个使用 $n+1$ 个 LE 构成的 n 比特全加器，进位输入信号进入进位链的同时也加到了查找表 LUT 的输入端；图 3-65 则是利用级联链实现 12 输入函数的两种级联模式。

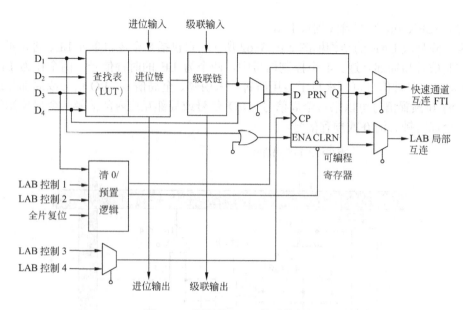

图 3-63　逻辑单元 LE 的结构框图

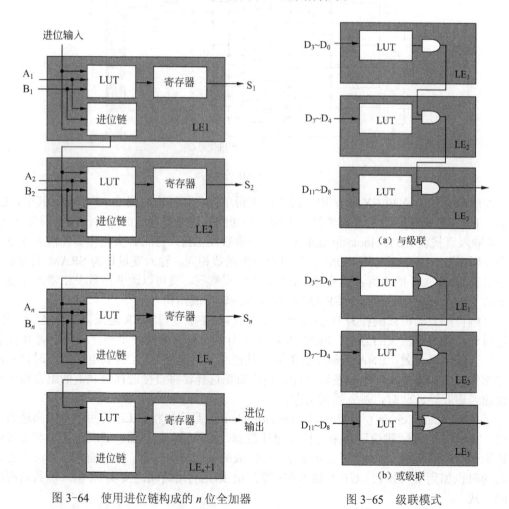

图 3-64　使用进位链构成的 n 位全加器

（a）与级联

（b）或级联

图 3-65　级联模式

LE 有 4 种模式：一般模式、算术模式、可逆计数器模式和可清除计数器模式。一般模式适合普通逻辑应用和需要使用级联链的多变量译码函数的场合，算术模式适合实现加法器、累加器和比较器，可逆计数器模式适合实现具有计数器使能、时钟使能、同步加/减控制和置数操作功能的计数器，可清除计数器模式类似可逆计数器模式，但原用于加/减控制的信号 D_2 被用于同步清 0。

（3）FLEX10K 的嵌入式阵列块 EAB

嵌入式阵列块 EAB 是 FLEX10K 中使用灵活的 RAM 块，其输入和输出口都有寄存器，适合实现一些复杂的逻辑功能，如乘法器、地址译码器、数字滤波器、微控制器、数字信号处理器等。每个 EAB 可以提供 100～600 个逻辑门。

EAB 的 RAM 配置非常灵活。例如，每个 EAB 中有 2048 比特的 RAM，可以编程配置为 256×8、512×4、1024×2 和 2048×1 等多种结构；使用 2 个 EAB，可以配置为 256×16、512×8 等结构。

FLEX10K 的嵌入式阵列块 EAB 结构如图 3-66 所示。EAB 内的存储器不仅可以设置为 SRAM，也能设置为 FIFO、双口 RAM 或 ROM。

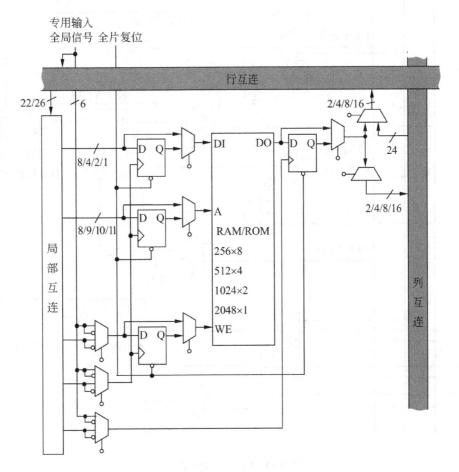

图 3-66 嵌入式阵列块 EAB 的结构

（4）FLEX10K 的 I/O 单元 IOE

FLEX10K 的 I/O 单元 IOE 的结构如图 3-67 所示。其中，输出寄存器用于寄存输出结果，输入寄存器用于寄存外部输入数据。

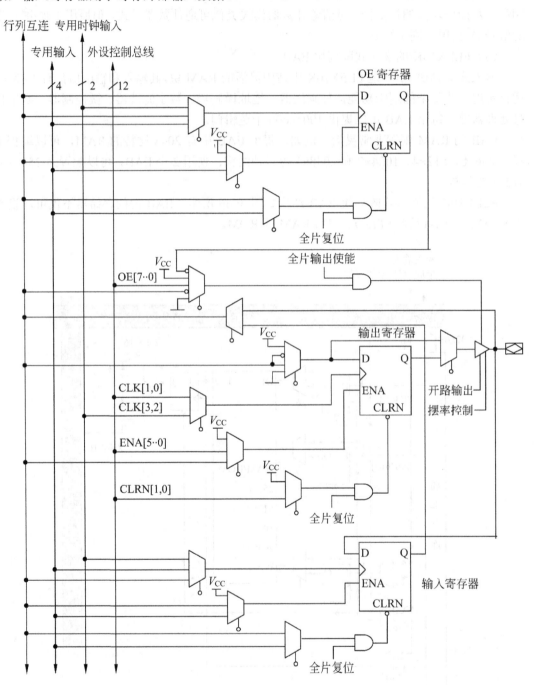

图 3-67　I/O 单元 IOE 的结构

每个 IOE 从外设控制总线选择时钟、清 0、时钟使能和输出使能控制信号。外设控制总线总共有 12 条线，最多可以有 8 个输出使能信号，最多可以有 6 个时钟使能信号，最多可以有 2 个时钟信号，最多可以有 2 个清 0 信号。如果时钟使能信号超过 6 个或输出使能信号超过 8 个，IOE 可以用逻辑单元 LE 驱动的时钟使能和输出使能信号控制。此外，每个 IOE 还可以使用 2 个专用时钟中的任意一个作为时钟信号。每个外设控制信号可以用任何专用输入引脚或特定行中 LAB 的第 1 个 LE 来驱动。

表 3-19 列出了 FLEX10K 的外设控制总线资源。

表 3-19 FLEX10K 的外设控制总线资源

外设控制信号	EPF10K10	EPF10K20	EPF1030	EPF10K40	EPF10K50	EPF10K70	EPF10K100
OE0	A 行	A 行	A 行	A 行	A 行	A 行	A 行
OE1	A 行	B 行	B 行	C 行	B 行	B 行	C 行
OE2	B 行	C 行	C 行	D 行	D 行	D 行	E 行
OE3	B 行	D 行	D 行	E 行	F 行	I 行	L 行
OE4	C 行	E 行	E 行	F 行	H 行	G 行	I 行
OE5	C 行	F 行	F 行	G 行	J 行	H 行	K 行
CLKENA0/CLK0/GLABAL0	A 行	A 行	A 行	B 行	A 行	E 行	F 行
CLKENA1/OE6/GLABAL1	A 行	B 行	B 行	C 行	C 行	C 行	D 行
CLKENA2/CLR0	B 行	C 行	C 行	D 行	E 行	B 行	B 行
CLKENA3/OE7/GLABAL2	B 行	D 行	D 行	E 行	G 行	F 行	H 行
CLKENA4/CLR1	C 行	E 行	E 行	F 行	I 行	H 行	J 行
CLKENA5/CLK1/GLABAL3	C 行	F 行	A 行	H 行	J 行	E 行	G 行

（5）FLEX10K 的快速通道互连 FTI

快速通道互连 FTI 是布满 FLEX10K 整个器件的一系列水平和垂直走向的连续式布线通道（"行互连"和"列互连"），逻辑单元 IE 和 I/O 引脚通过它实现快速连接。FTI 的这种全局布线结构可以提供可预测的时延性能，即使是用于非常复杂的设计。有些 FPGA 采用分段式布线结构，需要用开关矩阵把大量路径连接起来，虽然布线灵活，但却因路径长短不一而无法预测时延。

FLEX10K 系列器件的快速通道互连资源如表 3-20 所示。FLEX10K 的行列号用英文字母表示，例如 EPF10K10 有 3 行，分别为 A 行、B 行、C 行。每个 LAB 行使用一个专用的"行互连"。"行互连"可以驱动 I/O 引脚并馈送给其他 LAB，"列互连"连接各行并能驱动 I/O 引脚。

表 3-20 FLEX10K 系列器件的快速通道互连资源

器　　件	行数	通道数（行）	列数	通道数（列）
EPF10K10	3	144	24	24
EPF10K20	6	144	24	24
EPF10K30	6	216	36	24

器　　件	行数	通道数（行）	列数	通道数（列）
EPF10K40	8	216	36	24
EPF10K50	10	216	36	24
EPF10K70	9	312	52	24
EPF10K100	12	312	52	

　　"行互连"和"列互连"与 LAB 的连接关系在图 3-62 中已经有了比较清晰的描述，"行互连"和"列互连"与 I/O 单元 IOE 的连接关系如图 3-68 所示。无论是"行互连"还是"列互连"，每个用做输入的 IOE 至少可以驱动 2 个通道（图中驱动 2 个通道），每个用做输出的 IOE 可以由 m 选 1 数据选择器选择 m 个通道中的 1 个来驱动。

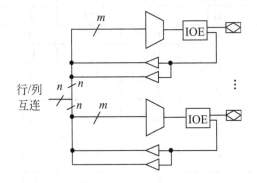

图 3-68　"行/列互连"与 IOE 的连接关系

（6）FLEX10K 的编程配置

　　FLEX10K 采用 SRAM 编程工艺和 ICR 编程技术，编程数据有 6 种配置模式，由芯片的模式选择引脚 MSEL1、MSEL0 电平选择：

- 专用配置模式（MSEL1=0、MSEL=0）。采用专门的配置器件如 EPC 器件进行配置，
- EPC 器件本身可在系统编程，成本较高。
- PS（passive serial）模式（MSEL1=0、MSEL0=0）。FLEX10K 处于被动串行模式，编程数据串行写入。
- PPS（passive parallel synchronous）模式（MSEL1=1、MSEL0=0）。FLEX10K 处于被动并行同步模式，编程数据同步并行写入。
- PPA（passive parallel asynchronous）模式（MSEL1=1、MSEL0=1）。FLEX10K 处于被动并行异步模式，编程数据异步并行写入。
- PSA（passive serial asynchronous）模式（MSEL1=1、MSEL0=0）。FLEX10K 处于被动串行异步模式，编程数据异步串行写入。
- JTAG 模式（MSEL1=1、MSEL0=0）。FLEX10K 采用 JTAG 模式写入编程数据。

　　用 AT89C52 单片机对 FLEX10K 进行 PS 模式数据配置的电路如图 3-69 所示，编程数据存放于 AT89C52 单片机的闪存中。每次加电后，由单片机控制将编程数据写入 FLEX10K 的 SRAM 中，配置时序参见 FLEX10K 技术手册。

　　ALTERA 公司的 CPLD 器件编程配置时，一般采用 ByteBlaster（MV）下载电缆和 10 芯信号接口，接口引脚排列和信号名称分别如图 3-70 和表 3-21 所示。

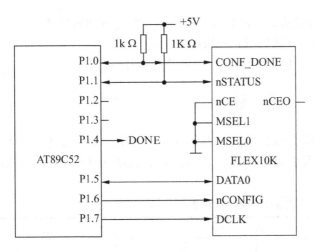

图 3-69 用 AT89C52 单片机对 FLEX10K
进行 PS 模式数据配置

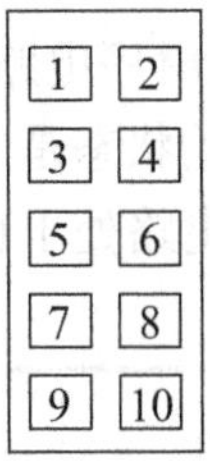

图 3-70 10 芯下载接口引脚排列

表 3-21 10 芯下载接口信号名称

引脚	1	2	3	4	5	6	7	8	9	10
PS 模式	DCK	GND	CONF_DONE	V_{CC}	nCONFIG		nSTATUS		DATA0	GND
JTAG 模式	TCK	GND	TDO	V_{CC}	TMS				TDI	GND

3.6.3 PLD 的开发与使用

PLD 器件的诞生，不仅为用户使用极少的芯片实现数字电路和系统提供了可能性，而且在器件的保管、电路和系统的调试、系统功能的更改和升级、开发者知识产权的保护等方面为用户提供了极大的方便。然而，和标准器件买来就能使用不同，PLD 器件只有经过编程后才具备一定的功能。

为了实现对 PLD 器件的编程，用户必须具备下列设备：

- 1 台内存足够大的计算机。
- 1 个 PLD 开发软件包。
- 1 台 PLD 编程器（普通 PLD 器件编程）或 1 根 PLD 编程电缆（ISP、ICR 编程）。

目前，市面上的 PLD 开发软件包品种很多，如 XILINX 公司的 Foundation 和 Alliance、ALTERA 公司的 MAX+Plus II 和 Quartus、AMD 公司的 Synario 等，它们一般都支持本公司的 PLD 产品开发，支持原理图、波形图、VHDL 语言等多种输入方式，使用非常灵活。

欲使 PLD 器件成为具有确定功能的模块，一般需要经过以下开发过程：

（1）设计输入。以原理图、波形图或 VHDL 语言等形式在计算机上输入要设计的电路或系统功能，定义 PLD 引脚。

（2）编译处理与仿真。用 PLD 开发软件包中的编译器对输入文件进行编译，排除语法错误后进行逻辑仿真，验证逻辑功能，然后进行器件适配，包括逻辑综合与优化、布局布线等，器件适配后再进行定时仿真。最终结果是产生可下载到器件内的编程信息文件，称为目标文件。PLD 器件的目标文件通常为 JEDEC（joint electronic device engineering council）文件，也称为熔丝图。

（3）器件编程。由计算机或编程器将编译处理产生的编程信息即目标文件装入 PLD 器件，也称下载（down-load）。下载完成后，PLD 器件就具有了特定的逻辑功能。

（4）器件测试。验证 PLD 器件实现的逻辑模块的功能。

PLD 器件的开发属于电子设计自动化的范畴，第 6 章将进行专门介绍。

习 题 3

3-1 某时序电路的状态表如表 3-22 所示，试画出它的状态图，并指出电路的类型。若电路的初始状态是 S_0，输入序列是 11100101，试求对应的状态序列和输出序列。最后 1 位输入后，电路处于什么状态？

表 3-22 题 3-1 的表

S^n	X^n		Z^n
	0	**1**	
S_0	S_0	S_1	0
S_1	S_0	S_2	0
S_2	S_3	S_2	0
S_3	S_4	S_0	0
S_4	S_0	S_5	0
S_5	S_5	S_1	1
	S^{n+1}		

3-2 某时序电路的状态图如图 3-71 所示，试列出它的状态表，并指出电路的类型。若电路的初始状态是 A，输入序列是 1011101，试求对应的状态序列和输出序列。最后 1 位输入后，电路处于什么状态？

3-3 图 3-72 为或非门构成的基本 SR 触发器电路，试画出其逻辑符号，列出其真值表，画出 Q 和 $\overline{Q}$ 的工作波形（S、R 输入波形自己假设，但必须反映各种输入情况）。

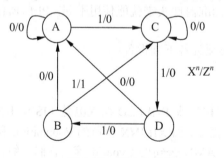

图 3-71 题 3-2 的图

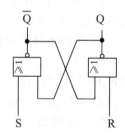

图 3-72 题 3-3 的图

3-4 与非门构成的时钟同步 SR 触发器的输入波形如图 3-73 所示，试画出 Q 和 $\overline{Q}$ 端的输出波形，假定初始状态为 Q=0。

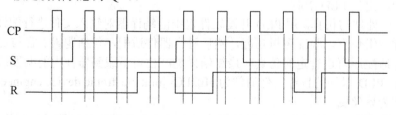

图 3-73 题 3-4 的图

3-5　D 触发器的输入波形如图 3-74 所示，画出对应的 Q 端波形。设初态 Q=0。

3-6　JK 触发器的输入波形如图 3-75 所示，画出对应的 Q 端波形。设初态 Q=0。

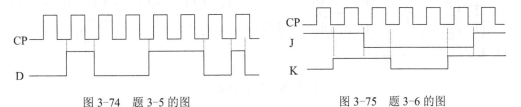

图 3-74　题 3-5 的图　　　　　　　　　　图 3-75　题 3-6 的图

3-7　画出图 3-76 所示 T 触发器对应于 CP 和 T 输入波形的 Q 端波形。设初态 Q=0。

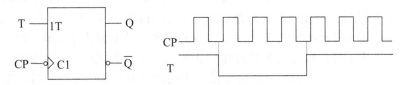

图 3-76　题 3-7 的图

3-8　设图 3-77 所示各触发器 Q 端的初态都为 1，试画出在 4 个 CP 脉冲作用下各触发器的 Q 端波形。

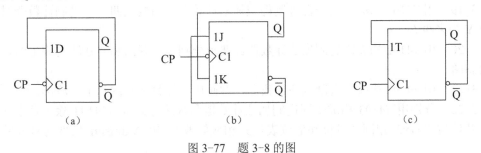

（a）　　　　　　　　　　（b）　　　　　　　　　　（c）

图 3-77　题 3-8 的图

3-9　带有异步端的 JK 触发器及其输入波形如图 3-78 所示，试画出 Q 端的输出波形。假设触发器的初态为 Q=0。

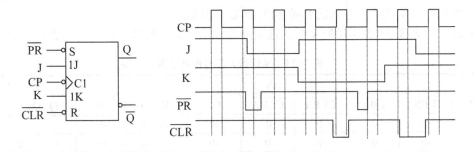

图 3-78　题 3-9 的图

3-10　由一个 D 触发器和一个 JK 触发器构成的时序逻辑电路及输入波形如图 3-79 所示，试画出 Q_1、Q_0 的输出波形（设初始状态 Q_1Q_0 为 00，触发器输入端悬空相当于接 1）。

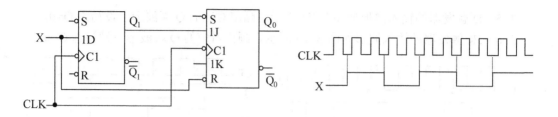

图 3-79 题 3-10 的图

3-11 画出用下降沿触发的 D 触发器构成的八进制异步行波加法计数器电路。

3-12 画出用下降沿触发的 JK 触发器构成的四进制异步行波可逆计数器电路。当控制端 X=0 时，加法计数；X=1 时，减法计数。并用 Multisim 软件仿真其工作过程。

3-13 画出用上升沿触发的 T 触发器构成的五进制异步加法计数器电路。

3-14 画出用下降沿触发的 T 触发器构成的八进制同步减法计数器电路。

3-15 画出用上升沿触发的 JK 触发器构成的四进制同步可逆计数器电路。当控制端 X=0 时，加法计数；X=1 时，减法计数。

3-16 分别用 7493 构成十三进制和一百七十二进制计数器。

3-17 分别用 74163 构成 8421BCD 和 5421BCD 加法计数器，并画出全状态图。

3-18 直接用 74163 级联构成二百五十六进制同步加法计数器。

3-19 用 74162 构成二到一百进制程控加法计数器。当构成四十一进制计数器时，预置数 Y 为多少？

3-20 用 74192 构成六进制加法计数器。要求分别用预置法和清 0 法构成电路，并画出状态图。

3-21 用 74192 构成七进制减法计数器，并画出其计数状态图和工作波形。

3-22 分别用 74193 构成十四进制加法计数器和减法计数器。74193 除了是十六进制外，其他与 74192 相同（进位和借位表达式相应修改）。用 Multisim 软件仿真并验证其功能。

3-23 某 4 位二进制同步加法计数器的功能表如表 3-23 所示（Q_3 是高位），该芯片另有一个与时钟同步的进位输出端 CO（CO=$\overline{CP}$ · $Q_3Q_2Q_1Q_0$）。试说明该计数器各输入信号的作用和优先级。该计数器有几种不同的清 0 和置数方式？画出该计数器的惯用符号，并用惯用逻辑符号构成相应方式的几种 8421BCD 码计数器。

3-24 用表 3-23 中描述的 4 位二进制同步加法计数器构成二百五十六进制计数器。

表 3-23 某计数器芯片的功能表

输　　入							输　　出
$\overline{OEN}$	$\overline{LDS}$	$\overline{LDA}$	$\overline{CLRS}$	$\overline{CLRA}$	CP	$D_3\ D_2\ D_1\ D_0$	$Q_3\ Q_2\ Q_1\ Q_0$
1	Φ	Φ	Φ	Φ	Φ	Φ　Φ　Φ　Φ	高阻
0	Φ	Φ	Φ	0	Φ	Φ　Φ　Φ　Φ	0　0　0　0
0	Φ	Φ	0	1	↑	Φ　Φ　Φ　Φ	0　0　0　0
0	Φ	0	1	1	Φ	$d_3\ d_2\ d_1\ d_0$	$d_3\ d_2\ d_1\ d_0$
0	0	1	1	1	↑	$d_3\ d_2\ d_1\ d_0$	$d_3\ d_2\ d_1\ d_0$
0	1	1	1	1	↑	Φ　Φ　Φ　Φ	加法计数

3-25 集成十六进制计数器 74191 的典型波形如图 3-80 所示。试列出该计数器的功能表，说明各输入信号的作用，简述该芯片的逻辑功能。最后画出该计数器的惯用符号，并用 74191 构成两种计数规律的十进制计数器。已知 MAX/MIN 和 $\overline{CO}$ 的表达式为

$$\text{MAX/MIN}=[Q_DQ_CQ_BQ_A(D/\overline{U})+\overline{Q}_D\overline{Q}_C\overline{Q}_B\overline{Q}_A\overline{(D/\overline{U})}]\,,\quad \overline{CO}=\overline{\overline{CP}(\text{MAX/MIN})\overline{(\overline{CEN})}}$$

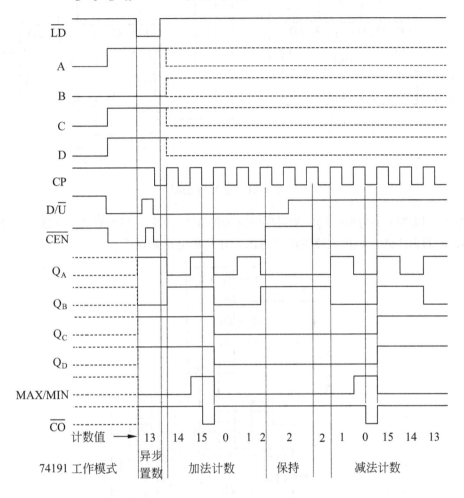

图 3-80 74191 计数器的典型波形

3-26 用 74161 构成 24 小时计时器，要求采用 8421BCD 码，且不允许出现毛刺。

3-27 用 74163 和四选一数据选择器构成 1110010010 序列产生器，并用 Multisim 软件仿真其工作过程。

3-28 某程控分频器电路如图 3-81 所示。

（1）当分频控制信号 Y=(101000)₂ 时，输出 Z 的频率为多少？

（2）欲使 Z 的输出频率为 2 KHz，分频控制信号 Y 可以取哪些值？

（3）当分频控制信号 Y 取何值时，输出 Z 频率最高？Z 的最高频率为多少？

（4）当分频控制信号 Y 取何值时，输出 Z 频率最低？Z 的最低频率为多少？

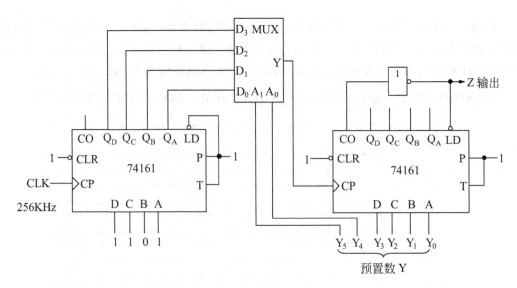

图 3-81　题 3-28 的图

3-29　以 74161 为核心构成的时序电路如图 3-82 所示，写出 $\overline{CLR}$、$\overline{LD}$、P、T 和 D、C、B、A 的表达式，画出电路的全状态图，并判断电路的功能。

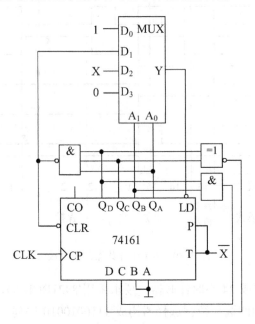

图 3-82　题 3-29 的图

3-30　画出用 JK 触发器构成的 3 级移位寄存器电路。要求采用左移方式。

3-31　画出用 D 触发器构成的两级双向移位寄存器电路。当控制端 X=0 时，为右移方式；X=1 时，为左移方式。

3-32　对图 3-37 进行修改，使 74198 置数的同时将并行输出数据保存到另一个 8 位寄存器中。

3-33　用 74198 构成的 7 位二进制并/串变换电路如图 3-83 所示，简述其工作原理，并用 Multisim 软件仿真其工作过程。

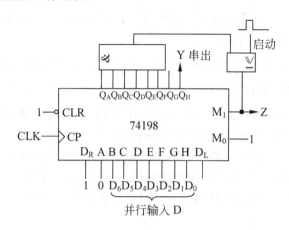

图 3-83　题 3-33 的图

3-34　用 74198 构成米里型 1010110 序列检测器，允许序列码重叠。

3-35　用 74194 构成摩尔型 0110 序列检测器，不允许序列码重叠。

3-36　用 74194 构成六进制扭环形计数器，要求采用右移方式。

3-37　分别用 74198 和 74194 构成十一进制变形扭环形计数器，要求采用左移方式。

3-38　分别用 D 触发器和 JK 触发器构成四进制扭环形计数器。

3-39　图 3-84 为 74194 构成的一个 m 序列产生器，试画出其全状态图。如果电路的初始状态为 $Q_AQ_BQ_CQ_D=(0001)_2$，试写出一个周期的输出序列，并在保持主循环状态图不变的条件下对电路进行改进，使其具有自启动特性。

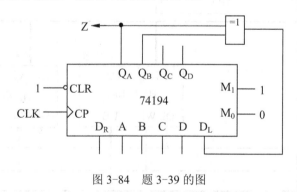

图 3-84　题 3-39 的图

3-40　以 74194 为核心，构成移位型"00011101"序列产生器，并用 Multisim 软件仿真其工作过程。

3-41　某 SRAM 芯片有 14 条地址线和 8 条数据线，试求其存储容量。

3-42　一个由 CPU、HM6116 和译码器 74138 构成的微机应用系统如图 3-85 所示，若要求 HM6116-1 的地址范围为 1000H～17FFH，HM6116-2 的地址范围为 2800H～2FFFH，试完成有关连线。要求给出简要的求解过程。

3-43　GAL22V10 中有 10 个 D 触发器，能够实现二百五十六进制异步计数器吗？为什么？

3-44 GAL22V10 的宏单元结构如图 3-49 所示。如果欲使宏单元 OLMC23 实现寄存器输出（高有效），且次态方程为 $Q^{n+1}=A^nB^n+C^n\overline{D}^n+A^nD^n\overline{Q}^n$，试画出该宏单元的电路结构，包括必要的乘积项和 S_1、S_0 信息。

3-45 用 PLA 和 D 触发器实现一个同步时序电路，其输出方程为 $Z^n = X^nQ_1^n\overline{Q}_0^n$，次态方程为 $Q_1^{n+1} = X^nQ_1^n + \overline{X}^nQ_0^n$，$Q_0^{n+1} = X^n\overline{Q}_1^n + \overline{X}^nQ_0^n$。试画出电路连接图。

3-46 CPLD 有哪两种电路结构？习惯上称为 FPGA 的器件属于哪种结构？

3-47 ICR 编程技术中的主动配置和被动配置方式有何区别？

3-48 XC9500 系列 CPLD 器件采用什么编程工艺和编程技术？

3-49 XC9500 系列 CPLD 的功能块 FB 包括哪几部分？它们各起什么作用？

3-50 FLEX10K 系列 CPLD 器件采用什么编程工艺和编程技术？器件主要由哪些部分组成？它们各起什么作用？

3-51 简述 PLD 器件的开发过程。

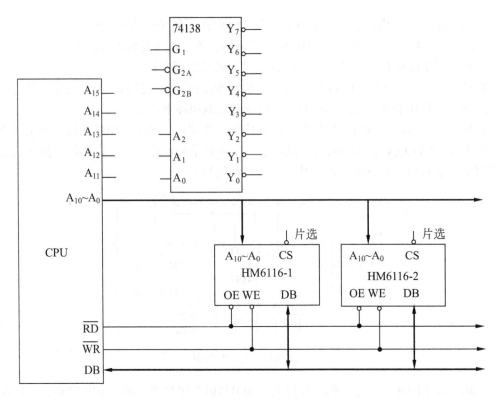

图 3-85 题 3-42 的图

自 测 题 3

1.（30 分）完成下列各题：

（1）与组合逻辑电路相比，时序逻辑电路有哪些特点？

（2）米里型电路与摩尔型电路的输出函数表达式、状态表和状态图形式上有何不同？

（3）填写表 3-24 所示激励表。

表 3-24

Q_1^n	Q_0^n	Q_1^{n+1}	Q_0^{n+1}	J_1^n K_1^n	T_0^n	Q_1^n	Q_0^n	Q_1^{n+1}	Q_0^{n+1}	J_1^n K_1^n	T_0^n
0	0	0	1			1	0	1	1		
0	1	1	0			1	1	0	0		

（4）利用触发器类型转换前后次态相等的原理，证明 JK 触发器转换为 D 触发器的电路连接关系为 $J=D$，$K=\overline{D}$。

（5）画出用下降沿触发的 D 触发器构成的模 8 异步行波减法计数器电路。

（6）用 JK 触发器构成 2^n 进制同步加法计数器的连接规律为（　　　）。

（7）用 1 片 74198 最多可以构成（　　　）进制的环形计数器或（　　　）进制的扭环形计数器或（　　　）进制的变形扭环形计数器。

（8）某 SRAM 芯片有 13 条地址线和 8 条数据线，其存储容量为（　　　）。

（9）GAL 器件采用什么结构？GAL22V10 的输出逻辑宏单元有哪几种组态方式？

（10）ISP 和 ICR 两种编程技术有何异同？

2．（10 分）由 JK 触发器构成的电路及输入波形如图 3-86 所示，两个触发器的初始状态都为 0。

（1）画出与输入波形对应的 Q_1、Q_0 波形；

（2）说明该电路的类型（同步或异步时序电路）；

（3）判断该电路实现什么功能（计数器、寄存器或移位寄存器）。

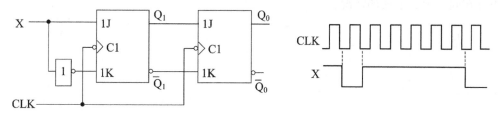

图 3-86　题 2 的图

3．（15 分）某同步时序逻辑电路的状态表如表 3-25 所示，试画出其状态图。如果电路的初始状态为 A，输入 X 序列为 010101001，试求其状态序列和输出序列。最后 1 位输入后，电路处于什么状态？

表 3-25

S^n ＼ X^n	0	1	S^n ＼ X^n	0	1
A	A/0	B/0	D	E/1	B/0
B	C/0	B/0	E	A/0	D/0
C	A/0	D/0			

S^{n+1}/Z^n

4.（15 分）图 3-87 所示电路是用十进制同步可预置加法计数器 74160 构成的程控分频器，试确定其输出信号 Z 的频率。如果要实现 68 分频，预置数 Y 应为多少？

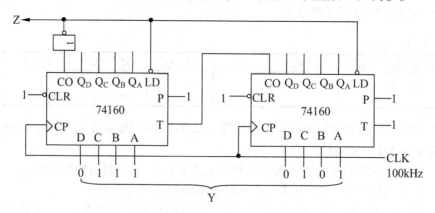

图 3-87　题 4 的图

5.（15 分）用 7493 设计一个二百进制计数器。

6.（15 分）用 74194 构成模 7 计数器并画出全状态图。要求采用左移方式。

7.（附加题，20 分）天安门城楼是我国著名的古建筑，也是我国的象征。为了避免参观者过于拥挤带来安全隐患和损坏城楼，必须控制天安门城楼上的参观人数。试用 74192 为天安门城楼设计一个自动控制电路，当城楼上不满 99 人时，横杆自动抬起，允许购票者上楼；当城楼上满 99 人时，横杆自动放下，禁止参观者上楼。已知在天安门城楼西侧的登楼口和东侧的下楼口各设有一个传感器，每当一个人经过传感器时，产生一个负脉冲。假设不存在同时上、下楼的情况。

第4章

同步时序电路分析与设计

第 3 章介绍了时序逻辑的基本概念和触发器、计数器、移位寄存器、随机存取存储器及时序型 PLD 等常用时序逻辑器件，本章介绍时序逻辑电路中最主要的一类电路——同步时序电路的分析和设计方法，既包括基于触发器和 MSI 模块的经典分析设计方法，也包括基于 PLD 设计的 VHDL 描述方法。

4.1 同步时序电路分析

同组合逻辑电路分析一样，时序电路分析的目的也是确定给定电路的逻辑功能。由于同步时序电路中，时钟脉冲 CLK 仅决定电路状态翻转的时刻而不决定电路的状态，因此分析时仅仅将 CLK 看做时间基准，一般不把 CLK 看做输入变量。

4.1.1 基本分析方法

对于用触发器构成的同步时序电路，一般按照以下步骤即可分析出电路的逻辑功能：
（1）写出电路的输出方程组、激励方程组和次态方程组表达式。
（2）列出电路的状态表并画出状态图。
（3）画出电路的工作波形（必要时）。
（4）根据状态图（或状态表、工作波形）确定电路的逻辑功能。

对于用 MSI 模块构成的同步时序电路，由于 MSI 模块本身就比较复杂，一般无法按照上述步骤进行分析。但在深刻理解 MSI 时序逻辑模块功能的基础上认真分析其连接方式，仍然可以确定出整个电路的逻辑功能。

4.1.2 分析实例

例 4-1 分析图 4-1 所示同步时序电路的功能，并画出电路的工作波形。假设电路的初始状态为 $Q_1Q_0=00$。

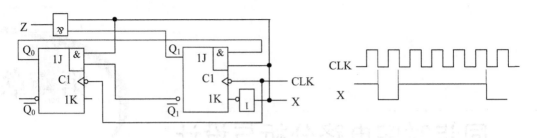

图 4-1　例 4-1 电路及输入波形

解　输出方程组为

$$Z^n = X^n Q_1^n$$

激励方程组为

$$\begin{cases} J_1^n = X^n Q_0^n \\ K_1^n = \overline{X}^n \end{cases} \quad \begin{cases} J_0^n = X^n \overline{Q}_1^n \\ K_0^n = 1 \end{cases}$$

将激励函数代入 JK 触发器的次态方程 $Q^{n+1} = J^n \overline{Q}^n + \overline{K}^n Q^n$，得次态方程组为

$$\begin{cases} Q_1^{n+1} = X^n Q_1^n + X^n Q_0^n \\ Q_0^{n+1} = X^n \overline{Q}_1^n \ \overline{Q}_0^n \end{cases}$$

由此可得该电路的状态表和状态图分别如表 4-1 和图 4-2 所示。

表 4-1　例 4-1 状态表

$Q_1^n Q_0^n$ ╲ X^n	0	1
00	00/0	01/0
01	00/0	10/0
10	00/0	10/1
11	00/0	10/1

$Q_1^{n+1} Q_0^{n+1} / Z^n$

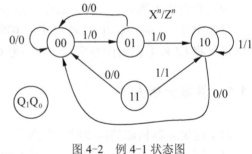

图 4-2　例 4-1 状态图

电路的工作波形如图 4-3 所示。对于米里型电路，由于输出 Z 和 X 直接相关，其输出波形应根据表达式来画，以免出现时序上的错误。

由状态图可见，当输入 X=0 时，无论电路原来处于何状态，都将转换到 00 状态，且输出为 0；当电路连续输入 3 个或 3 个以上的 X=1 时，电路将到达 10 状态，且输出为 1。因此，本电路为一个检测输入 X 中特定的"111"序列的序列检测器，每当输入序列中有 3 个或 3 个以上连续的"1"输入时，电路输出为 1，否则输出为 0。该电路中的"11"状态是一个多余状态，一旦电路离开这个状态后，正常情况下再也不会回到"11"状态。多余状态下的输出不影响正常功能。

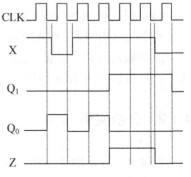

图 4-3　例 4-1 电路的工作波形

例 4-2　分析图 4-4 所示同步时序电路的功能。

解　该电路由一个 D 触发器和一个 PLA 构成，有两个输入变量 X、Y 和一个输出变量 Z。

输出方程表达式：

$$Z^n = \overline{X^n}\overline{Y^n}Q^n + \overline{X^n}Y^n\overline{Q^n} + X^n\overline{Y^n}\overline{Q^n} + X^nY^nQ^n = X^n \oplus Y^n \oplus Q^n$$

激励方程表达式：

$$D^n = X^nY^n + X^nQ^n + Y^nQ^n$$

次态方程表达式：

$$Q^{n+1} = X^nY^n + X^nQ^n + Y^nQ^n$$

由此可得该电路的状态表和状态图分别如表 4-2 和图 4-5 所示。

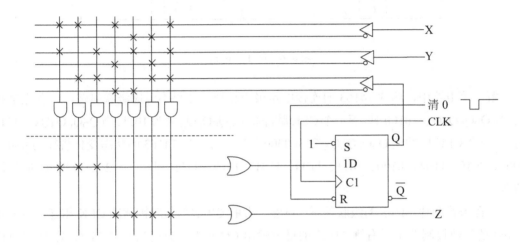

图 4-4　例 4-2 电路

表 4-2　例 4-2 状态表

Q^n ＼ X^nY^n	00	01	10	11
0	0/0	0/1	0/1	1/0
1	0/1	1/0	1/0	1/1

Q^{n+1}/Z^n

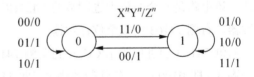

图 4-5　例 4-2 电路的状态图

由于电路加电后首先异步清 0，所以电路的初始状态为 0。从状态图可见，如果将 X 和 Y 看做两个 1 位二进制数，将 Q 看做进位，那么 Z^n、Q^{n+1} 和 X^n、Y^n、Q^n 之间满足全加关系，Z 为和输出，Q 为进位。每输入 1 位 X、Y，电路便产生对应的 1 位和输出和进位输出，和输出为即时输出，进位输出则由 D 触发器保存。因此，该电路是一个串行二进制数加法器，X、Y 是两个串行二进制数输入端，Z 是串行和输出，D 触发器用来保存向相邻高位的进位。

例 4-3 分析图 4-6 所示电路的功能，并说明右侧 74163 进位输出 CO 接到与非门的输入端有何作用。

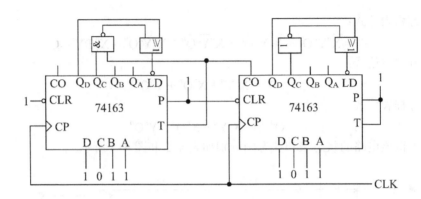

图 4-6 例 4-3 电路

解 该电路中，两片 74163 的连接电路极为相似，如果不考虑级联问题，二者完全相同。当 $Q_D Q_C Q_B Q_A = 0100$ 时，下一个 CLK 脉冲将 $Q_D Q_C Q_B Q_A$ 置为 1011；当 $Q_D Q_C Q_B Q_A = 1111$ 时，下一个 CLK 脉冲使 $Q_D Q_C Q_B Q_A$ 变为 0000。因此，每一片 74163 的状态变化规律为 0000、0001、0010、0011、0100、1011、1100、1101、1110、1111，是一个 2421BCD 码加法计数器。

现在来看两片 74163 的级联关系。虽然二者的 CP 端都与时钟脉冲 CLK 相连，但左侧 74163 的计数控制端 T 受右侧 74163 的进位输出 CO 控制。只有当右侧 74163 处于"1111"状态即"9"状态时，下一个 CLK 脉冲到来时左侧 74163 才能计数，同时右侧 74163 回到"0000"状态。也就是说，每来 10 个 CLK 脉冲，右侧 74163 构成的 2421BCD 计数器向左侧 74163 构成的 2421BCD 计数器输出一个进位脉冲，使左侧 2421BCD 码计数器状态加 1。因此，该电路是一个两位十进制数的 2421BCD 码加法计数器，其中左侧 74163 构成十位计数器，右侧 74163 构成个位计数器。

右侧 74163 的进位输出 CO 接到左侧 74163 的与非门输入端，可以保证只有当十位计数器满 4（即 0100）、个位计数器满 9（即 1111）时，十位计数器 74163 才在下一个 CLK 脉冲到来时执行置数操作而变为 5（即 1011），同时个位计数器通过计数回到 0（即 0000）。如果没有该连线，计数器到达 40 状态后，下一个 CLK 脉冲到来时，个位计数器将状态加 1 变为 1（即 0001），十位计数器执行置数操作变为 5（即 1011），使计数器从 40 一下跳变到 51，从而出现计数错误。

该计数器的计数状态图如图 4-7 所示。其中，状态圈内为 2421BCD 码编码状态，状态圈外为两位十进制数状态。

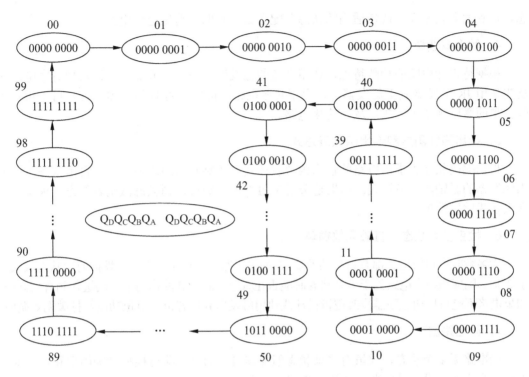

图 4-7　例 4-3 电路的计数状态图

4.2　基于触发器的同步时序电路设计

同步时序电路设计是数字设计中比较复杂的问题，通常需要经过一系列复杂的设计过程后才能设计出符合功能要求的同步时序电路。基于触发器的同步时序电路设计方法已经非常成熟，本节将介绍这些经典设计方法。

4.2.1　设计步骤

基于触发器的同步时序电路设计是分析的逆过程，通常需要经过以下几个设计步骤：

1. 导出原始状态图或状态表

状态图和状态表是描述时序电路功能的重要工具。一般情况下，根据功能要求导出的状态图或状态表中可能存在多余的状态，所以将其称为原始状态图或原始状态表。

2. 状态化简

状态的多少直接关系到需要使用的触发器数目。状态化简的目的就是要找出原始状态图或状态表中的等价状态，消除多余状态，得到符合功能要求的最简状态表，最大限度地减少触发器的数目，降低电路的硬件成本。

3. 状态分配

状态分配也叫状态编码，即用触发器的二进制状态编码来表示最简状态表中的各个状态，得到编码状态表。选择适当的状态分配方案，有助于简化逻辑电路。

4. 触发器选型

根据待设计电路的功能特点，选用合适的触发器类型。一般而言，计数型时序电路应优先选用 JK 触发器或 T 触发器，寄存型时序电路应优先选用 D 触发器，这样可以得到比较简单的激励函数表达式，从而简化电路。

5. 导出激励函数和输出函数表达式

根据编码状态表求出电路的输出函数表达式和各触发器的次态方程，再由次态方程导出触发器的激励函数表达式。如果是选用 T 触发器，则通过列状态激励表的方式求激励函数表达式比较简单。

6. 检查多余状态，打破无效循环

大多数时序逻辑电路都有自启动的要求。如果电路中使用了 k 个触发器而有效状态数又少于 2^k 时，则应该检查电路处于多余状态时能否在有限个时钟脉冲作用下自动进入到有效循环。如果电路不能自启动，则需修改逻辑设计或使用触发器异步置位、复位功能，打破无效循环。

7. 画电路图

当电路无多余状态，或虽有多余状态但能够自启动时，即可根据激励函数和输出函数表达式画出满足设计功能要求的逻辑电路。

4.2.2 导出原始状态图或状态表

导出原始状态图或状态表是时序电路设计中最关键也最困难的一步，下面介绍几种最实用的方法。

1. 状态定义法

在认真分析电路功能的基础上，定义输入、输出变量和用来记忆输入历史的若干状态，然后分别以这些状态为现态，在不同的输入条件下确定电路的次态和输出，由此得到电路的原始状态图或状态表。定义状态的原则是"宁多勿缺"，使原始状态图或状态表能够全面、准确地体现设计要求的逻辑功能，多余的状态可以通过状态化简予以消除。

例 4-4 火星探测车有一个中央控制单元，它能够根据障碍物探测器探测到的情况控制车轮的运行方向，使火星探测车避开障碍物。火星探测车遇到障碍物时的转向规则是：若上一次是左转，则这一次右转，直到未探测到障碍物时直行；若上一次是右转，则这一次左转，直到未探测到障碍物时直行。试导出火星探测车中央控制单元的原始状态图和状态表。

解 根据题意，火星探测车有直行、左转和右转三种运行方式，因此中央控制单元必须至少有两个控制信号 Z_1、Z_0 控制车轮的运行，并假设 $Z_1Z_0=00$ 时直行，$Z_1Z_0=01$ 时右转，$Z_1Z_0=10$ 时左转。

另外，根据火星探测车的转向规则，火星探测车有以下 4 种可能的工作状态：
（1）当前直行，但上一次是左转。
（2）探测到障碍物，正在右转。
（3）当前直行，但上一次是右转。

（4）探测到障碍物，正在左转。

现在，分别用 S_0、S_1、S_2、S_3 表示这 4 种工作状态，并假设障碍物探测器发来的探测信号为 X，且 X=0 表示未遇到障碍物，X=1 表示遇到障碍物。根据火星探测车的转向规则，可以得到火星探测车中央控制单元的原始状态图和状态表分别如图 4-8 和表 4-3 所示。

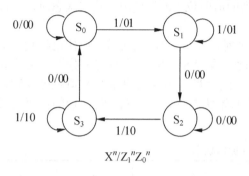

图 4-8　例 4-4 的原始状态图

表 4-3　例 4-4 的原始状态表

S^n ＼ X^n	0	1
S_0	$S_0/00$	$S_1/01$
S_1	$S_2/00$	$S_1/01$
S_2	$S_2/00$	$S_3/10$
S_3	$S_0/00$	$S_3/10$

$$S^{n+1}/Z_1^n Z_0^n$$

当中央控制单元处于状态 S_0 时，表明火星探测车当前直行，但上一次是左转。若此时输入 X=0（未遇到障碍物），则输出控制信号 Z_1Z_0=00，火星探测车继续直行，中央控制单元维持 S_0 状态；若此时输入 X=1（遇到障碍物），则输出控制信号 Z_1Z_0=01，火星探测车开始右转，中央控制单元进入 S_1 状态。

当中央控制单元处于状态 S_1 时，表明火星探测车正在右转。若此时输入 X=1（继续遇到障碍物），则输出控制信号 Z_1Z_0=01，火星探测车继续右转，中央控制单元维持 S_1 状态；若此时输入 X=0（不再遇到障碍物），则输出控制信号 Z_1Z_0=00，火星探测车开始直行，中央控制单元进入 S_2 状态。

当中央控制单元处于状态 S_2 时，表明火星探测车当前直行，但上一次是右转。若此时输入 X=0（未遇到障碍物），则输出控制信号 Z_1Z_0=00，火星探测车继续直行，中央控制单元维持 S_2 状态；若此时输入 X=1（遇到障碍物），则输出控制信号 Z_1Z_0=10，火星探测车开始左转，中央控制单元进入 S_3 状态。

当中央控制单元处于状态 S_3 时，表明火星探测车正在左转。若此时输入 X=1（继续遇到障碍物），则输出控制信号 Z_1Z_0=10，火星探测车继续左转，中央控制单元维持 S_3 状态；若此时输入 X=0（不再遇到障碍物），则输出控制信号 Z_1Z_0=00，火星探测车开始直行，中央控制单元进入 S_0 状态。

2. 列表法

序列检测器是一种典型的时序逻辑电路。当允许输入序列码重叠时，采用列表法可以非常容易地导出原始状态表。其基本原理是：n 位序列检测器需要记忆前面收到的 $n-1$ 位序列，共有 2^{n-1} 种可能情况，这些输入情况可以用 2^{n-1} 个状态来记忆；然后以这些状态为现态，根据收到的第 n 位确定电路的输出和次态，从而得到电路的原始状态表。

列表法本质上与状态定义法相同，只不过首先导出的是原始状态表。这种方法特别适合序列长度较短的重叠型多序列检测。

例 4-5　某序列检测器有一个输入 X 和一个输出 Z，当收到的输入序列为 "010" 或 "1101" 时，在上述序列的最后 1 位到来时，输出 Z=1，其他情况下 Z=0，允许输入序列码重叠。试列出其原始状态表。

解 序列检测器允许输入序列码重叠，是指检测到特定的输入序列后，其最后 1 位或几位可以作为下一组序列的前面 1 位或几位继续使用。本题中允许输入序列码重叠，即指序列"010"中的最后 1 位"0"可以作为下一组"010"序列的第一个"0"使用，序列"1101"的最后两位"01"可以作为下一组"010"序列的前两位"01"使用。确定次态时，应按照重叠最多位的原则进行。

由于要检测的最长序列是"1101"，因此序列长度 $n = 4$，电路需要记住已收到的前 3 位数码，共有 000～111 等 8 种不同组合。为此，设置 S_0～S_7 8 个状态来分别记忆这 8 种不同组合的输入情况。然后，以 S_0～S_7 为现态，结合当前第 4 位的输入 X 值就可以确定输出 Z 的取值和电路的次态，得到表 4-4 所示的原始状态表。表中 S_0～S_7 左边的数码是各状态记忆的已收到的前面三位数码。

表 4-4　例 4-5 原始状态表

S^n	X^n	0	1	S^n	X^n	0	1
000	S_0	S_0/0	S_1/0	100	S_4	S_0/0	S_1/0
001	S_1	S_2/1	S_3/0	101	S_5	S_2/1	S_3/0
010	S_2	S_4/0	S_5/0	110	S_6	S_4/0	S_5/1
011	S_3	S_6/0	S_7/0	111	S_7	S_6/0	S_7/0

S^{n+1}/Z^n

当电路处于 S_0 状态时，表示已收到 000。若此时的输入 X=0，则收到的 4 位数码为 0000、3 位数码为 000，均不是要检测的序列，所以输出 Z=0；电路需要记住的后 3 位数码是 000，所以次态是 S_0。若此时的输入 X=1，则收到的 4 位数码是 0001、3 位数码是 001，也不是要检测的序列，所以输出 Z=0；电路需要记住的后 3 位数码是 001，所以次态是 S_1。由此构成了表 4-4 中的第 000 行。

当电路处于 S_1 状态时，表示已收到 001。若输入 X=0，则收到的 4 位数码是 0010、3 位数码是 010，010 正是要检测的序列，所以输出 Z=1；电路需要记住的后三位数码是 010，所以次态是 S_2。若输入 X=1，则收到的 4 位数码是 0011、3 位数码是 011，都不是要检测的序列，所以输出 Z=0；电路需要记住的后三位数码是 011，所以次态是 S_3。由此构成了表 4-4 中的第 001 行。

当电路处于 S_2 状态时，表示已收到 010。若输入 X=0，则收到的 4 位数码是 0100、3 位数码是 100，都不是要检测的序列，所以输出 Z=0；电路需要记住的后三位数码是 100，所以次态是 S_4。若输入 X=1，则收到的 4 位数码是 0101、3 位数码是 101，也都不是要检测的序列，所以输出 Z=0；电路需要记住的后三位数码是 101，所以次态是 S_5。由此构成了表 4-4 中的第 010 行。

表 4-4 中的其他各行可类似得到。

读者不难发现，表 4-4 中有不少状态在相同的输入下有相同的输出和次态，即电路处于这些状态时会产生相同的结果。这些状态称为等价状态，可以进行状态合并。

3. 树干分枝法

设计序列检测型时序电路时，将要检测的序列作为树干，将其余输入组合作为分枝，先一厢情愿画树干，然后再画分枝，便可得到电路的原始状态图。这种方法既不像状态定义法那样需要首先定义状态，又没有列表法对序列检测方式的限制，使用非常方便。

例 4-6　画出 "1010" 序列检测器的原始状态图。只有检测到 "1010" 序列输入时，输出 Z 才为 1；而一旦 Z 为 1，则仅当收到 X=1 时 Z 才变为 0。假定允许输入序列码重叠。

解　"1010" 序列检测器的树干是 "1010"，因此可以先一厢情愿（需要什么输入就假定来什么输入）地画出 "1010" 这条树干，如图 4-9（a）所示。树干画好后，各个状态的含义也已经清楚：状态 A 作为初始状态表示未收到有效的 "1"，状态 B 表示收到 1 个有效的 "1"，状态 C 表示收到 "10"，状态 D 表示收到 "101"，状态 E 表示收到 "1010"。

接下来再画其他输入时的分枝，得到完整的原始状态图如图 4-9（b）所示，下面进行必要的说明。

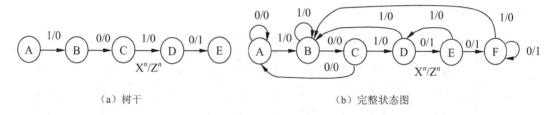

（a）树干　　　　　　　　　　　（b）完整状态图

图 4-9　例 4-6 的原始状态图

当电路处于 A 状态时，表示未收到有效的 "1"。如果此时收到 X=0，则继续在 A 状态等待；如果收到 X=1，这个 "1" 可以作 "1010" 的第 1 个 "1"，电路因此进入 B 状态。由于尚未检测到 "1010" 序列，所以两种情况下的输出 Z 都为 0。

当电路处于 B 状态时，表示已经收到 1 个有效的 "1"。如果此时收到 X=0，则表示连续收到 "10"，电路进入 C 状态；如果此时又收到 X=1，这个 "1" 可以作为 "1010" 的第 1 个 "1"，因而继续在 B 状态等待。由于没有检测到 "1010" 序列，所以两种情况下的输出 Z 也为 0。

当电路处于 C 状态时，表示已经收到 "10"。如果此时再收到 X=0，则因收到 "100" 而中断接收过程，需要重新开始检测 "1010" 的过程，所以电路回到 A 状态；如果此时收到 X=1，电路则因连续收到 "101" 进入 D 状态。由于仍然没有检测到 "1010" 序列，所以两种情况下的输出 Z 仍然为 0。

当电路处于 D 状态时，表示已经收到 "101"。如果此时收到 X=0，电路则因收到 "1010" 进入 E 状态，且输出 Z=1；如果此时再收到 X=1，电路因连续收到 "1011" 使前面的 "101" 作废，但这个 "1" 可以作为 "1010" 的第 1 个 "1"，因而电路回到 B 状态，且输出 Z=0。

当电路处于 E 状态时，表示已经收到 "1010"。如果此时再收到 X=1，因允许输入序列码重叠，"1010" 的最后两位 "10" 和这个 "1" 重新组合为 "101"，因此电路进入收到 "101" 的 D 状态，且输出 Z=0；如果此时继续收到 X=0，根据题意，电路应该继续输出 Z=1，这是一种特殊情况，必须用一个新状态才能描述。所以，当电路处于 E 状态而继续收到 X=0 时，电路进入 F 状态，且输出 Z=1。

当电路处于 F 状态时，表示已经收到 "1010…0"。如果此时继续收到 X=0，根据题意，电路将继续处于 F 状态，且输出

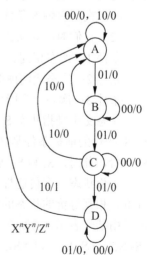

图 4-10　例 4-7 电路的原始状态图

Z=1；如果此时收到 X=1，一次完整的"1010"序列检测过程被打断，但这个"1"可以作为"1010"的第 1 个"1"，所以电路回到 B 状态，且输出 Z=0。

例 4-7 某时序电路有两个输入 X、Y 和一个输出 Z。当电路收到 3 个或 3 个以上的 Y=1 后再收到 1 个 X=1 时，电路输出 Z=1，其他情况下 Z=0。另外，Y=1 不一定要连续输入，且 X、Y 不可能同时为 1。一旦收到 X=1，电路将返回初始状态，重新开始检测过程。试画出其原始状态图并列出其原始状态表。

解 该时序电路本质上仍然是序列检测器，需要检测的 XY 序列为 01，01，……，01，10，收到 10 后电路返回初始状态。其原始状态图和状态表分别如图 4-10 和表 4-5 所示，求解过程不再赘述。

表 4-5 例 4-7 电路的原始状态表

S^n \ X^nY^n	00	01	10	S^n \ X^nY^n	00	01	10
A	A/0	B/0	A/0	C	C/0	D/0	A/0
B	B/0	C/0	A/0	D	D/0	D/0	A/1

4.2.3 状态化简

状态化简是建立在状态等价概念基础上的。设 S_i 和 S_j 是原始状态表中的两个状态，如果以 S_i 为初始状态和以 S_j 为初始状态在任何相同输入序列作用下产生的输出序列都相同，那么就称状态 S_i 和状态 S_j 相互等价，记作 $S_i \approx S_j$。相互等价的两个或多个状态可以合并为一个状态。

1. 观察法化简原始状态表

将原始状态表中的状态与状态等价的条件进行比较，直接从中找出等价状态的化简方法称为观察法或合并条件法。两个状态等价的条件如下：

（1）在所有输入条件下，两个状态对应的输出完全相同。

（2）它们对应的次态满足下列条件之一。

条件 1：次态相同。

条件 2：次态相同或交错，或维持现态不变。

条件 3：次态互为隐含条件。

次态交错是指状态 S_i 的次态是 S_j，S_j 状态的次态是 S_i。次态互为隐含条件是指状态 S_1 和 S_2 等价的前提条件是状态 S_3 和 S_4 等价，而状态 S_3 和 S_4 等价的前提条件又是状态 S_1 和 S_2 等价，此时，S_1 和 S_2 等价，S_3 和 S_4 也等价，即 $S_1 \approx S_2$、$S_3 \approx S_4$。

等价状态具有传递性。即如果 $S_1 \approx S_2$、$S_2 \approx S_3$，则有 $S_1 \approx S_2 \approx S_3$，即 S_1、S_2、S_3 相互等价。相互等价的状态的集合称为等价类，全体等价状态的集合称为最大等价类。等价类可以用括号表示，例如 S_1、S_2、S_3 相互等价，$S_1 \approx S_2 \approx S_3$，那么，它们的等价类记为（$S_1,S_2$）、（$S_2,S_3$）、（$S_1,S_3$）和（$S_1,S_2,S_3$），其中（$S_1,S_2,S_3$）是最大等价类。

观察法化简就是要利用等价条件找出原始状态表中所有的最大等价类，将每个最大等价类中的所有状态合并为 1 个状态，例如，（S_1,S_2,S_3）=（S_1），然后得到最简状态表。

使用观察法化简原始状态表时需要注意以下几点：

- 输出不同的状态不可能等价。
- 必须按照最大等价类进行状态合并。
- 有的状态表可能存在一些有去无回的状态，无论是否符合上述等价条件，都应该将其删除，因为这类状态一般属于多余状态。
- 求最简状态表时，若保留状态的次态中出现了被消除的状态，该被消除的状态应该用其等价状态来取代。

例 4-8　化简表 4-6 所示原始状态表，找出全部最大等价类，列出其最简状态表。

解　仔细观察表 4-6，可见：

状态 G 和状态 I 在各种输入条件下对应的输出相同，次态也相同，符合条件 1，所以状态 G 和状态 I 是等价状态，G≈I，等价类记为（G，I）。

状态 E 与状态 F 在各种输入条件下有相同的输出，次态或相同，或交错变化，符合条件 2，所以状态 E 和状态 F 是等价状态，E≈F，等价类记为（E，F）。

状态 A 和状态 C 在各种输入条件下对应的输出相同，由于 E、F 等价，只要 B、D 等价 A、C 就等价；而状态 B 和状态 D 在各种输入条件下对应的输出也相同，只要 A、C 等价 B、D 就等价，即 A、C 与 B、D 互为隐含条件，满足条件 3。所以 A、C 等价，B、D 也等价，即 A≈C，B≈D，等价类分别记为（A,C）和（B,D）。

状态 J 与状态 G、状态 I 在各种输入条件下有相同的输出，由于 B、D 等价，E、F 也等价，所以状态 J 与状态 G、状态 I 满足条件 1 而彼此等价，即 G≈I≈J，其最大等价类记为（G,I,J）。

状态 H 与其他状态的输出不同，因此单独构成一个等价类（H）。尽管从合并条件看状态 H 无等价状态而不能合并，但该状态属于有去无回的状态，应该将其删除。

因此，删除有去无回的状态 H 后，本例中的原始状态表共有 4 个最大等价类，它们是（A,C）、（B,D）、（E,F）和（G,I,J），合并后的状态分别用 A、B、E 和 G 表示，记为（A,C）=（A），（B,D）=（B），（E，F）=（E），（G，I，J）=（G）。由此得到化简后的状态表如表 4-7 所示。该状态表中，除了状态 A、E 在各种输入条件下对应的输出相同外，其余状态的输出各不相同，不可能等价。但要 A、E 等价，必须 B、E 等价，而 B、E 输出不同不可能等价，所以 A、E 不等价。因此，表 4-7 已经是最简状态表，不能进一步合并。

表 4-6　例 4-8 的原始状态表

S^n ╲ X^n	0	1
A	E/0	B/0
B	C/0	I/1
C	F/0	D/0
D	A/0	I/1
E	A/0	F/0
F	A/0	E/0
G	B/1	E/1
H	I/1	D/0
I	B/1	E/1
J	D/1	F/1

S^{n+1}/Z^n

表 4-7　例 4-8 的最简状态表

S^n ╲ X^n	0	1
A	E/0	B/0
B	A/0	G/1
E	A/0	E/0
G	B/1	E/1

S^{n+1}/Z^n

2. 隐含表法化简原始状态表

上述观察化简法适用于化简等价关系比较简单的状态表，对于等价关系错综复杂的状态表，可以采用隐含表（implication table）法化简。隐含表法化简的基本原理是根据状态等价的概念，将各个状态填入一种隐含等价条件的阶梯形表格中进行系统的比较，从中找出所有相互等价的状态，得到全部的最大等价类。隐含表的化简法基本过程如下：

（1）制表。按照"缺头少尾"的结构画出阶梯形隐含表。隐含表竖缺头，从第二个状态开始排；横少尾，不排最后一个状态。

（2）填表。对原始状态表中的状态从头至尾进行两两比较，并将比较结果填入隐含表中对应的方格。明显等价（输出相同，次态也相同）的状态对方格内填入"√"，明显不等价（输出不同）的状态对方格内填入"×"，有可能等价（输出相同，次态不同）的状态对方格内填入等价的"隐含条件"。

（3）检查隐含条件是否满足。利用隐含表中已知的不等价状态（"×"）去找出隐含的不等价状态（新"×"），然后再利用这些新的不等价状态（新"×"）去进一步寻找新的不等价状态，依此进行，直到不能扩大为止。

（4）求出全部的最大等价类，状态合并后列出最简状态表。隐含表方格内无"×"的状态对都是等价状态，可以进行状态合并；隐含表方格内有"×"的状态对都不是等价状态，不能进行状态合并。

例 4-9 用隐含表法化简表 4-8 所示原始状态表。找出全部最大等价类，列出其最简状态表。

表 4-8 例 4-9 的原始状态表

S^n \ $X_1^n X_0^n$	00	01	10	11
A	D/0	F/0	C/0	A/0
B	D/0	E/1	C/1	H/0
C	D/0	C/1	C/1	A/0
D	B/0	F/0	C/0	G/0
E	D/0	E/1	B/1	A/0
F	D/0	E/1	E/1	D/0
G	D/0	E/1	C/1	D/0
H	D/0	F/0	C/0	A/0

$$S^{n+1}/Z^n$$

解 首先画出"缺头少尾"的阶梯形结构隐含表，如图4-11（a）所示。竖缺头，从 B 状态开始排；横少尾，不排 H 状态。隐含表的这种阶梯形结构和"缺头少尾"的状态排列方式可以保证原始状态表中的状态能够全部进行两两比较，做到既没有遗漏也没有重复。

然后按隐含表中状态的排列顺序，对原始状态表中的状态从头至尾进行两两比较，并将比较结果填入对应方格。明显等价的两个状态对应方格内填入"√"，明显不等价的两个状态对应方格内填入"×"，有可能等价的两个状态对应方格内填入等价的"隐含条件"，如图 4-11（b）所示。以状态 A 和其他状态比较为例来说明比较和填表过程（隐含表第 1 列）：A 和 B、C 比较，输出不同，明显不等价，对应的方格内填入"×"；A 和 D 比较，输出相同，可能等价，隐含条件是 B 和 D 等价及 A 和 G 等价，将 BD、AG 填入对应的方格；A 和 E、F、G 比较，输出不同，明显不等价，对应的方格内填入"×"；A 和 H 比较，输出相同，次态也相同，因此 A、H 明显等价，对应的方格内填入"√"。

　　第一轮检查隐含条件，因 A、G 不等价，所以以 AG 为等价条件的 A 和 D、D 和 H 不等价，对应的方格内隐含条件 AG 旁画"⊗"（第一轮检查出来的不等价用⊗表示，以与填表时的不等价记号×区别）；因 B、D 不等价，所以以 BD 为等价条件的 A 和 D、D 和 H 不等价，对应的方格内隐含条件 BD 旁画"⊗"。第一轮检查过后，隐含表如图 4-11（c）所示。

　　第二轮检查隐含条件，因 A、D 不等价，所以以 AD 为等价条件的 C 和 F、C 和 G、E 和 F、E 和 G 不等价，对应的方格内隐含条件 AD 旁画"⊕"（第二轮检查出来的不等价用⊕表示，以与填表时的不等价记号×和第一轮检查出来的不等价记号⊗区别）；因 D、H 不等价，所以以 DH 为等价条件的 B 和 F、B 和 G 不等价，对应的方格内隐含条件 DH 旁画"⊕"。第二轮检查过后，再也不能找到新的不等价状态，隐含条件检查结束，隐含表如图 4-11（d）所示。

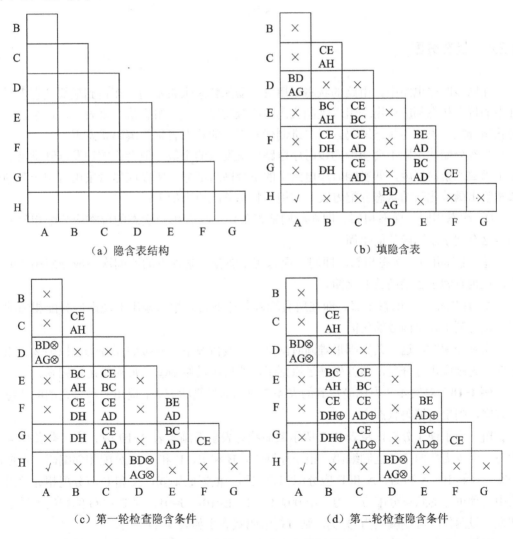

图 4-11　例 4-9 的隐含表化简过程

图 4-11（d）所示的隐含表中，未填入"×"、"⊗"和"⊕"的方格所对应的状态对都是等价的，它们是（A,H）、（B,C）、（B,E）、（C,E）、（F,G）。状态 D 与任何状态都不等价，不能合并。根据等价状态的传递性，一共有 4 个最大等价类：（A,H）、（B,C,E）、（F,G）、（D）。合并等价状态，（A,H）=（A），（B,C,E）=（B），（F,G）=（F），列出最简状态表，如表 4-9 所示。

表 4-9 例 4-9 的最简状态表

S^n ＼ $X_1^n X_0^n$	00	01	10	11
A	D/0	F/0	B/0	A/0
B	D/0	B/1	B/1	A/0
D	B/0	F/0	B/0	F/0
F	D/0	B/1	B/1	D/0

$$S^{n+1}/Z^n$$

4.2.4 状态分配

在同步时序电路中，电路的状态是用触发器的状态来表示的。在得到最简状态表后，其中的每个状态都应该用一组二进制代码（即触发器的状态组合值）来表示，这个过程就是状态分配，也称为状态编码。用二进制代码表示的状态表称为编码状态表。

状态分配的不同不会影响同步时序电路中触发器的个数，但会影响触发器激励函数和输出函数的繁简程度，即影响时序电路中的组合网络部分，所以应尽量采用有利于激励函数和输出函数化简的状态分配方案。实用的状态分配原则如下：

① 次态相同，现态相邻。即在相同输入条件下具有相同次态的现态应分配相邻的编码，这有利于激励函数的化简。

② 现态相同，次态相邻。即同一现态在相邻输入条件下的不同次态应分配相邻的编码，这也有利于激励函数的化简。

③ 输出相同，现态相邻。即在所有输入条件下具有相同输出的现态应分配相邻的编码，这有利于输出函数的化简。

实际分配时，这三条原则很难同时满足。一般情况下，应按照原则①、原则②、原则③的优先顺序进行分配，即首先满足原则①，然后满足原则②，最后满足原则③。

例 4-10 对例 4-8 中化简得到的表 4-7 所示的最简状态表，提出一种合适的的状态分配方案，列出其编码状态表。

解 为了便于分析，将表 4-7 所示最简状态表重新画于表 4-10 中。该状态表有 4 个状态，至少需要两位二进制编码。根据原则①，B 和 E、E 和 G 应分配相邻编码；根据原则②，B 和 E、A 和 G、A 和 E 应分配相邻编码；根据原则③，A 和 E 应分配相邻编码。其中一种可行的状态分配方案为：A=00，B=11，E=10，G=01，仅 E 和 G 的编码不满足相邻性。设两位二进制编码为 $Q_1 Q_0$，则可得编码状态表如表 4-11 所示。

对于同步时序电路设计步骤中的其他部分，将在下面的设计实例中进行介绍。

表 4-10　例 4-10 的状态表

S^n＼X^n	0	1
A	E/0	B/0
B	A/0	G/1
E	A/0	E/0
G	B/1	E/1

S^{n+1}/Z^n

表 4-11　例 4-10 的编码状态表

$Q_1^n Q_0^n$＼X^n	0	1
0　0	10/0	11/0
1　1	00/0	01/1
1　0	00/0	10/0
0　1	11/1	10/1

$Q_1^{n+1}Q_0^{n+1}/Z^n$

4.2.5　设计举例

例 4-11　我国幅员广大，铁路交通四通八达。在一些无人值守的铁道路口，常常发生人车相撞的交通事故，给国家和人民生命财产造成严重损失。为了从根本上杜绝交通事故，今拟在铁道路口公路或人行道两侧各设一道可以自动控制的电动栅门，当无火车到来时，电动栅门自动打开，行人、车辆放行；当有火车到来时，电动栅门自动关闭，禁止行人、车辆通行。为了实现电动栅门的自动控制，在路口铁道两侧足够远的地方 P_1 和 P_0 点，各设置一个灵敏度适当的压力传感器，对过往的火车进行检测。当压力传感器检测到火车到来时，将传感信号传输给交通控制器。交通控制器据此发出控制信号，将电动栅门关闭，直到火车通过后，才将电动栅门打开。铁道路口交通控制示意图如图 4-12 所示，其中 X_1、X_0 分别为 P_1、P_0 点压力传感器的传感信号，高电平表示检测到火车到来；Z 为电动栅门的控制信号，高电平表示栅门关闭。试用 JK 触发器设计该交通控制器。

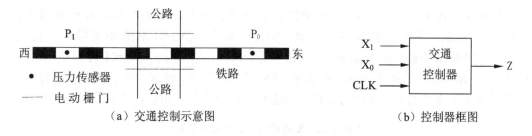

（a）交通控制示意图　　　　　　　（b）控制器框图

图 4-12　铁道路口交通控制示意图

解　根据火车的行驶过程，不难导出交通控制器的状态图。

当火车尚未到来时，$X_1X_0=00$，输出 Z=0，电动栅门打开。这种状态用 S_0 表示。

当火车由东向西驶来且压上 P_0 传感器时，$X_1X_0=01$，输出 Z=1，电动栅门关闭，这种状态用 S_1 表示；当火车继续向西行驶且位于 P_1、P_0 之间时，$X_1X_0=00$，输出 Z=1，电动栅门继续关闭，这种状态用 S_2 表示；当火车继续向西行驶且压上 P_1 传感器时，$X_1X_0=10$，输出 Z=1，电动栅门继续关闭，这种状态用 S_3 表示；当火车继续向西行驶且离开 P_1 传感器后，$X_1X_0=00$，输出 Z=0，电动栅门打开，这种状态与 S_0 相同，不必假设新的状态。

当火车由西向东驶来且压上 P_1 传感器时，$X_1X_0=10$，输出 Z=1，电动栅门关闭，这

种状态用 S_4 表示；当火车继续向东行驶且位于 P_1、P_0 之间时，$X_1X_0=00$，输出 $Z=1$，电动栅门继续关闭，这种状态用 S_5 表示；当火车继续向东行驶且压上 P_0 传感器时，$X_1X_0=01$，输出 $Z=1$，电动栅门继续关闭，这种状态用 S_6 表示；当火车继续向东行驶且离开 P_0 传感器后，$X_1X_0=00$，输出 $Z=0$，电动栅门打开，这种状态与 S_0 相同，也不必假设新的状态。

按照上述状态定义情况，并根据火车的行驶过程，得到交通控制器的原始状态图如图 4-13 所示。该状态图采用了摩尔型结构，但也可以采用米里型结构，两种结构并无本质区别。

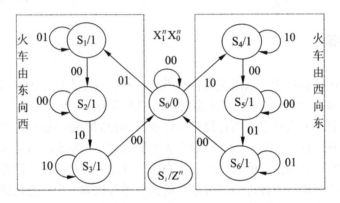

图 4-13　铁道路口交通控制器的原始状态图

交通控制器的原始状态表如表 4-12 所示。该状态表包含了任意项，化简时除了需要使用前述状态等价的条件外，还需要使用状态相容的概念。下面通过这个具体实例介绍这种状态表的化简方法。

仔细观察表 4-12，可以发现，如果将 S_1 在 $X_1X_0=10$ 时的 Φ 看做 S_3，将 S_2 在 $X_1X_0=01$ 时的 Φ 看做 S_1，那么 S_1 和 S_2 状态等价；如果将 S_3 在 $X_1X_0=01$ 时的 Φ 看做 S_6，将 S_6 在 $X_1X_0=10$ 时的 Φ 看做 S_3，那么 S_3 和 S_6 状态等价；如果将 S_4 在 $X_1X_0=01$ 时的 Φ 看做 S_6，将 S_5 在 $X_1X_0=10$ 时的 Φ 看做 S_4，那么 S_4 和 S_5 状态也等价。像这种为了状态等价而将某个任意项 Φ 看做某个特殊状态的方法称为状态相容，化简后要用该特殊状态取代这个 Φ。

表 4-12　交通控制器的原始状态表

S^n ＼ $X_1^n X_0^n$	00	01	11	10	Z^n
S_0	S_0	S_1	Φ	S_4	0
S_1	S_2	S_1	Φ	Φ	1
S_2	S_2	Φ	Φ	S_3	1
S_3	S_0	Φ	Φ	S_3	1
S_4	S_5	Φ	Φ	S_4	1
S_5	S_5	S_6	Φ	Φ	1
S_6	S_0	S_6	Φ	Φ	1

S^{n+1}

考虑状态相容后，可以得到表 4-12 所示状态表的 4 个最大等价类，它们分别是（S_0）、（S_1、S_2）、（S_3、S_6）和（S_4、S_5）。状态合并后，得到最简状态表如表 4-13 所示，其触发器编码状态表如表 4-14 所示。表中将输入变量取值和状态编码按照格雷码排列，使其结构和卡诺图相同，目的是为了可以直接利用卡诺图法化简，求得输出和次态方程表达式。

表 4-13　交通控制器的最简状态表

S^n \ $X_1^n X_0^n$	00	01	11	10	Z^n
S_0	S_0	S_1	Φ	S_4	0
S_1	S_1	S_1	Φ	S_3	1
S_3	S_0	S_3	Φ	S_3	1
S_4	S_4	S_3	Φ	S_4	1

S^{n+1}

表 4-14　交通控制器的编码状态表

$Q_1^n Q_0^n$ \ $X_1^n X_0^n$	00	01	11	10	Z^n
0　0	00	01	$\Phi\Phi$	10	0
0　1	01	01	$\Phi\Phi$	11	1
1　1	00	11	$\Phi\Phi$	11	1
1　0	10	11	$\Phi\Phi$	10	1

$Q_1^{n+1} Q_0^{n+1}$

从表 4-14 可见，输出 Z 只与状态有关，而与输入无直接关系。输出表达式为
$$Z^n = Q_1^n + Q_0^n$$
观察表 4-14 次态栏的左侧位，并用卡诺图法化简，得到 Q_1 的次态方程为
$$Q_1^{n+1} = X_1^n + Q_1^n \overline{Q_0^n} + Q_1^n X_0^n$$
观察表 4-14 次态栏的右侧位，并用卡诺图法化简，得到 Q_0 的次态方程为
$$Q_0^{n+1} = X_0^n + \overline{Q_1^n} Q_0^n + Q_0^n X_1^n$$
将上述次态方程变形：
$$Q_1^{n+1} = X_1^n(\overline{Q_1^n}+Q_1^n)+Q_1^n\overline{Q_0^n}+Q_1^n X_0^n = X_1^n\overline{Q_1^n}+(X_1^n+X_0^n+\overline{Q_0^n})Q_1^n$$
$$Q_0^{n+1} = X_0^n(\overline{Q_0^n}+Q_0^n)+\overline{Q_1^n}Q_0^n+Q_0^n X_1^n = X_0^n\overline{Q_0^n}+(X_1^n+X_0^n+\overline{Q_1^n})Q_0^n$$
并和 JK 触发器的次态方程 $Q^{n+1} = J^n\overline{Q^n}+\overline{K^n}Q^n$ 进行比较，得到 JK 触发器的激励表达式为
$$\begin{cases} J_1^n = X_1^n \\ K_1^n = \overline{X_1^n+X_0^n+\overline{Q_0^n}} \end{cases}$$
$$\begin{cases} J_0^n = X_0^n \\ K_0^n = \overline{X_1^n+X_0^n+\overline{Q_1^n}} \end{cases}$$

根据输出方程和激励方程表达式，画出用 JK 触发器实现的铁道路口交通控制器电路如图 4-14 所示。因本电路不存在多余状态，所以不需要检查多余状态、打破无效循环。

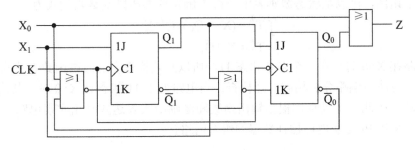

图 4-14　铁道路口交通控制器电路

例 4-12 用 T 触发器设计一个可控同步计数器。当控制端 X=0 时，为三进制加法计数器；当控制端 X=1 时，为四进制减法计数器。

解 计数器是时序电路中最简单的一类电路。计数器是几进制，其计数循环中就有几个状态。因此，可以根据计数器的进制数和计数规律，直接画出计数器的触发器编码状态图或状态表。本题所述的可控计数器的编码状态图和状态表分别如图 4-15 和表 4-15 所示，其中 Z 为进位或借位输出，高电平有效。

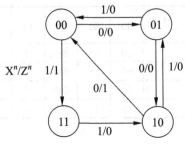

图 4-15 例 4-12 的编码状态图

表 4-15 例 4-12 的编码状态表

$Q_1^n Q_0^n$ ╲ X^n	0	1
0 0	0 1 / 0	1 1/1
0 1	1 0 / 0	0 0/0
1 1	Φ Φ/Φ	1 0/0
1 0	0 0 / 1	0 1/0

$$Q_1^{n+1} Q_0^{n+1} / Z_1^n$$

从表 4-15 得到输出 Z 的表达式为

$$Z^n = \overline{X}^n Q_1^n + X^n \overline{Q}_1^n \overline{Q}_0^n$$

T 触发器的次态方程虽然也能够像上例那样直接从表 4-15 求得，但要从次态方程求得 T 触发器的激励函数表达式却比较困难。下面采用列状态激励表的方法求 T 触发器的激励函数表达式。根据表 4-15 和 T 触发器的激励表，列出该电路的状态激励表如表 4-16 所示。

表 4-16 例 4-12 的状态激励表

$X^n Q_1^n Q_0^n$	$Q_1^{n+1} Q_0^{n+1}$	$T_1^n \ T_0^n$	Z^n
0 0 0	0 1	0 1	0
0 0 1	1 0	1 1	0
0 1 0	0 0	1 0	1
0 1 1	Φ Φ	Φ Φ	Φ
1 0 0	1 1	1 1	1
1 0 1	0 0	0 1	0
1 1 0	0 1	1 1	0
1 1 1	1 0	0 1	0

利用卡诺图，可以从状态激励表中求得 T 触发器的激励函数表达式为

$$\begin{cases} T_1^n = (X^n \oplus Q_0^n) + Q_1^n \overline{Q}_0^n \\ T_0^n = X^n + \overline{Q}_1^n \end{cases}$$

本电路在 X=0 时存在一个多余状态 11，所以必须检查上述激励函数表达式下 11 状态的次态，其方法与电路分析相同。经检查，当电路处于 11 状态且 X=0 时，其次态为 01，能够自启动。因此，可以直接根据输出函数和激励函数表达式画出实现电路，如图 4-16 所示，图中采用 PLA 实现可控计数器的组合网络。

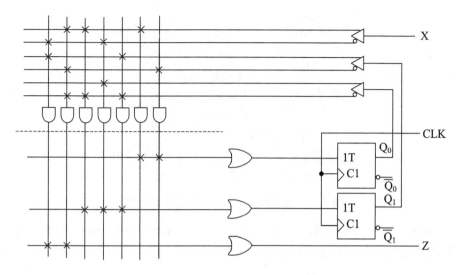

图 4-16　例 4-12 的可控计数器电路

4.3　基于 MSI 模块的同步时序电路设计

4.3.1　设计方法

用 MSI 计数器或移位寄存器作为存储器件设计同步时序电路时，其步骤与前面用触发器设计同步时序电路基本相同，不同之处主要在于以下 3 个方面：

- 当 MSI 计数器或移位寄存器模块的状态数不少于原始状态表的状态数时，原则上不必进行状态化简。这不仅没有增加硬件成本，而且可以保持原始状态表中各个状态的清晰含义。
- 状态分配时要充分考虑到计数器模块或移位寄存器模块的状态变化规律，尽量使用计数器的自然计数功能或移位寄存器的移位功能实现电路的状态转换，以减少辅助器件的数目，降低硬件电路成本。
- 采用列控制激励表的方法求出 MSI 模块的激励函数表达式，并尽量使用 MSI 组合模块实现组合网络。

4.3.2　设计举例

例 4-13　以计数器 74161 为核心，设计例 4-11 中的铁道路口交通控制器电路。

解　例 4-11 中已经导出了铁道路口交通控制器的原始状态图，为了便于使用，现重画于图 4-17 中。该状态图有 7 个状态，而 1 片 74161 有 16 个状态，所以不必进行状态化简。

为了尽量简化电路，根据计数器模块 74161 的计数规律，S_0，S_1，S_2，S_3 应分配连续的编码，S_4，S_5，S_6 也应分配连续的编码。7 个状态，用 3 位二进制编码即可，也就是只需要使用 74161 的 $Q_C Q_B Q_A$。状态分配如下：

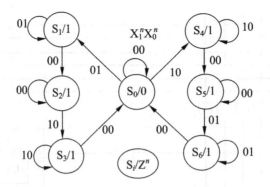

图 4-17　铁道路口交通控制器的原始状态图

S_0——000　S_1——001　S_2——010　S_3——011　S_4——100　S_5——101　S_6——110

其编码状态图如图 4-18 所示。

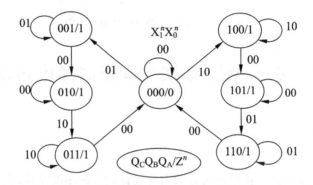

图 4-18　铁道路口交通控制器的编码状态图

　　根据编码状态图，得到 74161 的控制激励表如表 4-17 所示。其中，111 是多余状态，为了自启动，令次态为 000，且输出 Z=1，栅门关闭。从控制激励表可直接写出 $\overline{CLR}$，C，B，A，T，Z 的表达式（为简便起见，有关变量不再标上标）：

$$\overline{CLR} = 1 \qquad C = \overline{Q_B} \qquad B = 0 \qquad A = 0 \qquad T = 1 \qquad Z = Q_C + Q_B + Q_A$$

表 4-17　铁道路口交通控制器中 74161 的控制激励表

现　态			输　入		次　态			工作方式	激　　励				输出
Q_C	Q_B	Q_A	X_1	X_0	Q_C	Q_B	Q_A		$\overline{CLR}$	$\overline{LD}$	C B A	P T	Z
0	0	0	0　0		0　0　0			保持	1	1	Φ Φ Φ	0 Φ	0
			0　1		0　0　1			计数	1	1	Φ Φ Φ	1 1	0
			1　0		1　0　0			置数	1	0	1 0 0	Φ Φ	0
0	0	1	0　0		0　1　0			计数	1	1	Φ Φ Φ	1 1	1
			0　1		0　0　1			保持	1	1	Φ Φ Φ	0 Φ	1
0	1	0	0　0		0　1　0			保持	1	1	Φ Φ Φ	0 Φ	1
			1　0		0　1　1			计数	1	1	Φ Φ Φ	1 1	1
0	1	1	0　0		0　0　0			置数	1	0	0 0 0	Φ Φ	1
			1　0		0　1　1			保持	1	1	Φ Φ Φ	0 Φ	1
1	0	0	0　0		1　0　1			计数	1	1	Φ Φ Φ	1 1	1
			1　0		1　0　0			保持	1	1	Φ Φ Φ	0 Φ	1

续表

现　　态	输　入	次　　态	工作方式	激　　励				输出
$Q_C\ Q_B\ Q_A$	$X_1\ X_0$	$Q_C\ Q_B\ Q_A$		$\overline{CLR}$	$\overline{LD}$	C B A	P T	Z
1　0　1	0　0	1　0　1	保持	1	1	Φ Φ Φ	0 Φ	1
	0　1	1　1　0	计数	1	1	Φ Φ Φ	1 1	1
1　1　0	0　0	0　0　0	置数	1	0	0 0 0	Φ Φ	1
	0　1	1　1　0	保持	1	1	Φ Φ Φ	0 Φ	1
1　1　1	Φ　Φ	0　0　0	计数	1	1	Φ Φ Φ	1 1	1

$\overline{LD}$ 和 P 直接用八选一数据选择器 74151 实现，且均以 $Q_CQ_BQ_A$ 作为地址选择码，数据选择表如表 4-18 所示。

根据 74161 的上述激励表达式和连接表，画出以 74161 为核心构成的铁道路口交通控制器电路如图 4-19 所示。为了使 74161 一开始处于 0000 状态，加电后应首先异步清 0。

表 4-18　$\overline{LD}$、P 的数据选择表

$Q_C\ Q_B\ Q_A$	$\overline{LD}$	P
0　0　0	$\overline{X}_1$	X_0
0　0　1	1	$\overline{X}_0$
0　1　0	1	X_1
0　1　1	X_1	0
1　0　0	1	$\overline{X}_1$
1　0　1	1	X_0
1　1　0	X_0	0
1　1　1	1	1

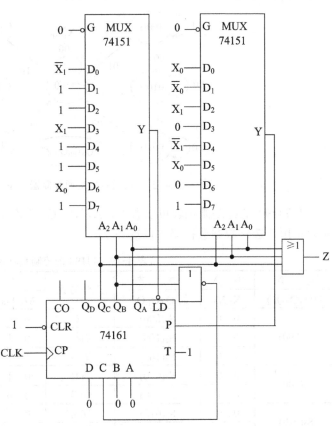

图 4-19　以 74161 为核心的铁道路口交通控制器电路

例 4-14　以 74194 为核心，设计例 4-11 中的铁道路口交通控制器电路。

解　铁道路口交通控制器电路的原始状态图如图 4-20 所示。7 个状态，只需要 3 位二进制编码。当 74194 使用右移方式时，只需使用 $Q_AQ_BQ_C$ 即可。为了尽量简化电路，根据 74194 的移位规律，S_0，S_1，S_2，S_3 应分配连续移位的编码，S_4，S_5，S_6 也应分配连续移位的编码。状态编码如下：

S_0——000 S_1——100 S_2——010 S_3——001 S_4——101 S_5——110 S_6——011

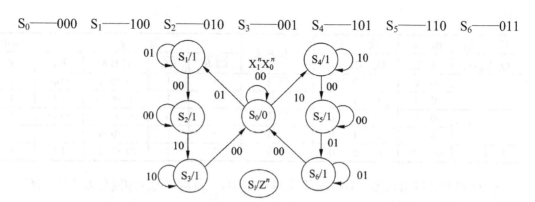

图 4-20 铁道路口交通控制器的原始状态图

由此得到铁道路口交通控制器电路的编码状态图如图 4-21 所示，74194 的控制激励表如表 4-19 所示。控制激励表中，111 是多余状态，为了使 74194 自启动，假设其次态为 011。

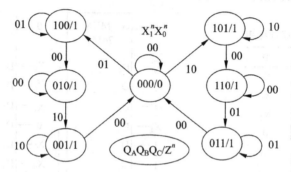

图 4-21 铁道路口交通控制器的编码状态图

从 74194 的控制激励表可以看出，A，B，C 和 Z 用逻辑门实现较好，而 M_1、M_0 和 D_R 直接用八选一数据选择器实现较好。

表 4-19 74194 的控制激励表

现　态		输　入	次　态		工作方式	激　　励			输　出
$S_i(Q_AQ_BQ_C)$		$X_1\ X_0$	$S_i(Q_AQ_BQ_C)$			$M_1\ M_0$	D_R	ABCD	Z
$S_0(000)$		0　0	$S_0(000)$		保持	0　0	Φ	$\Phi\Phi\Phi\Phi$	0
		0　1	$S_1(100)$		右移	0　1	1	$\Phi\Phi\Phi\Phi$	
		1　0	$S_4(101)$		置数	1　1	Φ	1 0 1 Φ	
$S_1(100)$		0　0	$S_2(010)$		右移	0　1	0	$\Phi\Phi\Phi\Phi$	1
		0　1	$S_1(100)$		保持	0　0	Φ	$\Phi\Phi\Phi\Phi$	
$S_2(010)$		0　0	$S_2(010)$		保持	0　0	Φ	$\Phi\Phi\Phi\Phi$	1
		1　0	$S_3(001)$		右移	0　1	0	$\Phi\Phi\Phi\Phi$	
$S_3(001)$		0　0	$S_0(000)$		右移	0　1	0	$\Phi\Phi\Phi\Phi$	1
		1　0	$S_3(001)$		保持	0　0	Φ	$\Phi\Phi\Phi\Phi$	
$S_4(101)$		0　0	$S_5(110)$		右移	0　1	1	$\Phi\Phi\Phi\Phi$	1
		1　0	$S_4(101)$		保持	0　0	Φ	$\Phi\Phi\Phi\Phi$	
$S_5(110)$		0　0	$S_5(110)$		保持	0　0	Φ	$\Phi\Phi\Phi\Phi$	1
		0　1	$S_6(011)$		右移	0　1	0	$\Phi\Phi\Phi\Phi$	

续表

现　　态	输　入	次　　态	工作方式	激　　励			输　　出
$S_i(Q_AQ_BQ_C)$	$X_1 X_0$	$S_i(Q_AQ_BQ_C)$		$M_1 M_0$	D_R	ABCD	Z
$S_6(011)$	0　0	$S_0(000)$	置数	1　1	Φ	0 0 0 Φ	1
	0　1	$S_6(011)$	保持	0　0	Φ	ΦΦΦΦ	
(111)	Φ Φ	$S_6(011)$	右移	0　1	0	ΦΦΦΦ	1

A、B、C、D 和 Z 的表达式为

$$A = X_1 \qquad B = 0 \qquad C = X_1$$
$$D = 0 \qquad Z = Q_A + Q_B + Q_C$$

M_1、M_0 和 D_R 的数据选择表如表 4-20 所示。

表 4-20　M_1，M_0，D_R 的数据选择表

$Q_A Q_B Q_C$	M_1	M_0	D_R
0　0　0	X_1	X_1+X_0	1
0　0　1	0	$\overline{X_1}$	0
0　1　0	0	X_1	0
0　1　1	$\overline{X_0}$	$\overline{X_0}$	0
1　0　0	0	$\overline{X_0}$	0
1　0　1	0	$\overline{X_1}$	1
1　1　0	0	X_0	0
1　1　1	0	1	0

　　根据 74194 的上述激励表达式和连接表，画出以 74194 为核心构成的铁道路口交通控制器电路如图 4-22 所示。为了使 74194 一开始处于 0000 状态，加电后应首先异步清 0。

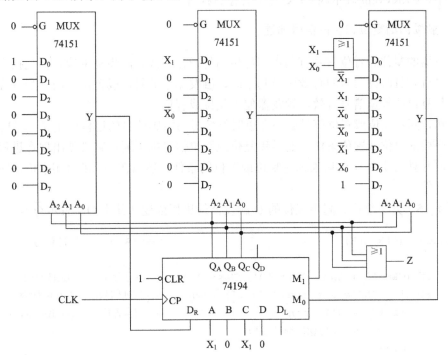

图 4-22　以 74194 为核心的铁道路口交通控制器电路

4.4　时序逻辑电路的 VHDL 描述

用 VHDL 语言描述时序逻辑电路，是用 PLD 器件设计时序电路的重要一环。第 2 章中已经介绍了 VHDL 语言的基本语法，本节将在此基础上进行拓展，介绍描述时序逻辑电路时可能需要的更多的语法知识，并通过几个具体实例介绍时序逻辑电路的 VIIDL 描述方法。与第 2 章一样，本节不追求 VHDL 语言的完备性，只追求 VHDL 语言的实用性。因为 VHDL 语言的内容非常广博，所以全面介绍 VHDL 语言已经超出本书的范围。

4.4.1　VHDL 语法进阶

1．时钟信号有效边沿的描述方法

时钟信号是时序电路的驱动信号。只有时钟信号的有效边沿到来时，时序电路的状态才能发生变化。在 VHDL 语言中，时序电路总是以时钟进程的方式来进行描述，时钟信号 CLK 是进程的敏感信号。

时钟上升沿和时钟下降沿的 VHDL 描述方法如下：

```
CLK'event and CLK='1';      --时钟信号CLK变化且变化后CLK=1（即上升沿）
CLK'event and CLK='0';      --时钟信号CLK变化且变化后CLK=0（即下降沿）
```

其中，CLK'event 表示因 CLK 变化引起的激活。

2．触发器的复位和置位信号描述

触发器的复位和置位信号有同步和异步两种操作方式。同步复位或置位是指当复位或置位信号有效且时钟信号的有效边沿到来时，触发器才被复位或置位，而异步复位或置位是指一旦复位或置位信号有效，触发器便被复位或置位。

显然，同步复位或置位信号必须在以时钟信号为敏感信号的进程中定义，且用 if 语句来描述必要的复位或置位条件。而异步复位或置位信号则不同，它必须出现在进程的敏感信号中，并且需要用 if 语句来描述复位或置位的条件，然后在 elseif 语句中描述时钟信号的边沿条件。

例 4-15　异步复位、同步置位的 D 触发器的进程描述（其中 QN 表示 $\overline{Q}$）。

```
process (CLR,CLK)                       --CLR、CLK是敏感信号
begin
    if (CLR='0') then Q <= '0';QN <= '1';   --异步复位信号CLR低有效，优先级最高
    elseif (CLK'event and CLK='1') then     --时钟信号CLK上升沿触发
        if (SPR='0') then                   --同步置位信号SPR低有效，优先级第二
            Q <= '1';QN <= '0';
        else
            Q <= D; QN <= not D;            --按照真值表同步操作
        end if;
```

```
        end if;
    end process;
```

3. wait 语句

wait 语句用于进程挂起时的等待，它控制进程状态的变化。

wait 语句有 4 种格式：

```
wait;                        --无限等待
wait on 敏感信号表;          --敏感信号变化时结束等待，执行后面的语句
wait until 条件;             --直到条件满足时结束等待，执行后面的语句
wait for 时间表达式;         --直到等待时间到时结束等待，执行后面的语句
```

其中，wait on 语句可以在进程中用来等待时钟信号的到来。但要注意的是，在不使用 wait on 语句的进程中，敏感信号 CLK 必须在 process 中进行说明；而在使用 wait on 语句的进程中，敏感信号 CLK 必须在 wait on 中进行说明。不允许在 process 语句已经说明敏感信号的情况下再使用 wait on 语句。

例 4-16　用 wait on 语句等待时钟的 D 触发器进程描述。

```
process                      --使用wait on语句时，process语句中不说明CLK
begin
    wait on CLK;             --直到敏感信号CLK变化时才结束等待
    if (CLK='1') then        --CLK上升沿触发
        Q <= D after 10ns;   --CLK上升沿到来10ns后，寄存
        QN <= not D after 10ns;
    end if;
end process;
```

该源程序第 5、6 行中的 10 ns 为时延参数，用来仿真 D 触发器的时延特性。

4. loop 语句

loop 语句使所包含的一组顺序描述语句循环执行，其执行次数由循环参数决定。loop 语句常用来描述位片逻辑或叠代电路的行为。

loop 语句有两种书写格式，其中的标号可以省略。

（1）for 循环变量 loop

这种 loop 语句的格式如下：

```
[标号]:  for 循环变量 in 循环变量取值范围 loop
                顺序描述语句;
         end loop [标号];
```

其中，循环变量的值在每次循环中自动加 1 变化。

例 4-17　求 1~9 之和的 loop 语句。

```
        SUM := 0;                --和SUM初值设定为0
ADDS:   for I in 1 to 9 loop     --循环变量I的变化范围为1~9，每次增量1
```

```
            SUM := I+SUM;                    --求和
        end loop ADDS;
```

（2）while 循环条件 loop

这种 loop 语句的格式如下：

```
[标号]: while 循环条件 loop
            顺序描述语句；
        end loop [标号];
```

这种格式的 loop 语句中，循环变量取值不能自动增量，必须用相应语句实现增量控制。

例 4-18 求 1～9 之和的又一种 loop 语句。

```
        I := 1;                          --循环变量I初值设定为1
        SUM := 0;                        --和SUM初值设定为0
ADDS:   while (I<10) loop                --I小于10时，循环
            SUM := I+SUM;                --求和
            I := I+1;                    --循环变量每次增量1
        end loop ADDS;
```

5. next 语句

next 语句用于 loop 语句执行中的有条件或无条件内部循环控制，以便跳出本轮循环，转入下一轮新的循环。

next 语句的格式如下：

```
next [标号] [when 条件];
```

其中，"when 条件"表示 next 语句的执行条件，只有当条件得到满足即布尔表达式取值为"真"时，next 语句才被执行；如果"when 条件"缺省，表示将无条件执行该 next 语句。"标号"表示下一轮循环的起始位置，"标号"缺省时表示进入当前这一层 loop 语句的起始位置进行下一轮循环。

例 4-19 缺省"标号"的 next 语句。

```
LP1: for I in 1 to 9 loop
Y1:     A(I) := '0';
        next when (B=C);        --若B=C，执行next语句，然后转到LP1语句
Y2:     A(I+9) := '1';          --若B≠C，不执行next语句，转到Y2语句
    end loop LP1;
```

例 4-20 无缺省的 next 语句。

```
LP1: while (I<10) loop
LP2:    while (J<20) loop
            ...
            next LP1 when (I=J);    --若I=J，转到LP1语句，开始下一轮循环
            ...                     --若I≠J，继续向下执行
```

```
            end loop LP2;
        end loop LP1;
```

6. exit 语句

exit 语句也是 loop 语句中使用的循环控制语句，其格式如下：

```
exit [标号] [when 条件];
```

exit 语句的格式和 next 语句非常相似，"when 条件"的作用也与 next 语句中的相同。但和 next 语句不同的是，执行 exit 语句将结束循环状态，使程序从 loop 循环中跳出，结束 loop 语句的正常执行。如果 exit 后有标号，表示将跳转到标号处的语句继续执行；如果标号缺省，表示将跳转到本层 loop 循环之后的下一条语句继续执行。

exit 语句是一条非常有用的控制语句。当程序需要处理出错、告警或保护等情况时，可以采用该语句强行退出现行操作，转到相应程序解决问题。

例 4-21　使用 exit 语句的进程描述。

```
process (A)                            --A是敏感信号
    variable INT_A: INTEGER            --变量INT_A为整数型
begin
    INT_A := A;                        --赋值
    for I in 1 to 10 loop
        if ( INT_A = 0 ) then
            exit;                      --若A=0，退出循环，转到Y <= Q语句
        else
            Q(I) <= 3.1416/REAL(A*I);  --若A≠0，计算Q值，继续循环
        end if;
    end loop;
    Y <= Q;
end process;
```

7. assert 语句

assert 语句不做任何操作，仅判断某一条件是否为"真"。若不为"真"，则报告一串信息给设计者，因此称为断言语句。断言语句常用于程序仿真和调试中的人机对话。

断言语句的格式如下：

```
assert 条件 [report 输出信息] [severity级别];
```

其中，条件是 assert 语句的判别条件。执行 assert 语句时，首先对条件进行判别。如果条件为"真"，则执行下面一个语句；如果条件为"假"，则输出错误信息和错误级别。Report 后跟的是设计者所写的文字串形式的错误信息（通常是错误的原因），文字串要用双引号""包括起来。severity 后跟的是错误的级别，从高到低依次为 FAILURE、ERROR、 WARNING 和 NOTE 4 个级别。

例 4-22　断言语句示例。

```
assert (Z='1') report "CONTROL ERROR" severity ERROR;
```

该断言语句说明，执行断言语句时，若条件 Z='0'，则不满足条件，将输出文字串 CONTROL ERROR，说明是控制错误，错误级别为 ERROR；若条件 Z='1'，则满足条件，将向下执行另一个语句。

8. null 语句

null 语句不完成任何功能，仅仅使逻辑运行流程跨入下一条语句的执行，因此称为空操作语句。

空操作语句的格式如下：

```
null;
```

在实际使用中，null 常用于 case 语句中表示不用条件下的操作行为。

例 4-23 空操作语句应用示例。

```
case S is
    when "00" => IQ <= D;           --S=00时，将D代入IQ
    when "11" => IQ <= not D;       --S=11时，将D代入IQ
    when others => null;            --S为其他值时，空操作，IQ保持不变
end case;
```

9. generate 语句

generate 语句具有一种复制作用，它可以简化有规则设计结构的逻辑描述。在设计中，只要根据某些条件，设计好某个元件或单元电路，就可以利用 generate 语句来产生多个完全相同的并行元件或单元电路结构。所以，人们习惯上称它为生成语句。

生成语句有两种书写格式。

（1）for 循环变量 generate

for 循环变量 generate 语句的格式如下：

```
[标号]:  for 循环变量 in 循环变量取值范围 generate
            并发描述语句;
         end generate [标号];
```

"for 循环变量 generate" 语句的格式与 "for 循环变量 loop" 语句非常相似。但要注意，"for 循环变量 loop" 结构中所列的是顺序描述语句，执行时是按照语句书写顺序执行的，因而可以使用 next 和 exit 语句；而 "for 循环变量 generate" 结构中所列的是并发描述语句，执行时不是按照语句书写顺序执行的，而是并发执行的，因而不能使用 next 和 exit 语句。

（2）if 条件 generate

if 条件 generate 语句的格式如下：

```
[标号]:  if 条件 generate
            并发描述语句;
         end generate [标号];
```

　　"if 条件 generate"语句在条件为真时才执行结构内部的并发描述语句。注意，它的结构中不能包含 else 项。

　　"for 循环变量 generate"语句只能处理完全规则的构造体，"if 条件 generate"语句可以处理不完全规则的构造体。对于内部模块完全规则而两端结构不规则的电路，可以联合使用这两种生成语句来描述：用"for 循环变量 generate"语句描述电路内部的规则部分，而用"if 条件 generate"语句描述电路两端不规则的部分。

　　比较简单也非常典型的有规则结构电路是模 2^n 异步计数器，它由触发器按照相同的方式级联构成。此时，就可以利用生成语句来描述它的结构。

　　例 4-24　带异步复位的模 256 异步行波加法计数器的 VHDL 描述。

```vhdl
library IEEE;                                   --异步复位D触发器描述
use IEEE.std_logic_1164.all;

entity DFFR is
    port(CLR,CLK,D: in STD_LOGIC;
         Q,QN: out STD_LOGIC);
end entity DFFR;

architecture RTL of DFFR is
    signal IQ: STD_LOGIC;                       --定义Q的内部信号
begin
    QN <= not IQ;
    Q <= IQ;
    process (CLR,CLK) is
    begin
        if (CLR='1') then IQ <= '0';            --异步复位高电平有效
        elsif (CLK'event and CLK='1') then IQ <= D;     --时钟上升沿触发
        end if;
    end process;
end architecture RTL;

library IEEE;                                   --模256异步加法计数器描述
use IEEE.std_logic_1164.all;

entity ACTR256 is
    port(CLR,CLK: in STD_LOGIC;
         COUNT: out STD_LOGIC_VECTOR(7 downto 0));
end entity ACTR256;

architecture RTL of ACTR256 is
    signal COUNT_IN_BAR: STD_LOGIC_VECTOR(8 downto 0);      --定义内部信号
    component DFFR is                           --将前述的D触发器定义为元件
        port(CLR,CLK,D: in STD_LOGIC;
```

```
                Q,QN: out STD_LOGIC);
        end component DFFR;
begin
        COUNT_IN_BAR(0) <= CLK;
        Gen: for I in 0 to 7 generate              --生成语句，复制D触发器
                u1: DFFR port map (CLK => COUNT_IN_BAR(I),   --元件映射
                                    CLR => CLR,D=>COUNT_IN_BAR(I+1),
                                    Q => COUNT(I),
                                    QN => COUNT_IN_BAR(I+1));
        end generate;
end architecture RTL;
```

4.4.2 用 VHDL 描述时序电路

1. 触发器的 VHDL 描述

（1）异步复位/异步置位的 D 触发器（图 4-23）

```
library IEEE;
use IEEE.std_logic_1164.all;

entity ARS_DFF is
    port(CLR,PR,CLK,D: in STD_LOGIC;
            Q,QN: out STD_LOGIC);
end entity ARS_DFF;

architecture RTL of ARS_DFF is
begin
    process (CLR,PR,CLK) is
    begin
        if (CLR='0') then Q <= '0';QN <= '1';        --复位优先级最高，低有效
        elsif (PR='0') then Q <= '1';QN <= '0';       --置位优先级第2，低有效
        elsif (CLK'event and CLK='1') then            --时钟上升沿触发
                Q <= D;QN <= not D;
        end if;
    end process;
end architecture RTL;
```

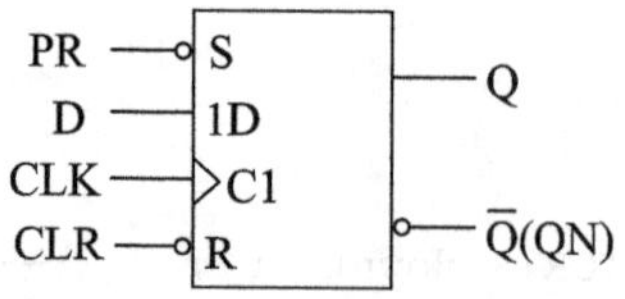

图 4-23 D 触发器 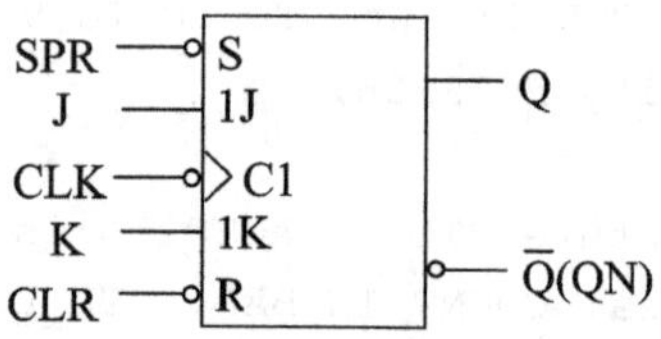   图 4-24 JK 触发器

（2）异步复位/同步置位的 JK 触发器（图 4-24）

```vhdl
library IEEE;
use IEEE.std_logic_1164.all;

entity ARSP_JKFF is
    port(CLR,SPR,CLK,J,K: in STD_LOGIC;
          Q,QN: out STD_LOGIC);
end entity ARSP_JKFF;

architecture RTL of ARSP_JKFF is
    signal IQ,IQN: STD_LOGIC;                        --定义Q、QN的内部信号
begin
    process (CLR,CLK) is
    begin
        if (CLR='0') then IQ <= '0'; IQN <= 1;      --异步复位优先级最高
        elsif (CLK'event and CLK='0') then           --时钟下降沿触发
            if (SPR='0') then IQ <= '1'; IQN <= '0';   --同步置位优先级第2
            elsif (J='0') and (K='1') then IQ <= '0'; IQN <= '1';
            elsif (J='1') and (K='0') then IQ <= '1'; IQN <= '0';
            elsif (J='1') and (K='1') then IQ <= not IQ; IQN <= not IQN;
            end if;
        end if;
        Q <= IQ; QN <= IQN;
    end process;
end architecture RTL;
```

2. 寄存器的 VHDL 描述

（1）异步复位、三态输出、带时钟使能的 16 位寄存器

```vhdl
library IEEE;
use IEEE.std_logic_1164.all;

entity REG16 is
    port(CLR, CLK,CLKEN,OE: in STD_LOGIC;   -- CLKEN、OE分别为时钟和输出使能
          D: in STD_LOGIC_VECTOR(1 to 16);          --16位数据输入总线
          Q: out STD_ULOGIC_VECTOR(1 to 16));       --16位三态输出总线
end entity REG16;

architecture RTL of REG16 is
    signal IQ: STD_LOGIC_VECTOR(1 to 16);          --定义Q的内部信号
begin
    process (CLR,CLK,OE,IQ) is
    begin
        if (CLR='0') then IQ <= (others=>'0');     --异步复位低有效
```

```
            elsif (CLK'event and CLK='1') then         --时钟上升沿触发
                if (CLKEN='1') then IQ <= D;            --时钟使能高有效
                end if;
            end if;
            if (OE='0') then Q <= IQ;                   --输出使能低有效
            else Q <= (others=>'Z');                    --输出高阻
            end if;
        end process;
end architecture RTL;
```

（2）异步复位、同步置数、多移位方式的 8 位移位寄存器

```
library IEEE;
use IEEE.std_logic_1164.all;

entity SR8 is
    port(CLR,CLK,RIN,LIN: in STD_LOGIC;    --RIN、LIN分别为右移、左移串行输入
            S: in STD_LOGIC_VECTOR(2 downto 0);         --功能选择
            D: in STD_LOGIC_VECTOR(7 downto 0);         --并行输入
            Q: out STD_LOGIC_VECTOR(7 downto 0));       --并行输出
end entity SR8;

architecture ARCH_SR8 of SR8 is
    signal IQ: STD_LOGIC_VECTOR(7 downto 0);            --定义Q的内部信号
begin
    process (CLR,CLK,IQ) is
    begin
        if (CLR='0') then IQ<=(others=>'0');            --异步复位低有效
        elsif (CLK'event and CLK='1') then              --时钟上升沿触发
            case S is
                when "000" => null;                          --S=0,保持
                when "001" => IQ <= D;                       --S=1,并行置数
                when "010" => IQ <= RIN & IQ(7 downto 1);   --S=2,右移
                when "011" => IQ <= IQ(6 downto 0) & LIN;   --S=3,左移
                when "100" => IQ <= IQ(0) & IQ(7 downto 1);--S=4,循环右移
                when "101" => IQ <= IQ(6 downto 0) & IQ(7);--S=5,循环左移
                when "110" => IQ <= IQ(7) & IQ(7 downto 1);--S=6,算术右移
                when "111" => IQ <= IQ(6 downto 0) & '0';  --S=7,算术左移
                when others => null;
            end case;
        end if;
        Q <= IQ;
    end process;
end architecture ARCH_SR8;
```

3. 计数器的 VHDL 描述

（1）4 位二进制同步可预置加法计数器 74163

```vhdl
library IEEE;
use IEEE.std_logic_1164.all;
use IEEE.std_logic_unsigned.all;
use IEEE.std_logic_arith.all;

entity CTR74X163 is
    port(CLR,LD,CLK,P,T: in STD_LOGIC;
         D: in STD_LOGIC_VECTOR(3 downto 0);         --并行输入
         Q: out STD_LOGIC_VECTOR (3 downto 0);       --并行输出
         CO: out STD_LOGIC);                         --进位输出
end entity CTR74X163;

architecture ARCH_CTR74X163 of CTR74X163 is
    signal IQ: STD_LOGIC_VECTOR (3 downto 0);        --定义Q的内部信号
begin
    process (CLK,T,IQ) is
    begin
        if (CLK'event and CLK='1') then              --时钟上升沿触发
            if (CLR='0') then IQ <= (others => '0');  --同步复位
            elsif (LD='0') then IQ <= D;             --同步置数
            elsif (P='1' and T='1') then IQ <= IQ+1;
            end if;
        end if;
        if (IQ=15 and T='1') then CO <= '1';         --进位
        else CO <= '0';
        end if;
        Q <= IQ;
    end process;
end architecture ARCH_CTR74X163;
```

（2）8421BCD 编码、十位和个位可分别异步预置的六十进制同步加法计数器

```vhdl
library IEEE;
use IEEE.std_logic_1164.all;
use IEEE.std_logic_unsigned.all;

entity BCD60CNT is
    port(CLK,CIN: in STD_LOGIC;                      --CIN为级联进位输入
         LG,LS: in STD_LOGIC;                        --个位、十位预置控制输入
         DG: in STD_LOGIC_VECTOR(3 downto 0 );       --个位BCD预置数输入
         DS: in STD_LOGIC_VECTOR(2 downto 0 );       --十位BCD预置数输入
         QG: out STD_LOGIC_VECTOR(3 downto 0 );      --计数值个位BCD输出
         QS: out STD_LOGIC_VECTOR(2 downto 0 );      --计数值十位BCD输出
         CO: out STD_LOGIC);                         --级联进位输出
end entity BCD60CNT;
```

```
architecture RTL of BCD60CNT is
    signal IQG: STD_LOGIC_VECTOR(3 downto 0 );      --定义QG的内部信号
    signal IQS: STD_LOGIC_VECTOR(2 downto 0 );      --定义QS的内部信号
begin
    QG <= IQG;
    QS <= IQS;

    process (CLK,LG) is                              --BCD个位进程
    begin
        if (LG='1') then IQG <= DG;                  --个位异步预置，高有效
        elsif (CLK'event and CLK='1') then           --时钟上升沿触发
            if (CIN='1')  then                       --若有进位输入
                if (IQG=9) then IQG<="0000";         --若个位为9，则回到0
                else IQG<=IQG+1;                     --否则个位加1
                end if;
            end if;
        end if;
    end process;

process (CLK,LS) is                                  --BCD十位进程
begin
    if (LS='1') then IQS <= DS;                      --十位异步预置，高有效
    elsif (CLK'event and CLK='1') then
        if (CIN='1' and IQG=9) then                  --若个位有进位
            if (IQS=5) then IQS<="000";              --若十位为5，则回到0
            else IQS<=IQS+1;                         --否则十位加1
            end if;
        end if;
    end if;
end process;

process (CIN,IQG,IQS) is                             --进位输出进程
begin
    if (CIN='1' and IQG=9 and IQS=5) then CO <= '1'; --进位输出1
    else CO<='0';                                    --进位输出0
    end if;
end process;

end architecture RTL;
```

4. 任意时序电路（时序机）的 VHDL 描述

（1）米里型时序电路——火星探测车控制器
（表 4-21，参见例 4-4）

```
library IEEE;
use IEEE.std_logic_1164.all;
```

表 4-21　火星探测车控制器状态表

S^n \ X^n	0	1
S_0	$S_0/00$	$S_1/01$
S_1	$S_2/00$	$S_1/01$
S_2	$S_2/00$	$S_3/10$
S_3	$S_0/00$	$S_3/10$

$$S^{n+1}/Z_1^n Z_0^n$$

```
entity RBT is
    port(CLK,X: in BIT;
        Z: out BIT_VECTOR(1 downto 0));
end entity RBT;

architecture ARCH_RBT of RBT is
    type STATE_TYPE is (S0,S1,S2,S3);        --自定义STATE_TYPE的数据类型
    signal STATE: STATE_TYPE;                --信号STATE定义为STATE_TYPE型
begin
    CIRCUIT_STATE: process (CLK) is          --电路状态进程
    begin
        if (CLK'event and CLK='1') then      --时钟上升沿触发
            case STATE is
                when S0 => if (X='0') then STATE <= S0;
                            else STATE <= S1;
                            end if;
                when S1 => if (X='0') then STATE <= S2;
                            else STATE <= S1;
                            end if;
                when S2 => if (X='0') then STATE <= S2;
                            else STATE <= S3;
                            end if;
                when S3 => if (X='0') then STATE <= S0;
                            else STATE <= S3;
                            end if;
            end case;
        end if;
    end process CIRCUIT_STATE;
    OUTPUT: process(STATE,X) is                  --电路输出进程
    begin
        case STATE is
            when S0 => if (X='0') then Z<= "00";
                        else Z<= "01";
                        end if;
            when S1 => if (X='0') then Z <= "00";
                        else Z <= "01";
                        end if;
            when S2 => if (X='0') then Z <= "00";;
                        else Z <= "10";
                        end if;
            when S3 => if (X='0') then Z <= "00";
                        else Z<= "10";
                        end if;
        end case;
    end process OUTPUT;
end architecture ARCH_RBT;
```

（2）摩尔型时序电路——铁道路口交通控制器（表 4-22，参见例 4-11）

表 4-22　铁道路口交通控制器的最简状态表

S^n ＼ $X_1^n X_0^n$	00	01	11	10	Z^n
S_0	S_0	S_1	Φ	S_4	0
S_1	S_1	S_1	Φ	S_3	1
S_3	S_0	S_3	Φ	S_3	1
S_4	S_4	S_3	Φ	S_4	1

$$S^{n+1}$$

```
library IEEE;
use IEEE.std_logic_1164.all;

entity TRAF is
    port(CLK,X1,X0: in STD_LOGIC;
        Z: out STD_LOGIC);
end entity TRAF;

architecture ARCH_TRAF of TRAF is
    type SREG_TYPE is (S0,S1,S3,S4) ;        --定义SREG_TYPE的数据类型(元素)
    signal SREG: SREG_TYPE;                  --信号SREG定义为SREG_TYPE型
begin
    process (CLK) is
    begin
        if (CLK'event and CLK='1') then      --时钟上升沿触发
            case SREG is
                when S0 => if (X1='0' and X0='0') then SREG <= S0;
                            elsif (X1='0' and X0='1') then SREG <= S1;
                            elsif (X1='1' and X0='0') then SREG <= S4;
                            else SREG<=S3;--其余情况进入S3状态，电动栅门关闭
                            end if;
                when S1 => if (X1='0') then SREG <= S1;
                            else SREG<=S3;--其余情况进入S3状态，电动栅门关闭
                            end if;
                when S3 => if (X1='0' and X0='0') then SREG <= S0;
                            else SREG<=S3;--其余情况进入S3状态，电动栅门关闭
                            end if;
                when S4 => if (X0='0') then SREG <= S4;
                            else SREG<=S3;--其余情况进入S3状态，电动栅门关闭
                            end if;
            end case;
        end if;
    end process;
    with SREG select                         --与状态相关的输出
        Z <= '0' when S0,                    --S0状态时输出0
            '1'when others;                  --其余情况输出1，电动栅门关闭
```

```
end architecture ARCH_TRAF;
```

习　题　4

4-1　画出图 4-25 所示电路的状态图，并确定其逻辑功能。

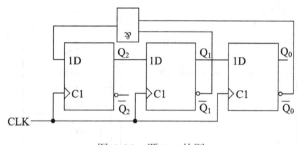

图 4-25　题 4-1 的图

4-2　写出图 4-26 所示电路的激励方程组和次态方程组，列出其状态表，画出其状态图及工作波形(设电路的初始状态为 $Q_1Q_0=00$)，指出其逻辑功能。

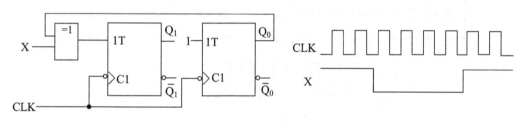

图 4-26　题 4-2 的图

4-3　写出图 4-27 所示电路的输出方程组、激励方程组和次态方程组，列出其状态表，画出其状态图及工作波形(设电路的初始状态为 $Q_1Q_0=00$)，指出其逻辑功能和电路类型。

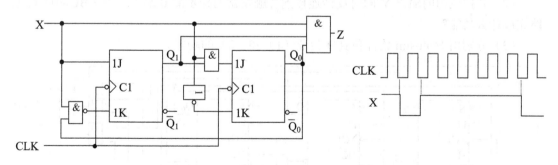

图 4-27　题 4-3 的图

4-4　图 4-28 所示电路加电后首先异步清 0，试列出其状态表，画出其状态图，指出电路的功能和类型，画出对应的工作波形。

4-5　某同步时序电路如图 4-29 所示。

（1）分析虚线框内电路的逻辑功能（输入端悬空相当于接逻辑 1）；

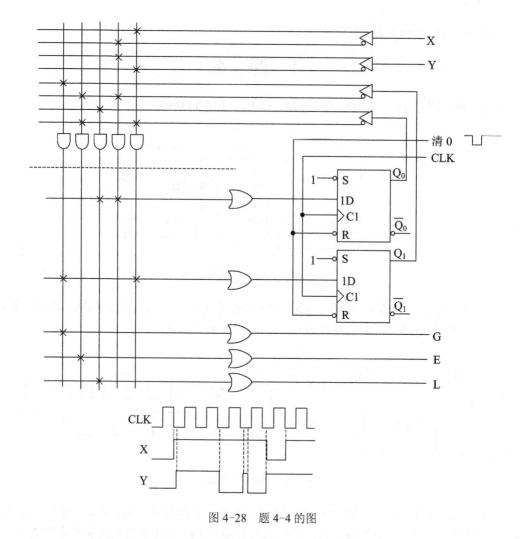

图 4-28 题 4-4 的图

（2）若把或门的输出 Y 同时反馈连接到各触发器的异步清 0 端 R，当 ABC=011 时电路完成什么功能？

（3）分别用 Multisim 软件仿真并验证（1）和（2）的功能。

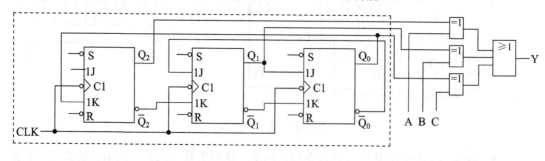

图 4-29 题 4-5 的图

4-6 图 4-30 所示电路加电后首先异步清 0，试列出其状态表，画出其状态图。该电路可以完成什么操作功能？

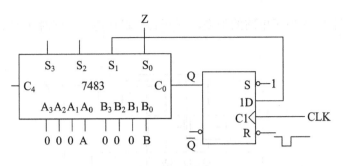

图 4-30　题 4-6 的图

4-7　分析图 4-31 所示电路的功能。

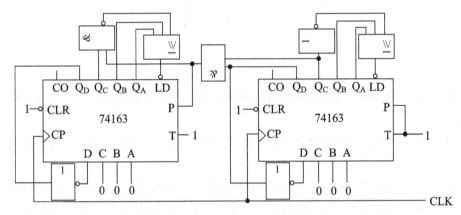

图 4-31　题 4-7 的图

4-8　分频电路如图 4-32 所示，试确定该电路的分频次数 $N_Y = \dfrac{f_{CP}}{f_Y}$，$N_Z = \dfrac{f_{CP}}{f_Z}$。若输入脉冲 CP 的频率 $f_{CP} = 100\text{kHz}$，试计算 Y、Z 输出端每次输出高电平持续的时间，并用 Multisim 软件仿真、验证。

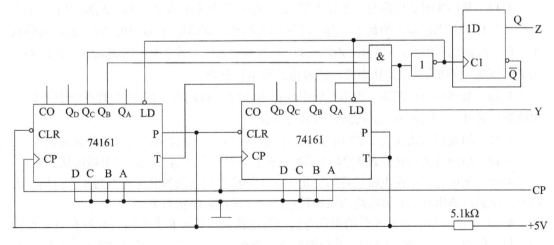

图 4-32　题 4-8 的图

4-9 指出图 4-33 所示电路的类型，判断其逻辑功能。X 同时接到 D 和 D_L 输入端有何作用？

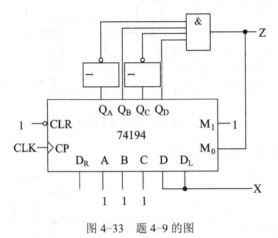

图 4-33 题 4-9 的图

4-10 画出"0010"序列检测器的原始状态图，列出其原始状态表。不允许输入序列码重叠。

4-11 画出"1010"序列检测器的原始状态图，列出其原始状态表。允许输入序列码重叠。

4-12 列出"101"、"0110"双序列检测器的原始状态表。允许输入序列码重叠。

4-13 画出"1001"序列检测器的原始状态图，列出其原始状态表。对应于输入序列"1001"的最后一个 1，输出 Z=1；如果 Z=1，则仅当 X=0 时，输出 Z 才变为 0，否则 Z 一直保持为 1。其他情况下，Z=0。允许输入序列码重叠。

4-14 某同步时序电路有两个输入端 X_1、X_0 和一个输出端 Z。只有当连续两个或两个以上时钟脉冲作用期间 X_1、X_0 相同而紧接下来的一个时钟脉冲作用期间 X_1、X_0 不同时，电路输出 Z 才为 1，否则 Z 为 0。试画出其原始状态图，列出其原始状态表。

4-15 某同步时序电路有两个输入端 X_1、X_0 和两个输出端 Z_1、Z_0。X_1X_0 表示一个两位二进制数。若当前输入的数大于前一时刻输入的数，则输出 Z_1Z_0=10；若当前输入的数小于前一时刻输入的数，则输出 Z_1Z_0=01；若当前输入的数等于前一时刻输入的数，则输出 Z_1Z_0=00。试画出其原始状态图，试列出其原始状态表。

4-16 某串行码检测器，当串行码中任意相邻的 4 位码内"1"的个数不少于 3 时，电路输出 Z=1，否则 Z=0。试列出其原始状态表。

4-17 用观察法化简表 4-23 所示各状态表，找出最大等价类，列出最简状态表。

4-18 用隐含表法化简表 4-24 所示各状态表，找出最大等价类，列出最简状态表。

4-19 某串行码转换电路能将高位先入的 3 位格雷码转换为高位先出的 3 位自然二进制码。试画出该串行码转换电路的原始状态图，并求出最简状态表。

4-20 设计一个字长为 5 位的串行奇偶校验电路。当第 5 位到来时，若收到的 5 位代码中包含偶数个 1，则输出 Z=1；其他情况下，Z=0。一组 5 位代码检测结束后，立即开始检测下一组代码。试画出该电路的最简状态图，并列出最简状态表。

表 4-23 题 4-17 的表

(a)

S^n \ X^n	0	1
A	A/0	C/0
B	C/0	E/0
C	D/0	E/1
D	C/0	F/0
E	B/1	C/0
F	D/1	C/0

S^{n+1}/Z^n

(b)

S^n \ X^n	0	1
S_0	S_0/0	S_1/0
S_1	S_0/0	S_2/0
S_2	S_5/0	S_3/1
S_3	S_4/1	S_2/0
S_4	S_3/1	S_2/0
S_5	S_5/0	S_4/1
S_6	S_0/0	S_5/1

S^{n+1}/Z^n

(c)

S^n \ $X_1^n X_0^n$	00	01	10
A	A/0	C/0	C/1
B	B/0	A/1	F/1
C	A/1	D/0	G/1
D	G/1	C/0	A/1
E	E/0	G/1	F/1
F	B/0	G/0	B/1
G	G/0	C/0	D/1

S^{n+1}/Z^n

表 4-24 题 4-18 的表

(a)

S^n \ X^n	0	1
A	A/0	B/1
B	A/1	E/0
C	F/1	D/0
D	E/1	B/0
E	D/1	C/0
F	A/0	B/1
G	B/0	H/1
H	H/0	C/1

S^{n+1}/Z^n

(b)

S^n \ $X_1^n X_0^n$	00	01	10	11
S_0	S_0/0	S_1/0	S_2/0	S_3/0
S_1	S_0/1	S_1/0	S_3/1	S_6/0
S_2	S_0/1	S_2/0	S_5/1	S_6/0
S_3	S_0/0	S_2/0	S_3/0	S_1/1
S_4	S_0/1	S_1/0	S_0/1	S_0/0
S_5	S_6/0	S_1/0	S_5/0	S_2/1
S_6	S_0/0	S_2/0	S_1/0	S_5/0

S^{n+1}/Z^n

4-21 某同步时序电路对低位先入的串行 8421BCD 码进行误码检测，每当检测到一个非法码组时，在输入码组的最后 1 位到来时电路输出 Z=1，其他情况下输出 Z=0。一个码组检测完后，电路回到初始状态，准备检测下一个码组。已知每个码组输入前都有 1 个 "1" 作为起始标志，各码组间可能插入 "0" 串。试画出该电路的原始状态图，并求出最简状态表。

4-22 某序列检测器，当输入序列中出现奇数个连续的 0 后紧接着出现两个连续的 1，然后再出现偶数个（不含 0 个）连续的 0 时，电路输出 Z=1，否则 Z=0。试画出该序列检测器的原始状态图，并求出最简状态表。允许输入序列码重叠。

4-23 用 D 触发器设计一个同步时序电路，它对两个串行输入信号 X、Y 相异的位进行检测。当 X、Y 中相异的位数等于 4 时，输出 Z=1，同时电路重新开始计数。

4-24 用 JK 触发器和 PLA 设计一个同步时序电路，其输入 X 和 Y 为两个高位先入的串行二进制数，其输出 Z 为 X 和 Y 中较大的数。

4-25 用 T 触发器设计一个变模同步计数器。当 X=0 时，为模 3 减法计数器；当 X=1 时，为模 4 加法计数器。要求写出完整的设计过程。

4-26 以 74162 为核心设计一个同步时序电路,使其输入 X 和输出 Z 之间满足图 4-34

所示关系。

4-27 某彩灯显示电路由发光二极管 LED 和控制电路组成，如图 4-35 所示。已知输入时钟脉冲 CLK 频率为 5Hz，要求 LED 按照"亮、亮、亮、灭、灭、亮、灭、灭、亮、灭、灭、灭、亮"的规律周期性地亮灭，亮、灭一次的时间为 2 秒。试以 74163 为核心设计该控制电路，并用 Multisim 软件仿真并验证其功能。

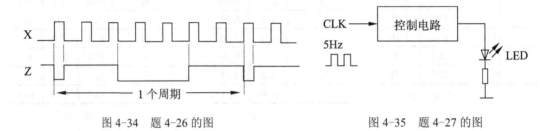

图 4-34　题 4-26 的图　　　　　　　　　图 4-35　题 4-27 的图

4-28 以 74163 为核心设计题 4-22 中描述的序列检测器。

4-29 某 MSI 同步时序逻辑模块的惯用逻辑符号和状态图如图 4-36 所示，试用该模块设计一个不可重叠的"1101"序列检测器。

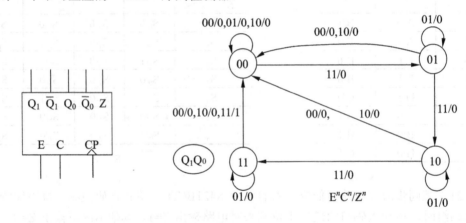

图 4-36　题 4-29 的图

4-30 用 74163 构成的余 3 码计数器电路如图 3-25 所示。试参照该图和例 4-3、题 4-7，用两片 74163 构成一个两位十进制数的余 3 码计数器。允许附加必要的逻辑门。

4-31 用 74194 设计一个移位型"00001101"周期序列产生器，并用 Multisim 软件仿真并验证其功能。

4-32 以 74194 为核心设计一个节日彩灯控制电路，彩灯由红、黄、绿、蓝四种颜色的灯泡按红、黄、绿、蓝、红、黄、绿、蓝……的规律相间排列构成。要求按照红、黄、绿、蓝的次序每次点亮一种颜色的彩灯，点亮时间为 1 秒，且可用时钟频率为 4Hz。

4-33 以 74194 为核心，实现图 4-37 所示状态图描述的同步时序电路功能。

4-34 用 VHDL 语言描述一个同步复位、同步置位（复位优先于置位）的 D 触发器。复位、置位信号高电平有效，时钟脉冲上升沿触发。要求在进程语句中使用敏感信号。

4-35 用 VHDL 语言描述一个异步复位、异步置位的 T 触发器。复位、置位信号低电平有效，时钟脉冲下降沿触发。要求用 wait on 语句等待时钟。

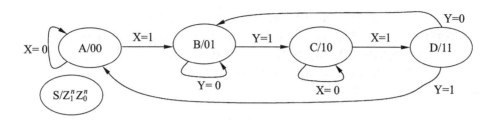

图 4-37　题 4-33 的图

4-36　用 VHDL 语言描述 8 位双向移位寄存器 74198。

4-37　用 VHDL 语言描述 8421BCD 码双向计数器 74192（采用单时钟，加控制端 X）。

4-38　用 VHDL 语言描述图 4-36 描述的 MSI 同步时序逻辑模块。

4-39　用 VHDL 语言描述图 4-37 描述的摩尔型同步时序电路。

4-40　用 VHDL 语言描述题 4-22 描述的序列检测器。

4-41　阅读下面的 VHDL 源程序，说明其描述的模块功能。其中，CTR74X163 为本章 4.4 节描述的 74163 模块。

```
library IEEE;
use IEEE.std_logic_1164.all;
use IEEE.std_logic_unsigned.all;
use IEEE.std_logic_arith.all;

entity WHAT is
    port(CLR,LD,CLK,P,T: in STD_LOGIC;
        D_IN: in STD_LOGIC_VECTOR(15 downto 0);          --并行输入
        Q_OUT: out STD_LOGIC_VECTOR (15 downto 0);       --并行输出
        COUT: out STD_LOGIC);                            --进位输出
end entity WHAT;

architecture RTL of WHAT is
    component CTR74X163 is
        port(CLR,LD,CLK,P,T: in STD_LOGIC;
            D: in STD_LOGIC_VECTOR(3 downto 0);          --并行输入
            Q: out STD_LOGIC_VECTOR (3 downto 0);        --并行输出
            CO: out STD_LOGIC);                          --进位输出
    end component CTR74X163;
    signal TEMP: STD_LOGIC_VECTOR(2 downto 0);
begin
    GEN1: CTR74X163 port map(CLK=>CLK,CLR=>CLR,LD=>LD,P=>P,T=>T,
        D=>D_IN(3 downto 0),Q=>Q_OUT(3 downto 0),CO=>TEMP(0));
    GEN2: CTR74X163 port map(CLK=>CLK,CLR=>CLR,LD=>LD,P=>P,
        T=>TEMP(0), D=>D_IN (7 downto 4),
        Q=>Q_OUT(7 downto 4),CO=>TEMP(1));
    GEN3: CTR74X163 port map(CLK=>CLK,CLR=>CLR,LD=>LD,P=>P,
        T=> TEMP(1), D=>D_IN (11 downto 8),
```

```
            Q=>Q_OUT(11 downto 8),CO=>TEMP(2));
    GEN4:   CTR74X163 port map(CLK=>CLK,CLR=>CLR,LD=>LD,P=>P,
            T=> TEMP(2), D=>D_IN (15 downto 12),
            Q=>Q_OUT(15 downto 12),CO=>COUT):
end architecture RTL;
```

自 测 题 4

1．（10 分）判断正误：

（1）2 个状态等价的先决条件是所有输入情况下它们对应的输出相同。　　　（　　）

（2）采用列表法建立重叠型序列检测器的原始状态表时，如果要检测序列的长度为 5，则至少需要设置 32 个原始状态。（　　）

（3）任何时序电路，只要设计时保证其具有自启动特性，加电后都不需要预置初始状态。　　　（　　）

（4）VHDL 语言中，next 语句是转向 loop 语句的起始点，exit 语句是转向 loop 语句的终点。　　　（　　）

（5）用 VHDL 语言描述时序电路时，如果在进程语句中已经说明了敏感信号，其进程内仍然可以使用 wait 语句。　　（　　）

表 4-25　题 2 的表

S^n ＼ X^n	0	1
A	B/0	C/0
B	B/0	D/0
C	C/0	D/1
D	B/1	F/0
E	B/1	C/0
F	F/0	E/1
G	G/0	E/0

S^{n+1}/Z^n

2．（10 分）化简表 4-25 所示原始状态表，找出全部最大等价类，列出最简状态表。

3．（20 分）某同步时序电路如图 4-38 所示，试写出其输出方程组、激励方程组、次态方程组，列出其状态表，画出其状态图和对应于 CLK、X 波形的 Q_1、Q_0 和 Z 的工作波形（假设电路的初始状态为 00），最后指出其逻辑功能。

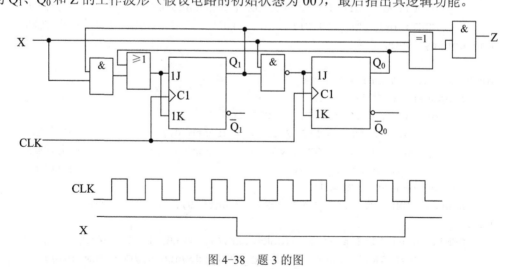

图 4-38　题 3 的图

4．（20 分）写出图 4-39 所示电路中 $\overline{LD}$ 的函数表达式，画出全状态图，指出电路的类型（米里型或摩尔型）。如果 X 是控制变量，分析当 X=0 和 X=1 时，电路各实现什么功能。

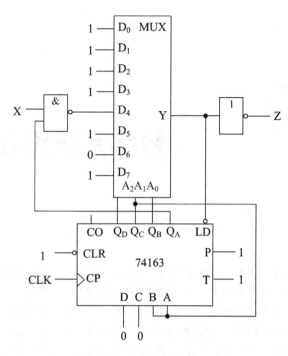

图 4-39　题 4 的图

5.（25 分）某同步时序电路有两个输入端 X_1 和 X_0 及两个输出端 Z_1 和 Z_0。分别在 X_1 和 X_0 端输入两个高位先入的串行二进制数，要求从 Z_1 串行输出其中较大的数，从 Z_0 串行输出其中较小的数。试用 D 触发器和 PLA 设计该同步时序电路。

6.（15 分）用 VHDL 语言描述表 4-26 所示状态表描述的同步时序电路功能。

表 4-26　题 6 的表

S^n ＼ $X_1^n X_0^n$	00	01	11	10
A	A/00	C/10	A/11	B/10
B	B/00	B/01	B/11	B/10
C	C/00	C/10	C/11	C/01

$$S^{n+1}/Z_1^n Z_0^n$$

7.（附加题，20 分）设计一个数据抽样电路，它的串行输入数据速率为 1kHz。要求每 10ms 抽取 1 位数据，且每抽取 8 位数据后即并行输出一次（送入寄存器保存）。

第5章

数字系统设计

数字系统（digital system）一般专指时序系统，它是在时序电路的基础上发展起来的。之所以将其称为系统而不叫做电路，主要是因为它所完成的功能已经远远超过一般的数字电路，结构也比通常电路复杂得多。最典型的数字系统是计算机和它的中央处理单元（central processing unit，CPU），它们不仅可以存储和传送数据，而且还可以对数据进行各种变换、处理，并按照一定的程序操作。从这个意义上说，凡是能够存储、传送、处理数据并按照一定程序操作的数字设备都可以称为数字系统。

数字系统设计的内容博大精深，涉及数字电路、计算机、电子设计自动化、数学等众多学科领域。限于篇幅，本章只能从实用化的角度简要介绍数字系统设计的一般过程，并通过几个不太复杂的系统设计实例介绍数字系统设计的具体方法。

5.1　数字系统设计的一般过程

当前，数字系统设计普遍采用自顶向下（top-down）的设计方法。这里的"顶"就是指系统的功能，"向下"就是指将系统由大到小逐步进行分解，直至可用基本模块实现。采用自顶向下方法设计数字系统的一般过程大致上可以分为四个步骤，如图 5-1 所示。

5.1.1　方案设计

所谓方案设计，就是根据设计要求，包括功能要求和性能指标要求，确定待设计系统的总体方案。

方案设计是数字系统设计中最重要也最体现设计者创意的一个环节。一般而言，同一功能的系统往往有

图 5-1　数字系统设计的一般过程

多种工作原理和实现方法可供选择，不同的系统方案可能会有不同的系统质量及性能价格比。因此，设计者接受一个设计任务后，必须首先对各种可能方案的实现成本和性能进行综合比较，然后确定出既满足系统功能和性能指标要求、性能价格比又较高的系统总体方案。

例 5-1　某数字系统用于统计串行输入的 n 位二元序列 X 中"1"的个数，试确定其系统方案。

解　从理论上说，要统计一个串行输入序列 X 中"1"的个数，可用的方法很多。下面给出几种可能的系统方案。

（1）软件编程方案

道理上讲，任何数字系统都可以用软件实现。用软件实现本系统的功能非常容易，程序很容易编写，程序运行速度也很高，如果用单片机实现，硬件成本也很低。因此，本方案的性能价格比很高。但这种实现方法不属于本课程的范畴，此处不详细介绍。

（2）序列检测器方案

统计一个串行输入序列 X 中"1"的个数，本质上仍然属于序列检测问题，因此，可以按照序列检测器的方法进行设计。然而，该方案的性能价格比将随着序列长度的增加而急剧下降。因为无论从接收序列的可能组合数还是从收到"1"的个数来假设状态，其状态图或状态表都十分庞大。

如果从接收序列的可能组合数来假设状态，检测 n 位序列需要设 2^n 个状态；如果从当前接收到"1"的个数来假设状态，检测 n 位序列也需要设 $n+1$ 个状态。当序列较短时，设计规模还不大，所需硬件成本也不高，性能价格比还可以接受；但当序列长度很长时，设计规模太大，硬件成本极高，性能价格比很低，甚至没有办法设计。

例如，当序列长度 $n=255$ 时，从接收序列的可能组合数来假设状态，需要设 2^{255} 个状态；从当前接收到"1"的个数来假设状态，也需要设 256 个状态。这样的设计规模是无法想象的，不仅硬件成本高得无法承受，而且根本就没有办法按照时序电路的设计方法进行设计。

因此，这种设计方案不可取。

（3）功能分解方案

功能分解方案从实现"1"数统计功能所需要的操作入手，把系统按照操作功能划分为多个模块分别实现，思路与软件编程方案相似。

统计串行序列中"1"的个数，只需要进行以下几种操作：

① 对 X 的接收位数进行实时累计。

② 对接收到的每一个 X 位进行是 0 还是 1 的判断。

③ 当 X=1 时使"1"数计数器加 1 计数。

④ 判断 X 的全部数位是否统计完毕。

因此，从硬件上说，可以设一个位数计数器，用来累计接收 X 序列的位数；再设一个"1"数计数器，用来累计 X 序列中 1 的个数。其他操作则用另外一个电路来实现，该电路的功能包括：判断接收 X 位是 0 还是 1；如果接收 X 位是 1，使"1"数计数器加 1；每接收一个 X 位，使位数计数器加 1；判断 X 的全部数位是否统计完毕。当 X 的各位全部统计完毕后，操作结束，"1"数计数器的值就是序列 X 中"1"的个数。

这种功能分解方案不仅思路清晰，而且将复杂问题简单化，非常便于实现，并且系统实现后的性能价格比也很高，因此是一种比较好的解决方案。

5.1.2　逻辑划分

上例中的功能分解方案，本质上是对数字系统进行逻辑划分，这是现代数字系统设计中普遍采用的实现方法。

按照现代数字系统的设计理论，任何一个数字系统都可以按照计算机结构原理从逻辑上划分为数据子系统（data subsystem）和控制子系统（control subsystem）两个部分，如图 5-2 所示。

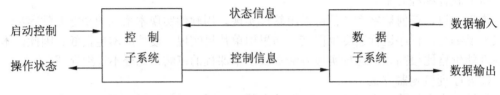

图 5-2　数字系统的一般结构

数据子系统是数字系统的数据存储与处理单元，包括存储和处理数据所需要的所有存储和运算部件。它本身具有众多的数据操作功能，但何时完成何种操作则完全受控制子系统控制，因此常称为数据处理器或受控单元。它从控制子系统接收控制信号，并把处理过程中产生的操作状态信息提供给控制子系统，以便控制子系统决定操作进程。

控制子系统不仅控制数据子系统的操作，而且控制整个数字系统的操作进程，习惯上称为控制器或控制单元，是数字系统的核心。它根据外部启动信号决定系统是否启动，根据控制算法和数据子系统的操作状态信息决定数据子系统下一步将完成何种操作，并发出控制信号使数据子系统完成这种操作。当所有的操作完成后，终止操作过程，并给出明确的状态信息供使用者监控。

因此，逻辑划分就是要按照数据子系统和控制子系统功能特点的不同，将待设计系统从逻辑上划分为数据子系统和控制子系统两个部分，导出包含有必要的数据信息、控制信息和状态信息的系统结构框图。逻辑划分的原则是工作原理清楚、物理实现方便，结构框图中的各个逻辑模块可以非常抽象，不必受具体芯片型号的约束。

例 5-2　对例 5-1 中描述的"1"数统计系统进行逻辑划分，并导出系统结构框图。

解　根据数据子系统和控制子系统的特点，用于统计 X 中"1"的个数的"1"数计数器和用于记忆 X 接收位数的位数计数器都属于计数操作功能，应该纳入到数据子系统中；判断 X 位是 0 还是 1、产生"1"数计数器和位数计数器所需要的加 1 控制信号、判断统计是否结束等控制功能自然应该归入控制器中。

为了便于控制，系统设置一个复位信号 RST 和一个启动信号 ST。复位信号 RST 用于将控制器置于规定的初始状态，启动信号 ST 用于启动控制器工作。只有当启动信号 ST 有效时，控制器才开始工作，同时将位数计数器和"1"数计数器异步清 0，使这两个计数器工作时有正常的初始状态。

为了便于使用者监控操作进程，系统还另外设置一个操作状态信号 DONE。当 DONE 有效时，表示一次统计过程结束，"1"数计数器中的数字才有效。

控制器提供给数据子系统的信号有两个，分别是"1"数计数器和位数计数器的计数使能信号 P_1 和 P_2，只有当 P_1 和 P_2 有效时，相应的计数器才能计数。同时，位数计数器也需要向控制器提供一个反映 X 接收位数的状态信号 S，统计过程是否结束，将完全取决于该状态信号是否有效。

根据上面的分析，可以导出"1"数统计系统的结构框图如图 5-3 所示，图中假设 X 序列的长度为 $n=2^k-1$，因此位数计数器和"1"数计数器的模都为 2^k。

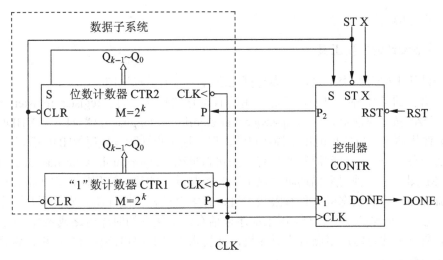

图 5-3 "1"数统计系统的结构框图

需要注意的是，结构框图中，控制器采用时钟上升沿触发，而两个计数器采用时钟下降沿触发。这主要是为了方便控制器对两个计数器的计数使能控制。

为了帮助读者理解该系统的结构框图，下面简述一下它的大致工作过程。

系统加电后，首先通过 RST 信号使控制器处于规定的初始状态，然后等待启动信号 ST 的到来，此时，两个计数器的计数使能信号 P_1 和 P_2 均无效，计数器停止计数工作。当 ST=0 时，将两个计数器异步清 0，同时启动控制器开始工作，并置输出状态信号 DONE 无效。

工作过程中，输入 X 与系统时钟 CLK 同步。每来一个 CLK 脉冲，控制器首先检查位数计数器的状态信号 S，了解系统是否统计完毕，然后再决定是否继续统计操作。

如果 S 无效，说明接收、统计工作尚未完成，需要继续统计。此时，控制器根据现在到来的 X 位是 1 还是 0，决定是否使"1"数计数器的计数使能信号 P_1 有效。如果收到的 X 位是"1"，则 P_1 有效，CLK 下降沿到来时"1"数计数器加 1 计数，否则 P_1 无效，"1"数计数器维持原态。在整个统计过程中，位数计数器的计数使能信号 P_2 始终有效，所以在 CLK 的每一个脉冲下降沿，位数计数器都将加 1 计数，即每接收一个 X 位，位数计数器状态加 1。当 X 输入、统计完成时，位数计数器输出的状态信号 S 有效。

当控制器发现 S 有效时，说明本次统计已经结束，控制器便停止统计过程，使两个计数器的计数使能信号 P_1、P_2 无效而处于保持状态；同时，使输出状态信号 DONE 有效，告知使用者，此时"1"数计数器的数字输出有效。如果控制算法使此时的控制器转入一开始的等待状态（此时要求等待状态下 DONE 有效），则每来一个 ST 启动脉冲，系统就可以完成一次"1"数统计工作。

5.1.3 算法设计

控制算法是数字系统的灵魂，它既决定数据子系统何时完成何种操作，也决定整个数字系统的操作进程。算法设计就是要求设计者根据所导出的数字系统结构框图和工作原理，编制出思路清晰、实现简单的系统控制算法。一旦导出控制算法后，系统后续的设计工作就和一般数字电路的设计几乎相同，因而很容易完成。正因为如此，算法设计往往被看做数字系统设计的关键。

1. 算法设计的主要工具

算法设计主要有两类工具，一类是算法语言，一类是算法图。

算法语言的具体种类很多，广泛采用的有寄存器传送语言（register transfer language, RTL）和分组-按序算法语言（group-sequential algorithms language, GSAL）。VHDL 语言作为一种硬件描述语言虽然也能用来描述算法，但在这个设计阶段使用 VHDL 语言并不方便。

算法图种类不多，目前流行的只有算法状态机图（algorithmic state machine chart），也称 ASM 图，是一种用来描述时序数字系统控制过程的算法流程图，它非常类似计算机的程序流程图。算法状态机也称有限状态机、有限自动机或时序机，它并不是一个具体的机器，而是一个抽象的数学模型，用来描述包括有限个状态的时序电路或系统的操作特性。不少的教科书因此将时序电路称为时序机，并将米里型时序电路称为米里机，将摩尔型时序电路称为摩尔机。

利用算法图和算法语言进行算法设计的原理相通，限于篇幅，本章只介绍 ASM 图。

2. ASM 图及其应用

ASM 图由状态块、判别块、条件输出块和带箭头的向线构成。

状态块为矩形框，代表 ASM 图的一个状态。状态的名称及编码分别标在状态块的左、右上角（也可省略），块内列出该状态下数据子系统进行的操作及控制器为实现这种操作而产生的控制信号输出（可以只标其中一种），如图 5-4 所示。该状态块表明，当电路处于 S_2 状态时，数据子系统应将 D 置入寄存器 R 中；为了实现这一操作，控制器应使置数控制信号 LD 为高电平。

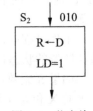

图 5-4　状态块

判别块为菱形框，用来表示 ASM 图的状态分支。判别块内列出判别条件，判别块的出口处列出满足的条件，如图 5-5 所示。该图说明此处的判别条件是 X_1X_0，当 $X_1X_0=00$ 时，电路转向 S_0 状态；当 $X_1X_0=01$ 时，电路转向 S_1 状态；当 $X_1X_0=1\Phi$ 时，电路转向 S_2 状态。S_1 状态下没有操作。

条件输出块为椭圆状或两端为圆弧线的框，用来表示 ASM 图的条件输出，它总是位于判别块的某个分支上。当满足该分支的条件时，将立即执行条件输出块中规定的操作。如图 5-6 所示，当 X=0 时，将立即执行条件输出块中规定的操作，将寄存器 I 清 0，然后转向 S_0 状态；当 X≠0 时，电路将转向 S_1 状态。

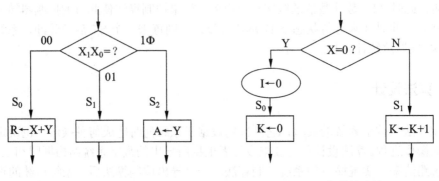

图 5-5　判别块　　　　　　　图 5-6　条件输出块

将状态块、判别块、条件输出块用带箭头的向线有机地连接起来,便构成了完整的 ASM 图。和状态图一样,ASM 图中状态的转换也是在时钟脉冲的控制下进行的,只有当时钟脉冲到来时,才能实现状态的转换。例如图 5-6 中,假设是在 S_5 状态下判别 X。若 X=0,立即将寄存器 I 清 0,然后在下一个时钟脉冲到来时转向 S_0 状态;若 X=1,则在下一个时钟脉冲到来时转向 S_1 状态。若下一个时钟脉冲还没有到来,则继续处于 S_5 状态。

下面是利用 ASM 图进行算法设计的一个应用实例。

例 5-3 "1"数统计系统的结构框图如图 5-3 所示,试导出控制器的 ASM 图。

解 例 5-2 中已经介绍了"1"数统计系统的工作过程,该过程很容易改用 ASM 图描述,如图 5-7 所示,它的确与程序流程图非常相似。

系统的控制过程可以从 ASM 图一目了然。加电时,系统处于 S_0 状态(由复位信号 RST 保证),操作状态信号 DONE= 1,表示系统尚未开始统计工作或一次统计工作已经完成,等待启动。如果启动信号 ST=1,继续等待;如果 ST=0,系统启动,进入 S_1 状态。

在 S_1 状态,系统等待 ST 启动脉冲结束后,转向 S_2 状态。因为 ST 有效时将异步复位计数器,所以统计工作必须等待 ST 脉冲结束后才能开始。

在 S_2 状态,控制器首先检测位数计数器的输出状态信号 S。

若 S=0,说明统计工作尚未完成,输出控制信号 P_2=1,使位数计数器在时钟脉冲的下降沿时状态加 1,同时检测当前输入的 X 位。如果 X=1,则同时输出控制信号 P_1=1,使"1"数计数器在时钟脉冲的下降沿时状态加 1;如果 X=0,则使"1"数计数器状态保持不变。

若 S=1,表明序列 X 的全部位数已经统计完毕,转向 S_0 状态。在 S_0 状态下输出状态信号 DONE=1,使用者据此知道"1"数统计已经结束,"1"数计数器的内容即为 X 中"1"的个数。只要没来新的 ST 启动脉冲,"1"数计数器的内容即 X 中"1"的个数将一直保持下来。

从 ASM 图可见,该数字系统的控制器只有 3 个状态,实现时采用两位二进制编码即可。

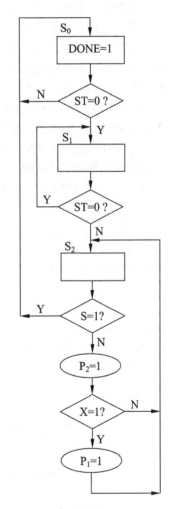

图 5-7 "1"数统计系统控制器的 ASM 图

5.1.4 物理实现

当前,数字系统主要由两类逻辑器件实现,其中一类为可编程逻辑器件,另一类为标准 MSI 器件。由于这两类器件的特点不同,因此,系统物理实现时的方法、过程也不一样,下面分别进行介绍。

1. 基于 PLD 器件的系统实现

由于 PLD 本身并不具备特定的功能，可以根据需要灵活地将其编程为所需的任何芯片，因此，系统结构框图中需要什么样功能的模块，便可将 PLD 设计为什么模块。从这个意义上说，使用 PLD 实现数字系统最为方便。

用 PLD 实现数字系统，与用 PLD 实现数字电路的过程相同。这就是首先编写数字系统的 VHDL 源程序，然后用 EDA 软件进行编译、仿真，通过后再将编程数据下载到 PLD 器件中，最后进行功能测试。测试成功后，系统设计便告结束。本章仅编写数字系统的 VHDL 源程序，其他环节将在第 6 章中专门进行介绍。

编写数字系统的源程序时，也是按照模块化的方式进行的。数字系统中的每一个模块对应一个实体，系统的整体功能用另一个包括各模块间连接关系的顶层实体来描述。

例 5-4　编写本节描述的"1"数统计系统的 VHDL 源程序，假设 X 序列长度为 255。

解　图 5-3 所示的"1"数统计系统结构框图中包括三个模块，分别为"1"数计数器模块 CTR1、位数计数器模块 CTR2 和控制器模块 CONTR。由于 X 序列的长度为 255，因此两个计数器模块 CTR1、CTR2 的模均为 256。另外，控制器模块的 ASM 图已经在图 5-7 中给出，可以直接根据该 ASM 图编写控制器模块的源程序，不必先将 ASM 图转换为状态图，再根据状态图编写 VHDL 源程序。

下面给出"1"数统计系统的 VHDL 源程序。

```
library IEEE;                                -- "1"数计数器模块CTR1
use IEEE.std_logic_1164.all;
use IEEE.std_logic_unsigned.all;
use IEEE.std_logic_arith.all;
entity CTR1 is
    port(CLR,P,CLK: in STD_LOGIC;           --输入
        Q: out STD_LOGIC_VECTOR (7 downto 0));  -- "1"数输出
end entity CTR1;
architecture CTR1_ARCH of CTR1 is
    signal IQ: STD_LOGIC_VECTOR (7 downto 0);   --定义Q的内部信号
begin
    process (CLR,CLK) is
    begin
        if (CLR='0') then IQ<=(others => '0');  --异步复位
        elsif (CLK'event and CLK='0') then     --时钟下降沿触发
            if (P='1') then IQ<= IQ+1;         --加法计数
            end if;
        end if;
        Q <= IQ;
    end process;
end architecture CTR1_ARCH;

library IEEE;                                --位数计数器模块CTR2
use IEEE.std_logic_1164.all;
use IEEE.std_logic_unsigned.all;
use IEEE.std_logic_arith.all;
```

```
entity CTR2 is
    port(CLR,P,CLK: in STD_LOGIC;                    --输入
        S: out STD_LOGIC);                           --数位状态输出，Q不用
end entity CTR2;
architecture CTR2_ARCH of CTR2 is
    signal IQ: STD_LOGIC_VECTOR (7 downto 0);        --定义Q的内部信号
begin
    process (CLR,CLK,IQ) is
    begin
        if (CLR='0') then IQ<=(others => '0');       --异步复位
        elsif (CLK'event and CLK='0') then           --时钟下降沿触发
                if (P='1') then IQ<= IQ+1;           --加法计数
                end if;
        end if;
        if (IQ=255) then S<='1';                     --统计完
        else S<='0';                                 --尚未统计完
        end if;
    end process;
end architecture CTR2_ARCH;

library IEEE;                                        --控制器模块CONTR
use IEEE.std_logic_1164.all;
entity CONTR is
    port (RST,ST,X,S, CLK: in STD_LOGIC;             --输入
            P2,P1,DONE: out STD_LOGIC);              --输出
end entity CONTR;
architecture CONTR_ARCH of CONTR is
    type STATE_TYPE is (S0,S1,S2) ;                  --自定义状态类型
    signal STATE: STATE_TYPE;
begin
    CIRCUIT_STATE: process (RST,CLK) is              --控制器状态进程
    begin
        if (RST='0') then STATE<=S0;                 --异步预置初始状态
        elsif (CLK'event and CLK='1') then           --时钟上升沿触发
            case STATE is
                when S0 => if (ST='1') then STATE <= S0;
                            else STATE <= S1;
                            end if;
                when S1 => if (ST='0') then STATE <= S1;
                            else STATE <= S2;
                            end if;
                when S2 => if (S='1') then STATE <= S0;
                            else STATE <= S2;
                            end if;
                when others=>STATE<=S0;
            end case;
        end if;
    end process CIRCUIT_STATE;
    OUTPUT: process (STATE,S,X) is                   --输出进程
    begin
            case STATE is
```

```
                    when S0=> P2<='0';P1<='0';DONE<='1';
                    when S1=> P2<='0';P1<='0';DONE<='0';
                    when S2=>if (S='0') then P2<='1'; DONE<='0';
                                  if (X='1')  then P1<='1';
                                  else P1<='0';
                                  end if;
                             else P2<='0';P1<='0';DONE<='0';
                             end if;
                    when others=> P2<='0';P1<='0';DONE<='0';
              end case;
          end process OUTPUT;
    end architecture CONTR_ARCH;

    library IEEE;                                   --顶层描述
    use IEEE.std_logic_1164.all;
    use IEEE.std_logic_unsigned.all;
    use IEEE.std_logic_arith.all;
    entity COUNTER is
          port (RST,ST,X, CLK: in STD_LOGIC;
                  DONE: out STD_LOGIC;
                  Q: out STD_LOGIC_VECTOR(7 downto 0));   --"1"数输出
    end entity COUNTER;
    architecture COUNTER_ARCH of COUNTER is
        signal P2,P1,S: STD_LOGIC;                  --定义内部信号
        component CTR1   is                         --CTR1元件定义
            port(CLR,P,CLK: in STD_LOGIC;
                Q: out STD_LOGIC_VECTOR (7 downto 0));
        end component CTR1;
        component CTR2 is                           --CTR2元件定义
            port(CLR,P,CLK: in STD_LOGIC;
              S: out STD_LOGIC);
        end component CTR2;
        component CONTR is                          --控制器元件定义
            port (RST,ST,X,S,CLK: in STD_LOGIC;
                P2,P1,DONE: out STD_LOGIC);
            end component CONTR;
    begin                                           --元件映射
        u1: CTR1 port map(CLR=>ST,P=>P1,CLK=>CLK,Q=>Q);
        u2: CTR2 port map(CLR=>ST,P=>P2,CLK=>CLK, S=>S);
        u3: CONTR port map (RST=>RST,ST=>ST,X=>X,S=>S, CLK=>CLK,
                            P2=>P2,P1=>P1,DONE=>DONE);
    end architecture COUNTER_ARCH;
```

2. 基于标准 MSI 器件的系统实现

采用标准 MSI 器件实现数字系统时，由于器件本身具有确定的功能，因此系统结构框图中的数据子系统模块必须进一步进行功能分解，直到可用标准 MSI 器件实现为止。至于控制子系统模块，可根据 ASM 图进行时序设计，其过程与用 MSI 模块实现状态图描述的时序电路完全相同。理论设计完成后，为了保证系统设计的正确性和可靠性，也可以先用

EDA 软件对所设计的系统进行仿真，以便修正设计中可能存在的缺陷，然后再用具体器件搭设电路。

例 5-5　以 MSI 器件为核心，设计本节描述的"1"数统计系统。假设 X 序列长度为 255。

解　数据子系统和控制子系统需要分别进行设计。

（1）数据子系统的物理实现

如前所述，X 序列长度为 255 时的数据子系统由两个模 256 的加法计数器模块构成，其中一个为"1"数计数器 CTR1，另一个为位数计数器 CTR2。从图 5-3 所示结构框图可见，这两个计数器必须具有加法计数、状态保持、异步清 0 三种操作功能，且为时钟下降沿触发。在 74 系列 MSI 计数器家族中，74161 的功能比较类似，能够满足这两个计数器的操作要求，但它却为时钟上升沿触发，模也只有 16。因此，必须将每个模 256 的计数器模块分解为两个模 16 的计数器，然后再用 74161 实现。这个工作比较容易，此处不再进行说明。

用 74161 实现的数据子系统结构如图 5-8 所示，其中的两个非门是为了满足时钟 CLK 下降沿的触发要求。

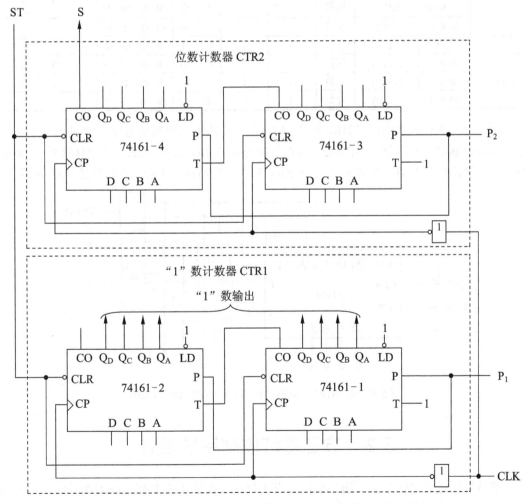

图 5-8　用 74161 实现"1"数统计系统的数据子系统结构

（2）控制子系统的物理实现

图 5-7 中已经给出了控制子系统的 ASM 图，下面以 74161 为核心来实现该 ASM 图描述的控制子系统。由于 ASM 图中只包含 3 个状态，因此只需要使用 74161 的 Q_B、Q_A 即可，状态编码如下：

$$S_0——00, \quad S_1——01, \quad S_2——10$$

根据 ASM 图，列出 74161 的控制激励表，如表 5-1 所示。由此可得有关激励和控制输出信号的表达式为

$$\overline{CLR} = 1 \qquad \overline{LD} = \overline{Q_B S} \qquad P = (Q_A \odot ST)\overline{Q_B} \qquad T=1 \qquad DCBA=0000$$

$$P_2 = Q_B \overline{S} \qquad P_1 = Q_B \overline{S} X \qquad DONE = \overline{Q_B + Q_A}$$

表 5-1　74161 的控制激励表

现态 PS	条 件	次态 NS	工作	激　　励								控制信号输出		
$S_i(Q_B Q_A)$	ST S X	$S_i(Q_B Q_A)$	方式	$\overline{CLR}$	$\overline{LD}$	P	T	D	C	B	A	P_2	P_1	DONE
$S_0(00)$	0 ΦΦ	$S_1(01)$	计数	1	1	1	1	Φ	Φ	Φ	Φ	0	0	1
	1 ΦΦ	$S_0(00)$	保持	1	1	0	Φ	Φ	Φ	Φ	Φ			
$S_1(01)$	0 ΦΦ	$S_1(01)$	保持	1	1	0	Φ	Φ	Φ	Φ	Φ	0	0	0
	1 ΦΦ	$S_2(10)$	计数	1	1	1	1	Φ	Φ	Φ	Φ			
$S_2(10)$	Φ 0 0	$S_2(10)$	保持	1	1	0	Φ	Φ	Φ	Φ	Φ	1	0	0
	Φ 0 1	$S_2(10)$	保持	1	1	0	Φ	Φ	Φ	Φ	Φ	1	1	0
	Φ 1 Φ	$S_0(00)$	置数	1	0	Φ	Φ	Φ	Φ	0	0	0	0	0

根据上述表达式画出用 74161 构成的"1"数统计系统控制器电路，如图 5-9 所示。为了保证控制器一开始处于 S_0 状态，加电后应先将 74161 清 0。为此，在 74161 的 $\overline{CLR}$ 端外接一个复位信号 RST，加电后首先使 RST 为 0，在 74161 可靠清 0 后再使 RST 保持 1。

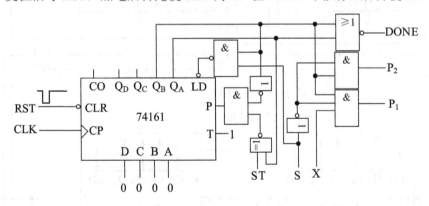

图 5-9　用 74161 构成的"1"数统计系统控制器电路

5.2　节日彩灯控制系统设计

节日彩灯能够美化生活，增添节日的喜庆气氛，在现代的大都市应用非常广泛。虽然第 4 章习题 4-27 中也曾涉及到一个彩灯控制电路，但它只有一种演示花型，比较单调，用

时序电路的设计步骤、方法就可以完成设计。当要求彩灯的演示花型较多时，采用系统设计的办法是一种比较好的解决方案，本节介绍的节日彩灯控制系统就是这方面的一个设计实例。

5.2.1　系统功能与使用要求

节日彩灯由采用不同色彩搭配方案的 16 路彩灯构成，有以下四种演示花型。

花型 1：16 路彩灯同时亮灭，亮、灭节拍交替进行。

花型 2：16 路彩灯每次 8 路灯亮，8 路灯灭，且亮、灭相间，交替亮灭。

花型 3：16 路彩灯先从左至右逐路点亮，到全亮后再从右至左逐路熄灭，循环演示。

花型 4：16 路彩灯分成左、右 8 路，左 8 路从左至右逐路点亮、右 8 路从右至左逐路点亮，到全亮后，左 8 路从右至左逐路熄灭，右 8 路从左至右逐路熄灭，循环演示。

要求彩灯亮、灭一次的时间为 2 秒，每 256 秒自动转换一种花型。花型转换的顺序为：花型 1、花型 2、花型 3、花型 4，演示过程循环进行。

5.2.2　系统方案设计与逻辑划分

根据彩灯的亮灭规律，为了便于控制，决定采用移位型系统方案，即用移位寄存器模块的输出驱动彩灯，彩灯亮、灭和花型的转换通过改变移位寄存器的工作方式来实现。16 路彩灯需要移位寄存器模块的规模为 16 位，但为了便于实现花型 4 的演示花型，将其分为左、右两个 8 位移位寄存器模块 LSR8 和 RSR8。

由于彩灯亮、灭一次的时间为 2 秒，所以选择系统时钟 CLK 的频率为 0.5Hz，使亮灭节拍与系统时钟周期相同。此时，256 秒花型转换周期可以用一个模 128 的计数器对 CLK 脉冲计数来方便地实现定时，定时器模块取名为 T256S。

根据数据子系统和控制子系统的不同功能划分，上述两个 8 位移位寄存器模块 LSR8、RSR8 和 256 秒定时器模块 T256S 显然属于数据子系统，实现数据子系统操作控制功能的部分即为控制子系统，控制器模块取名为 CONTR。

为了方便操作，设置一个加电后的手工复位信号 RST。当 RST 有效时，将控制器模块 CONTR 置于合适的初始状态，使其从花型 1 开始演示；同时将定时器模块 T256S 异步清 0，使计时电路一开始就能正常工作。

节日彩灯控制系统的结构框图如图 5-10 所示。

结构框图中，CO 为定时器模块 T256S 的时间到输出，实际上就是模 128 计数器的进位输出，当 T256S 处于 127 时，CO 为 1。D_R、D_L 分别为移位寄存器模块的右移和左移串行数据输入端，M_1、M_0 为移位寄存器模块的方式控制端。当 $M_1 M_0 = 00$ 时，移位寄存器处于保持状态；当 $M_1 M_0 = 01$ 时，移位寄存器处于右移状态；当 $M_1 M_0 = 10$ 时，移位寄存器处于左移状态；当 $M_1 M_0 = 11$ 时，移位寄存器处于并行置数状态。

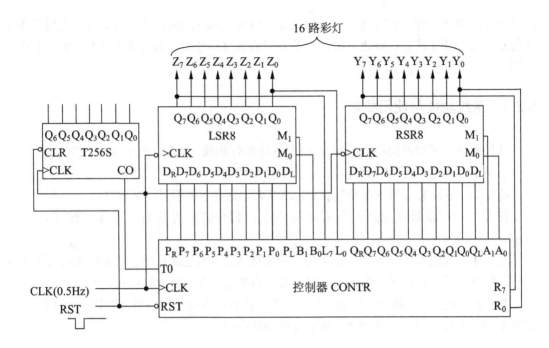

图 5-10　16 路彩灯控制系统结构框图

需要注意的是，结构框图中，控制器采用时钟上升沿触发，而移位寄存器采用时钟下降沿触发，其目的是使控制子系统先于移位寄存器动作，以便控制器在时钟上升沿过后就产生移位寄存器所需的控制信号，并使移位寄存器在时钟下降沿到来时完成相关操作。

5.2.3　控制算法设计

根据规定的彩灯亮灭规律，不难导出系统控制器的 ASM 图，如图 5-11 所示。其中，SR16 为 2 个 8 位移位寄存器模块 LSR8 和 RSR8 级联构成的 16 位移位寄存器，部分操作符号功能定义如下。

- SL0：将括号内指定的移位寄存器模块左移 1 位，右侧位移入 0。
- SL1：将括号内指定的移位寄存器模块左移 1 位，右侧位移入 1。
- SR0：将括号内指定的移位寄存器模块右移 1 位，左侧位移入 0。
- SR1：将括号内指定的移位寄存器模块右移 1 位，左侧位移入 1。

设计控制算法时，要注意保证判别条件 T0（即定时器 T256S 的时间到输出 CO）只可能在判别它的状态下能够为 1，否则，系统将不能正常工作。由于本系统中花型 1、花型 2 演示一遍需要 2 个时钟周期，花型 3 演示一遍需要 32 个时钟周期，花型 4 演示一遍需要 16 个时钟周期，而每种花型演示时间为 128 个时钟周期，所以，只要加电复位后控制器处于 S_0 状态，定时器处于 0 状态，且控制器和定时器同步工作，在每种花型的第 2 个状态判断 T0 的状态可以满足时序上的要求。

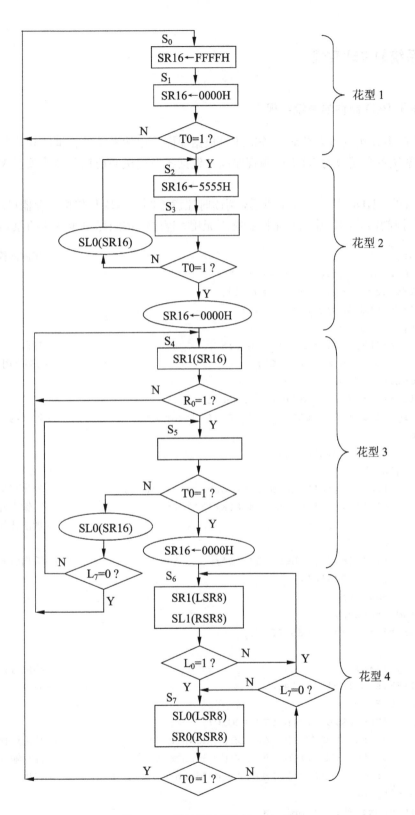

图 5-11 彩灯控制系统的 ASM 图

5.2.4 系统的物理实现

1. 基于 PLD 器件的系统实现

用 PLD 器件实现该系统时，关键还是根据前面给出的系统结构框图和控制器的 ASM 图，编写系统各个模块的 VHDL 源程序以及包括各个模块间连接关系的顶层 VHDL 描述文件。

本系统的 VHDL 源程序如下所示，阅读时注意控制器模块与移位寄存器模块的时序配合。此外，控制器的部分输出在某些状态下无用，程序中按照尽量少变化的原则产生输出。

```vhdl
library IEEE;                                       --定时器模块T256S
use IEEE.std_logic_1164.all;
use IEEE.std_logic_unsigned.all;
use IEEE.std_logic_arith.all;
entity T256S is
    port(CLR,CLK: in STD_LOGIC;                     --输入
        CO: out STD_LOGIC);                         --Q端不用，不定义
end entity T256S;
architecture T256S_ARCH of T256S is
    signal IQ: STD_LOGIC_VECTOR (6 downto 0);       --定义内部Q信号
begin
    process (CLR,CLK,IQ) is
    begin
        if (CLR='0') then IQ<=(others => '0');      --异步复位
        elsif (CLK'event and CLK='1') then          --时钟上升沿触发
                IQ<= IQ+1;                          --加法计数
        end if;
        if (IQ=127) then CO<='1';                   --输出CO=1
        else CO<='0';
        end if;
    end process;
end architecture T256S_ARCH;


library IEEE;                                       --移位寄存器模块SR8
use IEEE.std_logic_1164.all;                        --(LSR8、RSR8相同)
entity SR8 is
    port(CLK,DR,DL : in STD_LOGIC;
        M: in  STD_LOGIC_VECTOR(1 downto 0);        --功能选择
        D: in  STD_LOGIC_VECTOR(7 downto 0);        --并行输入
        Q: out  STD_LOGIC_VECTOR(7 downto 0));      --输出
end entity SR8;
architecture RTL of SR8 is
    signal IQ: STD_LOGIC_VECTOR(7 downto 0);        --定义内部Q信号
```

```vhdl
begin
        process (CLK) is
        begin
            if (CLK'event and CLK='0') then          --时钟下降沿触发
                    case M is
                            when "00" => null          --M=0保持
                            when "01" => IQ <= DR & IQ(7 downto 1); --M=1右移
                            when "10" => IQ <= IQ(6 downto 0) & DL; --M=2左移
                            when "11" => IQ <= D;          --M=3并行置数
                            when others => null; --STD_LOGIC_VECTOR为9值系统
                    end case;
            end if;
            Q <= IQ;
        end process;
end architecture RTL;

library IEEE;                                    --控制器模块CONTR
use IEEE.std_logic_1164.all;
entity CONTR is
    port (RST,CLK,T0,L7,L0,R7,R0: in STD_LOGIC;      --输入
            PR,PL,QR,QL: out STD_LOGIC;              --输出
            P,Q: out STD_LOGIC_VECTOR(7 downto 0);   --输出
            A,B: out STD_LOGIC_VECTOR(1 downto 0));  --输出
end entity CONTR;
architecture CONTR_ARCH of CONTR is
    type STATE_TYPE is (S0,S1,S2,S3,S4,S5,S6,S7) ;   --自定义状态类型
    signal STATE: STATE_TYPE;
begin
    CIRCUIT_STATE: process (RST,CLK) is              --控制器状态进程
    begin
        if (RST='0') then STATE<=S0;                 --异步预置初始状态
        elsif (CLK'event and CLK='1') then           --时钟上升沿触发
            case STATE is
                when S0 => STATE <= S1;
                when S1 => if (T0='0') then STATE <= S0;
                            else STATE <= S2;
                            end if;
                when S2 => STATE <= S3;
                when S3 => if (T0='0') then STATE <= S2;
                            else STATE <= S4;
                            end if;
                when S4 => if (R0='0') then STATE <= S4;
                            else STATE <= S5;
                            end if;
                when S5 => if (T0='0') then
```

```
                                    if  (L7='1')  then STATE <= S5;
                                    else STATE <= S4;
                                    end if;
                               else STATE <= S6;
                               end if;
                when S6 => if (L0='0') then STATE <= S6;
                               else STATE <= S7;
                               end if;
                when S7 => if (T0='1') then STATE <= S0;
                               elsif (L7='1') then STATE <= S7
                               else STATE <= S6;
                               end if;
           end case;
       end if;
   end process CIRCUIT_STATE;
   OUTPUT: process (STATE,T0) is                              --输出进程
   begin
       case STATE is
               when S0=> PR<='1';PL<=R7; P<="11111111"; B<="11";
                               QR<=L0;QL<='0'; Q<="11111111"; A<="11";
               when S1=> PR<='1';PL<=R7; P<="00000000"; B<="11";
                               QR<=L0;QL<='0'; Q<="00000000"; A<="11";
               when S2=> PR<='1';PL<=R7; P<="01010101"; B<="11";
                               QR<=L0;QL<='0'; Q<="01010101"; A<="11";
               when S3=>if (T0='0') then
                               PR<='1';PL<=R7; P<="01010101"; B<="10";
                               QR<=L0;QL<='0'; Q<="01010101"; A<="10";
                       else
                               PR<='1';PL<=R7; P<="00000000"; B<="11";
                               QR<=L0;QL<='0'; Q<="00000000"; A<="11";
                       end if;
               when S4=> PR<='1';PL<=R7; P<="11111111"; B<="01";
                               QR<=L0;QL<='0'; Q<="11111111"; A<="01";
               when S5=>if (T0='0') then
                               PR<='1';PL<=R7; P<="11111111"; B<="10";
                               QR<=L0;QL<='0'; Q<="11111111"; A<="10";
                       else
                               PR<='1';PL<='0'; P<="00000000"; B<="11";
                               QR<='0';QL<='1'; Q<="00000000"; A<="11";
                       end if;
               when S6=>PR<='1';PL<='0'; P<="11111111"; B<="01";
                               QR<='0';QL<='1'; Q<="11111111";A<="10";
               when S7=> PR<='1';PL<='0'; P<="11111111"; B<="10";
                               QR<='0';QL<='0'; Q<="11111111"; A<="01";
       end case;
```

```
            end process OUTPUT;
end architecture CONTR_ARCH;

library IEEE;                                           --顶层描述
use IEEE.std_logic_1164.all;
use IEEE.std_logic_unsigned.all;
use IEEE.std_logic_arith.all;
entity LIGHT is
        port (RST,CLK: in STD_LOGIC;                   --输入
                Y,Z: buffer STD_LOGIC_VECTOR(7 downto 0)); --输出输入
end entity LIGHT;
architecture LIGHT_ARCH of LIGHT is
    signal T0,PR,PL,QR,QL: STD_LOGIC;                  --定义内部信号
    signal P,Q: STD_LOGIC_VECTOR(7 downto 0);
    signal A,B: STD_LOGIC_VECTOR(1 downto 0);
    component T256S is                                 --T256S元件定义
        port(CLR,CLK: in STD_LOGIC;                    --输入
            CO: out STD_LOGIC);                        --Q端不用，不定义
    end component T256S;
    component SR8 is                                   --SR8元件定义
        port(CLK,DR,DL : in STD_LOGIC;
            M: in  STD_LOGIC_VECTOR(1 downto 0);       --功能选择
            D: in  STD_LOGIC_VECTOR(7 downto 0);       --并行输入
            Q: out  STD_LOGIC_VECTOR(7 downto 0));     --输出
    end component SR8;
    component CONTR is                                 --控制器元件定义
        port (RST,CLK,T0,L7,L0,R7,R0: in STD_LOGIC;    --输入
            PR,PL,QR,QL: out STD_LOGIC;                --输出
            P,Q: out STD_LOGIC_VECTOR(7 downto 0);     --输出
            A,B: out STD_LOGIC_VECTOR(1 downto 0));    --输出
    end component CONTR;
begin                                                  --元件映射
    u1: T256S port map(CLR=>RST,CLK=>CLK,CO=>T0);      --T256S连接
    u2: SR8 port map(CLK=>CLK, DR=>PR,DL=>PL,D=>P, M=>B,Q=>Z); --LSR8连接
    u3: SR8 port map(CLK=>CLK, DR=>QR,DL=>QL,D=>Q,M=>A,Q=>Y);  --RSR8连接
    u4: CONTR port map (RST=>RST,CLK=>CLK,T0=>T0,L7=>Z(7),L0=>Z(0),
                    R7=>Y(7), R0=>Y(0),PR=>PR,PL=>PL,QR=>QR,QL=>QL,
                    P=>P,Q=>Q,A=>A,B=>B);              --CONTR连接
end architecture LIGHT_ARCH of LIGHT;
```

2. 基于标准 MSI 器件的系统实现

采用标准 MSI 器件实现该系统时，必须首先对图 5-10 所示结构框图中的数据子系统进行分解，以便用具体芯片实现。本系统的数据子系统并不复杂，分解工作比较容易进行。

256 秒定时器模块 T256S 可以用两片 74161 级联实现，由于模为 128 且需要产生进位

输出，因此必须将两片74161级联为128进制的程控计数器。对于两个移位寄存器模块LSR8和RSR8，用74198实现非常方便，但需要将时钟脉冲CLK反相后接74198的CP端，以便满足时序要求。

细化数据子系统结构后的16路彩灯控制系统硬件结构框图如图5-12所示。

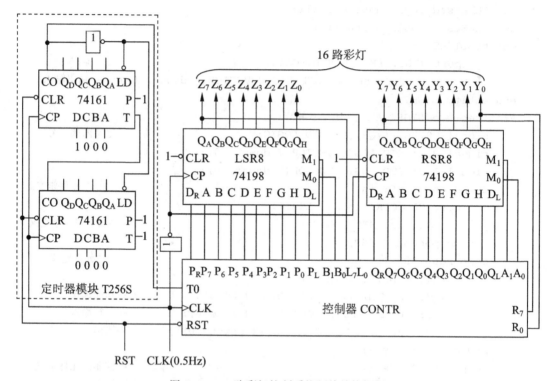

图5-12 16路彩灯控制系统硬件结构框图

下面，根据图5-11所示ASM图来设计硬件实现的控制子系统。因为控制子系统需要异步复位功能，所以选择74161作为控制器的状态存储芯片。

从图5-11所示ASM图可知，16路彩灯控制系统的控制器一共有8个状态。因此，只需要使用74161的$Q_C Q_B Q_A$即可。74161的控制激励表如表5-2所示。由于不使用74161的清0和保持功能，74161的$\overline{CLR}$、P、T没有列于表中，画电路时，这些输入端都接逻辑1。

根据控制激励表写出部分激励和输出表达式为

$$D=0 \qquad C=Q_C \qquad B=Q_B \qquad A=Q_C Q_A L_7$$

$$P_R=1 \quad P_L=(Q_C \oplus Q_B)R_7 \quad Q_R=\overline{Q_A} L_0 \quad Q_L=\overline{Q_A}$$

$$P_7=\overline{Q_B+Q_A}=P_5=P_3=P_1=Q_7=Q_5=Q_3=Q_1$$

$$P_6=\overline{Q_C+Q_A}=P_4=P_2=P_0=Q_6=Q_4=Q_2=Q_0$$

表 5-2　74161 的控制激励表

现态 PS	条件				次态 NS	工作方式	$\overline{LD}$	D C B A	控制信号输出																								
$S_I(Q_CQ_BQ_A)$	L_7	L_0	R_0	T0	$S_I(Q_CQ_BQ_A)$	方式		D C B A	B_1	B_0	P_R	P_7	P_6	P_5	P_4	P_3	P_2	P_1	P_0	P_L	A_1	A_0	Q_R	Q_7	Q_6	Q_5	Q_4	Q_3	Q_2	Q_1	Q_0	Q_L
$S_0(000)$	Φ	Φ	Φ	Φ	$S_1(001)$	计数	1	Φ Φ Φ Φ	1	1	Φ	1	1	1	1	1	1	1	1	Φ	1	1	Φ	1	1	1	1	1	1	1	1	Φ
$S_1(001)$	Φ	Φ	Φ	0	$S_0(000)$	置数	0	0 0 0 0	1	1	Φ	0	0	0	0	0	0	0	0	Φ	1	Φ	Φ	0	0	0	0	0	0	0	0	Φ
	Φ	Φ	Φ	1	$S_2(010)$	计数	1	Φ Φ Φ Φ	1	1	Φ	1	1	1	1	1	1	1	1	Φ	1	1	Φ	1	1	1	1	1	1	0	1	Φ
$S_2(010)$	Φ	Φ	Φ	Φ	$S_3(011)$	计数	1	Φ Φ Φ Φ	1	1	Φ	1	1	1	1	1	1	R_7	Φ	Φ	1	0	Φ	0	0	0	0	0	0	0	0	0
	Φ	Φ	Φ	Φ	$S_2(010)$	置数	0	0 0 1 0	1	1	Φ	0	0	0	0	0	0	0	0	Φ	1	0	Φ	0	0	0	0	0	0	0	0	Φ
$S_3(011)$	Φ	Φ	Φ	0	$S_4(100)$	计数	1	Φ Φ Φ Φ	1	1	Φ	1	1	1	1	1	1	1	1	Φ	0	1	L_0	1	1	1	1	1	1	1	1	Φ
	Φ	Φ	0	1	$S_4(100)$	置数	0	0 1 0 0	0	1	Φ	0	0	0	0	0	0	0	0	Φ	0	1	Φ	0	0	0	0	0	0	0	0	0
$S_4(100)$	Φ	Φ	0	0	$S_5(101)$	计数	1	Φ Φ Φ Φ	1	0	Φ	0	0	0	0	0	0	0	0	Φ	0	1	Φ	0	0	0	0	0	0	0	0	0
	Φ	Φ	0	1	$S_4(100)$	置数	0	0 1 0 0	1	1	Φ	0	0	0	0	0	0	0	0	Φ	0	1	Φ	0	0	0	0	0	0	0	0	Φ
$S_5(101)$	0	Φ	Φ	0	$S_5(101)$	置数	0	0 1 0 1	1	0	Φ	0	0	0	0	0	0	R_7	0	Φ	R_7	0	Φ	0	0	0	0	0	0	0	0	0
	1	Φ	Φ	0	$S_6(110)$	计数	1	Φ Φ Φ Φ	1	0	Φ	0	0	0	0	0	0	0	0	Φ	0	1	Φ	0	0	0	0	0	0	0	0	Φ
$S_6(110)$	Φ	Φ	Φ	1	$S_6(110)$	置数	0	0 1 1 0	1	1	Φ	0	0	0	0	0	0	0	0	Φ	0	1	Φ	0	0	0	0	0	0	0	0	Φ
	Φ	Φ	Φ	0	$S_7(111)$	计数	1	Φ Φ Φ Φ	1	0	Φ	0	0	0	0	0	0	0	0	Φ	0	1	Φ	0	0	0	0	0	0	0	0	1
$S_7(111)$	Φ	1	Φ	Φ	$S_6(110)$	置数	0	0 1 1 0	0	1	Φ	0	0	0	0	0	0	0	0	Φ	0	1	Φ	0	0	0	0	0	0	0	0	Φ
	1	Φ	Φ	0	$S_7(111)$	置数	0	0 1 1 1	1	0	Φ	0	0	0	0	0	0	0	0	Φ	0	1	Φ	0	0	0	0	0	0	0	0	Φ
	Φ	Φ	Φ	1	$S_0(000)$	计数	1	Φ Φ Φ Φ	1	0	Φ	0	0	0	0	0	0	0	0	Φ	0	1	Φ	0	0	0	0	0	0	0	0	Φ

$\overline{\text{LD}}$、B_1、B_0、A_1、A_0 的表达式比较复杂，直接用数据选择器实现比较方便，其数据选择表如表 5-3 所示。

表 5-3 数据选择表

$Q_C\,Q_B\,Q_A$	$\overline{\text{LD}}$	B_1	B_0	A_1	A_0
0 0 0	1	1	1	1	1
0 0 1	T0	1	1	1	1
0 1 0	1	1	1	1	1
0 1 1	T0	1	T0	1	T0
1 0 0	R_0	0	1	0	1
1 0 1	T0	1	T0	1	T0
1 1 0	L_0	0	1	0	1
1 1 1	T0	1	0	0	1

根据上述表达式和数据选择表，画出彩灯控制系统的控制器电路如图 5-13 所示。为了保证开始工作时控制器处于 S_0（000）状态，加电后首先通过复位信号 RST 将控制器异步清 0。

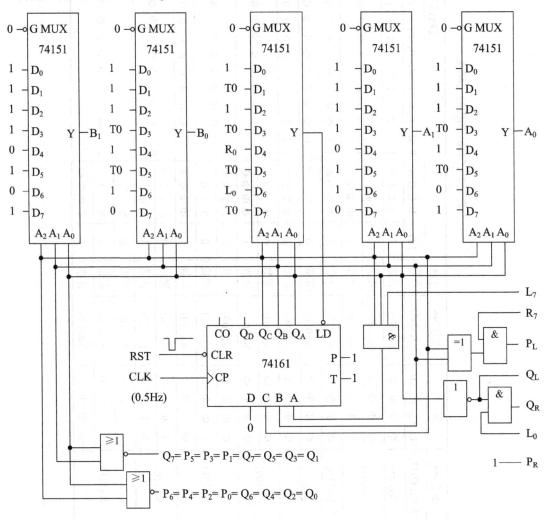

图 5-13 以 74161 为核心构成的彩灯控制系统硬件控制器电路

5.3　15 位二进制数密码锁系统设计

密码锁是现实生活中的安全卫士，在保护人们的财产安全、隐私安全甚至生命安全方面起着非常重要的作用。例如密码旅行箱，只有当使用者正确输入预置的密码时才能打开；再如防盗保险柜和智能防盗门，当盗窃者连续几次输错密码时，它们还会报警。

本节介绍的 15 位二进制数密码锁系统，有多达 32 768 种密码组合，密码性能介于 4~5 位十进制数密码之间，可以满足一般场合的使用要求。

5.3.1　系统功能与使用要求

15 位二进制数密码锁系统的基本功能和使用要求如下：
- 具有密码预置功能。
- 输入密码采用串行方式，输入过程中不提供密码数位信息。
- 当输入 15 位密码完全正确时，密码锁打开。密码锁一旦打开，只有按下 RST 复位键时才能脱离开锁状态，并返回初始状态。
- 密码输入过程中，只要输错 1 位密码，系统便进入错误状态。此时，只有按下 RST 复位键才能脱离错误状态，返回初始状态。
- 如果连续 3 次输错密码，系统将报警。一旦报警，将清除错误次数记录，且只有按下 RST 复位键才能脱离报警状态，返回初始状态。

5.3.2　系统方案设计与逻辑划分

密码锁系统可以有多种系统方案。如果仅从密码比较的方式看，则有并行比较和串行比较两种不同的系统方案。

所谓并行比较方案，就是依次将键入密码移入移位寄存器中保存起来，待 15 位密码输入完毕时，再和预置密码进行并行比较。如果输入 15 位密码正确，则打开密码锁。如果输入 15 位密码错误，则不仅不能打开密码锁，而且当连续 3 次输错密码时，系统还将报警。

所谓串行比较方案，就是每输入 1 位密码，立即和预置的该位密码进行比较。如果该位密码输入正确，则继续接收键入的密码，并在 15 位正确密码输入后打开密码锁。如果输入过程中发现有 1 位密码输入错误，则不再继续接收键入的密码，当连续 3 次输错密码时，系统报警。

两种系统方案相比，串行比较方案所需要的成本较低。因为仅仅从密码接收和比较方式看，并行比较方案必须接收完 15 位输入密码后才能进行密码的比较，因此不仅需要用一个 15 位移位寄存器把输入密码保存起来，而且还需要用一个 15 位并行比较器完成密码的比较；而串行比较方案则不同，它每输入 1 位密码便比较 1 位密码，既不需要保存输入的密码，也不需要使用并行比较器，只需要一个异或门即可完成 1 位密码比较。因此，本系统决定采用串行比较方案。

下面对采用串行比较方案的 15 位二进制数密码锁系统进行逻辑划分，以便导出系统结构框图。

在串行比较方案中，可以用一个 16 位移位寄存器模块 SR16 来完成 15 位预置密码的移位并记忆输入密码的位数，另外再用一个模 4 加法计数器模块 ER4 来记忆输错密码的次数。这两个模块完成数据操作功能，所以划入数据子系统中。1 位密码的比较、数据子系统所需要的控制信号的产生以及报警和开锁信号的产生等其他控制功能所需电路，则归入控制子系统中，控制器模块取名为 CONTR。

除了根据功能和使用要求设置 0、1 两个密码输入键信号 K_0、K_1 和一个开锁控制信号 LKOP、一个报警控制信号 LARM、一个操作控制信号 RST 外，为了便于使用，系统还另外设置一个启动信号 ST 和一个控制器异步复位信号 CLR。这些信号中，除了 K_0、K_1 和 CLR 为低电平有效外，其他信号都是高电平有效。

根据上面的设计，画出 15 位二进制数密码锁系统的结构框图，如图 5-14 所示。

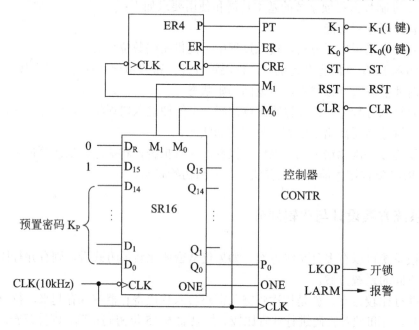

图 5-14　15 位二进制数密码锁系统的结构框图

16 位移位寄存器模块 SR16 中，M_1、M_0 为方式控制输入端。当 $M_1M_0=00$ 时，SR16 处于保持状态；当 $M_1M_0=01$ 时，SR16 处于右移状态；当 $M_1M_0=11$ 时，SR16 处于并行置数状态。D_R 为 SR16 的右移串行数据输入端，$D_{15}\sim D_0$ 为 SR16 的并行数据输入端，$Q_{15}\sim Q_0$ 为 SR16 的并行数据输出端。ONE 为 SR16 的"1"态输出端，当 SR16 的 $Q_{15}\sim Q_0$ 中只有 Q_0 为 1 时 ONE=1。ONE=1 说明原来通过 D_{15} 预置到 Q_{15} 中的"1"已经移到了 Q_0，表明 15 位密码已经输入完毕，且输入密码完全正确。因为输入过程中一旦输错 1 位密码，便会进入错误状态，SR16 不再移位，因此 ONE 不可能为 1。所以，ONE=1 是 15 位密码输入完毕且完全正确的一个重要标志。

模 4 加法计数器模块 ER4 中，CLR 为异步清 0 端，P 为计数使能端，ER 为错误状态输出端。当 CLR 为低电平时，ER4 异步清 0；当 P=1 时，ER4 在时钟下降沿加法计数；当

ER4 处于"11"状态时，输出信号 ER=1，表明密码输入者已经连续 3 次输错密码，控制器将发出报警信号。

5.3.3　控制算法设计

根据密码锁系统的结构框图和工作原理，导出控制器的 ASM 图如图 5-15 所示。其中，Kp 为预置的 15 位二进制数密码，SR0 为将 SR16 右移 1 位且左侧位移入 0。K 和 S 为两个中间信号，分别为

$$K = \overline{K_1 K_0} \qquad\qquad S = P_0 \oplus K_0$$

由于密码输入信号 K_1、K_0 为低电平有效，因此，K=0 表示没有按下密码输入键，K=1 表示有密码输入键按下。由于 P_0 为预置密码的当前位，而 S 又是在 K=1 的前提条件下查

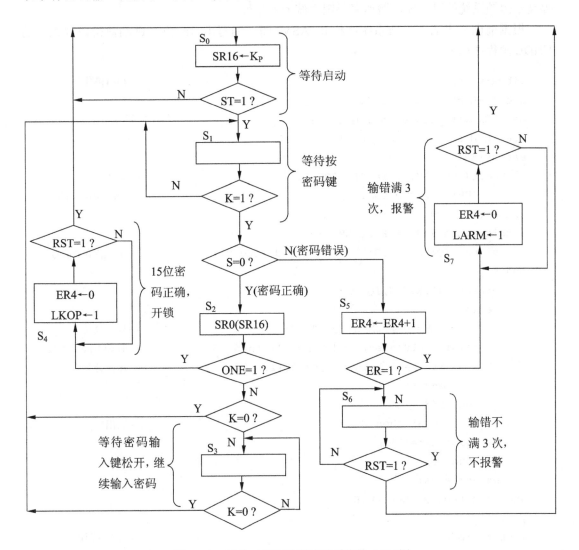

图 5-15　15 位二进制数密码锁系统的 ASM 图

询的，此时 K_1、K_0 中必有一个为 0，因此，S=0 表示当前输入的密码位和预置的相应密码位相同，即输入密码位正确；S=1 表示当前输入的密码位和预置的相应密码位不同，即输入密码位错误。例如，假设预置密码的当前位 P_0 为 1，若 K_0=0，则说明按下的是 0 键，此时 S=1，说明密码输入错误；若 K_0=1，则说明按下的不是 0 键而是 1 键，此时 S=0，说明密码输入正确。

5.3.4 系统的物理实现

1. 基于 PLD 器件的系统实现

采用 PLD 器件实现密码锁系统，可以降低密码锁系统的功耗，减小密码锁系统的体积，提高密码锁系统的可靠性，增加密码锁系统的实用性。

根据前面导出的密码锁系统结构和 ASM 图，编写出 15 位二进制数密码锁系统的 VHDL 源程序如下：

```vhdl
library IEEE;                                      --ER4模块
use IEEE.std_logic_1164.all;
use IEEE.std_logic_unsigned.all;
use IEEE.std_logic_arith.all;
entity ER4 is
    port(CLR,CLK,P: in STD_LOGIC;                  --输入
        ER: out STD_LOGIC);                        --Q端不用，不定义
end entity ER4;
architecture ER4_ARCH of ER4 is
    signal IQ: STD_LOGIC_VECTOR (1 downto 0);      --定义内部Q信号
begin
    process (CLR,CLK,IQ) is
    begin
        if (CLR='0') then IQ<="00";                --异步复位
        elsif (CLK'event and CLK='0') then         --时钟下降沿触发
            if (P='1') then IQ<= IQ+1;             --加法计数
            end if;
        end if;
        if (IQ=3) then ER<='1';                    --输出ER=1
        else ER<='0';
        end if;
    end process;
end architecture ER4_ARCH;

library IEEE;                                      --SR16模块
use IEEE.std_logic_1164.all;
use IEEE.std_logic_unsigned.all;                   --IQ=1需要使用
```

```
entity SR16 is
    port(CLK, DR: in STD_LOGIC;
        M: in STD_LOGIC_VECTOR (1 downto 0);          --方式控制输入
        D: in STD_LOGIC_VECTOR (15 downto 0);         --预置密码输入
        Q0, ONE: out STD_LOGIC);                      --输出
end entity SR16;
architecture SR16_ARCH of SR16 is
    signal IQ: STD_LOGIC_VECTOR (15 downto 0);        --定义内部Q信号
begin
    process (CLK,IQ) is
    begin
        if (CLK'event and CLK='0') then               --时钟下降沿触发
            case M is
                when "00"=>null;                      --M=0,保持
                when "01"=> IQ<=DR&IQ(15 downto 1);   --M=1,右移
                when "10"=>null;                      --M=2,不用，保持
                when "11"=>IQ<=D;                     --M=3,并行置数
                when others=>null;          --STD_LOGIC_VECTOR为9值系统
            end case;
        end if;
        Q0<=IQ(0);
        if (IQ=1) then ONE=<='1';                     --ONE=1
        else ONE<='0';
        end if;
    end process;
end architecture SR16_ARCH;


library IEEE;                                         --CONTR模块
use IEEE.std_logic_1164.all;
entity CONTR is
    port (CLR,RST,ST,K1,K0,CLK,ONE,P0,ER: in STD_LOGIC;
        PT,CRE,LKOP,LARM: out STD_LOGIC;
        M: out STD_LOGIC_VECTOR(1 downto 0));
end entity CONTR;
architecture CONTR_ARCH of CONTR is
    type STATE_TYPE is (S0,S1,S2,S3,S4,S5,S6,S7) ;
    signal STATE: STATE_TYPE;
    signal K,S: STD_LOGIC;                            --定义中间信号K,S
begin
    K<=K1 nand K0;
    S<=P0 xor K0;
    CIRCUIT_STATE: process (CLR,CLK) is               --控制器状态进程
```

```
begin
    if (CLR='0') then STATE<=S0;                        --异步预置初始状态
    elsif (CLK'event and CLK='1') then                  --时钟上升沿触发
        case STATE is
            when S0 => if (ST='0') then STATE <= S0;
                        else STATE <= S1;
                        end if;
            when S1 => if (K='0') then STATE <= S1;
                        elsif (S='0') then STATE <= S2;
                        else STATE <= S5;
                        end if;
            when S2 => if (ONE='1') then STATE <= S4;
                        elsif (K='0') then STATE <= S1;
                        else STATE <= S3;
                        end if;
            when S3 => if (K='0') then STATE <= S1;
                        else STATE <= S3;
                        end if;
            when S4 => if (RST='1') then STATE <= S0;
                        else STATE <= S4;
                        end if;
            when S5 => if (ER='1') then STATE <= S7;
                        else STATE <= S6;
                        end if;
            when S6 => if (RST='1') then STATE <= S0;
                        else STATE <= S6;
                        end if;
            when S7 => if (RST='1') then STATE <= S0;
                        else STATE <= S7;
                        end if;
        end case;
    end if;
end process CIRCUIT_STATE;
    with STATE select                                   --输出M
        M<="11" when S0, "01" when S2, "00" when others;
    with STATE select                                   --输出PT
        PT<='1' when S5,'0' when others;
    with STATE select                                   --输出CRE
        CRE<='0' when S4|S7,'1' when others;
    with STATE select                                   --输出LKOP
        LKOP<='1' when S4,'0' when others;
    with STATE select                                   --输出LARM
```

```
                LARM<='1' when S7, '0' when others;
    end architecture CONTR_ARCH;


    library IEEE;                                        --顶层描述
    use IEEE.std_logic_1164.all;
    use IEEE.std_logic_unsigned.all;
    use IEEE.std_logic_arith.all;
    entity CIPHER is
            port (CLR,RST,ST,K1,K0,CLK,DR: in STD_LOGIC;
                D: in STD_LOGIC_VECTOR(15 downto 0);
                LKOP,LARM: out STD_LOGIC);
    end entity CIPHER;
    architecture CIPHER_ARCH of CIPHER is
        signal PT,ER,CRE,P0,ONE: STD_LOGIC;              --定义内部信号
        signal M: STD_LOGIC_VECTOR(1 downto 0);
        component ER4 is                                 --ER4元件定义
            port(CLR,CLK,P: in STD_LOGIC;
                ER: out STD_LOGIC);
        end component ER4;
        component SR16 is                                --SR16元件定义
            port(CLK, DR: in STD_LOGIC;
                M: in STD_LOGIC_VECTOR (1 downto 0);
                D: in STD_LOGIC_VECTOR (15 downto 0);
                Q0, ONE: out STD_LOGIC);
        end component SR16;
        component CONTR is                               --控制器元件定义
            port (CLR,RST,ST,K1,K0,CLK,P0,ONE,ER: in STD_LOGIC;
                PT,CRE,LKOP,LARM: out STD_LOGIC;
                M: out STD_LOGIC_VECTOR(1 downto 0));
        end component CONTR;
    begin                                                --元件映射
        gen1: ER4 port map(CLK=>CLK,CLR=>CRE, ER=>ER,P=>PT);
        gen2:SR16 port map(CLK=>CLK,M=>M, D=>D, DR=>DR,ONE=>ONE,Q0=>P0);
        gen3:CONTR port map (CLR=>CLR,RST=>RST,ST=>ST, K1=>K1, K0=>K0,
                            CLK=>CLK,ONE=>ONE,P0=>P0,ER=>ER,PT=>PT,
                            CRE=>CRE,LKOP=>LKOP,LARM=>LARM,M=>M);
    end architecture CIPHER_ARCH;
```

2. 基于标准 MSI 器件的系统实现

当采用标准 MSI 器件实现系统时,首先将图 5-14 所示结构框图中的数据子系统细化。该系统的数据子系统仍然比较简单,细化非常容易。ER4 模块可以用一片 74161 连接为模 4 计数器实现,SR16 模块也可以用两片 74198 级联构成,但必须用逻辑门实现 "1" 态输出

ONE 的识别功能。细化数据子系统后的 15 位二进制数密码锁系统结构框图如图 5-16 所示。

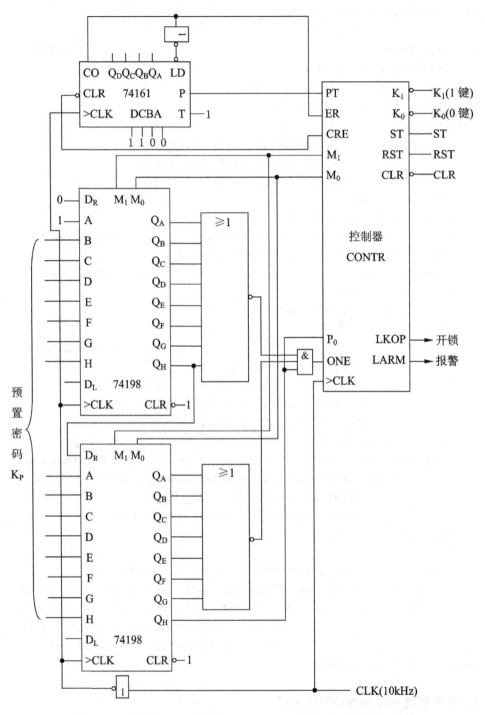

图 5-16　细化数据子系统后的 15 位二进制数密码锁系统结构框图

下面，仍然以 74161 为核心来实现该系统的硬件控制器电路。根据图 5-15 所示 ASM 图，列出 74161 的控制激励表，如表 5-4 所示。

表 5-4　74161 的控制激励表

现态 PS $S_i(Q_CQ_BQ_A)$	ST	K	S	ONE	ER	RST	次态 NS $S_i(Q_CQ_BQ_A)$	工作方式	$\overline{LD}$	PT	D C B A	M_1	M_0	CRE	PT	LKOP	LARM
S_0(000)	0	Φ	Φ	Φ	Φ	Φ	S_0(000)	置数	0	ΦΦ	0 0 0 0	1	1	1	0	0	0
	1	Φ	Φ	Φ	Φ	Φ	S_1(001)	计数	1	11	Φ Φ Φ Φ						
S_1(001)	Φ	0	Φ	Φ	Φ	Φ	S_1(001)	置数	0	ΦΦ	0 0 0 1	0	0	1	0	0	0
	Φ	1	0	Φ	Φ	Φ	S_2(010)	计数	1	11	Φ Φ Φ Φ						
	Φ	1	1	Φ	Φ	Φ	S_5(101)	置数	0	ΦΦ	0 1 0 1						
S_2(010)	Φ	0	Φ	0	Φ	Φ	S_1(001)	置数	0	ΦΦ	0 0 0 1	0	1	1	0	0	0
	Φ	1	Φ	0	Φ	Φ	S_3(011)	计数	1	11	Φ Φ Φ Φ						
	Φ	Φ	Φ	1	Φ	Φ	S_4(100)	置数	0	ΦΦ	0 1 0 0						
S_3(011)	Φ	0	Φ	Φ	Φ	Φ	S_1(001)	置数	0	ΦΦ	0 0 0 1	0	0	1	0	0	0
	Φ	1	Φ	Φ	Φ	Φ	S_3(011)	置数	0	ΦΦ	0 0 0 1						
S_4(100)	Φ	Φ	Φ	Φ	Φ	0	S_4(100)	置数	0	ΦΦ	0 1 0 0	0	0	0	0	1	0
	Φ	Φ	Φ	Φ	Φ	1	S_0(000)	置数	0	ΦΦ	0 0 0 0						
S_5(101)	Φ	Φ	Φ	Φ	0	Φ	S_6(110)	计数	1	11	Φ Φ Φ Φ	0	0	1	1	0	0
	Φ	Φ	Φ	Φ	1	Φ	S_7(111)	置数	0	ΦΦ	0 1 1 1						
S_6(110)	Φ	Φ	Φ	Φ	Φ	0	S_6(110)	置数	0	ΦΦ	0 1 1 0	0	0	1	0	0	0
	Φ	Φ	Φ	Φ	Φ	1	S_0(000)	置数	0	ΦΦ	0 0 0 0						
S_7(111)	Φ	Φ	Φ	Φ	Φ	0	S_7(111)	置数	0	ΦΦ	0 1 1 1	0	0	0	0	0	1
	Φ	Φ	Φ	Φ	Φ	1	S_0(000)	计数	1	11	Φ Φ Φ Φ						

由表 5-4 可见，74161 的 P、T、D 表达式很简单，分别为

$$P=T=1 \qquad D=0$$

$\overline{LD}$、C、B、A 的表达式比较复杂，直接用八选一数据选择器产生比较方便，数据选择表如表 5-5 所示。

表 5-5　数据选择表

Q_C	Q_B	Q_A	$\overline{LD}$	C	B	A
0	0	0	ST	0	0	0
0	0	1	$K\overline{S}$	K	0	1
0	1	0	$\overline{K\,ONE}$	ONE	0	$\overline{ONE}$
0	1	1	0	0	K	1
1	0	0	0	$\overline{RST}$	0	0
1	0	1	$\overline{ER}$	1	1	1
1	1	0	0	$\overline{RST}$	$\overline{RST}$	0
1	1	1	RST	1	1	1

控制器的所有输出信号只与状态有关,而与条件输入无关,直接用 3 线/8 线译码器 74138 对 $Q_CQ_BQ_A$ 译码来产生控制信号比较方便。此时，输出控制信号的表达式为

$$M_1=Y_0 \qquad M_0=Y_0+Y_2$$
$$CRE=\overline{Y_4+Y_7} \qquad PT=Y_5$$
$$LKOP=Y_4 \qquad LARM=Y_7$$

根据上述表达式和数据选择表,画出 15 位二进制数密码锁系统的控制器电路如图 5-17 所示。注意，74138 是低电平译码输出有效的译码器，需要将输出控制信号表达式变形后

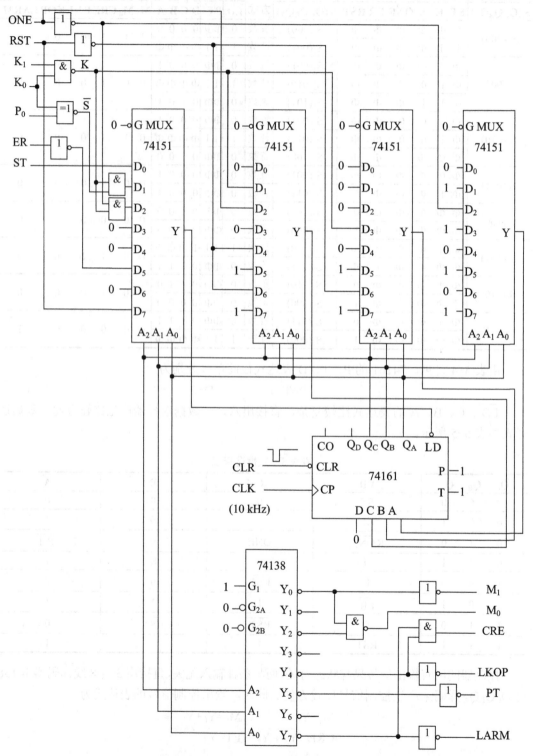

图 5-17　以 74161 为核心构成的 15 位二进制数密码锁系统硬件控制器电路

才能得到图示电路。此外，K 和 S 为中间信号，图中以原始信号画电路。

74161 的 CLR 端外接异步清 0 信号 CLR，用于加电后将 74161 异步清 0，使控制器处于 S_0（000）状态。

习 题 5

5-1 某数字系统用于计算 7 阶多项式 $P_7(x) = \sum_{i=0}^{7} p_i x^i$ 的值，试提出一种性能价格比较高的系统方案，并进行逻辑划分，画出系统的结构框图。

5-2 根据题 5-1 中导出的数字系统结构框图及其工作原理，导出控制器的 ASM 图。

5-3 将图 5-7 所示"1"数统计系统控制器的 ASM 图转换为控制状态图。

5-4 导出"101010"序列检测器的 ASM 图，假定允许输入序列码重叠，电路类型为摩尔型。

5-5 用 PLD 设计一个具有时、分、秒计时功能的数字钟，试编写数字钟计时电路的 VHDL 源程序。

5-6 根据题 5-2 中导出的 7 阶多项式求值系统控制器 ASM 图，编写控制器模块的 VHDL 源程序。

5-7 选择合适的器件，设计由题 5-2 中所导出的 ASM 图描述的 7 阶多项式求值系统的硬件控制器电路。

5-8 用 PLD 设计一个汽车尾灯控制电路，编写出 VHDL 源程序。已知汽车左、右两侧各有 3 个尾灯，亮灭规则如下：

（1）左转弯时，在左转弯开关 L 控制下，左侧 3 个尾灯按照图 5-18（a）所示规律周期性地亮灭（实心圈表示亮，空心圈表示灭）；

（2）右转弯时，在右转弯开关 R 控制下，右侧 3 个尾灯按照图 5-18（b）所示规律周期性地亮灭；

（3）在制动开关 Z 作用下，6 个尾灯同时亮。若在转弯情况下制动，则 3 个转向尾灯正常动作，另一侧的 3 个尾灯全亮。

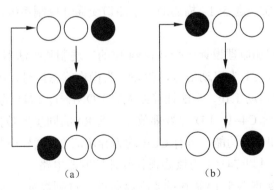

图 5-18 题 5-8 的图

5-9 铁道路口交通控制器的原始状态图如图 4-13 所示，试导出其 ASM 图，并编写出它的 VHDL 源程序。

5-10 以 4 位二进制数同步可预置加法计数器 74163 为核心，设计题 5-8 中描述的汽车尾灯控制电路。

5-11 以 4 位二进制数双向移位寄存器 74194 为核心，设计图 5-7 所示"1"数统计系统控制器 ASM 图描述的硬件控制器电路。要求 74194 以右移方式实现状态的顺序转换。

5-12 设计一个 8 路彩灯控制系统，要求彩灯明暗变换节拍均为 5 秒，两种节拍交替运行，有以下 3 种演示花型。

花型 1：8 路彩灯同时亮灭；

花型 2：8 路彩灯每次只有 1 路灯亮，各路彩灯依次循环亮；

花型 3：8 路彩灯每次 4 路灯亮，4 路灯灭，且亮灭相间，交替亮灭。

如果演示过程中需要转换花型，则只有当一种花型演示完毕才能转向其他演示花型。要求数据子系统以 74198 为核心，控制子系统以 74161 为核心。

5-13 改用 PLD 实现题 5-12 描述的 8 路彩灯控制系统，编写出完整的 VHDL 源程序。

5-14 以 74163 为核心，设计一个十字路口交通灯控制系统，其基本要求如下：

（1）主干道和支干道均有红、绿、黄三种信号灯。

（2）通常保持主干道绿灯、支干道红灯。只有当支干道有车时，才转为主干道红灯，支干道绿灯。

（3）绿灯转红灯过程中，先由绿灯转为黄灯。8 秒钟后，再由黄灯转为红灯，同时对方才由红灯转为绿灯。

（4）当两个方向同时有车来时，红、绿灯应每隔 72 秒变换一次（扣除绿灯转红灯过程中有 8 秒黄灯过渡，绿灯实际只亮 64 秒）。

（5）若仅在一个方向有车来时，按下列规则进行处理：

① 该方向原为红灯时，另一个方向立即由绿灯变为黄灯，8 秒钟后再由黄灯变为红灯，同时本方向由红灯变为绿灯；

② 该方向原为绿灯时，继续保持绿灯。一旦另一方向有车来时，作两个方向均有车处理。

5-15 改用 PLD 实现题 5-14 描述的十字路口交通灯控制系统，编写出系统的 VHDL 源程序。

5-16 采用移位相加原理设计一个 4 位×4 位的二进制数乘法器，已知系统的结构框图如图 5-19 所示，其中，ST 为启动信号，DONE 为操作状态信号，RST 为控制器的复位信号，当 ST=1 时系统才启动工作，乘法计算结束时 DONE=1；ENT 为计数器 CTR 的计数使能信号，当 CTR 为 4 时 C4=1；LD 为被乘数寄存器 R4 的同步置数控制信号；SR5 和 SR4 具有同步置数、右移和保持功能；所有 CLR 均为异步清 0。试导出数据子系统的详细结构和控制器的 ASM 图，并以 74161 为核心设计硬件控制器电路。

5-17 改用 PLD 实现题 5-14 描述的 4 位×4 位的二进制数乘法器，编写乘法器的 VHDL 源程序。

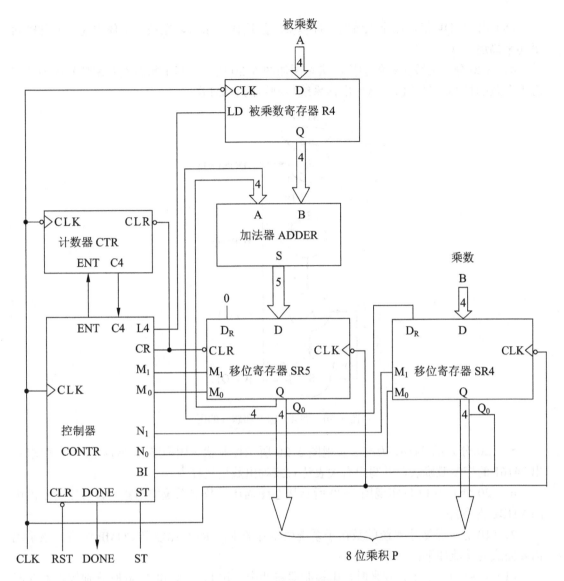

图 5-19　题 5-16 的图

自　测　题　5

1.（10 分）画出数字系统的一般结构框图，并说明各部分的作用。

2.（10 分）简述数字系统设计的一般过程。

3.（10 分）判断正误：

（1）大容量存储器因为容量很大，因此应该称为数字系统。（　　　）

（2）算法状态机是一种产生算法的机器。（　　　）

（3）ASM 图条件输出块中的操作在条件满足时将立即执行。（　　　）

（4）ASM 图是数字系统算法设计的唯一工具。（　　　）

（5）用 VHDL 描述数字系统时，各模块间的连接关系可以在顶层实体中通过元件映射语句来描述。（　　）

4．（20 分）某数字系统的控制状态图如图 5-20 所示，其中状态圈右侧括号内为该状态下有效的控制信号输出。试导出该系统控制器的 ASM 图。

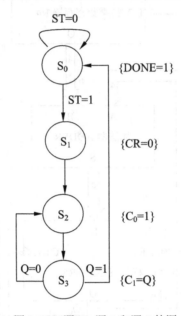

图 5-20　题 4、题 5 和题 6 的图

5．（20 分）以 74161 为核心实现图 5-20 所示控制状态图描述的硬件控制器，要求列出 74161 的控制激励表，并写出有关表达式或列出数据选择表。

6．（20 分）用 PLD 实现图 5-20 所示状态图描述的数字系统控制器，编写控制器模块的 VHDL 源程序。

7．（10 分）某数字系统的数据子系统由寄存器 R_1、R_2 和比较器 COMP 组成。该系统需要完成的功能如下：

（1）在启动信号 ST 到来时，由控制器将两个二进制数 X 和 Y 同时分别放入寄存器 R_1 和 R_2 中；

（2）对存入 R_1 和 R_2 寄存器中的两个数据进行比较，若 R_1 中的数大于或等于 R_2 中的数，则比较器输出 COMP=1，否则 COMP=0；

（3）如果 COMP=0，则将 R_1 和 R_2 中的数进行交换，并使 COMP=1；

（4）如果 COMP=1，则系统处于等待状态，直到新的启动信号到来。

试导出该数字系统的结构框图。

8．（附加题，10 分）导出第 7 题中数字系统控制器的 ASM 图。

第6章

电子设计自动化

在当今电子设计领域，数字设计的复杂程度在不断地增加，而设计的时限却越来越短。面对这样的情况，传统的手工设计方法已经远远不能够满足需求，大部分设计工作都需要在计算机上借助电子设计自动化（electronic design automation，EDA）软件工具来完成，EDA 已经成为现代数字设计的主要方式和重要手段。

就数字设计而言，电子设计自动化就是以计算机为工作平台，以 EDA 软件工具为开发环境，以硬件描述语言为设计语言，以可编程逻辑器件或专用集成电路（application specific integrated circuit, ASIC）为目标芯片，以各类电子产品为应用方向的数字电路和系统的自动化设计过程。

6.1 概 述

6.1.1 EDA 的发展历程

从 20 世纪 60 年代中期开始，人们就不断地开发出各种计算机辅助设计工具来帮助设计人员进行集成电路和电子系统的设计。近 40 年来，随着计算机软件、硬件水平的提高和集成电路技术的发展，EDA 技术的发展大致经历了计算机辅助设计（computer aided design，CAD）、计算机辅助工程（computer aided engineering，CAE）和电子设计自动化 EDA 三个阶段。

1. CAD 阶段（20 世纪 60 年代中期至 20 世纪 80 年代初）

在这个阶段，出现了一些简单的 CAD 工具，主要包括面向印刷电路版（printed circuit board，PCB）设计或集成电路 IC（integrated circuit）版图设计的交互式图形编辑和设计规则检查软件、原理图输入与编辑软件、逻辑仿真软件和电路分析软件。例如目前常用的 PCB 设计软件 Protel 的早期版本 Tango，著名的电路分析软件 SPICE（simulation program with integrated circuit emphasis），都是这个阶段的产品。

这个阶段的主要问题是软件功能比较单一，相互独立。由于各个工具软件都是分别针对设计流程中的某个阶段开发的，一个软件一般只能完成其中的一种工作，所以设计者不得不在设计流程的不同阶段分别调用不同的软件包。然而，由于不同的公司开发的工具之间的兼容性较差，为了使设计流程前一级软件的输出结果能够被后一级软件接受，就需要人工处理或再运行另外的转换程序，这往往非常繁琐，极大影响了设计效率。

2. CAE 阶段（20 世纪 80 年代初至 20 世纪 90 年代初）

20 世纪 80 年代，集成电路规模的不断扩大推动 EDA 技术有了较快的发展。在这个时期，出现了集成化的设计体系——CAE，多个设计软件被集成在一个统一的设计环境内，由设计系统对设计进程进行管理，设计数据以统一数据库的形式进行存取和交换。在 IC 设计领域，开始出现了逻辑综合软件和某些特定形式的 IC 版图的自动生成软件，大大提高了设计的自动化程度；同时，基于原理图的版图检查工具和分布参数的自动提取功能也得到了加强。可以说，这个时期的设计工具已经比较完善，设计者已经能够在一个设计环境中实现从逻辑图输入到 IC 版图（或 PCB 版图）输出的全程自动化设计。

3. EDA 阶段（20 世纪 90 年代以来）

20 世纪 90 年代以来，集成电路技术更是以惊人的速度发展，其目前的工艺水平已经达到深亚微米级，一个芯片上可以集成上亿只晶体管，工作频率可达 GHz。这不仅使片上系统 SOAC（system on a chip）的实现成为了可能，同时也给 EDA 技术提出了更高的要求，进一步促进了 EDA 的发展。

在这一阶段，出现了以高级硬件描述语言、高层次综合和高层次仿真技术为基本特征的第三代设计工具，使设计者开始实现"概念驱动工程"的梦想。设计师们摆脱了大量具体的、底层的设计工作，而把主要精力集中于创造性的设计方案、算法与概念构思上，从而极大地提高了系统设计的效率，缩短了产品的研制周期。

6.1.2 EDA 中的一些常用术语

1. 层次、领域

描述一个设计通常会涉及到两方面的问题：领域和层次。如表 6-1 所示，对于一个设计而言，可以分别从 3 个领域——行为域、结构域和物理域对其进行描述，每个领域又可分为 6 个层次：系统级、算法级（子系统级）、寄存器传输级（register transfer level，RTL）、逻辑级（门级）、开关级（晶体管级）和电路级。

在行为描述中，设计者把着眼点放在电路或系统能够实现什么功能、达到什么指标，而不管如何去实现。从概念上讲，纯行为描述就是输入和输出关系的描述，例如状态图就是一种寄存器传输级的行为描述方式，ASM 图则是一种算法级的行为描述方式。

在结构描述中，描述的是某一功能的抽象实现，即硬件结构，包括一些抽象的模块或器件以及它们之间的连接关系。结构描述的典型形式是网表文件或由抽象模块和符号组成的原理框图、电路图等。

在物理描述中，描述的是某一功能的具体的物理实现，也就是把结构描述中的抽象元件符号代之以真正的物理器件。例如，用 74161 来实现结构描述中的计数器模块，而一个系统的物理实现形式可以是一个 ASIC 芯片，也可以是一块电路板。

表 6-1　设计领域与层次

层　次	领　域		
	行　为　域	结　构　域	物　理　域
系统级	系统的功能、指标说明	方框图	ASIC、整机、电路板
算法级 （子系统级）	算法	子系统模块	ASIC、电路板
寄存器传输级	数据流向、状态转换	功能模块（如：ALU、存储器、计数器、译码器等）	标准 IC（MSI、LSI、VLSI）、ASIC 版图
逻辑级（门级）	布尔方程	逻辑门、触发器、锁存器	标准 SSI、ASIC 版图
开关级 （晶体管级）	布尔方程	晶体管	ASIC 版图
电路级	微分方程、电路定律	电阻、电容、晶体管	分立元件、ASIC 版图

需要说明的是，无论是领域还是层次，它们的边界都是可以重叠的，而且一个设计描述也可以是涉及多个领域和多个层次的混合形式。

2．综合、映射

设计的过程实际上就是设计的描述形式不断地从抽象到具体的变换过程。由表 6-1 可以看出，描述形式的变换存在于两个方向上：不同层次间的变换和不同域之间的变换。描述形式的变换可以用传统的手工设计方法完成，也可以用 EDA 软件自动完成。

（1）综合

所谓综合，是指设计描述从较高的层次向较低层次的变换过程。在目前的 EDA 领域中，综合通常是指从高一级的行为描述到低一级的结构描述的变换，常见的综合有行为（系统级）综合、逻辑（门级）综合和电路（晶体管级）综合。

行为综合是指从系统级（或算法级）行为描述到 RTL 结构描述的转换过程，这种综合的起点较高，也称为高层次综合；逻辑综合是指把 RTL 的行为描述变换成门级网表；电路综合是指将门级逻辑功能的描述变换成满足时序要求的晶体管网络结构。

（2）映射

所谓映射，是指设计描述在同一层次、不同域之间的变换。例如，在基于触发器的同步时序电路设计过程中，根据逻辑方程画出电路图就是在逻辑级从行为域到结构域的映射。

一般把根据功能要求完成行为描述的过程称为功能设计；把从行为描述转换到结构描述称为结构设计；把从结构描述转换到物理描述称为物理设计。

3．设计规则检查、仿真（模拟）、分析和形式验证

设计规则检查、仿真（模拟）、分析和形式验证都是设计过程中常用的保障技术，用于尽早发现设计中存在的错误，提高设计的效率。

（1）设计规则检查

设计规则检查（design rules check，DRC），就是检查设计的结果是否符合设计规则，主要应用于物理设计阶段。设计规则是一套供电路设计工程师和电路制造工程师进行沟通的规范，主要包括布线的最小宽度、线间的最小距离、电学性能等。

（2）仿真

仿真，又称模拟，它是指在设计全过程的某一中间阶段对已经初步设计好的电路进行功能性考察，其策略通常是利用仿真软件在设计的输入端给定激励信号，然后通过观察并分析输出的响应信号，确定设计是否达到了预期的目标。

在物理设计之前的仿真称为功能仿真（前仿真），其主要目的是检查设计是否达到了功能的要求；在物理设计之后，将获得的一些电路延迟、分布参数等信息回注到原来的设计中，再次进行仿真，这通常称为时序仿真（后仿真）。根据设计层次的不同，仿真也可分为电路级仿真、开关级仿真、逻辑仿真、RTL 仿真和高层次仿真（系统级和算法级），随着 EDA 工具的综合能力不断提升，仿真工具的级别也在不断提高。

需要注意的是，如果只采用仿真手段，即使对于电路功能的正确性，也很难做到全面的考察，因为这种手段严重地依赖于激励信号，仿真结果只是表明在给定的输入条件下电路做出了什么样的反应。

（3）分析

分析包括一般意义上的电路分析和时序分析。一般意义上的电路分析就是最低级别的电路仿真，它们的手段是一样的。在一个系统中，信号传输最慢的那条路径将限制系统时钟的最高工作频率或者说限制系统的最高工作速度。时序分析就是通过扫描整个系统网络，按照延迟的长短对各个信号传输路径进行排序，指出其中会影响系统最高工作速度的关键路径。

（4）形式验证

形式验证比仿真要严格得多，它是基于严密的理论体系，用理论证明和数学推导的方法来检查设计结果的正确性。

6.1.3　硬件描述语言

所谓硬件描述语言（hardware description language，HDL），就是一种能够以软件编程的方式描述硬件的功能、结构、信号连接关系和定时关系的计算机语言。

从 20 世纪 60 年代开始至今，许多集成电路生产厂家、EDA 软件开发商和科研机构共推出了上百种硬件描述语言。目前已经有 VHDL 和 Verilog HDL 两种 HDL 成为了 IEEE 标准，另外比较常用的还有硬件 C 语言、Logic Device 公司的 CUPL、Data I/O 公司的 ABEL（advanced boolean equation language）、Altera 公司 AHDL 等。

1. IEEE 标准 HDL——VHDL 和 Verilog HDL

前面已经对 VHDL 进行了比较详细的介绍，这里不再重复。Verilog HDL 是在 1983 年由 GDA（Gate Way Design Automation）公司的 Phil Moorby 首创的。1986 年，Moorby 提出了用于快速门级仿真的 Verilog XL 算法，使 Verilog HDL 得到了迅速发展；1989 年，Cadence 公司收购了 GDA 公司，Verilog HDL 成了 Cadence 公司的私有财产；1990 年，Cadence 公司决定公开发表 Verilog HDL，并成立了 OVI（Open Verilog International）组织来负责 Verilog HDL 的推广。基于 Verilog HDL 的优越性，Verilog HDL 于 1995 年成为了 IEEE 的另一个 HDL 标准，即 Verilog HDL 1364—1995；2001 年发布了 Verilog HDL 1364—2001 标准。在这

个标准中，加入了 Verilog HDL—A 标准，使 Verilog 有了描述模拟设计的能力。

与传统的电路图相比，VHDL 和 Verilog HDL 作为高级的硬件描述语言，更适合规模日益增大的数字系统设计。它们的突出优点是，能够在多个层次（系统级、算法级、寄存器传输级、逻辑门级和开关级）、多个领域（行为域和结构域）对硬件进行描述；支持不同层次上的综合与仿真；硬件描述与实现工艺无关，便于设计的复用和继承；规范了设计文档，便于设计的传递、交流、保存和修改。

VHDL 和 Verilog HDL 这两种语言又各有其自己的特点。一般认为，Verilog HDL 是从集成电路的设计中发展起来的，在门级电路、晶体管开关级电路的描述方面比 VHDL 强得多；VHDL 没有开关级和模拟设计的描述能力，但在系统级的抽象描述方面强于 Verilog HDL。目前，绝大多数的 EDA 软件都同时支持这两种硬件描述语言。

2. CUPL、ABEL 和 AHDL

与 VHDL 和 Verilog HDL 相比，CUPL、ABEL 和 AHDL 的功能相对比较简单，它们一般只适合于寄存器传输级和门级电路的描述，主要用于在可编程逻辑器件上开发一些规模不很大的数字电路或系统。

CUPL 和 ABEL 是早期的两种硬件描述语言，它们的语法都非常简单，支持逻辑电路的多种表达形式（逻辑方程、状态表、状态图），可以非常方便、准确地描述电路的逻辑功能。从目前的情况来看，这两种语言还会在小范围内继续存在。例如，Xilinx 公司的 ISE 系列软件、Lattice 公司的 ispEXPERT 和 ispLEVER 都支持 ABEL 语言；Protel99SE 中的 PLD 开发软件、Atmel 公司的 SPLD/CPLD 开发软件都采用 CUPL。

AHDL 中的 A 代表 Altera，它是 Altera 公司专用的硬件描述语言，专用于 Altera 公司的可编程逻辑器件开发，所以 AHDL 也只能在 Altera 公司提供的可编程逻辑器件集成开发环境（例如，MAX+plus II、Quartus II）中使用。

3. 硬件 C 语言

在目前大规模的数字系统设计中，通常既有软件设计又有硬件设计，设计人员也相应地被分为软件工程师和硬件工程师。软件工程师大多采用 C/C++等编程语言进行软件编程、仿真和验证，而硬件工程师则采用 VHDL、Verilog HDL 之类的硬件描述语言进行硬件电路的设计、仿真和验证。这种硬件设计和软件设计使用不同设计语言、不同开发环境的现象，给设计人员造成了很大的不便，增加了产品的开发成本和开发周期。

从 EDA 的发展趋势来看，建立软硬件描述语言体系、采用统一的语言进行软件和硬件开发是未来的一个发展方向，这样就能够实现软、硬件协同设计、仿真和验证，提高设计的效率。目前，在众多的软硬件描述语言体系中，比较成功的有 System C、Handle-C 和 SpecC。它们的基本部分都与 C/C++相同或相似，在 C/C++的基础上扩展了可用于硬件设计的基本功能，如具有并行性的过程语句、用于描述时间关系的时钟、硬件数据类型及用于层次化设计的模型、端口和信号等。

6.1.4 EDA 开发工具

EDA 开发工具是指以计算机硬件和系统软件为工作平台，汇集了计算机图形学、拓扑逻辑学、计算数学以及人工智能等多种计算机应用学科的最新成果而开发出来的用于电子系统自动化设计的应用软件。现代数字系统设计技术的发展主要体现在 EDA 领域，而 EDA 技术的关键之一就是 EDA 开发工具。如果没有 EDA 工具的支持，想要完成大规模、超大规模集成电路或复杂数字系统的设计是不可想象的。目前已经面世的 EDA 软件，可以按照两种方式进行简单分类。

- 按照计算机平台划分，可以分为基于工作站平台的软件和基于微机平台的软件。安装在工作站上的软件，一般档次都很高，功能比较强大；而微机软件则更加普及。
- 按照软件供应商的不同，也可以把 EDA 软件分成两大类：一类是半导体器件的生产厂商专门针对自己的产品而开发的 EDA 工具，如 Altera 的 MAX+plus II 和 Quartus II、Xillinx 的 ISE、Lattice 的 ispLEVER 等；另一类是由专业的 EDA 软件公司开发的专业 EDA 软件，一般被称为第三方 EDA 工具。半导体器件厂商开发的 EDA 工具的优点是能够紧密结合自己器件的工艺特点做出优化的设计；专业的 EDA 软件公司则独立于半导体器件厂商，推出的 EDA 工具有较好的兼容性，同时在技术上也比较先进。

在表 6-2 中列出了部分运行于微机平台的 EDA 软件。

表 6-2　部分常用的 EDA 软件简介

集成开发环境	
MAX+plus II、Quartus II	Altera 公司可编程逻辑器件的开发系统
ispEXPERT System ispDesign EXPERT、ispLEVER	Lattice 公司可编程逻辑器件的开发系统
ISE	Xillinx 公司可编程逻辑器件的开发系统
OrCAD	OrCAD 公司电路板级电子设计系统，包括原理图绘制、模拟电路与数字电路混合信号仿真、PCB 设计等
Protel	电路板级电子设计系统，包括原理图绘制、模拟电路与数字电路混合信号仿真、可编程逻辑器件设计、PCB 设计等
专业仿真工具	
Active-HDL	Aldec 公司的 VHDL/Verilog HDL 仿真工具
ModelSim	Mentor Graphics 公司的 VHDL/Verilog HDL 仿真工具
SPICE	模拟电路和数字电路混合仿真软件
Electronics Workbench	Interactive 公司模拟电路和数字电路混合仿真软件
专业综合工具	
FPGA Express、FPGA Compiler	Synopsys 公司的 VHDL/Verilog HDL 综合工具
Synplify	Synplicity 公司的 VHDL/Verilog HDL 综合工具
LeonardoSpectrum	Mentor Graphics 公司的 VHDL/Verilog HDL 综合工具
其他工具	
VISIO	流程图绘制工具
Timing Designer	时序图绘制工具
UltraEdit	一个编程人员广泛使用的编辑器

6.1.5　基于 ASIC 的现代数字系统设计方法

数字系统的设计方法是 EDA 的另一个关键所在。随着集成电路技术和 EDA 工具的发展，数字系统设计的理论和方法也发生了很大的变化，基于标准集成电路的传统数字系统设计方法已逐步被基于 ASIC 的现代数字系统设计方法所替代，数字系统的集成度、可靠性和设计过程的自动化程度都得到了很大的提高。

1. 基于 ASIC 的设计方法的主要特点

（1）采用"自顶向下"（top-down）的设计思想。所谓"自顶向下"，就是从系统的总体要求出发，从高的层次向低的层次，从行为域至物理域（见表 6-1），逐步地将设计内容细化、具体，直至最终完成硬件设计。

（2）以 ASIC 为实现载体。系统的主体部分被集成于一片或几片 ASIC 芯片上，使得系统的体积和功耗都大为缩小，ASIC 芯片的设计成为整个数字系统设计的主要内容。

专用集成电路 ASIC 是专为某一用户或某一特定功能设计、生产的大规模或超大规模集成电路，按照设计方法的不同可以分为全定制 ASIC、半定制 ASIC 和可编程 ASIC。

全定制方法是指用户需要使用 IC 版图设计工具，从晶体管的几何图形、位置和互连线开始，直至完成整个芯片版图的设计、验证，然后将版图设计结果提交给芯片制造厂家。利用全定制设计方法可以设计出最高速度、最低功耗和最省面积的芯片，但设计周期长、设计成本和设计风险高，只适用于那些对性能要求很高、批量很大的芯片。

半定制又可分为门阵列法和标准单元法。

门阵列是 IC 工厂按照一定的规格预先生产的一种半成品芯片，在芯片上制作了大量按阵列形式排列的逻辑门单元，芯片的大部分制造工艺已经完成，只留下一到两层的连线层需要根据用户的要求定制，用户只需要提交门级网表文件。这种方法的设计周期比较短、设计成本低，但不适合设计高性能的芯片。

标准单元法是指由 IC 厂家在芯片版图一级预先设计一批具有一定逻辑功能的单元，并以库的形式放在 EDA 工具中，这些单元在功能上覆盖了中、小规模的标准 IC 的功能，用户可以根据需要调用这些标准单元，并利用自动布局布线软件完成版图设计，最后将版图设计结果提交给 IC 厂家。相对于全定制设计方法，标准单元法的设计难度和设计周期要小得多；与门阵列法相比，用标准单元法设计出的 IC 的性能、芯片利用率均比门阵列好。

无论是全定制 ASIC 还是半定制 ASIC，都需要制作掩膜版，所以又将它们称为掩膜 ASIC。

可编程 ASIC 主要是指可编程逻辑器件。与上述掩膜 ASIC 的不同之处在于：可编程 ASIC 是一种商品化的半成品芯片，IC 厂家已经完成了芯片所有的加工工序，但电路的连接形式仍是未定和可变的；设计人员完成电路设计后，在实验室中就可以直接通过对芯片编程来实现自己的 ASIC。由于这种方法不需要版图设计和 IC 厂家的参与，大大缩短了 ASIC 的设计周期。

（3）仿真贯穿于整个设计过程。与传统的设计方法在设计后期仿真相比，可以尽早发现设计中存在的问题，从而提高了设计效率，降低了设计成本。

（4）大部分设计工作由 EDA 工具自动完成。与传统设计方法的手工设计相比，降低了设计的难度，提高了设计的效率。

（5）大部分设计文档可以是用 HDL 编写的源程序，便于保存、交流和继承。

2. 基于可编程逻辑器件的数字系统设计流程

图 6-1 是一个基于可编程逻辑器件的数字系统设计流程。

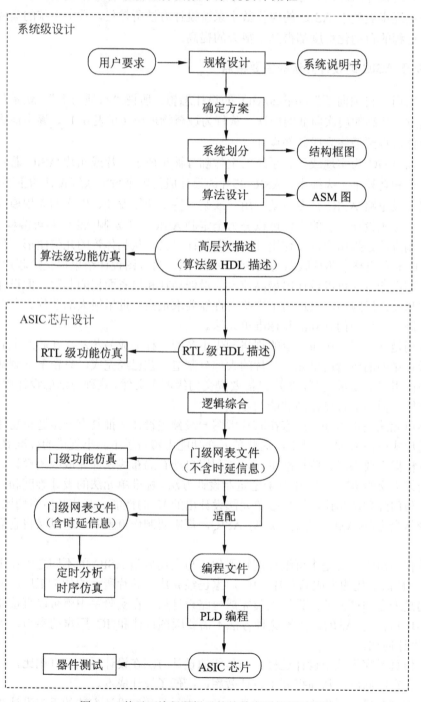

图 6-1 基于可编程逻辑器件的数字系统设计流程

（1）系统级设计

① 规格设计。规格设计是系统级设计的第一步，即设计者通过分析用户的要求，明确系统的功能和应达到的性能指标，并以系统说明书的形式作为用户与设计者之间的协议和进一步设计的依据。在系统说明书中，可以用多种形式对系统的功能和指标进行说明，如文字、图形、符号、表达式以及类似于程序设计的形式语言等，应力求简单易懂、无二义性，并反复检查，尽早发现并纠正潜在的错误。

② 确定系统的实现方案并进行系统功能划分和算法设计。这部分工作的结果通常是系统结构框图、算法状态机图（ASM 图）和必要的文字说明。

以上这些富有创造性的工作与传统设计方法中的基本相同，主要依赖于设计师的经验和创造力，仍然需要由设计者自己完成，只不过在基于 ASIC 的现代数字系统设计方法中，这些工作不再受市场上标准逻辑器件的局限。

对于简单的系统设计，可以略过下面的步骤③、④。

③ 高层次描述。一般是采用 VHDL、Verilog HDL 等高级硬件描述语言在算法级对系统进行行为描述，有时也可以采用比较直观的图形输入方式（方框图、状态图等）。

④ 算法级功能仿真。主要是检验系统算法设计的正确性。

（2）ASIC 芯片设计

① RTL 级 HDL 描述。目前高层次的综合工具还不是很完善，有些行为描述语句还不能被综合，所以要想利用综合工具自动地将设计的 HDL 描述转化成具体的硬件实现，必须针对具体的综合工具，将一些高层次的描述转换成可综合的 RTL 级描述。

② RTL 级功能仿真。检查 RTL 级 HDL 所描述的系统功能是否正确，一般这一步骤可以省略。

③ 逻辑综合。利用综合工具将 RTL 级 HDL 源代码转化成门级网表，这是将抽象的描述转化为具体硬件电路的关键步骤。

④ 门级功能仿真。从系统逻辑功能方面检查系统设计的正确性。

⑤ 适配。利用适配器将综合后的门级网表针对某一具体的目标器件进行逻辑映射操作，包括底层器件配置、逻辑划分、布局布线和时延信息的提取等。适配完成后将产生多项设计结果，包括含时延信息的仿真模型、器件编程文件。

⑥ 时序仿真和定时分析。因为适配后的仿真模型中含有器件的实际硬件特性，如时延特性，所以时序仿真和定时分析的结果能比较精确地预期未来芯片的实际性能。

⑦ PLD 编程。将适配器产生的器件编程文件通过编程器或下载电缆载入到目标芯片中，这样空白的可编程逻辑器件就成了具有某种特定功能的 ASIC 芯片。

⑧ 器件测试。如果需要，可以利用实验手段对器件的功能和实际的性能指标进行测试。

6.2 可编程逻辑器件开发软件 Quartus II

6.2.1 Quartus II 软件简介

Altera 公司在推出各种系列的可编程逻辑器件的同时，也在不断地升级其相应的开发软件。Quartus II 就是 Altera 公司推出的最新一代的可编程逻辑器件开发系统，与原先的

MAX+plus II 相比，它具有更强大的功能，能够适应更大规模、更复杂可编程逻辑器件的开发。

1. 基本特点

Quartus II 主要有以下几个基本特点：

- 支持多平台工作。Quartus II 既可以工作于"PC ＋ Microsoft Windows 操作系统"或"PC ＋ Red Hat Linux 操作系统"上，又可以在多种工作站平台上运行。
- 提供与器件结构无关的设计环境。Quartus II 开发系统的核心——编译器（compiler）不仅支持 Altera 公司原来的 MAX 和 FLEX 等系列的可编程逻辑器件，而且还支持 APEX、Excalibur、Mercury、Stratix、Cyclone 等新的器件系列，提供了一个真正与器件结构无关的可编程逻辑开发环境。设计者无须精通器件内部复杂的结构，只要采用常见的设计输入方法（如原理图输入、HDL 输入等）完成对设计的描述，Quartus II 就能自动地进行逻辑综合和适配，将用户输入的设计文件编译成可编程逻辑器件最终需要的编程文件格式。
- 完全集成化。Quartus II 的设计输入、编译处理、仿真和定时分析以及编程下载等工具都集成在统一的开发环境下，提高了设计的效率，缩短了开发周期。
- 具有开放的界面。通过 EDIF 网表文件、参数化模块库（LPM）、VHDL、Verilog HDL 等形式，Quartus II 可以与 Cadence、Mentor Graphic、OrCAD、Synopsys、Synplicity 及 Viewlogic 等许多公司提供的多种 EDA 工具接口。Quartus II 的 Nativelink 特性使其与其他符合工业标准的 EDA 工具之间的联系更加紧密，用户可以直接在 Quartus II 开发环境中调用其他的 EDA 工具来完成设计输入、综合、仿真和定时分析等工作。
- 支持硬件描述语言。Quartus II 支持三种 HDL 输入，包括被列入 IEEE 标准的 VHDL（1987 版和 1993 版）和 Verilog HDL（1995 版和 2001 版）以及 Altera 公司自己开发的 AHDL。
- 具有丰富的设计库。Quartus II 提供丰富的库单元供设计者调用，其中包括一些基本的逻辑单元（如逻辑门、触发器等）、74 系列的器件和多种参数化的逻辑宏功能（megafunction）模块（如乘法器、FIFO、RAM 等）。调用库单元进行设计，可以大大减轻设计人员的工作量，缩短设计周期。
- 提供强大的在线帮助。Quartus II 软件不仅带有非常详尽的使用说明，而且还加强了网络功能，使用户从软件内部就可以直接通过 Internet 获得 Altera 公司的技术支持。

2. 版本

Altera 公司为满足不同用户的需要，在发布 Quartus II 软件时有两种版本：商业版和网络版。

商业版以光盘的形式发售，它是 Quartus II 软件的完整版本，包含了 Quartus II 的全部功能并支持 Altera 公司所有型号的可编程逻辑器件。

网络版是 Quartus II 软件的免费版本，它不支持 Quartus II 一些比较高级的功能和部分型号的可编程逻辑器件，并且有一定的时间限制，但其仍然可以满足用户学习和一般设计的需要。用户在 Altera 公司网站（www.altera.com）上完成注册后，可以直接从网站上下载 Quartus II 网络版的安装程序或者向 Altera 公司申请一个 Quartus II 网络版的安装光盘。

　　需要注意的是，无论是商业版还是网络版，都需要一个 Altera 公司的授权文件（license file）。商业版的授权文件一般随软件一同发售，网络版的授权文件需要用户到 Altera 公司的网站上申请。

3．Quartus II 软件的安装

这里只介绍 Quartus II 2.2 完全版在"PC + Microsoft Windows 操作系统"平台上的安装，其他版本和其他平台的安装可参考相关的安装说明。

（1）推荐的 PC 系统配置

- Pentium PC，运行速度为 400MHz 或更快。
- 512MB 以上的系统内存，1.5GB 以上的硬盘空间。
- 并行接口，串行接口（或 USB 接口）。
- CD-ROM 驱动器。
- 17 英寸显示器。
- 操作系统：Windows 98、Windows 2000、Windows XP、Windows NT 4.0（Service Pack 3 或更新版本）。

（2）安装步骤

以下是从光盘上安装 Quartus II 软件的基本步骤。

①　插入 Quartus II 安装光盘后，安装程序会自动运行，屏幕上出现图 6-2 所示的安装界面。用户也可以通过手动运行光盘中的安装程序 Install.exe，启动安装界面。

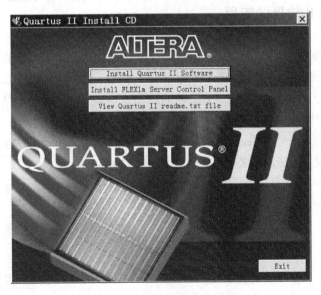

图 6-2　Quartus II 的安装界面

　　②　选择 Install Quartus II Software，在安装向导完成之后，按照安装程序的提示一步步地完成安装操作。

③ 第一次运行 Quartus II，出现如图 6-3 所示的 Quartus II 管理器窗口，同时会在管理器窗口上出现提示信息，提示用户设置授权文件。

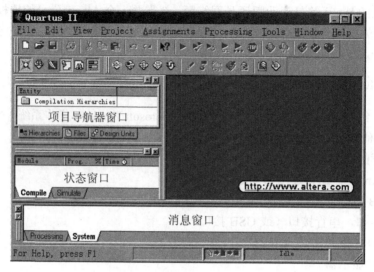

图 6-3　Quartus II 的管理器窗口

④ 设置授权文件的过程：在 Quartus II 管理器窗口中，选择 Tools | License Setup 命令，出现 Options 窗口。在 Options 窗口中，选中 Category 栏中的 License Setup，然后在右侧的 License File 对话框中输入带路径的授权文件名。最后单击 OK 按钮，关闭 Options 窗口即可。

6.2.2　Quartus II 软件的使用

在 Quartus II 集成开发环境中进行可编程 ASIC 设计的基本流程如图 6-4 所示，主要包括设计输入、设计编译、设计校验（时序分析、仿真）和器件编程四个部分。下面将结合一个简单的练习——设计一个输出时钟占空比为 50%的 8 分频器、8 个节拍的时钟分配器和一个 2×4 的无符号数乘法器，初步介绍 Quartus II 软件（2.2 版本）的使用方法，如果希望更全面地掌握 Quartus II 软件，可以查看其 Help 菜单下的在线帮助。

首先启动 Quartus II 软件，出现如图 6-3 所示的管理器窗口。

1. 设计输入

（1）创建设计项目

"项目（Project）"就是一个设计的总和，它包含了与设计相关的所有文件，如设计文件、仿真波形文件、配置文件、报告文件、编程文件等。Quartus II 的设计编译和设计

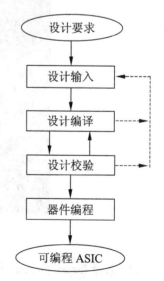

图 6-4　Quartus II 的基本设计流程

校验都需要在项目中进行，所以必须为所要进行的设计创建一个项目。新建一个项目基本
步骤如下：

① 选择 File | New Project Wizard 命令，启动 Quartus Ⅱ软件的新项目向导（New Project
Wizard）。

② 在 New Project Wizard 启动后，可能首先会出现一个对"创建项目"这项操作的介
绍页（Introduction Page），如果希望在以后创建新项目时不再显示该页，可选中页面下方
的 Don't show me this introduction。

③ 单击 Next 按钮，进入 New Project Wizard 第一页。在从上至下的三个对话框中依
次输入项目的工作目录名（D:\MY_DESIGN\EXERCISE）、项目名（EXERCISE）和项目中
顶层设计文件名（EXERCISE），如图 6-5 所示。然后单击 Finish 按钮，完成项目创建。如
果上面输入的工作目录不存在，Quartus Ⅱ会询问是否创建这个目录，选择"是（Y）"即可。
注意，对于每个设计项目，都应该单独为其建立一个工作目录，与该项目有关的所有文件
都存放在该工作目录下。

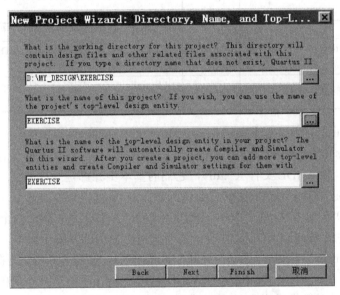

图 6-5　New Project Wizard 对话框

完成项目创建后，顶层设计文件的名字就会出现在项目导航器（Project Navigator）窗
口的层次（Hierarchies）栏中。如果要关闭当前的设计项目，可选择 File | Close Project 命
令。如果要打开一个已存在的设计项目，可选择 File | Open（或 Open Project）命令，项目
文件的扩展名是 quartus。

（2）建立设计文件

Quartus Ⅱ支持三种设计输入方式：原理图输入、HDL 输入、网表输入，用户既可以用
Quartus Ⅱ自身的设计输入工具，包括模块编辑器（Block Editor）、文本编辑器（Text Editor）
和 MegaWizard Plug-In Manager，也可以利用其他的设计输入/综合工具来建立设计文件。
设计输入的方法不同，生成的设计文件类型也有所不同，如表 6-3 所示。

另外，Quartus Ⅱ还支持层次化的设计方法，用户可以将一个完整的设计逐层分解成规

模越来越小的子设计单元，每个设计单元用一个设计文件来描述，而描述整个设计的设计文件一般被称为顶层设计文件。用 Quartus II 进行层次化设计时，每个设计文件的设计输入方式都可以有多种选择，如原理图输入、HDL 输入或网表输入，但需要注意的是，顶层设计文件的扩展名只能是 .bdf、.tdf、.vhd、.vhdl、.v、.vlg、.edif 或 .edf。

表 6-3　Quartus II 支持的设计文件类型

文 件 类 型	扩展名	说　明
模块设计文件 （block design file）	.bdf	用 Quartus II 的模块编辑器（Block Editor）创建的原理图设计文件
图形设计文件 （graphic design file）	.gdf	用 MAX+plus II 的图形编辑器（Graphic Editor）创建的原理图设计文件
VHDL 设计文件	.vhd .vhdl	用 VHDL 描述逻辑设计的文本文件
Verilog HDL 设计文件	.v .vlg .verilog	用 Verilog HDL 描述逻辑设计的文本文件
AHDL 设计文件	.tdf	用 AHDL 描述逻辑设计的文本文件
EDIF（electronic design interchange format）网表文件	.edf .edif	由第三方综合工具生成的符合 EDIF200 标准的网表文件
Verilog HDL 格式的网表文件	.vqm	由 Synplicity 公司的综合工具 Synplify 生成的 Verilog HDL 格式的网表文件

① 用 Quartus II 的文本编辑器（Text Editor）创建 HDL 设计文件。

利用 Quartus II 的 Text Editor 可以创建三种 HDL 设计文件：VHDL 文件（*.vhd）、Verilog HDL 文件（*.v）和 AHDL 文件（*.tdf），它们的基本步骤都是一样的。

步骤 1：指定 VHDL 或 Verilog HDL 的版本。

VHDL 有 1987 和 1993 两个版本，Verilog HDL 有 1995 和 2001 两个版本。因此，在创建 VHDL 文件或 Verilog HDL 文件时，要明确指出使用的是哪个版本。方法如下：

选择 Assignments | Settings 命令，打开 Settings 窗口，如图 6-6 所示。在 Settings 窗口左侧的 Category 栏中选择 VHDL Input 或 Verilog HDL Input，然后在右侧的 VHDL Input 或 Verilog HDL Input 对话框中指定 VHDL 或 Verilog HDL 的版本。最后单击 OK 按钮，关闭 Settings 窗口。

步骤 2：打开 Text Editor。

选择 File | New 命令，出现一个 New 对话框，如图 6-7 所示。在 New 对话框的 Device Design Files 栏中选择希望创建的 HDL 设计文件类型（VHDL File、Verilog HDL File 或 AHDL File），然后单击 OK 按钮，出现一个新的 Text Editor 窗口。

步骤 3：输入 HDL 源程序。

输入 HDL 源程序时，可以全部用手工输入，也可以利用 Quartus II 的 HDL 程序设计模板来提高输入效率。方法如下：选择 Edit | Insert Template 命令，出现一个 Insert Template 窗口；在窗口中选择所需要的 HDL 程序模板，然后点击 OK 按钮，HDL 程序模板就自动插入到当前的 HDL 设计文件中。另外还需要注意，在编辑 HDL 文件时，除了注释内容以外应全部使用西文字符。

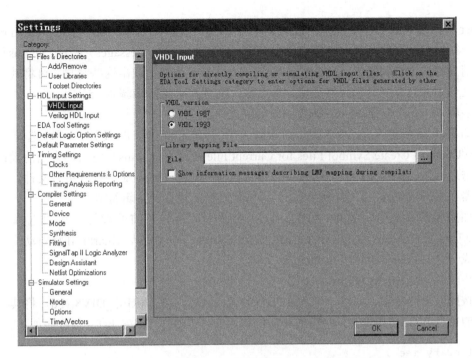

图 6-6　Settings 窗口

图 6-7　New 对话框

步骤 4：保存设计文件。

选择 File｜Save As 命令，在 Save As 对话框中输入文件名（顶层设计文件名要与文件中的实体名一致），确保文件存放的位置是当前项目的工作目录；然后单击 OK 按钮。如果使 Save As 对话框中的 Add file to current project 有效，设计文件同时会被添加到当前的设计项目中去。

步骤 5：检查基本错误。

选择 Processing｜Analyze Current File 命令，Quartus II 编译器（compiler）的 Database

Builder 工具模块就会自动检查当前的设计文件，并出现一个编译报告（compilation report）窗口。如果设计文件有问题，用户可以在编译报告的消息（messages）栏或 Quartus II 管理器的消息窗口中看到警告（warning）或错误（error）消息。双击这些消息，可将其定位到设计文件中并高亮度显示。然后用户修改设计文件，再重复步骤 4、5。

步骤 6：生成符号文件、AHDL Include 文件。

如果希望在更高层次的原理图设计文件中调用将当前的设计，可以选择 File | Create/Update | Create Symbol Files for Current File 命令，Quartus II 将自动为当前设计生成一个与之同名的符号文件（*.bsf）。用户可以选择 File | Open 命令打开符号文件，在符号编辑器（Symbol Editor）窗口中查看、编辑代表当前设计的逻辑符号。

如果希望在更高层次的 AHDL 设计文件中调用将当前的设计，可以选择 File | Create/Update | Create AHDL Include Files for Current File 命令，Quartus II 将自动为当前设计生成一个与之同名的 AHDL Include 文件（*.inc）。

步骤 7：关闭 Text Editor。

按照以上的步骤，创建一个 VHDL1993 版的设计文件 FREQ_DIV8.vhd，将其添加到当前的项目 EXERCISE 中，并生成相应的符号文件 FREQ_DIV8.bsf。源程序如下。

```vhdl
library ieee;
use ieee.std_logic_1164.all;
use ieee.std_logic_unsigned.all;
entity FREQ_DIV8 is
  port (CLK_IN : in std_logic;
        CLK_OUT : out std_logic;
        COUNT : out std_logic_vector(2 downto 0));
end entity FREQ_DIV8;
architecture ARCH of FREQ_DIV8 is
  signal Q : std_logic_vector(2 downto 0);
begin
  process (CLK_IN)
  begin
    if (CLK_IN 'event and CLK_IN = '1') then
      Q <= Q + '1' ;
      if (Q >= "011" and Q < "111") then CLK_OUT <= '1';
      else CLK_OUT <= '0';
      end if;
    end if ;
  end process ;
  COUNT <= Q ;
end architecture ARCH ;
```

② 用 Quartus II 的模块编辑器（Block Editor）创建原理图设计文件。

在 Quartus II 的 Block Editor 中，用户能够通过直接调用 Quartus II 库中现成的设计单元（见表 6-4）来创建原理图设计文件（*.bdf）。按照以下的步骤，可以完成图 6-8 所示的设计。

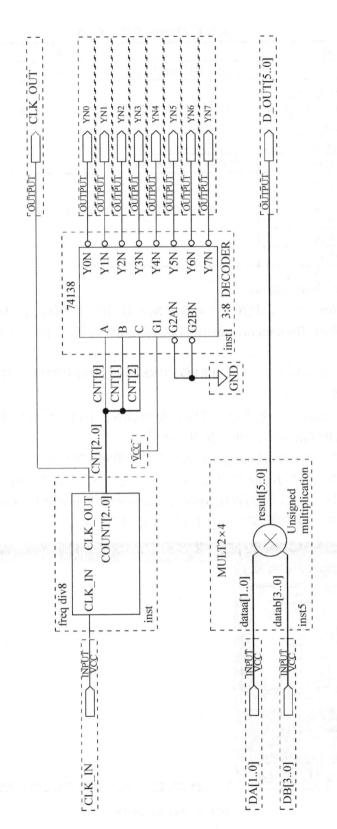

图 6-8 EXERCISE.bdf 中的原理图

表 6-4　Quartus Ⅱ 设计单元库

库　　名		内　　容
Project		由用户自己的设计文件生成的设计单元
megafunction	arithmetic	一些参数化的宏功能设计单元，包括算术单元、嵌入式逻辑、门、存储器等
	embedded_logic	
	gates	
	storage	
others	Maxplus	主要是一些 74 系列的设计单元
primitives	buffer	一些基本的逻辑单元，包括缓冲器、逻辑门、引脚、触发器和锁存器等
	logic	
	pin	
	storage	
	other	

步骤 1：打开 Block Editor。

选择 File | New 命令，出现图 6-7 所示的 New 对话框。在 New 对话框的 Device Design Files 栏中选择 Block Diagram/Schematic File。单击 OK 按钮，出现一个新的 Block Editor 窗口。

步骤 2：输入设计单元（74138、FREQ_DIV8、输入引脚 INPUT、输出引脚 OUTPUT、接地 GND 和电源 VCC）。

选择 Block Editor 工具条中的"符号工具（Symbol Tool，⟟）"或选择 Edit | Insert Symbol 命令，出现 Symbol 对话框，如图 6-9 所示。

在 Symbol 对话框的库（Library）列表中选择希望输入的设计单元（如 others\Maxplus 中的 74138）或者直接在 Name 框中输入设计单元的名字，设计单元的符号就会出现在右侧的预览区内。如果需要，还可以使 Symbol 对话框中的 Repeat-insert mode 有效，这样可以一次连续输入多个同样的设计单元，直到按 Esc 键取消为止。

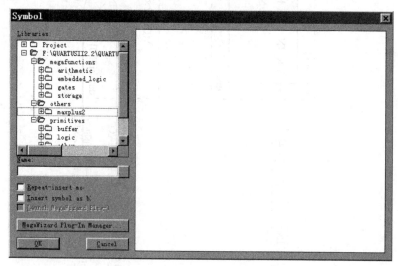

图 6-9　Symbol 对话框

　　单击 Symbol 对话框中的 OK 按钮，Symbol 对话框关闭，所选设计单元的逻辑符号就会粘连在鼠标指针上，将鼠标指针移到合适的位置，单击即可将逻辑符号放到原理图设计文件中。

　　重复以上的操作，可依次输入 Project 库中的 FREQ_DIV8、primitives\pin 库中的输入引脚 INPUT 和输出引脚 OUTPUT、primitives\other 库中的接地 GND 和电源 VCC。

　　双击输入、输出引脚，在弹出的 Pin Properties 对话框中输入引脚的名字。

　　步骤 3：定制一个参数化的宏功能（megafunction）设计单元——2×4 无符号数乘法器（MULT2X4）。

　　打开 Symbol 对话框，Library 列表的 megafunction\arithmetic 库中选择 lpm_mult，确保 Symbol 对话框中的 Launch MegaWizard Plug-In Manager 有效，然后单击 OK 按钮，出现图 6-10 所示的 MegaWizard Plug-In Manager 对话框。

　　在图 6-10 所示的对话框中，选择希望生成的 HDL 文件类型（如 VHDL），并在工作目录后输入定制的设计单元名（如 MULT8X3），然后单击 Next 按钮，进入宏功能设计单元的参数设置页。

图 6-10　MegaWizard Plug-In Manager 对话框

　　在 MegaWizard Plug-In Manager 第一页对话框中选择 Create a new custom megafunction variation，然后单击 Next 按钮，进入对话框第二页。

　　按照 MegaWizard Plug-In Manager 的提示，逐页设置宏功能设计单元的参数。在本例中，在 dataa input bus 宽度对话框中输入 2，在 datab input bus 宽度对话框中输入 4，其他为默认值。

　　在 MegaWizard Plug-In Manager 对话框的最后一页中，列出了将为用户定制的宏功能设计单元生成的 4 个文件：HDL 设计文件（MULT2X4.vhd）、AHDL include 文件（MULT2X4.inc）、VHDL 元件声明文件（MULT2X4.cmp）和符号文件（MULT2X4.bsf）。

单击 Finish 按钮，MULT2X4 的逻辑符号就粘连在鼠标指针上，将鼠标指针移到合适的位置，单击即可将逻辑符号放到原理图设计文件中。双击 MULT2X4 的逻辑符号，可以修改它的参数。

步骤 4：连线。

用工具条中的选择及智能画线工具（Selection and Smart Drawing Tool， ）连接各个设计单元的符号。基本方法是，将鼠标指针移到符号的端口或连接线的端点时，鼠标指针就会变成十字形的画线指针。按下鼠标左键，并将其拖到另外一点。放开鼠标左键后，就会在鼠标被按下和放开的两点之间出现一条直线或直角线。

双击需要命名的连接线，在弹出的 Properties 对话框中输入连接线的名字，如图 6-8 中的总线（Bus）CNT[2..0]，节点线（Node）CNT[2]、CNT[1]和 CNT[0]。

步骤 5：保存、检查设计文件。

与"创建 HDL 设计文件"中的相应步骤的操作相同，不再重复。

步骤 6：生成符号文件、AHDL include 文件和 HDL 文件。

如果需要，可以选择 File | Create/Update | Create HDL Design File for Current File、Create Symbol Files for Current File 或 Create AHDL Include Files for Current File 命令，Quartus II 将自动生为当前的设计生成与之同名的 HDL（VHDL 或 Verilog HDL）设计文件、符号文件（*.bsf）或 AHDL include 文件（*.inc）。

步骤 7：关闭 Block Editor。

（3）添加/去掉文件

选择 Assignments | Settings 命令，打开 Settings 窗口，如图 6-6 所示。在 Settings 窗口左侧的 Category 栏中选择 Add/Remove，Add/Remove 对话框就会出现在 Settings 窗口的右半部，如图 6-11 所示。

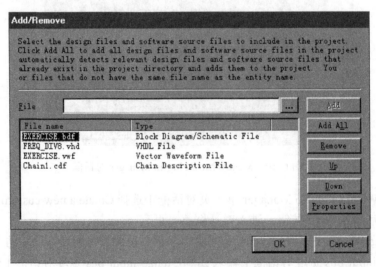

图 6-11　Add/Remove 对话框

在 Add/Remove 对话框中，单击"…"按钮，可以将存放在任何位置的文件添加到当前的项目中。单击 Add All 按钮，就会将当前工作目录中所有的设计文件加入当前的项目。在文件列表中选中一个文件，然后单击 Remove 按钮，可将其从当前项目中去掉。如果单击 Up 或 Down 按钮，可以改变其在文件列表中的位置（Quartus II 总是按照从上到下的顺序对文件进行处理）。

2．设计编译

设计编译就是将输入的设计文件转化成器件编程、设计校验所需的数据文件，这个过程主要由 Quartus II 软件的核心——编译器（compiler）自动完成，用户也可以通过设置编译器的一些选项，对编译结果进行引导。

一个完整的设计编译过程主要有 7 个阶段，每个阶段由 Quartus II 编译器的一个工具模块来完成，参见表 6-5。

表 6-5　设计编译过程

编译阶段	工具模块	说　明
分析	Database Builder	Database Builder 首先对设计项目中的所有设计文件进行基本错误检查，然后为后续的处理过程建立一个编译数据库，将设计文件集成到一个设计实体或层次结构内，并产生一个原始的网表。Database Builder 也进行"高层次综合"，例如，从 HDL 设计文件的行为描述语句中推断出寄存器、锁存器、状态机；进行状态分配；用 Quartus II 设计库中的参数化设计单元代替描述语句中的运算符，如加、减运算符
综合	逻辑综合器（Logic Synthesizer）	Logic Synthesizer 针对具体的器件结构进行逻辑综合，产生一个优化的门级网表，可用于后续的适配操作和功能仿真。综合器使用多种算法进行逻辑化简，去除冗余的逻辑，以确保尽可能有效地利用器件的逻辑资源
适配	适配器（Fitter）	Fitter 使用由 Logic Synthesizer 更新的数据库，自动将设计中的每个逻辑功能分配到器件中恰当的逻辑单元位置，并选择合适的互连路径和引脚分配
可靠性检查（可选）	Design Assistant	Design Assistant 依据一套设计规则，检查设计的可靠性
生成编程文件	Assembler	Assembler 根据适配结果，生成一种或多种格式的编程文件
时延注解	Delay Annotator	Delay Annotator 模块从适配结果中计算出时延数据，并将其标注到适配后的网表中，供 Quartus II 的时序分析和时序仿真
输出与第三方校验工具接口的文件（可选）	Netlist Writer	Netlist Writer 模块产生一种或多种格式的输出文件，如：VHDL 格式的网表文件（*.vho）、Verilog HDL 格式的网表文件（*.vo）、含有时延信息的标准时延格式输出文件（*.sdo）等。利用这些输出文件，用户可以在第三方校验工具中对设计项目进行校验

以下是编译一个设计项目的基本操作步骤。

（1）设置编译对象

在新建一个项目时，Quartus II 自动将顶层设计文件作为编译对象，其实设计项目中的任何一个设计文件都可以被设置成编译对象，方法如下：在项目导航器（Project Navigator）窗口的 Files 栏中，打开 Device Design Files 文件夹，在希望设为编译对象的设计文件上右击，在弹出的快捷菜单中选择 Set Compiler Focus to Current Entity 或 Add Current Entity at Top Level 命令，该设计文件名就出现在 Project Navigator 窗口的 Hierarchies 栏中并成为编译器当前的编译对象。

（2）运行 Analysis & Elaboration

选择 Processing | Start | Start Analysis & Elaboration 命令，编译器启动 Database Builder 模块，对当前的设计项目进行分析。操作完成后，用户可以在 Project Navigator 窗口的 Hierarchies 栏中看到当前编译对象的层次信息。

（3）编译设置

Quartus II 会自动为当前的编译对象创建一套与其同名的编译设置，用户也可以创建自己的编译设置，以后再编译时可以直接调用。

设置编译器的方法是，选择 Assignments | Settings 命令，打开 Settings 窗口（如图 6-6 所示）。在 Category 栏的 Compiler Settings 选择要设置的内容，然后在出现在 Settings 窗口右侧的对话框中进行设置。下面介绍编译器设置的一些基本内容。

① 指定编译设置名和编译对象（General 对话框，见图 6-12）。

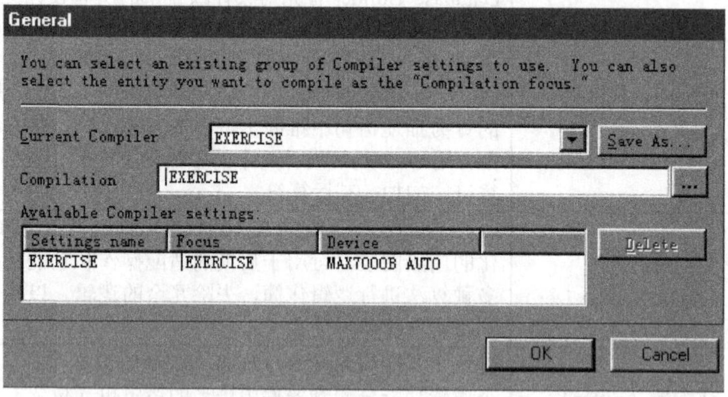

图 6-12 Compiler Settings 的 General 对话框

当前编译设置的名字显示于 Current Compiler setting 栏中。如果要创建一套新的编译设置，可以单击旁边的 Save As 按钮，在弹出的 Save Compiler Setting As 窗口中为新建的编译设置命名。当然，用户也可以在 Available Compiler settings 列表中直接调用现成的编译设置。

当前的编译对象显示于 Compilation focus 栏中，单击旁边的"…"按钮，在弹出的 Select Hierarchy 窗口中可以选择其他的设计文件作为当前的编译对象。

② 指定目标器件和引脚分配（Device 对话框，见图 6-13）。

在 Family 框中选择目标器件的系列，Available Devices 列表中就会列出了所选系列中可用的器件。如果需要缩小选择范围，用户可以用 Show in' Available Devices ' list 子对话框中的选项（封装、引脚数、速度等级、高级器件）对 Available Devices 列表中的器件进行过滤。

在 Target Device 子对话框中，若选择"Auto device selected"，编译器在编译时会自动地在 Available Devices 列表中选择一个目标器件并对器件的引脚自动进行分配。若选择"Specific device selected"，则需要用户亲自在 Available Devices 列表中选择一个目标器件。在用户已经指定目标器件的前提下，可以单击 Assign Pins 按钮，在弹出的 Assign Pins 对话框（如图 6-14 所示）中分配器件的引脚。

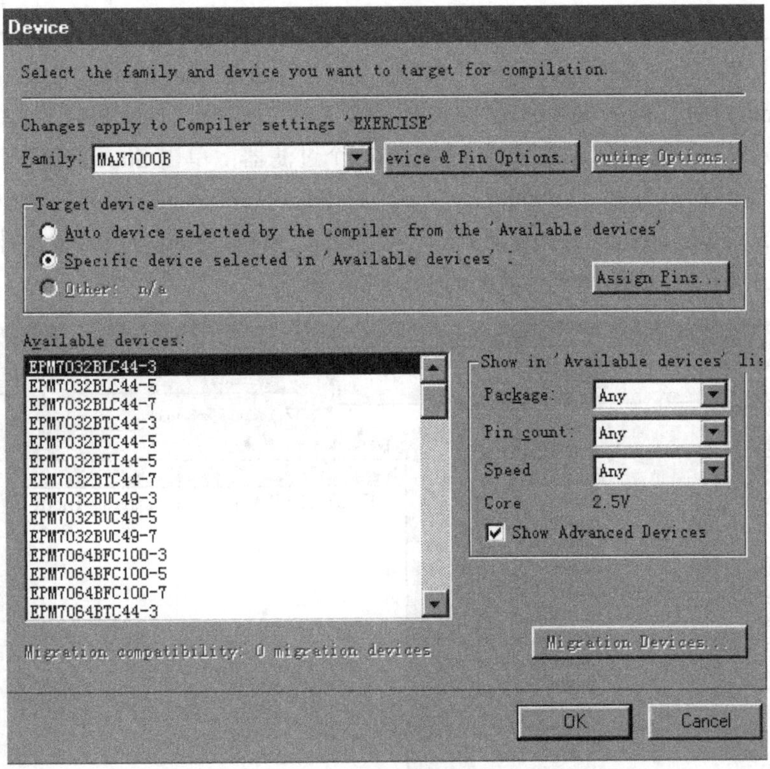

图 6-13　Compiler Settings 的 Device 对话框

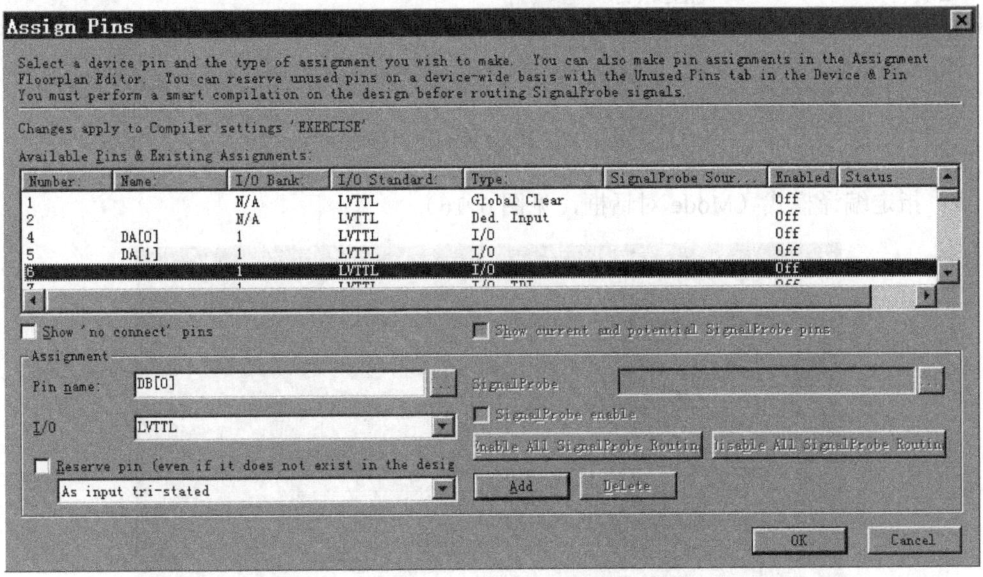

图 6-14　Assign Pins 对话框

在 Assign Pins 对话框中分配引脚的方法是，先在 Available Pins & Existing Assignments 列表中选择引脚的编号，然后在 Pin name 框中输入引脚的名字，最后单击 Add 按钮即可。

在输入引脚名称时，除了可以直接输入，还可以借助节点查找器（Node Finder）。方法如下：单击 Pin name 框旁边的"…"按钮，出现 Node Finder 对话框（如图 6-15 所示）。在 Node Finder 对话框的 Filter 栏中选择一个节点过滤器（如"Pins：all"）或者单击 Customize 按钮，在弹出的对话框中自己定制一个过滤器；单击 Start 按钮，符合过滤器要求的引脚就会出现在 Nodes Found 列表中；在 Nodes Found 列表中选择一个引脚，单击"≥"按钮将其添加到 Selected Nodes 列表中；单击"OK"按钮，Node Finder 对话框关闭，所选的引脚就会出现在 Assign Pins 对话框的 Pin name 框内。

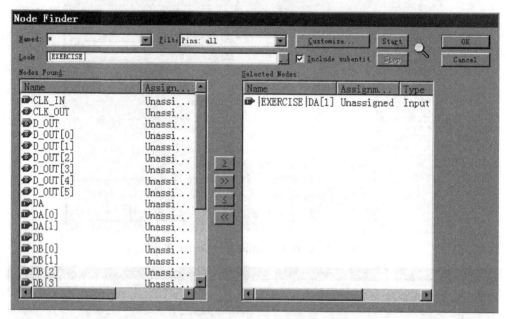

图 6-15　Node Finder 对话框

③ 指定编译模式（Mode 对话框，见图 6-16）。

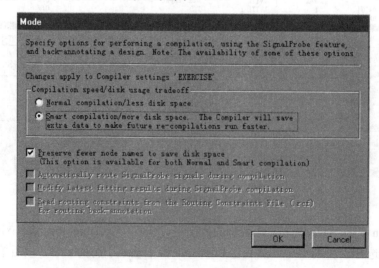

图 6-16　Compiler Settings 的 Mode 对话框

针对编译速度与占用磁盘空间，有两个选项：一个是普通编译，速度相对较慢，但占用较少的磁盘空间；另一个是智能编译，编译器为提高重新编译的速度而保存了一些额外的数据，所以节省了再编译时间，但占用较多的磁盘空间。

如果希望尽可能节省磁盘空间，可以选中 Preserve fewer node name to save disk space 复选框，但编译器会保留较少的内部信号。

（4）运行 Analysis & Synthesis

选择 Processing | Start | Start Analysis & Synthesis 命令，编译器将自动完成分析和综合两个编译阶段。对于简单的设计，可以省略这一步。而对于一些比较复杂的设计，适配所花费的时间一般比较长，所以通常是在综合之后，先对设计项目进行功能仿真，在确定设计项目的功能无误后，再进行适配操作。

（5）运行完全编译

无论是 Analyze Current File、Analysis & Elaboration 还是 Analysis & Synthesis，编译器都只能执行部分操作。选择 Processing | Start Compilation 命令，编译器就可以自动运行全部的编译过程，包括分析、综合、适配、生成编程文件等。

编译器运行过程中，Quartus II 在管理器的状态窗口中将显示编译的进度和每个编译阶段所用的时间；在弹出的编译报告（Compilation Report）窗口（如图 6-17 所示）中实时更新编译结果；在消息窗口中，实时显示一些相关信息。编译器正在运行时，如果选择 Processing | Stop Processing 命令，可以使编译器中止工作。

（6）查看编译结果

编译完成后，用户可以在编译报告窗口（如图 6-17 所示）中查看编译结果，编译报告包括了怎样将一个设计放到器件中的全部信息，如器件资源的使用情况、编译设置、引脚分配、方程式等，选中左侧列表中的任何一项内容，在右侧就会出现相应的详细信息。选择 Processing | Compilation Report 命令，可以打开最近一次生成的编译报告。

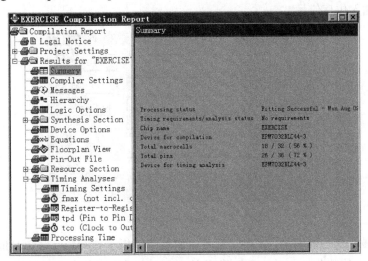

图 6-17　Compilation Report 窗口

3. 时序分析

在 Quartus II 2.2 软件中，时序分析器（Timing Analyzer）会在完全编译（选择 Processing |

Start Compilation 命令）之后自动运行，也可以选择 Processing | Start | Start Timing Analysis 命令，启动时序分析。在时序分析完成之后，用户可以在编译报告的 Timing Analysis 目录下查看时序分析的结果。

Quartus II 的时序分析结果主要包括以下几项内容：

（1）最高时钟工作频率（f_{MAX}），分为内部 f_{MAX}（不包括引脚上的输入输出时延）和系统 f_{MAX}（包括引脚上的输入输出时延）。

（2）寄存器到寄存器的时延（Register-to-Register f_{MAX}）。

（3）建立时间（t_{SU}）。

（4）保持时间（t_{H}）。

（5）时钟到输出的时延（t_{CO}）。

（6）引脚到引脚的时延（t_{PD}）。

4．仿真

以下是对设计项目设计进行仿真的基本步骤。

（1）建立向量波形文件（*.vwf）

① 打开波形编辑器（Waveform Editor）。选择 File | New 命令，出现图 6-7 所示的 New 对话框。在 New 对话框的 Other Files 栏中选择 Vector Waveform File 选项，单击 OK 按钮即可打开一个新的波形编辑器窗口。

② 设置最大仿真时间。选择 Edit | End Time 命令，在弹出的 End Time 对话框中输入最大仿真时间长度（如 10μs），单击 OK 按钮。

③ 插入仿真信号。选择 Edit | Insert Node or Bus 命令，出现 Insert Node or Bus 对话框，如图 6-18 所示。在 Name 文本框中输入仿真信号（激励信号或响应信号）的名字，单击 OK 按钮，仿真信号就被加入到了向量波形文件中。也可以单击 Node Finder 按钮，借助 Node Finder 插入仿真信号。

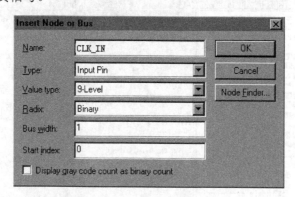

图 6-18　Insert Node or Bus 窗口

④ 编辑激励信号的波形。先用工具条中的波形编辑工具（Waveform Editing Tool，[图标]）选中准备要编辑的部分，然后在 Edit 菜单的 Value 中或工具条中选择赋值。

⑤ 编辑响应信号的波形。用户也可以按照预想的结果编辑响应信号的波形，以便与实际的仿真结果进行对比。

⑥ 保存、退出。选择 File | Save As 命令，将向量波形文件保存于工作目录中，然后关闭波形编辑器。

（2）设置仿真器

Quartus II 会自动将编译器当前的编译对象作为仿真器当前的仿真对象，并为其创建一套与仿真对象同名的仿真设置。用户也可以创建自己的仿真设置，以后再仿真时可以直接调用。

设置仿真器的方法是，选择 Assignments | Settings 命令，打开 Settings 窗口（如图 6-6 所示），在 Category 栏的 Simulator Settings 选择要设置的内容。在出现在 Settings 窗口右侧的对话框中进行设置。下面介绍仿真器设置的一些基本内容。

① 指定仿真设置名和仿真对象（General 对话框，见图 6-19）。

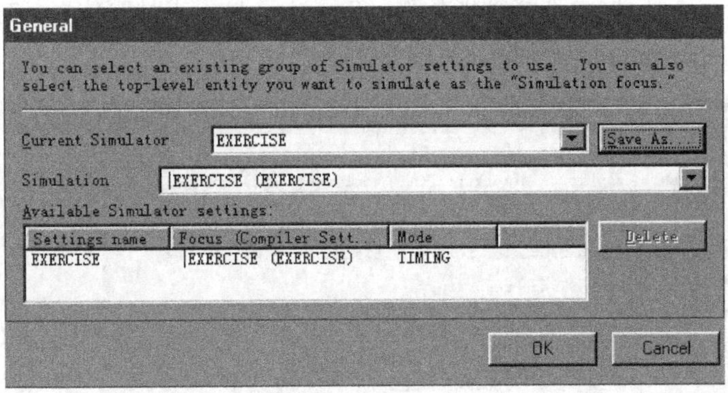

图 6-19 Simulator Settings 的 General 对话框

当前仿真设置的名字显示于 Current Simulator setting 栏中。如果要创建一套新的仿真设置，可以单击旁边的 Save As 按钮，在弹出的 Save Simulator Setting As 窗口中为新建的仿真设置命名。当然，用户也可以在 Available Simulator settings 列表中直接调用现成的仿真设置。在 Simulation focus 栏中，可以选择当前的仿真对象。

② 指定仿真时间和仿真波形文件（Time/Vectors 对话框，见图 6-20）。

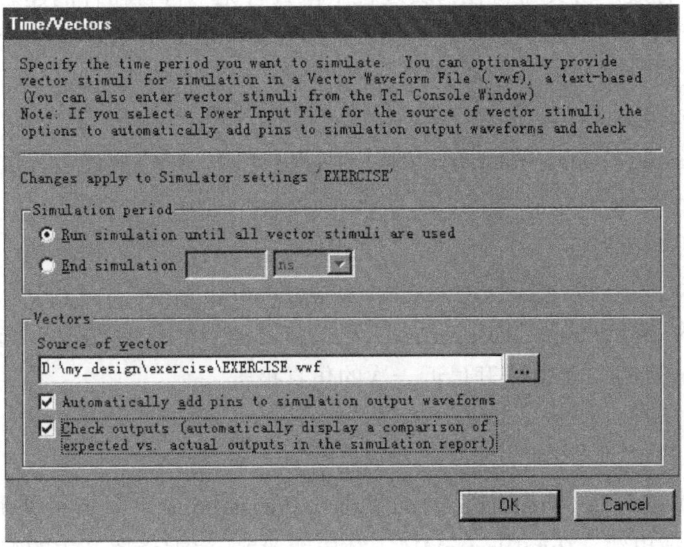

图 6-20 Simulator Settings 的 Time / Vectors 对话框

在 Simulation period 框中设置仿真时间，有两种选择：其一，创建向量波形文件时设置的最大仿真时间；其二，指定具体的时间，如 1μs。

在 Vectors 栏中指定前面创建的向量波形文件名；如果使 Automatically add pins to simulation output waveforms 复选框有效，则对于那些在创建向量波形文件时没有加入的输出引脚，仿真器也会自动地将它们加入到仿真输出波形文件中。如果 Check outputs 复选框有效，仿真器将在仿真报告中以不同的颜色将仿真结果波形和用户在向量波形文件中编辑的波形重叠显示，以便用户将仿真结果与预想的结果进行比对。

③ 指定仿真模式（Mode 对话框）。

在 Simulation mode 框中选择功能仿真（Functional），或时序仿真（Timing）。

④ 其他选项（Options 对话框，见图 6-21）。

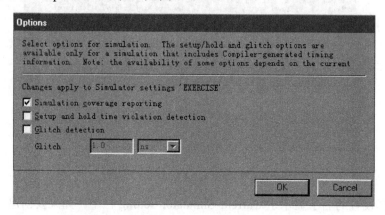

图 6-21　Simulator Settings 的 Options 对话框

若 Simulation coverage reporting 复选框有效，仿真器将在仿真报告中显示仿真的覆盖率（即仿真到的情况占所有可能出现情况的百分比）。若 Setup time and hold time violation detection 复选框有效，仿真器将在仿真过程中检查有无不符合器件的建立时间和保持时间要求的地方。若 Glitch detection 复选框有效，仿真器将在仿真过程中检查波形中出现的毛刺，用户可以设置检测的最小毛刺宽度。

（3）运行仿真器

选择 Processing | Run Simulation 命令运行仿真器。在仿真器运行过程中，如果选择 Processing | Stop Processing 命令，可以使仿真器终止工作。

（4）查看仿真结果

仿真结束后，仿真器产生一个仿真报告（Simulation Report），如图 6-22 所示。单击仿真报告列表中的 Simulation Waveforms，可以在右侧看到仿真结果。选择 Processing | Simulation Report 命令，可以打开最近一次的仿真报告。

5. 器件编程

器件编程就是利用 Quartus II 的编程器（Programmer）工具模块和编程硬件（如 MasterBlaster 下载电缆、ByteBlasterMV 下载电缆等），将编译器产生的编程文件下载到可编程逻辑器件中去。基本操作步骤如下：

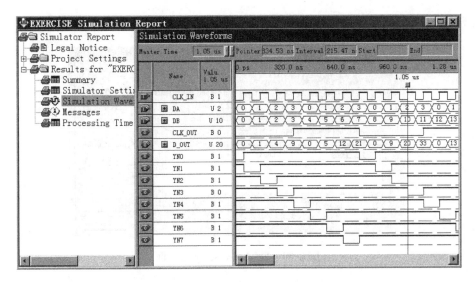

图 6-22　Simulation Report 窗口

（1）用下载电缆将计算机与目标器件的编程接口连接起来，打开电源。

（2）打开 Programmer 窗口，如图 6-23 所示。有两种方法：其一，选择 Tools｜Programmer 命令；其二，选择 File｜New 命令，在 New 对话框（如图 6-7 所示）的 Other Files 栏中选择 Chain Description File，然后单击 OK 按钮。

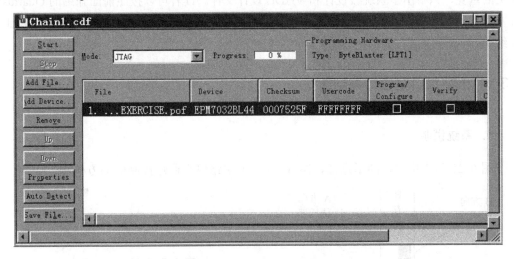

图 6-23　Programmer 窗口

（3）设置编程硬件。在 Programming Hardware 框中单击 Setup 按钮，弹出 Hardware Setup 对话框，如图 6-24 所示。在 Hardware Settings 对话框中设置下载电缆的类型、计算机的下载接口和下载速率；单击 Close 按钮，关闭 Programming Hardware Setup 对话框。

（4）在 Mode 框中选择下载模式，如 JTAG 模式。

（5）单击 Add File 或 Add Device 按钮，添加编程文件或目标器件。

（6）选择 File｜Save As 命令，将以上的设置保存到一个 Chain Description File（*.cdf）中，以后再进行同样方式的编程时，直接打开这个文件即可。

（7）单击 Start 按钮，开始编程。

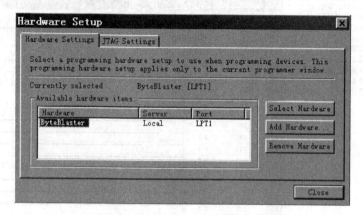

图 6-24　Hardware Setup 对话框

6.3　数字系统 EDA 实例

前面介绍了基于可编程逻辑器件的现代数字系统设计方法以及可编程逻辑器件的开发软件 Quartus Ⅱ，下面给出两个数字系统 EDA 实例。在这两个设计实例中，为了避免叙述上的重复，只给出了系统级设计和 VHDL 设计文件。读者可以按照前面介绍的 Quartus Ⅱ 开发软件的使用方法，自行完成可编程 ASIC 芯片的设计，并结合实验环境观察、验证设计结果。

6.3.1　十字路口交通灯控制器

1．系统说明

图 6-25 是十字路口的示意图，图 6-26 是十字路口交通灯控制器的方框图。

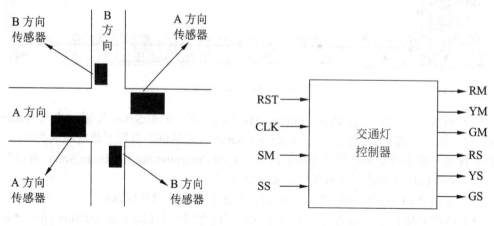

图 6-25　十字路口示意图　　　　　　　　图 6-26　交通灯控制器方框图

（1）功能要求

- 只有 A 方向有车时，A 方向亮绿灯，B 方向亮红灯。
- 只有 B 方向有车时，A 方向亮红灯，B 方向亮绿灯。
- 两个方向都有车时，则两个方向轮流亮绿灯和红灯，但是 A 方向每次亮绿灯的时间不得少于 40s，B 方向每次亮绿灯的时间不得多于 20s。
- 在由绿灯转红灯之间要有 5s 的黄灯作为过渡。

（2）端口定义

- RST：系统复位输入端，低电平复位。
- CLK：频率为 1Hz 的系统时钟输入端。
- SM：A 方向路口附近的传感器发出的信号，高电平表示 A 方向有车要通过路口。
- SS：B 方向路口附近的传感器发出的信号，高电平表示 B 方向有车要通过路口。
- RM、YM、GM：主干道红、黄、绿三色交通灯的控制信号，高电平控制灯亮。
- RS、YS、GS：支干道红、黄、绿三色交通灯的控制信号，高电平控制灯亮。

2．系统的总体方案和系统划分

图 6-27 是交通灯控制器的总体结构框图，系统主要由控制模块（CONTROLLER）和定时模块（TIMER）构成。ST 是定时模块的状态信号，高电平表示定时结束；CNT 是控制模块给定时模块的定时值。

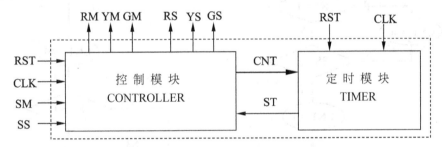

图 6-27　交通灯控制器的总体结构框图

3．控制模块的算法设计

图 6-28 是控制模块 ASM 图。

4．VHDL 设计文件

（1）定时模块（TIMER.VHD）

```
library ieee ;
use ieee.std_logic_1164.all ;
use ieee.std_logic_unsigned.all ;
entity TIMER is
  port( RST, CLK : in std_logic ;
      CNT : in integer range 0 to 63 ;
      ST : out std_logic ) ;
end entity TIMER ;
```

```
architecture ARCH of TIMER is
  signal Q : integer range 0 to 63 ;
begin
  process( RST, CLK )
  begin
    if ( RST = '0' )  then
      Q <= 40 ; ST <= '0' ;
    elsif ( CLK'event and CLK = '1' ) then
      if (Q /= 0 ) then
        if ( Q = 1) then  Q <= CNT ; ST <= '0' ;
        elsif ( Q = 2 ) then  Q <= 1 ; ST <= '1' ;
        else  Q <= Q - 1 ; ST <= '0' ;
        end if ;
      end if ;
    end if ;
  end process ;
end architecture ARCH ;
```

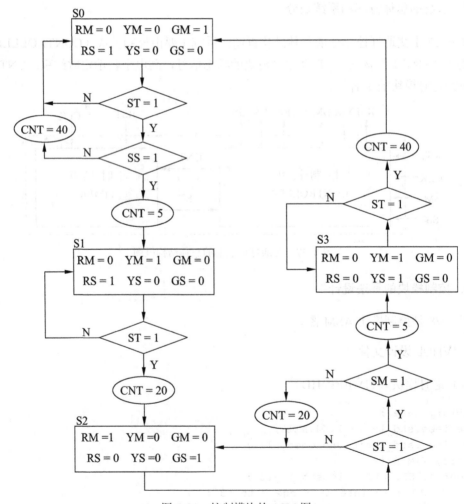

图 6-28　控制模块的 ASM 图

（2）控制模块（CONTROLLER.VHD）

```vhdl
library ieee ;
use ieee.std_logic_1164.all ;
use ieee.std_logic_unsigned.all ;
entity CONTROLLER is
  port( RST, CLK, ST, SM, SS : in std_logic ;
     RM, YM, GM, RS, YS, GS : out std_logic ;
     CNT : out integer range 0 to 63 ) ;
  end entity CONTROLLER ;
architecture ARCH of CONTROLLER is
  constant T1 : integer := 40 ;
  constant T2 : integer := 20 ;
  constant T3 : integer := 5 ;
  type STATE_TYPE is ( S0, S1, S2, S3 ) ;
  signal STATE : STATE_TYPE ;
  signal RYG : std_logic_vector( 5 downto 0 ) ;
begin

  process( RST, CLK )                                --描述状态转换
  begin
    if( RST = '0' ) then STATE <= S0 ;
    elsif ( CLK'event and CLK = '1' ) then
      if ( ST = '1' ) then
        case STATE is
          when S0 => if ( SS = '0') then STATE <= S0 ;
                  else STATE <= S1 ;
                  end if ;
          when S1 => STATE <= S2 ;
          when S2 => if (SM = '0') then STATE <= S2 ;
                  else STATE <= S3 ;
                  end if ;
          when S3 => STATE <= S0 ;
          when others => STATE <= S0 ;
      end case ;
      end if ;
    end if ;
end process ;

  RM <= RYG(5); YM <= RYG(4); GM <= RYG(3);          --描述交通灯控制信号
  RS <= RYG(2); YS <= RYG(1); GS <= RYG(0);
  process ( STATE )
  begin
    case STATE is
      when S0 => RYG <= "001100" ; when S1 => RYG <= "010100" ;
      when S2 => RYG <= "100001" ; when S3 => RYG <= "100010" ;
      when others => RYG <= "001100" ;
    end case ;
  end process ;
```

```
    process(STATE, SM, SS )                          --描述定时器的定时值
    begin
      case STATE is
        when S0 => if ( SS = '0' ) then  CNT <= T1; else  CNT <= T3; end if ;
        when S1 => CNT <= T2 ;   when S3 => CNT <= T1;
        when S2 => if ( SM = '0' ) then CNT <= T2; else  CNT <= T3; end if ;
        when others => if ( SS = '0' )then CNT <= T1; else  CNT <= T3; end if ;
      end case ;
    end process ;
  end architecture ARCH ;
```

（3）包文件（TRAFFIC_PKG.VHD）

```
library ieee ;
use ieee.std_logic_1164.all;
use ieee.std_logic_unsigned.all;
package TRAFFIC_PKG IS
  component CONTROLLER is
    port( RST, CLK, ST, SM, SS : in std_logic ;
        RM, YM, GM, RS, YS, GS : out std_logic ;
        CNT : out integer range 0 to 63 ) ;
  end component CONTROLLER ;
  component TIMER is
    port( RST, CLK : in std_logic ;
        CNT : in integer range 0 to 63 ;
        ST : out std_logic ) ;
  end component TIMER ;
end package TRAFFIC_PKG ;
```

（4）顶层文件（TRAFFIC.VHD）

```
library ieee ;
use ieee.std_logic_1164.all ;
use ieee.std_logic_unsigned.all ;
use work.TRAFFIC_PKG.all ;
  entity TRAFFIC is
  port(RST, CLK, SM, SS : in std_logic ;
        RM, YM, GM, RS, YS, GS : out std_logic ) ;
  end entity TRAFFIC ;
  architecture ARCH of TRAFFIC is
    signal ST : std_logic ;
    signal CNT : integer range 0 to 63 ;
  begin
    U1: CONTROLLER
    port map( RST, CLK, ST, SM, SS, RM, YM, GM, RS, YS, GS, CNT ) ;
    U2: TIMER
    port map (RST, CLK, CNT, ST ) ;
end architecture ARCH ;
```

6.3.2　1/100 秒计时控制器

1．系统说明

图 6-29 是 1/100 秒计时控制器的方框图。

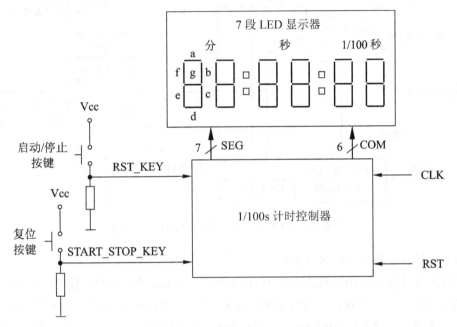

图 6-29　1/100 秒计时控制器的方框图

（1）功能要求

- 计时精度为 1/100s，最长计时时间为 1h。
- 直接驱动共阴极 7 段数码管显示时间。
- 能够支持计时器启动/停止和复位操作。在任何情况下，按一下复位键，计时器就清 0 并做好计时准备；然后按一下启动/停止键，计时器就开始计时；再按一下启动/停止键，计时器停止计时。

（2）端口定义

- RST：系统复位信号，高电平有效。
- CLK：1KHz 的系统时钟。
- RST_KEY：复位按键产生的复位信号，每按一次按键就产生一个正脉冲。
- START_STOP_KEY：启动/停止按键产生的启动/停止信号，每按一次按键就产生一个正脉冲。
- SEG：LED 显示器的 7 段（abcdefg）显示驱动信号，高电平有效。
- COM：7 段数码管的公共端控制信号。

2．系统的总体方案、系统划分和算法设计

图 6-30 是 1/100 秒计时控制器的总体结构框图，系统主要由时钟产生模块（CLK_GEN）、

控制模块（CONTROLLER）、按键同步消抖动模块（KEY_IN）、计时模块（TIMER）和显示模块（DISPLAY）构成。

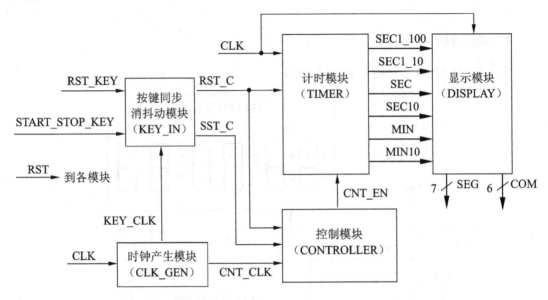

图 6-30 1/100 秒计时控制器的总体结构框图

（1）时钟产生模块（CLK_GEN）

时钟产生模块的作用是对输入的 1kHz 时钟信号 CLK 进行分频，输出一个 25Hz 的时钟 KEY_CLK 和一个 100Hz 的时钟 CNT_CLK。如图 6-31 所示，时钟产生模块由两个同步加法计数器模块（COUNTER）构成，1kHz 的时钟信号 CLK 先经 10 分频后得到 100Hz 的 CNT_CLK，再经 4 分频后得到 25Hz 的计数脉冲 KEY_CLK。

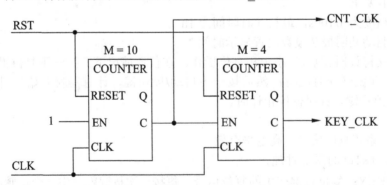

图 6-31 时钟产生模块的结构图

同步计数器模块（COUNTER）的端口定义是，RESET 为异步清零端，高电平有效；EN 为计数使能端，高电平有效；CLK 为计数时钟；C 为进位输出端；Q 为计数输出端。

（2）按键同步消抖动模块（KEY_IN）

由按键产生的脉冲信号 RST_KEY 和 START_STOP_KEY，在产生的时刻和持续时间的长短上都是随机的，而且存在电平抖动现象（一般认为按键抖动的时间不会超过 20ms）。

按键同步消抖动模块由两个完全相同的按键同步消抖动电路组成，它们的作用就是保证每按一次复位或启动/停止键，RST_C 或 SST_C 只产生一个宽度等于系统时钟周期（1ms）并与系统时钟同步的正脉冲。按键同步消抖动电路的框图如图 6-32 所示，状态表如表 6-6 所示。

表 6-6　按键同步消抖动电路状态表

现态	KEY_IN/次态	KEY_OUT
S0	0 / S0	0
	1 / S1	
S1	0 / S3	KEY_CLK
	1 / S2	
S2	0 / S3	0
	1 / S2	
S3	0 / S0	0
	1 / S2	

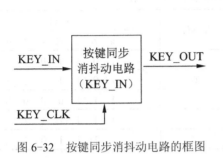

图 6-32　按键同步消抖动电路的框图

（3）计时模块（TIMER）

计时模块由 6 个同步加法计数器模块（COUNTER）构成，如图 6-33 所示。SEC1_100、SEC1_10、SEC、SEC10、MIN、MIN10 分别是 1/100 秒、1/10 秒、1 秒、10 秒、1 分、10 分的计时值。

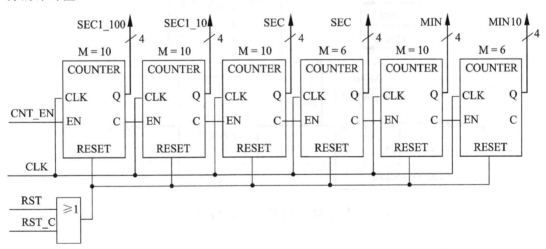

图 6-33　计时模块的结构图

（4）显示模块（DISPLAY）

采用动态方式显示时间，图 6-34 是显示模块的结构图，表 6-7 中是 COM、TIME 与 SEL 的关系，表 6-8 是共阴极 7 段 LED 译码表。

（5）控制模块（CONTROLLER）

控制模块的功能比较简单。当计时器工作时，100Hz 的时钟信号 CNT_CLK 从 CNT_EN 端输出；当计时器停止工作时，CNT_EN 端输出低电平。

表 6-7   COM、TIME 与 SEL 的关系

SEL	TIME	COM						SEL	TIME	COM					
0	SEC1_100	1	1	1	1	1	0	3	SEC10	1	1	0	1	1	1
1	SEC1_10	1	1	1	1	0	1	4	MIN	1	0	1	1	1	1
2	SEC	1	1	1	0	1	1	5	MIN10	0	1	1	1	1	1

表 6-8   7 段 LED 译码器的译码表

TIME	SEG							TIME	SEG						
	a	b	c	d	e	f	g		a	b	c	d	e	f	g
0	1	1	1	1	1	1	0	5	1	0	1	1	0	1	1
1	0	1	1	0	0	0	0	6	1	0	1	1	1	1	1
2	1	1	0	1	1	0	1	7	1	1	1	0	0	0	0
3	1	1	1	1	0	0	1	8	1	1	1	1	1	1	1
4	0	1	1	0	0	1	1	9	1	1	1	1	0	1	1

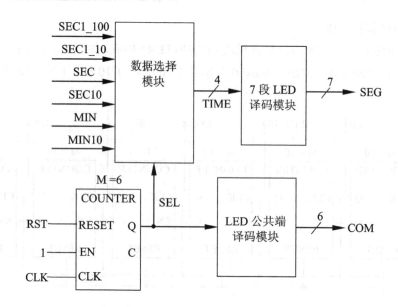

图 6-34   显示模块的结构框图

3. VHDL 设计文件

（1）包文件（WATCH_PKG.VHD）

```
library ieee;
use ieee.std_logic_1164.all;
package WATCH_PKG is
  component COUNTER is                              --计数器模块
    generic(CNT : std_logic_vector(3 downto 0));
    port(RESET, EN, CLK : in std_logic;
        Q : out std_logic_vector(3 downto 0);
```

```
        C : out std_logic);
    end component COUNTER;
    component KEY_IN is                              --按键同步消抖动模块
      port(RST, KEY_IN, KEY_CLK : in std_logic;
          KEY_OUT : out std_logic);
    end component KEY_IN;
    component CLK_GEN is                             --时钟产生模块
      port(RST, CLK : in std_logic;
          KEY_CLK, CNT_CLK : out std_logic);
    end component CLK_GEN;
    component TIMER is                               --计时模块
      port(RST, RST_C, CLK, CNT_EN : in std_logic;
          SEC1_100, SEC1_10, SEC : out std_logic_vector(3 downto 0);
          SEC10, MIN, MIN10 : out std_logic_vector(3 downto 0));
    end component TIMER;
    component DISPLAY is                             --显示模块
      port(RST, CLK : in std_logic;
          SEC1_100, SEC1_10, SEC : in std_logic_vector(3 downto 0);
          SEC10, MIN, MIN10 : in std_logic_vector(3 downto 0);
          SEG : out std_logic_vector(6 downto 0);
          COM : out std_logic_vector(5 downto 0));
    end component DISPLAY;
    component CONTROLLER is                          --控制模块
      port(RST, RST_C, SST_C, CNT_CLK : in std_logic;
          CNT_EN : out std_logic);
    end component CONTROLLER;
end package WATCH_PKG;
```

（2）计数器模块（COUNTER.VHD）

```
library ieee;
use ieee.std_logic_1164.all;
  use ieee.std_logic_unsigned.all;
  entity COUNTER is
    generic(CNT : std_logic_vector(3 downto 0));
    port(RESET, EN, CLK : in std_logic;
        Q : out std_logic_vector(3 downto 0);
        C : out std_logic);
  end entity COUNTER;
  architecture ARCH of COUNTER is
    signal QS : std_logic_vector(3 downto 0);
    signal CS : std_logic;
  begin
    Q <= QS; C <= EN and CS;
    process(RESET, CLK)
    begin
```

```
        if(RESET = '1')then
           QS <= "0000"; CS <= '0';
        elsif(CLK'event and CLK = '1')then
           if(EN = '1') then
              if(QS = CNT - "0010")then
                 QS <= CNT - '1'; CS <= '1';
              elsif(QS = CNT - '1')then
                 QS <= "0000"; CS <= '0';
              else
                 QS <= QS + '1'; CS <= '0';
           end if;
        end if;
     end if;
  end process;
end architecture ARCH;
```

（3）时钟产生模块（CLK_GEN.VHD）

```
library ieee;
use ieee.std_logic_1164.all;
use work.WATCH_PKG.all;
entity CLK_GEN is
  port(RST, CLK : in std_logic;
       KEY_CLK, CNT_CLK : out std_logic);
end entity CLK_GEN;
architecture ARCH of CLK_GEN is
  signal CNT_CLKS : std_logic;
begin
  CNT_CLK <= CNT_CLKS;
  FEQ_DIV10 : COUNTER
    generic map("1010")
    port map(RESET => RST, EN => '1', CLK => CLK, C => CNT_CLKS);
  FEQ_DIV4 : COUNTER
    generic map("0100")
    port map(RESET => RST, EN => CNT_CLKS, CLK => CLK, C => KEY_CLK);
end architecture ARCH;
```

（4）计时模块（TIMER）

```
library ieee;
use ieee.std_logic_1164.all;
use work.WATCH_PKG.all;
entity TIMER is
  port(RST, RST_C, CLK, CNT_EN : in std_logic;
       SEC1_100, SEC1_10, SEC : out std_logic_vector(3 downto 0);
       SEC10, MIN, MIN10 : out std_logic_vector(3 downto 0));
end entity TIMER;
```

```
architecture ARCH of TIMER is
  signal RSTS, SEC1_10EN, SECEN, SEC10EN, MINEN, MIN10EN : std_logic;
begin
  RSTS <= RST or RST_C;
  USEC1_100 : COUNTER
    generic map("1010")
    port map(RSTS, CNT_EN, CLK, SEC1_100, SEC1_10EN);
  USEC1_10 : COUNTER    generic map("1010")
    port map(RSTS, SEC1_10EN, CLK, SEC1_10, SECEN);
  USEC : COUNTER
    generic map("1010")
    port map(RSTS, SECEN, CLK, SEC, SEC10EN);
  USEC10 : COUNTER
    generic map("0110")
    port map(RSTS, SEC10EN, CLK, SEC10, MINEN);
  UMIN : COUNTER
    generic map("1010")
    port map(RSTS, MINEN, CLK, MIN, MIN10EN);
  UMIN10 : COUNTER
    generic map("0110")
    port map(RESET => RSTS, EN => MIN10EN, CLK => CLK, Q => MIN10);
end architecture ARCH;
```

（5）按键同步消抖动模块（KEY_IN.VHD）

```
library ieee;
use ieee.std_logic_1164.all;
entity KEY_IN is
  port(RST, KEY_IN, KEY_CLK : in std_logic;
       KEY_OUT : out std_logic);
end entity KEY_IN;
architecture ARCH of KEY_IN is
  signal STATE : std_logic_vector(1 downto 0);
begin
  process(RST, KEY_CLK)
  begin
    if(RST = '1')then
        STATE <= "00";
    elsif(KEY_CLK'event and KEY_CLK = '0')then
      case STATE is
        when "00" => if(KEY_IN = '0')then STATE <= "00";
                     else STATE <= "01";
                     end if;
        when "01" => if(KEY_IN = '0')then STATE <= "11";
                     else STATE <= "10";
                     end if;
```

```
          when "10" => if(KEY_IN = '0')then STATE <= "11";
                       else STATE <= "10";
                       end if;
          when "11" => if(KEY_IN = '0')then STATE <= "00";
                       else STATE <= "10";
                       end if;
          when others => STATE <= "00";
        end case;
      end if;
    end process;
    process(STATE)
    begin
      if(STATE = "01")then KEY_OUT <= KEY_CLK;
      else KEY_OUT <= '0';
      end if;
    end process;
end architecture ARCH;
```

（6）控制模块（CONTROLLER.VHD）

```
library ieee;
use ieee.std_logic_1164.all;
entity CONTROLLER is
  port(RST, RST_C, SST_C, CNT_CLK : in std_logic;
       CNT_EN : out std_logic);
end entity CONTROLLER;
architecture ARCH of CONTROLLER is
  signal GATE : std_logic;
begin
  process(RST, RST_C, SST_C)
  begin
    if(RST = '1' or RST_C = '1')then
        GATE <= '0';
    elsif(SST_C'event and SST_C = '1')then
        GATE <= not GATE;
    end if;
  end process;
  CNT_EN <= GATE and CNT_CLK;
end architecture ARCH;
```

（7）显示模块（DISPLAY.VHD）

```
library ieee;
use ieee.std_logic_1164.all;
use work.WATCH_PKG.all;
entity DISPLAY is
  port(RST, CLK : in std_logic;
       SEC1_100, SEC1_10, SEC : in std_logic_vector(3 downto 0);
```

```vhdl
        SEC10, MIN, MIN10 : in std_logic_vector(3 downto 0);
        SEG : out std_logic_vector(6 downto 0);
        COM : out std_logic_vector(5 downto 0));
end entity DISPLAY;
architecture ARCH of DISPLAY is
  signal SEL, TIME : std_logic_vector(3 downto 0);
begin
  CNT6 : COUNTER                                        -- 六进制计数器
    generic map("0110")
    port map(RESET => RST, EN => '1', CLK => CLK, Q => SEL);
  -- 数据选择模块和7段LED公共端译码模块
  process(SEL, SEC1_100, SEC1_10, SEC, SEC10, MIN, MIN10)
  begin
    case SEL(2 downto 0) is
      when "000"   => TIME <= SEC1_100;  COM <= "111110";
      when "001"   => TIME <= SEC1_10;   COM <= "111101";
      when "010"   => TIME <= SEC;       COM <= "111011";
      when "011"   => TIME <= SEC10;     COM <= "110111";
      when "100"   => TIME <= MIN;       COM <= "101111";
      when "101"   => TIME <= MIN10;     COM <= "011111";
      when others => TIME <= "XXXX";    COM <= "XXXXXX";
    end case;
  end process;
  process(TIME)                                         -- 7段LED译码模块
  begin
    case TIME is
      when "0000" => SEG <= "1111110";
      when "0001" => SEG <= "0110000";
      when "0010" => SEG <= "1101101";
      when "0011" => SEG <= "1111001";
      when "0100" => SEG <= "0110011";
      when "0101" => SEG <= "1011011";
      when "0110" => SEG <= "1011111";
      when "0111" => SEG <= "1110000";
      when "1000" => SEG <= "1111111";
      when "1001" => SEG <= "1111011";
      when others => SEG <= "XXXXXXX";
    end case;
  end process;
end architecture ARCH;
```

（8）顶层文件（WATCH.VHD）

```vhdl
library ieee;
use ieee.std_logic_1164.all;
use work.WATCH_PKG.all;
```

```
entity WATCH is
  port(RST, CLK, RST_KEY, START_STOP_KEY : in std_logic;
       SEG : out std_logic_vector(6 downto 0);
       COM : out std_logic_vector(5 downto 0));
end entity WATCH;
architecture ARCH of WATCH is
  signal KEY_CLK, CNT_CLK, RST_C, SST_C, CNT_EN : std_logic;
  signal SEC1_100, SEC1_10, SEC, SEC10, MIN, MIN10: std_logic_vector(3 downto 0);
begin
  U_CLK_GEN : CLK_GEN
    port map(RST, CLK, KEY_CLK, CNT_CLK);
  U_RST_KEYIN : KEY_IN
    port map(RST, RST_KEY, KEY_CLK, RST_C);
  U_START_STOP_KEYIN : KEY_IN
    port map(RST, START_STOP_KEY, KEY_CLK, SST_C);
  U_TIMER : TIMER
    port map(RST, RST_C, CLK, CNT_EN,
             SEC1_100, SEC1_10, SEC, SEC10, MIN, MIN10);
  U_CONTROLLER : CONTROLLER
    port map(RST, RST_C, SST_C, CNT_CLK, CNT_EN);
  U_DISPLAY : DISPLAY
    port map(RST, CLK, SEC1_100, SEC1_10, SEC, SEC10, MIN, MIN10, SEG, COM);
end architecture ARCH;
```

习　题　6

6-1　什么是电子设计自动化？

6-2　名词解释

（1）综合　（2）映射　（3）功能仿真　（4）时序仿真　（5）时序分析

6-3　与传统的电路图相比，硬件描述语言有哪些优势？试列举目前常用的几种硬件描述语言，并简单说明其特点。

6-4　什么是"自顶向下"设计？这种设计过程与传统的设计过程相比有哪些优点？

6-5　什么是专用集成电路（Application Specific Integrated Circuit，ASIC）？

6-6　简述基于 ASIC 的现代数字系统设计方法的主要特点。

6-7　在 Quartus Ⅱ中，用原理图输入方法设计一个"00100111"序列发生器。

6-8　根据 6.3 节设计实例中给出的 VHDL 设计文件，在 Quartus Ⅱ中完成这两个设计项目的设计输入、编译和仿真。

6-9　设计一个汽车尾灯控制器。该控制器控制汽车尾部左右两侧各三个指示灯，要求如下：（1）汽车沿直线行驶时，两侧的指示灯全灭。（2）右转弯时，左侧的指示灯全灭，右侧的指示灯按 000、100、010、001、000 循环顺序点亮。（3）左转弯时，右侧的指示灯全灭，左侧的指示灯按同样的循环顺序点亮。（4）如果在直行时刹车，两侧的指示灯全亮；如果在转弯时刹车，转弯这一侧的指示灯按同样的循环顺序点亮，另一侧的指示灯全亮。

6–10　假设有两个周期性矩形脉冲信号 CLK1 和 CLK2，CLK1 的频率是 1kHz，CLK2 的频率是 100kHz。试设计三个边沿检测电路：（1）检测 CLK1 的上升沿；（2）检测 CLK1 的下降沿；（3）检测 CLK1 的上升沿和下降沿。要求：只要检测到有效边沿就输出一个 CLK2 周期的矩形正脉冲。

自 测 题 6

1．（20 分）填空

（1）EDA 技术的发展大致经历了（　　）、（　　）和（　　）三个阶段。

（2）功能仿真和时序仿真的区别是（　　）。

（3）目前，已经成为了 IEEE 标准的两种 HDL 是（　　）和（　　）；另外比较常用的硬件描述语言还有（　　）、（　　）和（　　）。

（4）目前世界上三大可编程逻辑器件生产商 Altera、Xilinx 和 Lattice 的开发平台分别是（　　）、（　　）和（　　）。

（5）在基于可编程逻辑器件的开发流程中，除了使用器件生产厂商提供的开发平台以外，还可以使用专业的第三方开发工具，其中 Mentor Graphics 公司的 Modelsim 是一种（　　）工具，Synplicity 公司的 Synplify 是一种（　　）工具。

（6）按照设计方法，专用集成电路 ASIC 可以分为（　　）、（　　）和（　　）三种。

（7）Quartus II 能够支持的三种设计输入方式是（　　）、（　　）和（　　）。

2．（10 分）写出下列英文缩写的全称和中文。

（1）EDA　　（2）CAE　　（3）CAD　　（4）ASIC　　（5）SOAC

3．（10 分）在数字系统设计中通常会涉及哪些领域和层次？

4．（10 分）简述基于可编程逻辑器件的数字系统设计流程。

5．（20 分）在 Quartus II 中，采用原理图输入方式创建 6.3.2 节设计实例的顶层设计文件。

6．（30 分）用 VHDL 描述一个将带符号二进制数的 8 位原码转换成 8 位补码的电路，并在 Quartus II 中完成设计输入、编译和仿真。

第7章

数/模、模/数转换与脉冲产生电路

在自然界中，多数的物理量都是模拟量，所以与之对应的电子设备中的输入、输出信号也大多是模拟信号。然而，与模拟信号相比，数字信号却具有抗干扰能力强、便于存储和处理等诸多优点，因此，随着计算机技术和数字信号处理技术的飞速发展，在通信、测量、自动控制等许多领域，人们总是希望能够把输入到电子设备中的模拟信号先转换成数字信号（即模/数转换，简称 A/D），然后用数字技术进行处理，最后再根据需要把经过处理的数字信号转换成模拟信号（即数/模转换，简称 D/A），作为电子设备的输出。这样，在模拟电路与数字电路之间，或者说在模拟信号与数字信号之间，就需要有两种接口电路——A/D 转换器和 D/A 转换器。A/D 转换器是指能够实现 A/D 转换的电路，简称 ADC（Analog to Digital Converter）；D/A 转换器是指能够实现 D/A 转换的电路，简称 DAC（Digital to Analog Converter）。随着集成电路技术的发展，目前市场上的单片集成 DAC 和 ADC 芯片已有数百种之多，而且性能指标也越来越先进，在电子设备中有着非常广泛的应用。

在本章中的脉冲产生电路部分，仅介绍矩形脉冲产生电路。在电子设备中，矩形脉冲产生电路也是一类非常重要的电路，它的主要作用是能够提供其他电路所需的矩形脉冲信号，例如，在数字系统中用于协调和控制整个系统工作的时钟信号。

7.1 集成数/模转换器

7.1.1 数/模转换的基本概念

1. 传输特性

数模转换器 DAC 的原理图如图 7-1 所示。其中 D 为输入的数字信号，通常用 n 位二进制码（$D_{n-1}D_{n-2} \cdots D_1D_0$）表示；$S_A$ 为输出的模拟信号（模拟电压 V_A 或模拟电流 I_A）；V_{REF} 为实现数/模转换所必需的参考电压（也称基准电压）。DAC 的传输特性可用式（7-1）表示：

$$S_A = KDV_{REF} \tag{7-1}$$

其中，K 为比例常数，不同的 DAC 有各自不同的 K 值；这里的 D 是指输入的 n 位二进制码所代表的数值。如果 D 为 n 位无符号二进制数，即

$$D = D_{n-1} \times 2^{n-1} + D_{n-2} \times 2^{n-2} + \cdots + D_1 \times 2^1 + D_0 \times 2^0$$
$$= \sum_{i=0}^{n-1} D_i \times 2^i \tag{7-2}$$

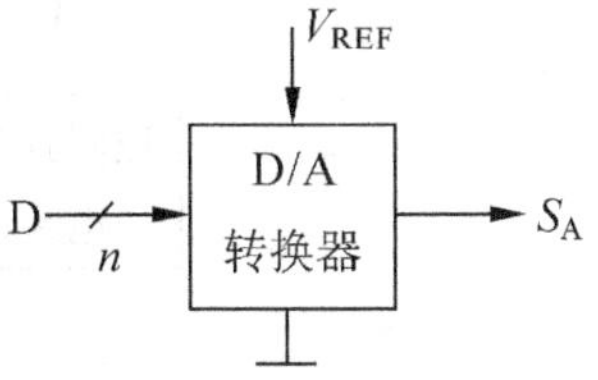

则式（7-1）可写为

$$S_A = KV_{REF} \sum_{i=0}^{n-1} D_i \times 2^i \tag{7-3}$$

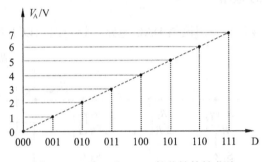

图 7-1　DAC 原理图

由上述可知，DAC 输出的模拟信号与输入的数字信号在幅度上成正比，而两者极性之间的关系则取决于比例常数的正负和参考电压的极性。另外必须注意，n 位二进制代码只有 2^n 种不同的组合，每个组合对应于一个模拟电压（或电流）值，所以严格地讲，DAC 的输出并非真正的模拟信号，而是时间连续、幅度离散的信号，如图 7-2 所示。不过，只要对 DAC 的输出信号进行合适的低通滤波，滤除其高频分量，就可得到真正的模拟信号。

图 7-2　一个 3 位 DAC 的传输特性曲线

例 7-1　已知某 8 位二进制 DAC，输入的数字量 D 为无符号二进制数。当 D = $(10000000)_2$ 时，输出模拟电压 $V_A = 3.2V$。求：D = $(10101000)_2$ 时的输出模拟电压 $V_A = ?$

解　从式（7-3）可知，该 8 位 DAC 的输出模拟电压与输入数字量成正比。由于 $(10000000)_2 = 128$，$(10101000)_2 = 168$，因此，

$$3.2 : 128 = V_A : 168$$

解得

$$V_A = (3.2/128) \times 168 = 4.2V$$

2. 电路结构

用于实现 D/A 转换的电路有很多种，它们的大体结构都是相似的，主要由输入数码寄存器、数控模拟开关、解码网络、求和电路、参考电压和逻辑控制电路构成，如图 7-3 所示。数字信号有串行和并行两种输入方式；数码寄存器用于存储输入的数字信号；寄存器并行输出的每 1 位数字量控制一个模拟开关，使解码网络将每 1 位数码"翻译"成相应大小的模拟量，并送给求和电路；求和电路将每 1 位数码所代表的模拟量相加，便得到与数字量相对应的模拟量。DAC 的核心电路是解码网络，下面将主要介绍这部分电路的工作原理。

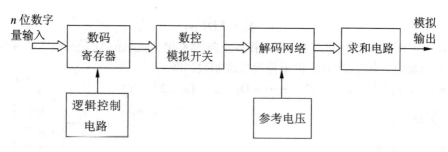

图 7-3　D/A 转换器的结构框图

7.1.2　常用的数/模转换技术

实现 D/A 转换的电路有很多种，本节仅介绍在集成 DAC 中常见的两种 D/A 转换电路：权电阻网络 DAC 电路和倒 T 型电阻网络 DAC 电路。

1. 权电阻网络 DAC 电路

图 7-4 所示是一个 4 位权电阻网络 DAC 电路，该电路由以下四个部分构成：

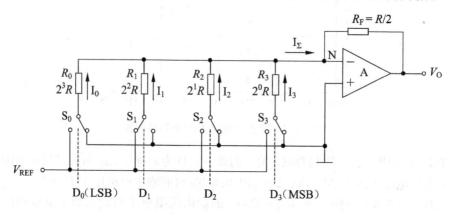

图 7-4　权电阻网络 DAC 电路原理图

（1）权电阻解码网络。该电阻解码网络由 4 个电阻构成，它们的阻值分别与输入的 4 位二进制数一一对应，满足以下关系：

$$R_i = 2^{n-1-i} R \qquad (7\text{-}4)$$

式中，n 为输入二进制数的位数，R_i 是与二进制数 D_i 位相对应的电阻值，而 2^i 则是 D_i 位的权值。不难看出，二进制数的每 1 位所对应的电阻的大小都与该位的权值成反比，这就是权电阻网络名称的由来。

（2）模拟开关。每一个电阻都有一个单刀双掷的模拟开关与其串联，4 个模拟开关的状态分别由 4 位二进制数码控制。当 $D_i=0$ 时，开关 S_i 打到右边，使电阻 R_i 接地；当 $D_i=1$ 时，开关 S_i 打到左边，使电阻 R_i 接基准电压 V_{REF}。

（3）基准电压源 V_{REF}。作为 A/D 转换的参考值，要求其准确度高、稳定性好。

（4）求和放大器。通常由运算放大器构成，并接成反相放大器的形式。

为了简化分析，在本章中将运算放大器近似看成是理想的放大器，即它的开环放大倍数为无穷大，输入电流为零（输入电阻无穷大），输出电阻为零。由于 N 点为虚地，当 $D_i = 0$ 时，相应的电阻 R_i 上没有电流；当 $D_i = 1$ 时，电阻 R_i 上有电流流过，大小为 V_{REF}/R_i。因此，$I_i = D_i \dfrac{V_{REF}}{R_i}$。根据叠加原理，对于输入的一个任意二进制数 $D_3D_2D_1D_0$，应有

$$
\begin{aligned}
I_\Sigma &= I_3 + I_2 + I_1 + I_0 \\
&= D_3 \frac{V_{REF}}{R_3} + D_2 \frac{V_{REF}}{R_2} + D_1 \frac{V_{REF}}{R_1} + D_0 \frac{V_{REF}}{R_0} \\
&= D_3 \frac{V_{REF}}{2^{3-3}R} + D_2 \frac{V_{REF}}{2^{3-2}R} + D_1 \frac{V_{REF}}{2^{3-1}R} + D_0 \frac{V_{REF}}{2^{3-0}R} \\
&= \frac{V_{REF}}{2^3 R} \sum_{i=0}^{3} D_i \times 2^i
\end{aligned}
\tag{7-5}
$$

求和放大器的反馈电阻 $R_F = R/2$，则输出电压 V_O 为

$$
V_O = -I_\Sigma R_F = -\frac{V_{REF}}{2^4} \sum_{i=0}^{3} D_i \times 2^i
\tag{7-6}
$$

推广到 n 位权电阻网络 DAC 电路，可得

$$
V_O = -\frac{V_{REF}}{2^n} \sum_{i=0}^{n-1} D_i \times 2^i
\tag{7-7}
$$

由式（7-6）和式（7-7）可以看出，权电阻网络 DAC 电路的输出电压和输入数字量之间的关系与式（7-3）的描述完全一致，这里的比例常数 $K = -1/2^n$。

权电阻网络 DAC 电路的优点是结构简单，所用解码电阻的个数等于 DAC 输入数字量的位数，相对比较少；它的缺点是解码电阻的取值范围太大，这个问题在输入数字量的位数较多时尤其显得突出。例如当输入数字量的位数为 12 位时，最大电阻与最小电阻之间的比例高达 2048∶1，要在如此大的范围内保证电阻的精度，对于集成 DAC 的制造是十分困难的。

2. 倒 T 型电阻网络 DAC 电路

图 7-5 所示为一个 4 位倒 T 型电阻网络 DAC 电路，它也包括四个部分：R-$2R$ 电阻解码网络、单刀双掷模拟开关（S_0、S_1、S_2 和 S_3）、基准电压 V_{REF} 和求和放大器。

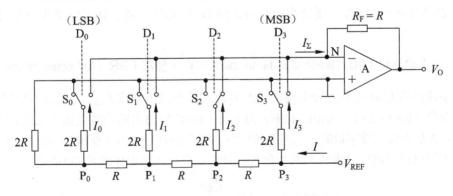

图 7-5　倒 T 型电阻网络 DAC 电路原理图

4 个模拟开关由 4 位二进制数码分别控制，当 $D_i = 0$ 时，开关 S_i 打到左边，使与之相串联的 $2R$ 电阻接地；当 $D_i = 1$ 时，开关 S_i 打到右边，使 $2R$ 电阻接虚地。

R-$2R$ 电阻解码网络中只有 R 和 $2R$ 两种阻值的电阻，呈倒 T 型分布。不难看出：无论模拟开关的状态如何，从任何一个节点（P_0、P_1、P_2、P_3）向上或向左看去的等效电阻均为 $2R$。由此可以计算出基准电压源 V_{REF} 的输出电流 $I = V_{REF}/R$，并且该电流每流到一个节点时就向上和向左产生 1/2 分流，则各支路的电流分别为：$I_0 = I/2^4$，$I_1 = I/2^3$，$I_2 = I/2^2$，$I_3 = I/2^1$。

根据叠加原理，对于输入的一个任意二进制数 $(D_3 D_2 D_1 D_0)_2$，流向求和放大器的电流 I_Σ 应为

$$I_\Sigma = D_0 I_0 + D_1 I_1 + D_2 I_2 + D_3 I_3$$

$$= \frac{1}{2^4} \frac{V_{REF}}{R} (D_0 \times 2^0 + D_1 \times 2^1 + D_2 \times 2^2 + D_3 \times 2^3)$$

$$= \frac{1}{2^4} \frac{V_{REF}}{R} \sum_{i=0}^{3} D_i \times 2^i \tag{7-8}$$

求和放大器的反馈电阻 $R_F = R$，代入上式后得输出电压 V_O 为

$$V_O = -I_\Sigma R_F = -\frac{V_{REF}}{2^4} \sum_{i=0}^{3} D_i \times 2^i \tag{7-9}$$

推广到 n 位倒 T 型电阻网络 DAC 电路，可得

$$V_O = -\frac{V_{REF}}{2^n} \sum_{i=0}^{n-1} D_i \times 2^i \tag{7-10}$$

倒 T 型电阻网络 DAC 电路的突出优点在于，无论输入信号如何变化，流过基准电压源、模拟开关以及各电阻支路的电流均保持恒定，电路中各节点的电压也保持不变，这有利于提高 DAC 的转换速度；另外，在倒 T 型电阻解码网络中，虽然电阻的数量比权电阻解码网络增加了一倍，但只有两种阻值的电阻，这有利于保证电阻的精度。因此，倒 T 型电阻网络 D/A 转换电路已经成为目前集成 DAC 中采用最多的转换电路。

7.1.3 集成 DAC 的主要性能指标

目前，国内外市场上的集成 DAC 产品有数百种之多，性能各不相同，可以满足不同要求的应用场合。因此，要选择一款合适的 DAC 芯片，就必须了解集成 DAC 的性能指标。

1. 最小输出值 LSB（least significant bit）和输出量程 FSR（full scale range）

最小输出值 LSB 可分为最小输出电压 V_{LSB} 和最小输出电流 I_{LSB}，是指输入数字量只有最低有效位（least significant bit, LSB）为 1 时，DAC 所输出的模拟电压（电流）的幅度。或者说，就是当输入数字量的最低有效位的状态发生变化时（由 0 变成 1，或由 1 变成 0），所引起的输出模拟电压（电流）的变化量。对于 n 位单极性电压输出 DAC 电路：

$$V_{LSB} = \frac{|V_{REF}|}{2^n} \tag{7-11}$$

输出量程 FSR 是指 DAC 输出模拟电压（电流）的最大变化范围，可分别表示为电压输出量程 V_{FSR} 和电流输出量程 I_{FSR}。对于 n 位单极性电压输出 DAC：

$$V_{FSR} = \frac{2^n - 1}{2^n} |V_{REF}| \qquad (7\text{-}12)$$

2. 转换精度

集成 DAC 的转换精度通常用分辨率和转换误差两个指标来描述。

（1）分辨率

分辨率是指 DAC 能够分辨最小电压（电流）的能力，它是 DAC 在理论上所能达到的精度，一般将其定义为 DAC 的最小输出电压（电流）与电压（电流）输出量程之比。例如，对于 n 位电压输出的 DAC 为

$$分辨率 = \frac{V_{LSB}}{V_{FSR}} = \frac{1}{2^n - 1} \qquad (7\text{-}13)$$

显然，DAC 的分辨率只与其位数 n 有关，n 越大，分辨率越高。正因为如此，在实际的集成 DAC 产品的参数表中，有时直接将 2^n 或 n 作为 DAC 的分辨率。例如 8 位 DAC 的分辨率为 2^8 或 8 位。

（2）转换误差

DAC 的各个环节在参数和性能上与理论值之间不可避免地存在着差异，如参考电压 V_{REF} 的波动、运算放大器的零点漂移、模拟开关的导通内阻和导通压降、电阻解码网络中电阻阻值的偏差等等，因此其在实际工作中并不能达到理论上的精度。转换误差就是用来描述 DAC 输出模拟信号的理论值和实际值之间差别的一个综合性指标。

DAC 的转换误差一般有两种表示方式：绝对误差和相对误差。所谓绝对误差，就是实际值与理论值之间的最大差值，通常用最小输出值 LSB 的倍数来表示。例如转换误差为 0.5 LSB，表明输出信号的实际值与理论值之间的最大差值不超过最小输出值的一半。相对误差是指绝对误差与 DAC 输出量程 FSR 的比值，以 FSR 的百分比来表示。例如转换误差为 0.02%FSR，表示输出信号的实际值与理论值之间的最大差值是输出量程的 0.02%。

需要特别注意，由于转换误差的存在，一味地增加 DAC 的位数并不一定能够提高其转换精度，因为当转换误差大于 1LSB 时，理论上的精度就没有意义了。

3. 转换速度

集成 DAC 的转换速度通常用建立时间（setting time）或转换速率（转换频率）来描述。

当 DAC 输入的数字量发生变化以后，输出的模拟量需要经过一段时间才能达到其所对应的数值，一般将这段时间称为建立时间。由于数字量的变化越大，DAC 所需要的建立时间就越长，所以在集成 DAC 产品的性能表中，建立时间通常是指从输入数字量由全 0 突变到全 1 或由全 1 突变到全 0 开始，到输出模拟量进入到规定的误差范围内所用的时间，误差范围一般取 ±LSB/2。建立时间的倒数即为转换速率（转换频率），也就是每秒钟 DAC 至少可以完成的转换次数。

按照建立时间的大小，集成 DAC 可以分成若干类。一般而言，建立时间大于 300μs 的属于低速型，目前已经不多见；建立时间为 10～300μs 的属于中速型；建立时间在 0.01～10μs 的为高速型；建立时间小于 0.01μs 的为超高速型。

除了以上所述的主要性能指标外，在选择 DAC 芯片时，还要注意以下两个方面：

- 输入数字量的特征。主要包括数字量的编码方式（自然二进制码、补码、偏移二进制码、BCD 码等）、数字量的输入方式（串行输入或并行输入）以及逻辑电平的类型（TTL 电平、CMOS 电平或 ECL 电平等）。
- 工作环境要求。主要包括 DAC 的工作电压、参考电源、工作温度、功耗、封装以及可靠性等。

7.1.4　8 位 D/A 转换器 DAC0832 及其应用

DAC0832 是由美国国家半导体公司（NSC）生产的 8 位 D/A 转换器，芯片内采用 CMOS 工艺。该器件可以直接与 Z80、8051、8085 等微处理器接口，是目前微机控制系统中常用的一款 D/A 转换芯片。

1. DAC0832 的主要性能参数

- 并行 8 位 DAC。
- TTL 标准逻辑电平。
- 可单缓冲、双缓冲或直通数据输入。
- 单一电源供电 5～15V。
- 参考电压源–10～+10V。
- 建立时间≤1μs。
- 线性误差≤0.2%FSR。
- 功耗≤20mW。
- 工作温度–40℃～85℃。

2. DAC0832 的内部结构和引脚说明

图 7-6 是 DAC0832 的内部结构框图，虚框外标注的是外部引脚的标号及名称。从图上可以看出，电路由 8 位输入锁存器、8 位 DAC 锁存器、8 位 D/A 转换器、逻辑控制电路和输出电路的辅助元件 R_{fb}（15kΩ）构成。以下是引脚说明。

（1）控制信号

$\overline{LE}$：数据锁存信号，这是一个内部信号。当 $\overline{LE}$ = 1 时，锁存器处于锁存状态，锁存器中的数据 Q 保持不变；当 $\overline{LE}$ =0 时，锁存器处于直通状态，锁存器中的数据 Q 随输入数据 D 变化而变化。

$\overline{CS}$、ILE、$\overline{WR_1}$：这三个信号在一起配合使用，用于控制对输入锁存器的操作。$\overline{CS}$ 为片选信号，低电平有效；ILE 为输入锁存允许信号，高电平有效；$\overline{WR_1}$ 为输入锁存器的写信号，低电平有效。只有当 $\overline{CS}$、ILE、$\overline{WR_1}$ 同时有效时，输入的数字量才写入输入锁存器，

并在 $\overline{\mathrm{WR}_1}$ 的上升沿实现数据锁存。

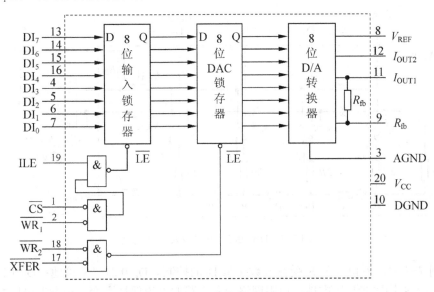

图 7-6　DAC0832 的内部结构框图

$\overline{\mathrm{XFER}}$ 、$\overline{\mathrm{WR}_2}$：这两个信号在一起配合使用，用于控制对 DAC 锁存器的操作。$\overline{\mathrm{XFER}}$ 为传送控制信号，低电平有效；$\overline{\mathrm{WR}_2}$ 为 DAC 锁存器的写信号，低电平有效。只有当 $\overline{\mathrm{XFER}}$、$\overline{\mathrm{WR}_2}$ 同时有效时，输入锁存器的数字量才写入到 DAC 锁存器，并在 $\overline{\mathrm{WR}_2}$ 的上升沿实现数据锁存。

（2）输入数字量

$\mathrm{DI}_0 \sim \mathrm{DI}_7$：8 位数字量输入（自然二进制码）。其中 DI_0 为最低位，DI_7 为最高位。

（3）输出模拟量

I_{OUT1}：DAC 输出电流 1。当 DAC 锁存器中的数据全为 1 时，I_{OUT1} 输出最大值 I_{SFR}；当 DAC 锁存器中的数据全为 0 时，$I_{\mathrm{OUT1}} = 0$。

I_{OUT2}：DAC 输出电流 2。I_{OUT2} 为电流最大值 I_{SFR} 与 I_{OUT1} 之差，即 $I_{\mathrm{OUT1}} + I_{\mathrm{OUT2}} = I_{\mathrm{SFR}}$。

（4）电源、地

V_{REF}：参考电压。DAC0832 需要外接基准电压，在 -10V～+10V 范围内取值。

V_{CC}：工作电压。工作电压的范围为 +5V～+15V，最佳工作状态时用 +15V。

DGND、AGND：分别为数字电路地和模拟电路地。所有数字电路的地线均接到 DGND，所有模拟电路的地线均接到 AGND，并且就近将 DGND 和 AGND 在一点且只能在一点短接，以减少干扰。

（5）其他

R_{fb}：反馈电阻连线端。DAC0832 为电流输出型 D/A 转换器，所以要获得模拟电压输出时，需要外接运算放大器，但运算放大器的反馈电阻不需要外接，在芯片内部已集成了一个 15kΩ 的反馈电阻 R_{fb}。

3. DAC0832 的工作原理

DAC0832 芯片采用倒 T 型电阻网络 DAC 电路，外接运算放大器与 DAC0832 电阻网络之间的连接关系如图 7-7 所示，该图与图 7-5 基本相同，只不过位数增加到了 8 位。

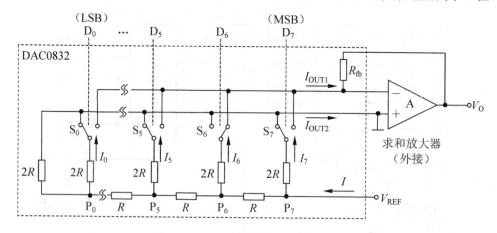

图 7-7　DAC0832 中的 D/A 转换电路

在图 7-7 中，模拟开关 S_i 受输入数字量 D_i 的控制。$D_i=0$ 时，S_i 接地；$D_i=1$ 时，S_i 接虚地。无论 S_i 接地或是接虚地，电阻网络中各支路的电流保持不变。由参考电压源 V_{REF} 流出的总电流 $I=V_{REF}/R$，并且该电流每经过一个节点时都会进行 1/2 分流，则各 $2R$ 电阻支路的电流 $I_i=I/2^{n-i}$（$n=8$）。但是，随着输入数字量的不同，输出电流 I_{OUT1} 和 I_{OUT2} 也不相同，不难求出

$$I_{OUT1} = \frac{I}{2^8}\sum_{i=0}^{7}(D_i \times 2^i) \tag{7-14}$$

$$I_{OUT2} = \frac{I}{2^8}\sum_{i=0}^{7}(\overline{D}_i \times 2^i + 1) \tag{7-15}$$

$$I_{OUT1} + I_{OUT2} = I = \frac{V_{REF}}{R} = 常数 \tag{7-16}$$

外接求和放大器的输出电压为

$$V_O = -I_{OUT1}R_{fb} \tag{7-17}$$

在 DAC0832 中，通常 $R=R_{fb} \approx 15k\Omega$，所以

$$V_O = -\frac{1}{2^8}\frac{V_{REF}}{R}R_{fb}\sum_{i=0}^{7}(D_i \times 2^i)$$
$$= -\frac{V_{REF}}{2^8}\sum_{i=0}^{7}(D_i \times 2^i) \tag{7-18}$$

4. DAC0832 的工作方式

根据芯片内部的两个锁存器（8 位输入锁存器、8 位 DAC 锁存器）工作状态的不同，DAC0832 有 3 种工作方式：双缓冲工作方式、单缓冲工作方式和直通工作方式。

（1）双缓冲工作方式

所谓双缓冲工作方式，是指两个 8 位锁存器均处于受控锁存工作状态。在双缓冲工作方式下，数字量的写入分成两步：首先当 $\overline{CS}$ =0、ILE＝1 时，外部输入的数字量在写信号 $\overline{WR_1}$（负脉冲）的作用下写入 8 位输入锁存器，并在写脉冲的上升沿锁存；然后令 $\overline{XFER}$ =0，

在写信号 $\overline{WR_2}$（负脉冲）的作用下将 8 位输入锁存器的数据写入 8 位 DAC 锁存器，开始 D/A 转换，并在写脉冲的上升沿锁存。这样，DAC0832 在进行 D/A 转换的同时，就可以采集下一个数字量。图 7-8 给出了 DAC0832 双缓冲工作方式下的连线图和时序图。

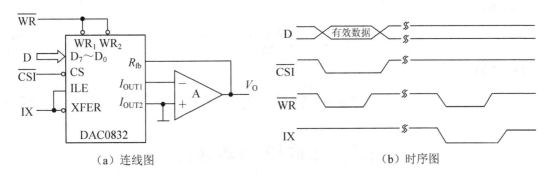

图 7-8　DAC0832 双缓冲工作方式连线图和时序图

（2）单缓冲工作方式

所谓单缓冲工作方式，可以是 DAC0832 的两个锁存器中只有一个锁存器处于受控锁存状态，而另外一个始终处于直通状态；也可以控制两个锁存器同时进行锁存，例如，将 $\overline{WR_1}$ 和 $\overline{WR_2}$ 接在一起作为数据写入信号 $\overline{WR}$ 的输入端，将 CS 和 XFER 接在一起作为片选信号 $\overline{CSI}$ 的输入端，将 ILE 接高电平。

（3）直通工作方式

所谓直通工作方式，就是指两个锁存器均处于直通工作状态，外部输入数字量发生变化，A/D 转换器的输出亦随之变化。例如，将 $\overline{WR_1}$ 和 $\overline{WR_2}$ 均接地，将 CS 和 XFER 接在一起作为片选信号 $\overline{CSI}$ 的输入端，将 ILE 接高电平。

5. 用 DAC0832 实现双极性的 D/A 转换

到目前为止，前面所讨论的 DAC 电路都是单极性电路，即：DAC 的输入都是无符号二进制数，只代表数字信号的幅度；输出模拟信号的极性只取决于基准电压的极性，也都是非正即负的单极性信号。然而，在实际工作中经常需要处理一些双极性信号，因此要求 D/A 转换电路不仅能够保证模拟信号与数字信号在幅度上成正比关系，而且还要能够判别数字信号的极性，使模拟信号与数字信号在极性上一致。图 7-9 所示电路就是一个有符号二进制数补码输入的双极性的 DAC 电路，它是在图 7-7 所示的单极性 DAC 电路的基础上增加了一级运算放大器，并将数字量的最高位（符号位）反向后再输入。

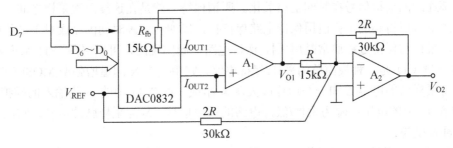

图 7-9　DAC0832 的双极性工作电路

由图 7-9 不难算出

$$V_{O2} = -(\frac{V_{REF}}{2R} + \frac{V_{O1}}{R}) \times 2R = -V_{REF} + V_{REF} \times \overline{D}_7 + \frac{V_{REF}}{2^7} \sum_{i=0}^{6}(D_i \times 2^i) \tag{7-19}$$

当 $D_7 = 0$ 时

$$V_{O2} = \frac{V_{REF}}{2^7} \sum_{i=0}^{6}(D_i \times 2^i) \tag{7-20}$$

当 $D_7 = 1$ 时

$$V_{O2} = -\frac{V_{REF}}{2^7}[2^7 - \sum_{i=0}^{6}(D_i \times 2^i)] \tag{7-21}$$

7.2 集成模/数转换器

模数转换器 ADC 用于将时间和幅度都连续的模拟信号转换成时间和幅度都离散的数字信号，其原理如图 7-10 所示。一般输入为模拟电压信号 V_I；D 是输出的 n 位数字信号，通常用二进制码（$D_{n-1}D_{n-2}\cdots D_1D_0$）表示；$V_{REF}$ 为实现模/数转换所必需的参考电压（基准电压）。ADC 的传输特性可以用下式表示：

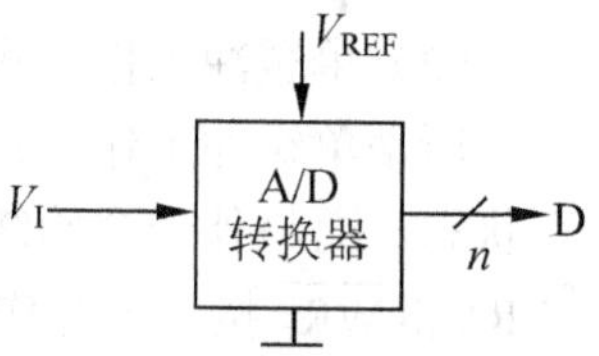

$$D = K\frac{V_I}{V_{REF}} \tag{7-22}$$

图 7-10 ADC 原理图

式中，K 为比例常数，不同的 ADC 有各自不同的 K 值；这里的 D 是指输出的 n 位二进制码所代表的数值。不难看出，与 DAC 一样，ADC 中的模拟信号与数字信号在幅度上成正比，两者极性之间的关系则取决于比例系数的正负和参考电压的极性。

欲把模拟量转换成数字量，通常都要经过采样、保持、量化和编码四个过程。在本节中，将首先讨论这四个过程的工作原理，然后介绍在集成 ADC 中使用的几种常用 A/D 转换电路。

7.2.1 模/数转换的一般过程

1. 采样与保持

采样就是周期性地每隔一段固定的时间读取一次模拟信号的值，从而可以将在时间和取值上都连续的模拟信号在时间上离散化。所谓保持，就是在连续两次采样之间，将上一次采样结束时所得到的采样值用保持电路保持住，以便在这段时间内完成对采样值的量化和编码。采样与保持过程通常是用采样/保持电路一起实现的，可以用图 7-11 来说明。

图 7-11（a）是一种最简单的采样/保持电路，它由一个 N 沟道增强型 MOSFET、一个用于保持采样值的电容 C 和一个运算放大器 A 组成。图 7-11 中的 v_A 为输入的模拟电压；v_C 是电容 C 上的电压；v_S 为采样/保持电路的输出信号；S 为采样脉冲信号，它的周期为 T_S，脉冲宽度为 τ。

MOSFET 被用做一个受采样脉冲信号 S 控制的双向模拟开关。在脉冲存在的 τ 时间内，

MOSFET 导通（开关闭合），电容 C 通过模拟开关放电或被 v_A 充电，假定充/放电的时间常数远小于 τ，则可以认为电容 C 上的电压 v_C 在时间 τ 内完全能够跟得上输入模拟电压 v_A 的变化，即 $v_C = v_A$；在采样脉冲的休止期（$T_S - \tau$）内，MOSFET 截止（开关断开），如果电容 C 的漏电电阻、MOSFET 的截止阻抗和运算放大器的输入阻抗都很大，则电容的漏电可以忽略不记，这样电容 C 上的电压将保持采样脉冲结束前一瞬间 v_A 的电压值并一直到下一个采样脉冲到来时为止。因此，通常把采样脉冲的周期 T_S 称为采样周期，把采样脉冲的宽度 τ 称为采样时间。

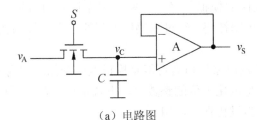

（a）电路图

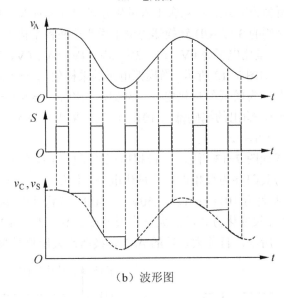

（b）波形图

图 7-11　采样/保持过程

运算放大器 A 接成电压跟随器，即 $v_S = v_C$，在采样/保持电路和后续电路之间起缓冲作用。

由图 7-11 可以看出，经过采样后的信号与输入的模拟信号相比，波形发生了很大的变化。根据采样定理，为了保证能够从采样后的信号不失真地恢复出原来的模拟信号，采样频率 f_s 至少为输入模拟信号中最高有效频率 f_{max} 的两倍，即

$$f_s = 1/T_S \geqslant 2f_{max} \tag{7-23}$$

2．量化和编码

数字信号不仅在时间上是离散的，而且在取值上也不连续，即数字信号的取值必须为某个规定的最小数量单位的整数倍。因此为了将模拟信号的采样值最终转换成数字信号，

还必须对其进行量化和编码。

所谓量化，就是先确定一组离散的电平值，然后按照某种近似方式将采样/保持电路输出的模拟电压采样值归并到其中的一个离散电平，也就是将模拟信号在取值上离散化了。在量化过程中所确定一组离散的电平称为量化电平，幅度最小的那个非零量化电平的绝对值称为量化单位，记为 Δ；而其他的量化电平都是量化单位的整数倍，可以表示为 $N\Delta$（N 为整数）。

所谓编码，就是将量化电平 $N\Delta$ 中的 N 用二进制代码来表示，n 位编码可以表示 2^n 个量化电平。对于单极性的模拟信号，一般采用无符号的自然二进制码；对于双极性模拟信号，则通常采用二进制补码。经过编码后得到的二进制代码就是 A/D 转换器输出的数字量。

由于采样/保持电路输出采样值有可能是模拟电压变化范围内的任何一个值，所以不可能所有的采样值都恰好是量化单位的整数倍，也就是说，在对采样值量化时将不可避免地引入误差，这种误差称为量化误差，用 ε 表示。

量化可以按两种近似方式进行：只舍不入量化方式和有舍有入（四舍五入）量化方式。下面以采用自然二进制码的 3 位 A/D 转换器为例来说明这两种量化方式，假设采样值的最大变化范围是 0～8V，8 个量化电平为 0V、1V、2V、3V、4V、5V、6V、7V，量化单位 $\Delta = 1$V。

只舍不入量化方式如图 7-12 所示。当模拟电压的采样值 v_S 介于两个量化电平之间时，采用取整的方法将其归并为较低的量化电平。例如，无论 $v_S = 5.9$V $= 5.9\Delta$ 还是 $v_S = 5.1$V $= 5.1\Delta$，都将其归并为 5Δ，输出的编码都为 101。可见，采用只舍不入量化方式，最大量化误差 ε_{max} 近似为一个量化单位 Δ。

四舍五入量化方式如图 7-13 所示。当模拟电压的采样值 v_S 介于两个量化电平之间时，采用四舍五入的方式将其归并为最相近那个量化电平。例如，若 $v_S = 5.49$V $= 5.49\Delta$，就将其归并为 5Δ，输出的编码为 101；若 $v_S = 5.50$V $= 5.50\Delta$，就将其归并为 6Δ，输出的编码为 110。可见，采用四舍五入量化方式，最大量化误差 ε_{max} 不会大于 $\Delta/2$，比只舍不入量化方式的最大量化误差小。所以，目前大多数的 A/D 转换器都采用这种量化方式。

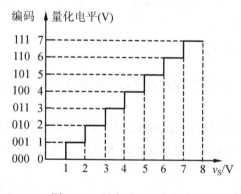

图 7-12　只舍不入量化方式

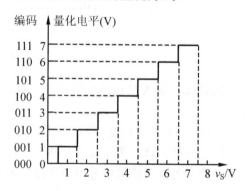

图 7-13　四舍五入量化方式

量化误差是 A/D 转换的固有误差，只能减小，不可能完全消除。减小量化误差的主要措施就是减小量化单位。但是当输入模拟电压的变化范围一定时，量化单位越小就意味着量化电平的个数越多，编码的位数越大，电路也就越复杂。

7.2.2　常用的模/数转换技术

前面介绍了 A/D 转换的四个基本过程，对不同类型的 ADC 而言，采样与保持电路的基本原理都是一样的，它们之间的差别主要表现在 ADC 的核心部分——量化和编码电路上。所以下面介绍各种 A/D 转换技术时，将主要介绍这部分电路。

实现 A/D 转换的方法很多，按照工作原理可以分成直接 A/D 转换和间接 A/D 转换两类。直接 A/D 转换是通过模拟信号与参考电压的比较，直接将模拟信号转换成数字信号，如并行比较型 A/D 转换、逐次逼近型 A/D 转换、Σ-Δ 型 A/D 转换、流水线型 A/D 转换等。间接 A/D 转换是先将模拟信号和参考电压都转换成某一形式的中间量（如时间、频率），然后再通过中间量之间的比较最终将模拟信号转换成数字信号，如双积分型 A/D 转换和电压-频率转换型 A/D 转换。下面介绍集成 ADC 中常见的三种 A/D 转换电路。

1. 并行比较型 ADC 电路

图 7-14 是一个采用自然二进制码的 3 位并行比较型 ADC 的原理图。它由电阻分压器、电压比较器 $A_1 \sim A_7$、寄存器和编码电路四部分构成。假定基准电压 $V_{REF} > 0$。

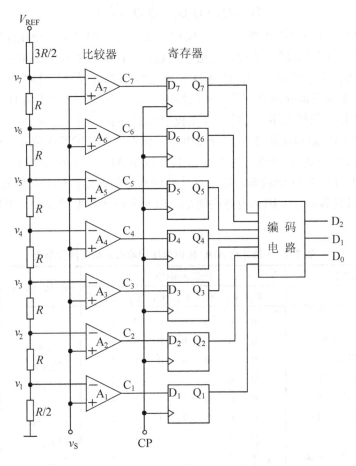

图 7-14　并行比较型 ADC 电路

输入模拟电压最大变化范围是 $0 \sim V_{REF}$，则 8 个量化电平为 0、$V_{REF}/8$、$2V_{REF}/8$、$3V_{REF}/8$、$4V_{REF}/8$、$5V_{REF}/8$、$6V_{REF}/8$、$7V_{REF}/8$，量化单位 $\Delta = V_{REF}/8$。

基准电压 V_{REF} 经电阻分压器分压，产生 8 个离散的电压值，分别作为 8 个电压比较器的参考电压：$v_1 = V_{REF}/16$，$v_2 = 3V_{REF}/16$，$v_3 = 5V_{REF}/16$，$v_4 = 7V_{REF}/16$，$v_5 = 9V_{REF}/16$，$v_6 = 11V_{REF}/16$，$v_7 = 13V_{REF}/16$。由此可以看出，该 A/D 转换电路采用的是有舍有入的量化方式，在 $0 \sim 15 V_{REF}/16$ 范围内的模拟电压的最大量化误差 $\varepsilon_{max} = \Delta/2 = V_{REF}/16$。

各电压比较器的参考电压由反相输入端输入，正相输入端为 ADC 输入模拟电压 v_S。当 v_S 大于某电压比较器的参考电压时，该电压比较器输出高电平，反之则输出低电平。输入模拟电压值与电压比较器输出结果之间的关系列在表 7-1 中。例如，若 v_S 在 $7V_{REF}/16 \sim 9V_{REF}/16$ 之间，且 $v_S < 9V_{REF}/16$，则七个比较器的输出分别为 $C_1 = C_2 = C_3 = C_4 = 1$、$C_5 = C_6 = C_7 = 0$，所对应的量化电平为 $4V_{REF}/8$。

在时钟脉冲 CP 的上升沿，将电压比较器的比较结果存入相应的 D 触发器中，供编码电路进行编码。编码电路是一个组合逻辑电路，根据表 7-1 中所列的比较器输出与编码输出之间的对应关系，可以求出编码电路的逻辑表达式：

$$D_2 = Q_4$$
$$D_1 = Q_6 + \overline{Q}_4 Q_2$$
$$D_0 = Q_7 + \overline{Q}_6 Q_5 + \overline{Q}_4 Q_3 + \overline{Q}_2 Q_1$$

在并行比较型 A/D 转换电路中，由于模拟电压 v_S 是同时送到各电压比较器与相应的参考电压进行比较，所以其转换速度仅受限于比较器、D 触发器和编码电路延迟时间，转换时间一般为 ns 级，是目前最快的一种 A/D 转换电路，被高速集成 ADC 所广泛采用。另外，由于比较器和 D 触发器同时兼有采样和保持的功能，所以采用这种 A/D 转换技术的集成 ADC 可以省掉采样/保持电路，这是并行比较型 A/D 转换的另一个优点。并行比较型 ADC 的缺点是 ADC 的位数每增加 1 位，分压电阻、比较器和触发器的数量都要成倍地增长，编码电路也变得更加复杂，例如对于 n 位并行比较型 ADC，它需要 2^n 个分压电阻、(2^n-1) 个比较器和 (2^n-1) 个 D 触发器。这种呈几何级数增加的器件量不仅增加了集成 ADC 实现的难度，而且使各种误差因素也急剧增加，以至并行比较型的 ADC 难以达到很高的转换精度。

表 7-1   3 位并行 ADC 模拟电压和输出编码转换关系表

模拟输入电压	比较器输出							量化电平	编码输出		
v_S	C_7	C_6	C_5	C_4	C_3	C_2	C_1		D_2	D_1	D_0
$0 \leqslant v_S < V_{REF}/16$	0	0	0	0	0	0	0	0	0	0	0
$V_{REF}/16 \leqslant v_S < 3V_{REF}/16$	0	0	0	0	0	0	1	$V_{REF}/8$	0	0	1
$3V_{REF}/16 \leqslant v_S < 5V_{REF}/16$	0	0	0	0	0	1	1	$2V_{REF}/8$	0	1	0
$5V_{REF}/16 \leqslant v_S < 7V_{REF}/16$	0	0	0	0	1	1	1	$3V_{REF}/8$	0	1	1
$7V_{REF}/16 \leqslant v_S < 9V_{REF}/16$	0	0	0	1	1	1	1	$4V_{REF}/8$	1	0	0
$9V_{REF}/16 \leqslant v_S < 11V_{REF}/16$	0	0	1	1	1	1	1	$5V_{REF}/8$	1	0	1
$11V_{REF}/16 \leqslant v_S < 13V_{REF}/16$	0	1	1	1	1	1	1	$6V_{REF}/8$	1	1	0
$13V_{REF}/16 \leqslant v_S < 15V_{REF}/16$	1	1	1	1	1	1	1	$7V_{REF}/8$	1	1	1

2. 逐次逼近型 ADC 电路

逐次逼近型 ADC 又称为逐位比较型 ADC，电路的原理框图如图 7-15 所示。它主要由采样/保持电路、电压比较器、逻辑控制电路、逐次逼近寄存器（successive approximation register，SAR）、D/A 转换器和数字输出电路六部分构成。

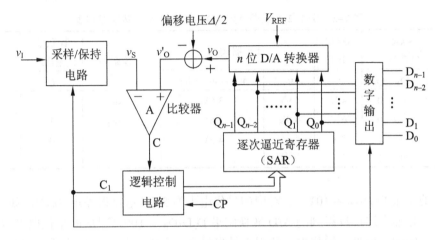

图 7-15　逐次逼近型 ADC 电路

在时钟脉冲 CP 的作用下，逻辑控制电路产生转换控制信号 C_1，其作用是当 $C_1=1$ 时，采样/保持电路采样，采样值 v_S 跟随输入模拟电压 v_I 变化；A/D 转换电路停止转换，将上一次的转换结果经输出电路输出；当 $C_1=0$ 时，采样/保持电路停止采样，输出电路禁止输出，A/D 转换电路开始工作，将由比较器 A 的反相端输入的模拟电压采样值转换成数字信号。

逐次逼近型 ADC 电路实现 A/D 转换的基本思想是"逐次逼近"（或称"逐位比较"），也就是由转换结果的最高位开始，从高位到低位依次确定每 1 位的数码是 0 还是 1。转换过程如下：

在转换开始之前，先将 n 位逐次逼近寄存器 SAR 清 0。

在第一个 CP 作用下，将 SAR 的最高位置 1，寄存器输出为 100…00。这个数字量被 D/A 转换器转换成相应的模拟电压 v_O，再经偏移 $\Delta/2$ 后得到 $v'_O = v_O - \Delta/2$，然后将送至比较器的正相输入端与 ADC 输入模拟电压的采样值 v_S 进行比较。如果 $v'_O > v_S$，则比较器的输出 C = 1，说明这个数字量过大了，逻辑控制电路将 SAR 的最高位置 0；如果 $v'_O < v_S$，则比较器的输出 C = 0，说明这个数字量小了，SAR 的最高位将保持 1 不变。这样就确定了转换结果的最高位是 0 还是 1。

在第二个 CP 作用下，逻辑控制电路在前一次比较结果的基础上先将 SAR 的次高位置 1，然后根据 v'_O 和 v_S 的比较结果以确定 SAR 次高位的 1 是保留还是清除。

在 CP 的作用下，按照同样的方法一直比较下去，直到确定了最低位是 0 还是 1 为止。这时 SAR 中的内容就是这次 A/D 转换的最终结果。

例 7-2　在图 7-15 所示电路中，若基准电压 $V_{REF} = -8V$，$n = 3$。当采样/保持电路的输出电压 $v_S = 4.9V$ 时，试列表说明逐次逼近型 ADC 电路的 A/D 转换过程。

解 由 $V_{REF} = -8V$、$n = 3$ 可求得量化单位为

$$\Delta = \frac{|V_{REF}|}{2^n} = 1V$$

偏移电压为 $\Delta/2 = 0.5V$。

当 $v_S = 4.9V$ 时，逐次逼近型 ADC 电路的 A/D 转换过程如表 7-2 所示。

表 7-2 例 7-2 逐次逼近型 ADC 电路的 A/D 转换过程表

CP 节拍	SAR 的内容			DAC 输出	比较器输入			比较结果	比较器 输出	逻辑 操作
	Q_2	Q_1	Q_0	v_O	v_S	$v'_O = v_O - \Delta/2$			C	
1	1	0	0	4 V	4.9V	3.5V		$v'_O < v_S$	0	保留
2	1	1	0	6 V	4.9V	5.5V		$v'_O > v_S$	1	清除
3	1	0	1	5 V	4.9V	4.5V		$v'_O < v_S$	0	保留
4	1	0	1	5 V	采样					输出

转化的结果 $D_2D_1D_0 = 101$，其对应的量化电平为 5V，量化误差 $\varepsilon = 0.1V$。如果不引入偏移电压，按照上述过程得到的 A/D 转换结果 $D_2D_1D_0 = 100$，对应的量化电平为 4V，量化误差 $\varepsilon = 0.9V$。可见，偏移电压的引入是将只舍不入的量化方式变成了有舍有入的量化方式。

与并行比较型 ADC 电路相比，逐次逼近型 ADC 电路的转换速度要慢很多，n 位逐次逼近型 ADC 完成一次的转换必须经过 $(n+2)$ 个时钟周期。当时钟脉冲的频率一定时，ADC 的位数越多，完成一次转换所需的时间越长，而时钟最高频率则主要受比较器、逐次逼近型寄存器和 D/A 转换器延迟时间的限制。但是，逐次逼近型 ADC 电路相对比较简单，无论位数如何增加，都只用一个比较器，仅需要增加逼近型寄存器和 D/A 转换器的位数，所以比较容易达到较高的精度。因此，逐次逼近型 A/D 转换技术广泛应用于高精度、中速以下的集成 ADC 中。

3. 双积分型 ADC 电路

双积分型 ADC 电路是一种间接 A/D 转换电路。它的转换原理是先把模拟电压转换成与之成正比的时间变量 T，然后在时间 T 内对固定频率的时钟脉冲计数，计数的结果就是正比于模拟电压的数字量。

图 7-16 是一个双积分型 ADC 电路的原理框图，它主要由积分器、过零比较器、计数器/定时器、逻辑控制电路、模拟开关和输出寄存器构成。

积分器是 A/D 转换电路的核心部分，它由运算放大器和 RC 网络构成，积分常数 $\tau = RC$。积分器的输入端接单刀双掷模拟开关 S_1，在逻辑控制电路的作用下，S_1 在每次转换的不同的阶段分别将极性相反的模拟电压 v_I 和基准电压 V_{REF} 接入积分器进行积分。

过零比较器的反相输入端接积分器的输出 v_O，正相输入端接地。即当 $v_O < 0$ 时，过零比较器的输出 $C = 1$，使时钟脉冲通过与门加到计数器的时钟输入端；当 $v_O > 0$ 时，过零比较器的输出 $C = 0$，计数器的时钟输入端无时钟信号。

下面就以正极性的直流电压信号为例，说明双积分型 ADC 电路的转换过程。

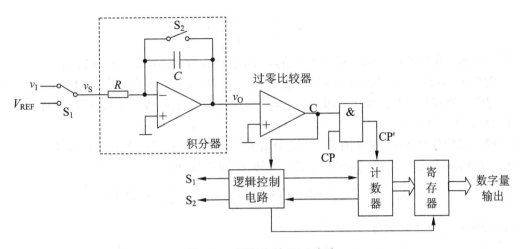

图 7-16　双积分型 ADC 电路

在转换开始之前，逻辑控制电路发出控制信号，使计数器清 0，同时使开关 S_2 闭合，电容 C 完全放电。当开关 S_2 再断开时，就开始了 A/D 转换，整个转换过程包含两次积分，故称为双积分型 ADC 电路。

第一次积分——在固定时间 T_1 内对模拟电压 v_I 的积分。

设时间 $t = 0$ 时，开关 S_1 将模拟电压 v_I 接入积分器开始积分，积分器输出 v_O 的变化如图 7-17 中 T_1 段所示。由于 $v_O < 0$，所以过零比较器输出 C = 1，时钟脉冲 CP 通过与门加到计数器的时钟输入端，计数器从 0 开始计数。在 2^n 个时钟脉冲过后（n 为计数器的位数），计数器又回到 0，这时逻辑控制电路使开关 S_1 切换到基准电压 V_{REF} 上，第一次积分结束。第一次积分所用的时间为

$$T_1 = 2^n T_{CP} \tag{7-24}$$

其中 T_{CP} 是时钟脉冲的周期。当第一次积分结束时，积分器输出的电压为

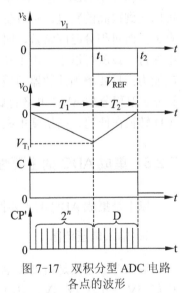

图 7-17　双积分型 ADC 电路各点的波形

$$V_{T_1} = -\frac{1}{RC}\int_0^{T_1} v_I dt = -\frac{1}{RC}v_I T_1 = -\frac{2^n}{RC}v_I T_{CP} \tag{7-25}$$

第二次积分——对基准电压 V_{REF} 的反向积分。

当时间 $t = t_1$ 时，开关 S_1 将极性为负的基准电压 V_{REF} 接入积分器开始反向积分，积分器输出 v_O 的变化如图 7-17 中 T_2 段所示。计数器从 0 开始重新计数。当时间 $t = t_2$ 时，v_O 的电压线性上升到 0，比较器输出 C = 0，与门关闭，计数器停止计数，第二次积分过程也告结束，此时计数器的计数数值 D 就是 A/D 转换输出的数字量。t_2 时刻的电压可写为

$$v_O(t_2) = V_{T_1} - \frac{1}{RC}\int_{t_1}^{t_2} V_{REF} dt = 0 \tag{7-26}$$

于是有

$$T_2 = t_2 - t_1 = -\frac{v_I}{V_{REF}}2^n T_{CP} \tag{7-27}$$

$$D = \frac{T_2}{T_{CP}} = -\frac{v_I}{V_{REF}} 2^n \tag{7-28}$$

由式（7-28）可以看出，数字量 D 与 v_I 的大小成正比，符合 ADC 的传输特性。

例 7-3 在图 7-16 电路中，设基准电压 $V_{REF} = -10V$，计数器的位数 $n = 10$，$f_{CP} = 10\text{kHz}$，问：完成一次转换最长需要多长时间？若输入的模拟电压 $v_I = 5V$，则转换时间和输出的数字量 D 各为多少？

解 双积分型 ADC 电路的第一次积分时间 T_1 是固定的，第二次积分时间 T_2 与输入模拟电压的值成正比。当 $T_1 = T_2$ 时，完成一次转换的时间最长。

$$T_{max} = T_1 + T_{2max} = 2T_1 = 2 \times 2^n \times \frac{1}{f_{CP}} = 2^{11} \times \frac{1}{10^4} = 0.2048\text{s}$$

当 $v_I = 5V$ 时，转换时间为

$$T = T_1 + T_2 = 2^n T_{CP} - \frac{v_I}{V_{REF}} 2^n T_{CP} = (1 - \frac{v_I}{V_{REF}}) \times 2^n \times \frac{1}{f_{CP}}$$

$$= (1 + \frac{5}{10}) \times 2^{10} \times \frac{1}{10^4} = 0.1536\text{s}$$

输出的数字量 D 为

$$D = -\frac{v_I}{V_{REF}} 2^n = -\frac{5}{-10} \times 2^{10} = 0.5 \times 1024 = 512 = (1000000000)_2$$

双积分型 ADC 电路有两个主要的优点。其一，双积分型 ADC 电路非常简单；其二，可以达到很高的精度。原因在于，根据式（7-28），转换结果的精度仅与基准电压的准确度有关，而对积分时间常数、时钟脉冲的周期都没有严格的要求，只要它们在两次积分过程中保持一致就可以了；由于在输入端使用了积分器，所以对平均值为零的噪声有很强的抑制能力；只要增加计数器的级数，就可以很方便地增加输出数字量的位数，从而减小量化误差。双积分型 ADC 电路的缺点是转换速度慢，一般为几 ms～几百 ms。所以，双积分型 A/D 转换在低速、高精度集成 ADC 中应用相当广泛。

7.2.3 集成 ADC 的主要性能指标

以下是集成 ADC 的主要性能指标。

1. 输入电压范围

输入电压范围是指集成 ADC 允许的输入模拟电压的变化范围。例如单极性工作的芯片有+5V、+10V 或–5V、–10V 等，双极性工作的有以 0V 为中心 ±2.5V、±5V、±10V 等。输入电压范围与基准电压有关，一般要求最大输入电压的幅度 V_{max} 不超过 $(2^n - 1)|V_{REF}|/2^n$，有时也用 $V_{max} \approx |V_{REF}|$ 近似代替。

2. 转换精度

集成 ADC 的转换精度也采用分辨率和转换误差两个指标来描述。

（1）分辨率

ADC 的分辨率又称为分解度，它指的是 A/D 转换器对输入模拟信号的分辨能力，一

般用输出数字量的位数 n 来表示。例如，n 位二进制 ADC 可以分辨 2^n 个不同等级的模拟电压值，这些模拟电压值之间的最小差别为一个量化单位 Δ；在不同的量化方式之下，最大量化误差 $\varepsilon_{max} \approx \Delta$ 或 $\Delta/2$；当输入模拟电压的变化范围一定时，数字量的位数 n 越大，最大量化误差就越小，分辨率越高。由此可见，分辨率所描述的也就是 ADC 在理论上所能达到的最大精度。

（2）转换误差

转换误差是指 ADC 实际输出的数字量与理论上应该输出的数字量之间的最大差值，一般用最低有效位 LSB 的倍数表示。例如，转换误差 $\leqslant \pm LSB/2$，表示 ADC 实际值与理论值之间的差别最大不超过半个最低有效位。ADC 的转换误差是有 A/D 转换电路中各种元器件的非理想特性造成的，它是一个综合性指标。

必须指出，由于转换误差的存在，一味地增加输出数字量的位数并不一定能提高 ADC 的精度，必须根据转换误差小于等于量化误差这一关系，合理地选择输出数字量的位数。

3. 转换速度

ADC 的转换速度用完成一次转换所用的时间来表示。它是指从接收到转换控制信号起，到输出端得到稳定有效的数字信号为止所经历的时间。转换时间越短，说明 ADC 的转换速度越快。有时也用每秒钟能完成转换的最大次数——转换速率来描述 ADC 的转换速度。A/D 转换器的转换速度主要取决于转换电路的类型，不同类型转换电路的转换速度相差甚远。

除了以上的 3 个性能指标外，在选择集成 ADC 时还应考虑：模拟信号的输入方式（单端输入或差分输入）；模拟输入通道的个数；输出数字量的特征，包括数字量的编码方式（自然二进制码、补码、偏移二进制码、BCD 码等）、数字量的输出方式（串行输出或并行输出，三态输出、缓冲输出或锁存输出）以及逻辑电平的类型（TTL 电平、CMOS 电平或 ECL 电平等）；工作环境要求，主要是指 ADC 的工作电压、参考电压、工作温度、功耗、封装以及可靠性等。

7.2.4　8 位 A/D 转换器 ADC0809 及其应用

ADC0809 是由美国国家半导体公司（NSC）生产的 8 位逐次逼近型 A/D 转换器，芯片内采用 CMOS 工艺。该器件具有与微处理器兼容的控制逻辑，可以直接与 Z80、8051、8085 等微处理器接口。

1. ADC0809 的主要性能参数

ADC0809 的主要性能参数如下：
- 8 位并行、三态输出。
- 转换时间 $\leqslant 100\mu s$。
- 转换误差 $\leqslant \pm 1LSB$。
- TTL 标准逻辑电平。
- 8 个单端模拟输入通道，输入模拟电压范围 $0 \sim +5V$。
- 单一 +5V 电源供电。

- 外接参考电压：0～+5V。
- 功耗≤15mW。
- 工作温度－40℃～85℃。

2．ADC0809 的内部结构和引脚说明

图 7-18 是 ADC0809 的内部结构框图，虚框外标注的是外部引脚的标号及名称。可以看出，电路主要由 8 路模拟开关、地址锁存与译码电路、8 位逐次比较型 A/D 转换器和三态输出锁存缓冲器构成。以下是引脚说明：

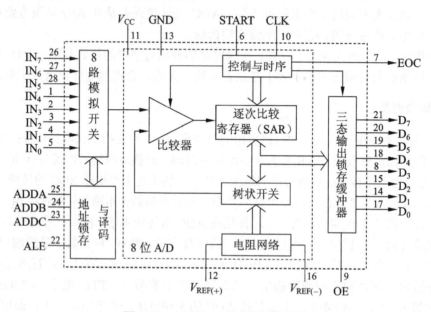

图 7-18　ADC0809 的内部结构框图

（1）输入模拟信号

IN_0～IN_7：8 路模拟电压输入。8 路模拟开关可以选择其中任何一路模拟电压，并将其送至 8 位 A/D 转换电路进行转换。

（2）输出数字信号

D_0～D_7：A/D 转换器输出的 8 位二进制数。其中为 D_7 最高位，D_0 最低位。

（3）地址信号

ADDC、ADDB、ADDA：三位地址信号。三位地址经锁存和译码后，决定选择哪一路模拟电压进行 A/D 转换，对应关系如表 7-3 所示。

表 7-3　模拟输入信号的选择

地　　　址			被选通的模拟信号
ADDC	ADDB	ADDA	
0	0	0	IN_0
0	0	1	IN_1
0	1	0	IN_2
0	1	1	IN_3

续表

地　址			被选通的模拟信号
ADDC	ADDB	ADDA	
1	0	0	IN_4
1	0	1	IN_5
1	1	0	IN_6
1	1	1	IN_7

（4）控制与状态信号

ALE：地址锁存允许信号。它是一个正脉冲信号，在脉冲的上升沿将三位地址 ADDC、ADDB 和 ADDA 存入锁存器。

CLK：时钟脉冲输入端。时钟的频率范围是 10～1280kHz。

START：A/D 转换的启动信号。它是一个正脉冲信号，在 START 的上升沿，将逐次比较寄存器清 0，在 START 的下降沿开始 A/D 转换。

EOC：转换结束标志，高电平有效。在 START 的上升沿到来后，EOC 变成低电平，表示正在进行 A/D 转换；A/D 转换结束后，EOC 跳到高电平。所以 EOC 可以作为通知数据接收设备开始读取 A/D 转换结果的启动信号或者作为向微处理器发出的中断请求信号 INT（或 $\overline{INT}$）。

OE：输出允许信号，高电平有效。

（5）电源、地

V_{CC}：工作电压源。

$V_{REF(+)}$、$V_{REF(-)}$：基准电压源的正端和负端。

GND：接地。

3．ADC0809 的工作过程

ADC0809 的工作过程大致如下：首先，输入 3 位地址信号，等地址信号稳定后，在 ALE 脉冲的上升沿将其锁存，从而选通要进行 A/D 转换的那路模拟信号；然后发出 A/D 转换的启动信号 START，在 START 的上升沿，将逐次比较寄存器清 0，转换结束标志 EOC 变成低电平，在 START 的下降沿开始转换；转换过程在时钟脉冲 CLK 的控制下进行；转换结束后，转换结束标志 EOC 跳到高电平；最后在 OE 端输入高电平，输出转换结果。

如果正在进行转换的过程中，接收到新的转换启动信号（START），则因为逐次逼近寄存器被清 0，正在进行的转换过程被终止，并重新开始新的转换。若将 START 和 EOC 短接，则可实现连续转换，但在第一次转换须用外部脉冲启动。

4．ADC0809 与微处理器的连接

图 7-19 所示为 ADC0809 与微处理器的一种典型连接。

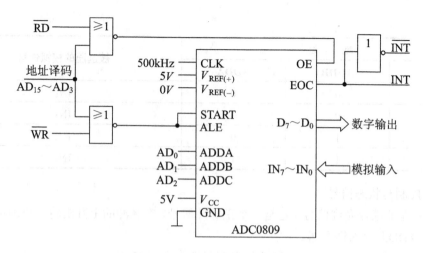

图 7-19　ADC0809 的典型连接图

7.3　脉冲产生电路

获得矩形脉冲信号的方法有两种：一种是利用各种形式的多谐振荡器电路，直接产生所需要的周期性矩形脉冲；另一种利用整形电路（如施密特触发器、单稳态触发器），将现有的各种脉冲信号变换成符合要求的矩形脉冲波形。

7.3.1　多谐振荡器

由于在矩形脉冲中含有丰富的谐波分量，所以习惯上将产生矩形脉冲的振荡电路称为多谐振荡器。多谐振荡器是一种自激振荡电路，它不需要外加触发信号，在电源接通后就能自动地产生矩形脉冲。由于要产生自激振荡，多谐振荡器不能有稳定的状态，它的工作过程就是不断地从一个暂稳态转换到另一个暂稳态，所以它又是一种无稳态电路。

1. 门电路多谐振荡器

利用集成逻辑门本身的"开关"作用，再加上适当的延时环节和反馈网络，可以构成多种形式的多谐振荡电路。

（1）环形振荡器

一个由 3 个 TTL 非门和 RC 延时电路构成的环形振荡器如图 7-20 所示。通常 RC 电路的延迟时间远大于门电路的传输时延 t_{pd}，所以下面在分析中没有考虑 t_{pd} 的影响。另外，为了防止 v_4 为负电平时流过 G_3 门输入端箝位二极管的电流过大（一般不应超过 20mA），通常在 G_3 门的输入端串联一个 100Ω 左右的限流电阻 R_S。

根据 TTL 非门的电压传输特性，如果假定电路没有振荡，则 3 个非门只能工作在电压传输特性的转折区，即处于线性放大状态，电压放大倍数大于 1；此时 3 个非门的输入和输出电压都不是高电平或低电平，而是处于高、低电平之间。不难看出，这种状态是不稳定的，只要任何一个非门的输入电压有微小的扰动，就会引起电路的振荡。

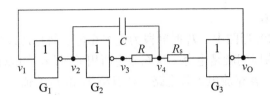

图 7-20　TTL 环形振荡器

① 工作过程

假定由于某种原因（如电源波动或外来干扰）v_1 产生一个微小的正跳变，则必然会引起如下的反馈过程：

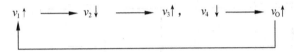

使 v_1、v_3 和 v_o 迅速变为高电平 V_{OH}，而 v_2 迅速变为低电平 V_{OL}；由于电容上的电压不会发生突变，v_4 将随 v_2 产生负跳变，电路进入第一个暂稳态。同时 v_3 通过电阻 R 对电容 C 开始充电，G_3 门的输入级也会通过电阻 R_s 对电容 C 充电，如图 7-21（a）所示。

随着充电的进行，v_4 将按照指数规律逐渐上升，当 v_4 上升到 G_3 门的阈值电压 V_{TH} 时，会发生另外一个反馈过程：

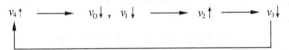

使 v_1、v_3 和 v_o 迅速变为低电平 V_{OL}，而 v_2 迅速变为高电平 V_{OH}，v_4 随 v_2 产生一个正跳变，幅度由 V_{TH} 升高到 $V_{TH}+(V_{OH}-V_{OL})$，电路进入第二个暂稳态。同时电容 C 将通过电阻 R 放电，如图 7-21（b）所示。

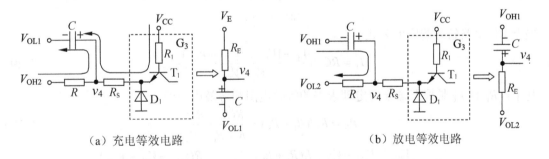

（a）充电等效电路　　　　　　　　　　（b）放电等效电路

图 7-21　图 7-20 电路中电容 C 充放电等效电路

这个暂稳态同样不能持久，随着放电的进行，v_4 将按照指数规律逐渐下降，当 v_4 下降到 G_3 门的阈值电平 V_{TH} 时，又会发生第一个反馈过程，使 v_1、v_3 和 v_o 迅速变为高电平 V_{OH}，而 v_2 迅速变为低电平 V_{OL}，而 v_4 将随 v_2 产生一个负跳变，幅度由 V_{TH} 下降到 $V_{TH}-(V_{OH}-V_{OL})$，电路又返回到第一个状态。

这样，电路便不停地在两个暂稳态之间转换，形成了连续振荡，在非门的输出端就产生了矩形脉冲信号。在图 7-22 中画出了电路中各点的波形。

② 振荡周期的计算

在图 7-22 所示的波形图中，T_1 时间段为电容充电的暂稳态过程，T_2 时间段为电容放电的暂稳态过程，振荡周期就是电容一次充放电所用的时间。可以根据从以上分析中得到的 v_4 的几个特征值和电容充放电等效电路，计算出 T_1 和 T_2 的值。

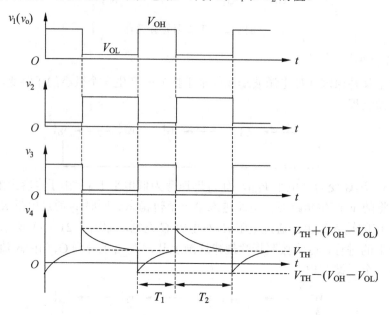

图 7-22   图 7-20 电路的工作波形

T_1 的计算：对应于 T_1 段

$$\tau_1 = R_E C$$
$$v_4(0^+) = V_{TH} - (V_{OH} - V_{OL})$$
$$v_4(\infty) = V_E$$

根据 RC 电路暂态响应的公式

$$T_1 = RC \ln \frac{V_E - [V_{TH} - (V_{OH} - V_{OL})]}{V_E - V_{TH}} \tag{7-29}$$

其中，R_E 和 V_E 是根据戴维南定理求得的等效电阻和等效电压源。

$$R_E = R // (R_1 + R_S) = \frac{R(R_1 + R_S)}{R + R_1 + R_S} \tag{7-30}$$

$$V_E = \left(\frac{V_{OH}}{R} + \frac{V_{CC} - V_{CE}}{R_1 + R_S} \right) \frac{R(R_1 + R_S)}{R + R_1 + R_S} = V_{OH} + \frac{R(V_{CC} - V_{BE} - V_{OH})}{R + R_1 + R_S} \tag{7-31}$$

一般 $R_1 + R_S \gg R$，则 $R_E \approx R$，$V_E \approx V_{OH}$，公式（7-29）可以化简为

$$T_1 = RC \ln \frac{2V_{OH} - V_{TH} - V_{OL}}{V_{OH} - V_{TH}} \tag{7-32}$$

T_2 的计算：对应于 T_2 段

$$\tau_2 = RC$$
$$v_4(0^+) = V_{TH} + (V_{OH} - V_{OL})$$

$$v_4(\infty) = V_{\text{OL}}$$

根据 RC 电路暂态响应的公式

$$T_2 = RC\ln\frac{V_{\text{OL}} - [V_{\text{TH}} + (V_{\text{OH}} - V_{\text{OL}})]}{V_{\text{OL}} - V_{\text{TH}}} = RC\ln\frac{2V_{\text{OL}} - V_{\text{TH}} - V_{\text{OH}}}{V_{\text{OL}} - V_{\text{TH}}} \tag{7-33}$$

图 7-22 所示电路的振荡周期 T 为

$$T = T_1 + T_2 \approx RC(\ln\frac{2V_{OH} - V_{TH} - V_{OL}}{V_{OH} - V_{TH}} + \ln\frac{2V_{OL} - V_{TH} - V_{OH}}{V_{OL} - V_{TH}}) \tag{7-34}$$

　　根据式（7-35），图 7-22 所示电路的振荡周期可以通过改变 R、C 的参数来调节，通常通过改变电容 C 用来进行频率粗调，用电位器来实现频率微调。

　　（2）对称式多谐振荡器

　　图 7-23 所示为一个对称式多谐振荡器。用两个耦合电容 C_1 和 C_2 将两个非门串联成回路；为了保证两个非门在静态时偏置于非门电压传输特性的转折区（即线性放大状态，电压放大倍数大于 1），在非门的输入与输出端之间接入合适的电阻（对于 TTL 非门一般在 0.5～1.9kΩ 之间，对于 CMOS 非门一般在 10～100MΩ 之间）。这时，只要任何一个非门输入端的电压有微小的扰动，就会引起振荡。

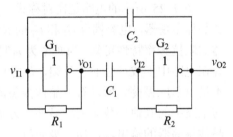

图 7-23　对称式多谐振荡器

　　假定由于某种原因（如电源波动或外来干扰）使 v_{I1} 产生一个微小的正跳变，则必然引起如下的反馈过程：

使 v_{O1} 迅速变为低电平，v_{O2} 迅速变为高电平，v_{I2} 随 v_{O1} 产生负跳变，v_{I1} 随 v_{O2} 产生正跳变，电路进入第一个暂稳态。同时 v_{O2} 通过电阻 R_2 对电容 C_1 开始充电，而电容 C_2 则通过电阻 R_1 开始放电。

　　随着对 C_1 充电的进行，v_{I2} 的电压逐渐上升，当 v_{I2} 上升到 G_2 门的阈值电压 V_{TH} 时，会发生另外一个反馈过程：

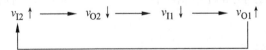

使 v_{O1} 迅速变为高电平，v_{O2} 迅速变为低电平，v_{I2} 随 v_{O1} 产生正跳变，v_{I1} 随 v_{O2} 产生负跳变，电路进入第二个暂稳态。同时电容 C_1 通过电阻 R_2 开始放电，而 v_{O1} 则通过电阻 R_1 对电容 C_2 充电。

　　随着 C_2 充电的进行，当 v_{I1} 上升到 G_1 门的阈值电压 V_{TH} 时，又会发生第一个反馈过程，使 v_{O1} 迅速变为低电平，v_{O2} 迅速变为高电平，v_{I2} 随 v_{O1} 产生负跳变，v_{I1} 随 v_{O2} 产生正跳变，电路又回到第一个暂稳态。此后，电路便不停地在两个暂稳态之间转换，在非门的输出端产生矩形脉冲信号。

　　门电路多谐振荡器振荡周期的计算方法基本类似，这里不再赘述。

2．石英晶体振荡器

从以上的分析可以看出，门电路多谐振荡器的振荡周期不仅与时间常数 RC 有关，还取决于集成门电路的输出高电平 V_{OH}、输出低电平 V_{OL} 和阈值电平 V_{TH}。然而，由于门电路的这些参数本身就不够稳定，很容易受到环境温度、电源波动和干扰的影响，所以门电路多谐振荡器的频率稳定性较差，不适合用在对频率稳定性要求较高的场合。

为了获得频率稳定性很高的矩形脉冲，目前普遍采用的一种方法是在门电路多谐振荡器中加入石英晶体，构成石英晶体振荡器。石英晶体的符号和阻抗的频率特性如图 7-24 所示。石英晶体的选频特性非常好，它有一个极为稳定的串联谐振频率 f_0，f_0 的大小是由石英晶体的结晶方向和外形尺寸决定的，其稳定度（$\Delta f / f_0$）可达到 $10^{-10} \sim 10^{-11}$，足以满足大多数电子系统对频率稳定度的要求。目前，具有各种谐振频率的石英晶体已经被制成系列化的器件出售。

图 7-25 所示的电路是在对称式多谐振荡器的耦合电容上串联一个石英晶体而构成的石英晶体振荡器，电容耦合 C_1 和 C_2 的取值应使其在频率为 f_0 时的容抗可忽略不计。由石英晶体的阻抗频率特性可知，当频率为 f_0 时石英晶体的阻抗最小，频率为 f_0 的信号最容易通过，并在电路中形成最强的正反馈，而其他频率的信号均会被石英晶体衰减，正反馈大大减弱，不足以形成振荡。所以石英晶体振荡器的振荡频率仅取决于石英晶体固有的谐振频率，而与电路中的其他参数无关。另外，为了改善输出信号的波形，增加驱动能力，通常在石英晶体振荡器的输出端再加一级非门。

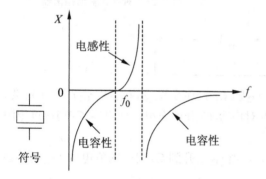

图 7-24　石英晶体的符号和阻抗频率特性

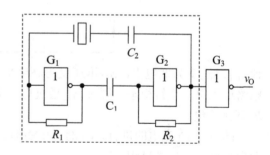

图 7-25　石英晶体振荡器

7.3.2　单稳态触发器

单稳态触发器有两个工作状态：一个是稳定状态，另一个是暂稳态。在没有外来触发脉冲作用时，电路将一直处于稳定状态；在外来触发脉冲作用下，电路就会从稳定状态翻转到暂稳态，在维持一段时间后，电路又自动返回到初始的稳定状态。暂稳态的维持时间取决于电路本身的参数，而与触发脉冲的宽度无关。

1．门电路构成的单稳态触发器

单稳态触发器的暂稳态通常是靠 RC 延时电路的充、放电过程来维持的。根据 RC 延时电路的不同形式（微分电路或积分电路），单稳态触发器可以分成微分型单稳态触发器和积分型单稳态触发器两种。

（1）微分型单稳态触发器

图 7-26 所示电路是用 TTL 门电路和 RC 微分电路组成的微分型单稳态触发器，图 7-27 是其稳态时的部分电路。

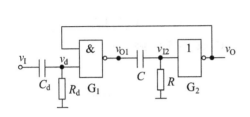

图 7-26　微分型单稳态触发器

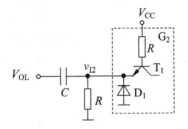

图 7-27　稳态时的部分电路

电源接通后，在没有外来触发脉冲时（v_I 为高电平 V_{OH}）电路处于稳定状态：$v_{O1}=V_{OL}$，$v_O=V_{OH}$。为此，必须保证 $R_d > R_{ON}$（开门电阻），$R < R_{OFF}$（关门电阻）。根据图 7-27 所示的等效电路，非门 G_2 的输入为

$$v_{I2} = \frac{R}{R + R_1}(V_{CC} - V_{BE}) \qquad (7\text{-}35)$$

为了讨论方便，假定 $v_{I2} = V_{OL}$，则此时电容 C 上没有电压。

当 v_I 端有负向脉冲输入时，由于电容上的电压不能突变，v_d 将随 v_I 产生幅度为 $(V_{OH}-V_{OL})$ 的负跳变，使 G_1 门的输出 v_{O1} 上跳到高电平 V_{OH}，如果不考虑 G_1 门的输出电阻，则 v_{I2} 也会产生与 v_{O1} 相等幅度的正跳变，从而使电路的输出 v_O 变为低电平，并反馈到 G_1 门的输入端以维持这个新的状态。但这个状态是不稳定的，因为 G_1 门的输出高电平将对电容 C 充电，如图 7-28（a）所示。随着充电过程的进行，v_{I2} 逐渐降低，当 v_{I2} 降低到阈值电平 V_{TH} 后，将引发如下正反馈过程：

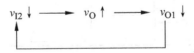

使 v_O 迅速跳至高电平，如果此时 v_d 已经回到初始值（V_{OH}），则 v_{O1} 变为低电平，v_{I2} 也随 v_{O1} 产生相等幅度的负跳变，同时电容 C 开始放电，如图 7-28（b）所示，直到电容上的电压为 0，电路又恢复到稳定状态。工作波形如图 7-29 所示。

一般用以下几个参数来定量地描述单稳态触发器的性能。

① 输出脉冲宽度 T_w

根据以上的分析，输出脉冲宽度 T_w 就等于从电容 C 开始充电到 v_{I2} 降至阈值电平 V_{TH} 的时间 T_1。在图 7-28（a）所示的电容 C 充电等效电路中，R_{OH} 是 G_1 门输出高电平时电路的输出电阻，当负载电流较大时，$R_{OH} \approx 100\Omega$，当负载电流较小时，R_{OH} 可以忽略。

对应于充电过程：

$$\tau_1 = (R + R_{OH})C$$

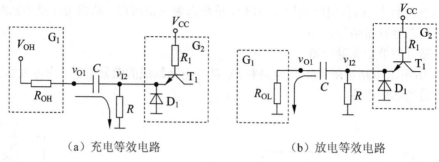

（a）充电等效电路　　　　　（b）放电等效电路

图 7–28　图 7–26 电路中电容 C 充放电等效电路

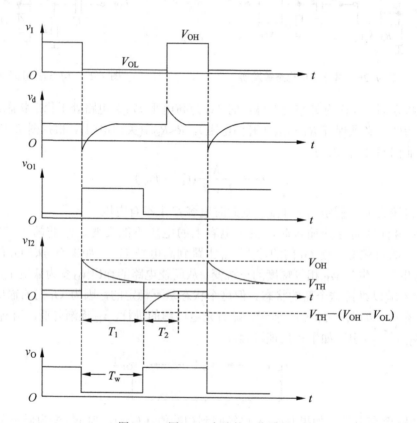

图 7–29　图 7–26 电路的工作波形

$$v_{I2}(0^{+}) = \frac{R}{R + R_1}(V_{CC} - V_{BE}) + \frac{R}{R + R_{OH}}(V_{OH} - V_{OL})$$

$$v_{I2}(\infty) = \frac{R}{R + R_1}(V_{CC} - V_{BE})$$

根据 RC 电路暂态响应公式：

$$T_{w} = T_1 = (R + R_{OH})C \ln \frac{\dfrac{R}{R + R_{OH}}(V_{OL} - V_{OH})}{\dfrac{R}{R + R_1}(V_{CC} - V_{BE}) - V_{TH}} \tag{7-36}$$

若 $\dfrac{R}{R+R_1}(V_{CC}-V_{BE})=V_{OL}$，式（7-36）可化简为

$$T_w=(R+R_{OH})C\ln\dfrac{R(V_{OL}-V_{OH})}{(R+R_{OH})(V_{OL}-V_{TH})} \tag{7-37}$$

如果触发信号的脉冲宽度小于输出脉冲宽度，电路输入部分的 R_dC_d 微分电路就可以省略掉。

② 输出脉冲幅度 V_m

$$V_m=V_{OH}-V_{OL} \tag{7-38}$$

③ 恢复时间 T_{re}

在暂稳态结束后，电路还需要一端恢复时间，以便电容将在暂稳态期间所充的电荷释放掉，使电路恢复到初始的稳定状态。一般

$$T_{re}\approx(3\sim5)(R+R_{OL})C \tag{7-39}$$

其中，R_{OL} 是 G_1 门输出低电平时电路的输出电阻。

④ 分辨时间 T_d

分辨时间 T_d 是指在保证电路正常工作的前提下，两个相邻的触发脉冲之间所允许的最小时间间隔。显然，电路的分辨时间应为输出脉冲宽度和恢复时间之和。

$$T_d=T_w+T_{re} \tag{7-40}$$

（2）积分型单稳态触发器

图 7-30 所示电路是用 CMOS 门电路和 RC 积分电路组成的积分型单稳态触发器。

对于 CMOS 门电路，通常可以近似地认为 $V_{OH}=V_{CC}$、$V_{OL}=0$，而且 $V_{TH}\approx V_{CC}/2$。在没有外来触发脉冲时（v_I 为低电平）电路处于稳定状态：$v_{O1}=v_O=V_{OH}$，电容 C 上充有电压，即 $v_{I2}=V_{OH}$。

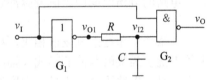

图 7-30 积分型单稳态触发器

当有一个正向脉冲加到电路输入端时，G_1 门的输出 v_{O1} 从高电平下跳到低电平 V_{OL}，由于电容上的电压不能突变，v_{I2} 仍为高电平，从而使 v_O 变为低电平，电路进入暂稳态。在暂稳态期间，电容 C 将通过 R 放电（如图 7-31（a）所示），随着放电过程的进行，v_{I2} 的电压逐渐下降，当下降到阈值电平 V_{TH} 时，v_O 跳回到高电平；等到触发脉冲消失后（v_I 变为低电平），v_{O1} 也恢复为高电平，v_O 保持高电平不变，同时 v_{O1} 开始通过电阻 R 对电容 C 充电（如图 7-31（b）所示），一直到 v_{I2} 的电压升高到高电平为止，电路又恢复到初始的稳定状态。

图 7-32 是根据以上分析得到的电路中各点的电压波形。

输出脉冲的宽度 T_w 等于从电容开始放电到 v_{I2} 下降到阈值电平 V_{TH} 所需要的时间。根据图 7-31（a）所示的放电等效电路，$\tau=(R+R_N)C$、$v_{I2}(0^+)=V_{CC}$、$v_{I2}(\infty)=0$。R_N 是 G_1 门输出低电平时 N 沟道 MOS 管的导通电阻，当 $R_N\ll R$ 时，R_N 可忽略不计，则输出脉冲的宽度为

$$T_w=RC\ln\dfrac{0-V_{CC}}{0-V_{TH}}=RC\ln2=0.69RC \tag{7-41}$$

输出脉冲的幅度为

$$V_m=V_{OH}-V_{OL}\approx V_{CC} \tag{7-42}$$

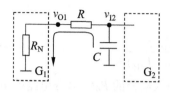

（a）放电电路

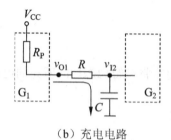

（b）充电电路

图 7-31   电容 C 充放电等效电路

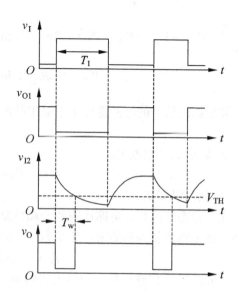

图 7-32   图 7-30 电路的工作波形

恢复时间 T_{re} 等于 v_{O1} 跳变到高电平后电容充电使 v_{I2} 上升到高电平 V_{OH} 所需要的时间，一般取电容充电时间常数的 3～5 倍，则恢复时间为

$$T_{re} \approx (3 \sim 5)(R + R_P)C \tag{7-43}$$

R_P 是 G_1 门输出高电平时 P 沟道 MOS 管的导通电阻。

电路的分辨时间应为触发脉冲宽度和恢复时间之和，即

$$T_d = T_w + T_{re} \tag{7-44}$$

与微分型单稳态触发器相比，积分型单稳态触发器的抗干扰能力较强。因为数字电路中的干扰多为尖峰脉冲的形式（幅度较大而宽度极窄），而当触发脉冲的宽度小于输出脉冲宽度时，电路不会产生足够宽度的输出脉冲。从另一个角度而言，为了使积分型单稳态触发器正常工作，必须保证触发脉冲的宽度大于输出脉冲的宽度。另外，由于电路中不存在正反馈过程，使输出脉冲的上升沿较差，为此可以在电路的输出端再加一级非门以改善输出波形。

2. 集成单稳态触发器

目前在 TTL 和 CMOS 集成电路产品中都有单片集成的单稳态触发器。这种集成单稳态触发器除了少数用于定时的电阻、电容需要外接以外，其他电路都集成在一个芯片上，而且电路还附加了上升沿与下降沿触发控制功能，有的还带有清 0 功能，具有温度稳定性好、使用方便等优点，在数字系统中得到了广泛的应用。下面就对集成单稳态触发器中的典型产品 74121 的功能和使用方法进行简要的介绍。

74121 是一种典型的 TTL 集成单稳态触发器，其引脚图如图 7-33 所示，表 7-4 是它的功能表。74121 是以微分型单稳态触发电路为核心，再加上输入控制电路和输出缓冲电路构成的。输入控制电路主要用于实现上升沿触发或下降沿触发的控制，输出缓冲电路则是为了提高单稳态触发器的负载能力。另外芯片内部还有一个 2kΩ 的内部定时电阻可供使用。在稳定状态下，单稳态触发器的输出 Q = 0、$\overline{Q}$ = 1；当有触发脉冲作用时，电路进入暂稳态，Q = 1、$\overline{Q}$ = 0。

在使用 74121 时，需要从以下 3 个方面来掌握其工作特性：

（1）触发方式

由 74121 的功能表 7-4 可知，触发信号可以加在 A_1、A_2 或 B 中的任意一端。其中 A_1、A_2 端是下降沿触发，B 端是上升沿触发。触发方式可以概括为 3 种：在 A_1 或 A_2 端用下降沿触发，这时要求另外两个输入端必须为高电平；在 A_1 和 A_2 端同时用下降沿触发，并且 B 端为高电平；在 B 端用上升沿触发，同时 A_1 和 A_2 中至少有一个是低电平。图 7-34 为集成单稳态触发器 74121 的工作波形。

表 7-4　74121 的功能表

输　　　入			输　　出	
A_1	A_2	B	Q	$\overline{Q}$
0	Φ	1	0	1
Φ	0	1	0	1
Φ	Φ	0	0	1
1	1	Φ	0	1
1	↓	1	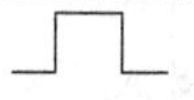 ⎍	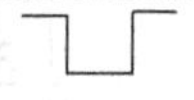 ⎛
↓	1	1	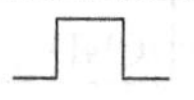 ⎍	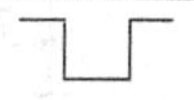 ⎛
↓	↓	1	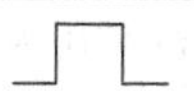 ⎍	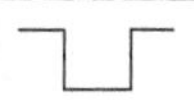 ⎛
0	Φ	↑	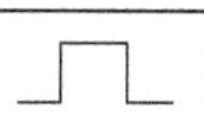 ⎍	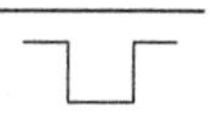 ⎛
Φ	0	↑	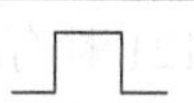 ⎍	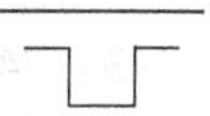 ⎛

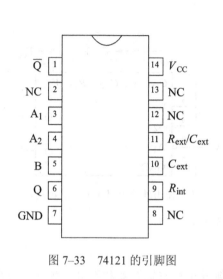

图 7-33　74121 的引脚图

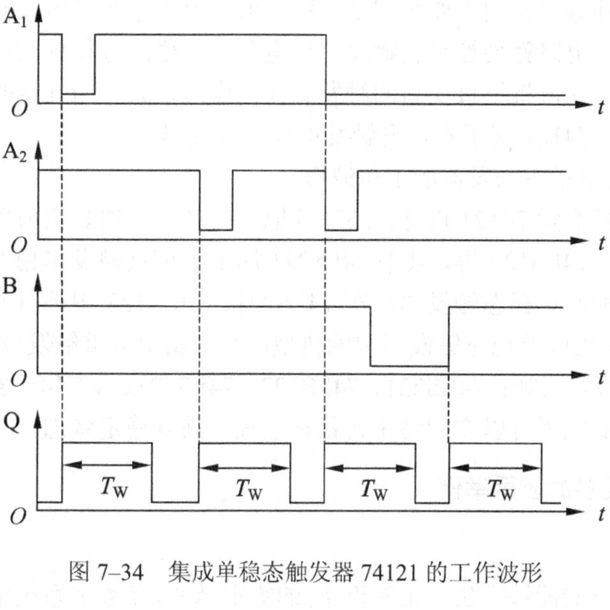

图 7-34　集成单稳态触发器 74121 的工作波形

（2）定时

集成单稳态触发器 74121 输出脉冲的宽度取决于定时电阻和定时电容的大小。定时电容接在 74121 的 10、11 脚之间，如果使用的是电解电容，10 脚 C_{ext} 接电容的正极。对于定时电阻，使用者可以有两种选择：一种是使用芯片内部 2kΩ 的定时电阻，此时要将 9 脚 R_{int} 接到电源 V_{CC}（14 脚），如图 7-35（a）所示；如果要获得较宽的输出脉冲，可采用外部定时电阻，将电阻接在 11 脚 R_{ext}/C_{ext} 和 14 脚 V_{CC} 之间，如图 7-35（b）所示。

74121 输出脉冲宽度可以用下式进行估算：

$$T_w \approx 0.7RC \tag{7-45}$$

其中定时电阻 R 的取值范围可以从 1.4kΩ 到 40kΩ，定时电容 C 的取值范围可以为 0～1000μF。通过选择适当的电阻、电容值，输出脉冲的宽度可以在 30ns～28s 范围内改变。

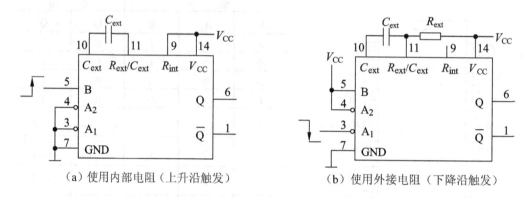

（a）使用内部电阻（上升沿触发）　　　　（b）使用外接电阻（下降沿触发）

图 7-35　74121 的外部连接方法

（3）74121 具有不可重触发性

根据触发特性，集成单稳态触发可以分为可重触发单稳态触发器和不可重触发单稳态触发器两种。这两种触发器的主要区别是，可重触发单稳态触发器在暂稳态期间，只要有新的触发脉冲作用，电路就会被重新触发，使电路的暂稳态过程延长；而不可重触发单稳态触发器在暂稳态期间，将不接受新的触发脉冲的作用，只有当其返回到稳态后，才会被触发脉冲重新触发。74121 属于不可重触发单稳态触发器。

图 7-36 是两种单稳态触发器的工作波形。

集成单稳态触发器除 74121 以外，还有其他一些产品。TTL 集成单稳态触发器中还有74LS221、74LS122、74LS123 等，其中 74LS221 属于不可重触发单稳态触发器，74LS122、74LS123 属于可重触发单稳态触发器，在 74LS221、74LS123 中都有两个单稳态触发器；MC14528 是 CMOS 集成单稳态触发器中的典型产品，属于可重触发单稳态触发器。另外，有些集成单稳态触发器（如：74LS221、74LS122、74LS123、MC14528）上还设有清 0 端，通过在清 0 端输入低电平可以立即终止暂稳态过程，恢复稳定状态。

3. 单稳态触发器的应用举例

（1）脉冲定时

由于单稳态触发器能够产生一定宽度 T_w 的矩形脉冲，在数字系统中常用它来控制其他一些电路在 T_w 这段时间内动作或不动作，从而起到定时的作用。例如，在图 7-37 中，将单稳态触发器的输出脉冲作为与门的一个输入，去控制与门另一个输入端的信号 CLK 能否过与门。如果在与门的输出端再加一个计数器并将 T_{w} 调整到 1s，就可以测出信号 CLK 的频率。

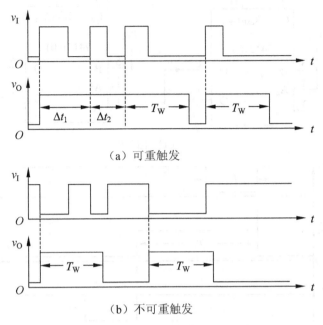

图 7-36　两种单稳态触发器的工作波形

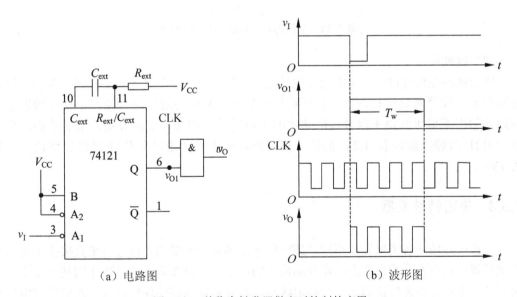

图 7-37　单稳态触发器做定时控制的应用

（2）脉冲延时

在数字系统中，有时要求将某个脉冲宽度为 T_0 的信号延迟一段时间 T_1 再输出。利用单稳态触发器可以很方便地实现这种脉冲延时，其实现电路和波形图如图 7-38 所示。

图中 $T_1 = T_{\mathrm{W1}} \approx 0.7R_1C_1$，$T_0 = T_{\mathrm{W2}} \approx 0.7R_2C_2$。

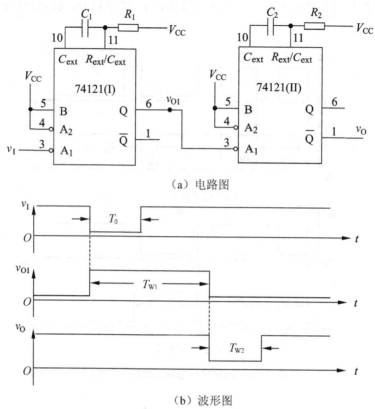

（a）电路图

（b）波形图

图 7-38　单稳态触发器脉冲延迟的应用

（3）脉冲整形

矩形脉冲在传输过程中可能会发生畸变，如边沿变缓、受到噪声干扰等，我们可以采用单稳态触发器对其进行整形。只要将待整形的信号作为触发信号输入单稳态触发器，电路的输出端就可获得干净且边沿陡峭的矩形脉冲。例如，上面介绍的集成单稳态触发器 74121 对输入脉冲有 1.2V 的抗干扰容限，输入脉冲边沿上升/下降的速率最慢可以为 1V/s。

7.3.3　施密特触发器

与前面介绍的各类触发器不同，施密特触发器是一种受输入信号电平直接控制的双稳态触发器。它有两个稳定状态，在外加信号的作用下，只要输入信号变化到某一电平，电路就从一个稳定状态转换到另一个稳定状态，而且稳定状态的保持也与输入信号的电平密切相关。图 7-39 是这种电路的工作波形。可以看出，在输入信号上升的过程中，当其电平增大到 V_{T+} 时，输出由低电平跳变到高电平，即电路从一个稳态转换到另一个稳态，一般把这一转换时刻的输入信号电平 V_{T+} 称为正向阈值电压；在输入信号下降的过程中，当其电平减小到 V_{T-} 时，电路又会自动翻转回原来的状态，输出由高电平跳变到低电平，这一时刻的输入信号电压 V_{T-} 称为负向阈值电压。施密特触发器的正向阈值电压和负向阈值电

压是不相等的，我们把两者之差定义为回差电压ΔV_T，即

$$\Delta V_T = V_{T+} - V_{T-} \tag{7-46}$$

由此可以用电压传输特性和逻辑符号来描述施密特触发器，如图 7-40 所示。

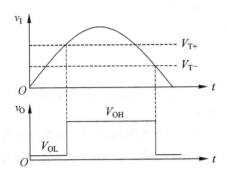

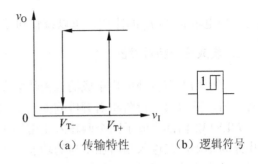

（a）传输特性　（b）逻辑符号

图 7-39　施密特触发器的工作波形　　　图 7-40　施密特触发器的传输特性和逻辑符号

1. 门电路构成的施密特触发器

图 7-41 所示电路是由 TTL 门电路构成的施密特触发器。图中，D 为电压偏移二极管，R_1、R_2 为分压电阻，电路的输出通过电阻 R_2 进行正反馈。下面我们来分析电路的工作原理。

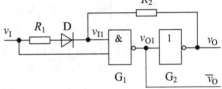

图 7-41　用门电路构成的施密特触发器

假设在接通电源后，电路输入为低电平 $v_I = V_{OL}$，则电路处于如下状态：$v_{O1} = V_{OH}$，$v_O = V_{OL}$。如果不考虑 G_1 门的输入电流，v_{I1} 的电压为

$$v_{I1} = \frac{(v_I - V_D - V_{OL})R_2}{R_1 + R_2} + V_{OL}$$

$$= \frac{(v_I - V_D)R_2}{R_1 + R_2} + \frac{V_{OL}R_1}{R_1 + R_2} \approx \frac{(v_I - V_D)R_2}{R_1 + R_2} \tag{7-47}$$

其中，V_D 为二极管的导通压降。当 v_I 上升到门电路的阈值电压 V_{TH} 时，由于 v_{I1} 的电压还低于 V_{TH}，电路仍然保持这个状态不变；随着 v_I 的继续升高，当 v_{I1} 也上升到 V_{TH} 时，电路将产生如下正反馈过程：

$$v_I \uparrow \longrightarrow v_{I1} \uparrow \longrightarrow v_{O1} \downarrow \longrightarrow v_O \uparrow$$

结果是使电路的状态迅速翻转为 $v_{O1} = V_{OL}$，$v_O = V_{OH}$，这是电路的另一个稳定状态。那么这一时刻的输入电压 v_I 就是电路的正向阈值电压 V_{T+}，将 $v_I = V_{T+}$，$v_{I1} = V_{TH}$ 带入式（7-47）可得：

$$V_{T+} = V_D + (1 + \frac{R_1}{R_2})V_{TH} \tag{7-48}$$

当 v_I 从 V_{T+} 再升高时，电路的状态不会发生改变。

当 v_I 从高电平下降时，只要下降到 $v_I = V_{TH}$，由于电路中的正反馈作用，电路状态立刻

发生翻转，回到初始的稳定状态。可见，电路的负向阈值电压 $V_{T-} = V_{TH}$。所以该电路的回差电压为：

$$\Delta V_T = V_{T+} - V_{T-} = V_D + \frac{R_1}{R_2} V_{TH} \tag{7-49}$$

通过改变电阻 R_1 和 R_2 的比值，可以调整回差电压。

2. 集成施密特触发器

目前市场上有多种单片集成的施密特触发器产品，*74LS132* 就是一种典型的集成施密特触发器，其内部逻辑图和引脚排列如图 *7-42(a)* 所示。

74LS132 内部集成了四个两输入施密特触发器，每一个触发器都是以基本的施密特触发电路为基础，在输入端增加了与的功能，在输出端增加反向器，所以通常将其称为施密特触发的与非门，逻辑符号如图 7-42(b) 所示。

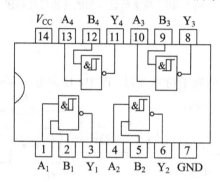

（a）引脚排列和内部逻辑图　　　（b）施密特触发与非门的逻辑符号

图 7-42　集成施密特触发器 74LS132

输出信号 Y 与输入信号 A、B 之间的逻辑关系为 $Y = \overline{AB}$。A、B 中只要有一个低于施密特触发器的负向阈值电平，输出 Y 就是高电平；只有当 A、B 同时高于正向阈值电平时，输出 Y 才为低电平。在使用+5V 电源的条件下，集成施密特触发器 74LS132 的正向阈值电平 $V_{T+} = 1.5 \sim 2.0V$，负向阈值电平 $V_{T-} = 0.6 \sim 1.1V$，回差电压 ΔV_T 的典型值为 0.8V。

3. 施密特触发器的应用举例

（1）波形变换

利用施密特触发器在状态转换过程中的正反馈作用，可以将边沿变化缓慢的周期性信号（如正弦波、三角波等）变换成边沿陡峭的矩形脉冲。在图 7-43 中，施密特触发器的输入是一个直流分量和正弦分量相叠加的信号，只要输入信号的幅度大于施密特触发器的正向阈值电压 V_{T+}，在触发器的输出端就可得到相同频率的矩形波。

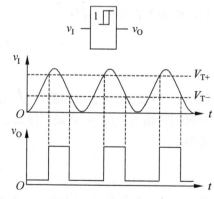

图 7-43　用施密特触发器实现波形变换

（2）脉冲整形

矩形波经过传输后波形往往会发生畸变，其中比较常见的有图 7-44 所示的三种情况：（a）矩形波的边沿变缓；（b）在矩形波的边沿处产生振荡；（c）被叠加上干扰。无论哪一种情况，只要设置好合适的 V_{T+} 和 V_{T-}，均能获得满意的整形效果。

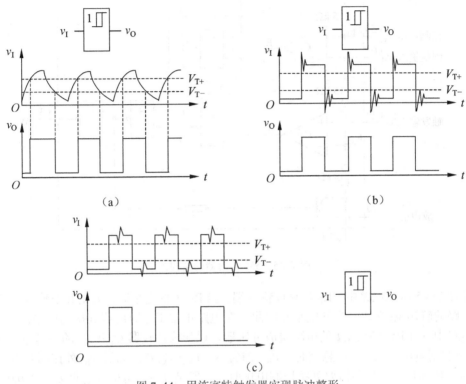

图 7-44　用施密特触发器实现脉冲整形

7.4　555 定时器及其应用

555 定时器是一种应用极为广泛的模拟集成电路，该电路使用非常灵活、方便，只需要外接少量的阻容元件就可用它构成多种不同用途的电路，如：多谐振荡器、单稳态触发器、施密特触发器等。

7.4.1　555 定时器的功能与电路结构

目前生产的 555 定时器有 TTL 和 CMOS 两种类型。一般 TTL 型 555 定时器的输出电流最高可达到 200mA，具有很强的驱动能力，其产品型号都以 555 结尾；而 CMOS 型 555 定时器则具有低功耗、高输入阻抗等优点，其产品型号都以 7555 结尾。另外，还有一种将两个 555 定时器集成到一个芯片上的双定时器产品 556（TTL 型）和 7556（CMOS 型）。

尽管 555 定时器产品的型号繁多，但它们电路结构、功能及外部引脚排列都是基本相同的。图 7-45 是 Philips 公司生产的 555 定时器的结构图，它主要包括一个由 3 个阻值为 5kΩ 的电阻组成的分压器、两个高精度的电压比较器 C_1 和 C_2、基本 RS 触发器和一个作为放电通路的晶体三极管 T。为了提高电路的驱动能力，在输出级又增加了一个非门 G。在结构图中，引脚旁的数字为 8 引脚封装的 555 定时器产品的引脚编号。

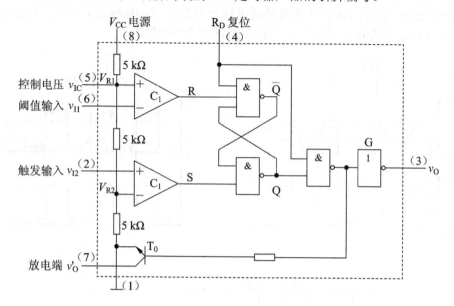

图 7-45 555 定时器的结构图

在图 7-45 所示电路中，R_D 是复位输入端。当 R_D 为低电平时，无论其他输入端状态如何，电路的输出 v_O 立即变为低电平。因此，在电路正常工作时应将其接高电平。

电路中 3 个阻值为 5kΩ 的电阻组成分压器，以形成比较器 C_1 和 C_2 的参考电压 V_{R1} 和 V_{R2}。当控制电压输入端 v_{IC} 悬空时，$V_{R1}=2V_{CC}/3$，$V_{R2}=V_{CC}/3$；如果 v_{IC} 外接固定电压，则 $V_{R1}=V_{IC}$，$V_{R2}=V_{IC}/2$。当不需要外接控制电压时，一般是在 V_{IC} 端和地之间接一个 0.01μF 的滤波电容，以提高参考电压的稳定性。

v_{I1} 和 v_{I2} 分别是阈值电平输入端和触发信号输入端。在电路正常工作时，电路的状态就取决于这两个输入端的电平：

当 $v_{I1}>V_{R1}$，$v_{I2}>V_{R2}$ 时，比较器 C_1 的输出 R = 0，比较器 C_2 的输出 S = 1，基本 RS 触发器被置 0，放电三极管 T 导通，输出 v_O 为低电平；

当 $v_{I1}<V_{R1}$，$v_{I2}<V_{R2}$ 时，比较器 C_1 的输出 R= 1，比较器 C_2 的输出 S = 0，基本 RS 触发器被置 1，放电三极管 T 截止，输出 v_O 为高电平；

当 $v_{I1}>V_{R1}$，$v_{I2}<V_{R2}$ 时，比较器 C_1 的输出 R = 0，比较器 C_2 的输出 S = 0，基本 RS 触发器的 $Q=\bar{Q}=1$，放电三极管 T 截止，输出 v_O 为高电平；

当 $v_{I1}<V_{R1}$，$v_{I2}>V_{R2}$ 时，比较器 C_1 的输出 R 为高电平，比较器 C_2 的输出 S 为高电平，基本 RS 触发器的状态保持不变，放电三极管 T 的状态和输出也保持不变。

根据以上的分析，可以得到 555 定时器的功能表（如表 7-5 所示）。

表 7-5 555 定时器的功能表

输 入			输 出	
R_D	v_{I1}	v_{I2}	v_O	T
0			0	导通
1	$>V_{R1}$	$>V_{R2}$	0	导通

续表

输 入			输 出	
R_D	v_{I1}	v_{I2}	v_O	T
1	$< V_{R1}$	$< V_{R2}$	1	截止
1	$> V_{R1}$	$< V_{R2}$	1	截止
1	$< V_{R1}$	$> V_{R2}$	不变	不变

另外，根据上表可知，如果将放电端 v'_O 经一个电阻接到电源上，那么只要这个电阻足够大，v_O 为高电平时 v'_O 也为高电平，v_O 为低电平时 v'_O 也一定为低电平。

7.4.2 用 555 定时器构成多谐振荡器

图 7-46（a）是由 555 定时器构成的多谐振荡器电路，图 7-46（b）是它的工作波形。

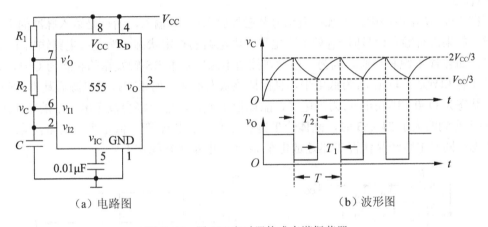

（a）电路图　　　　　　　（b）波形图

图 7-46　用 555 定时器构成多谐振荡器

根据图 7-46（a）所示电路，参考电压 $V_{R1}=2V_{CC}/3$，$V_{R2}=V_{CC}/3$。

电源接通后，开始通过电阻 R_1 和 R_2 对电容 C 进行充电，使 v_C 的电压逐渐升高，此时满足 $v_{I1}<V_{R1}$、$v_{I2}<V_{R2}$，所以电路输出 v_O 为高电平，晶体管 T 截止；当 $2V_{CC}/3 >v_C>V_{CC}/3$ 时，满足 $v_{I1}<V_{R1}$、$v_{I2}>V_{R2}$，电路保持原状态不变，电路输出 v_O 仍为高电平，晶体管 T 仍然截止；当 v_C 的电压升高到略微超过 $2V_{CC}/3$ 时，满足 $v_{I1}>V_{R1}$，$v_{I2}>V_{R2}$，所以输出 v_O 变为低电平，晶体管 T 饱和导通，电路进入了另一个状态，同时电容 C 开始通过晶体管 T 放电。

随着电容放电的进行，v_C 的电压将逐渐下降，只要 v_C 未下降到 $v_{CC}/3$，电路的输出将一直保持在低电平，晶体管 T 一直饱和导通；当 v_C 下降到略低于 $V_{CC}/3$ 时，满足 $v_{I1}<V_{R1}$、$v_{I2}<V_{R2}$，电路状态发生翻转，输出 v_O 又跳到高电平，晶体管 T 截止，同时电容又开始充电。如此周而复始，便形成了多谐振荡。

根据以上分析和电路的工作波形，我们可以知道该多谐振荡器输出脉冲的周期 T 就等于电容的充电时间 T_1 和放电时间 T_2 之和，即：

$$T_1 = (R_1 + R_2)C \ln \frac{V_{CC} - V_{R2}}{V_{CC} - V_{R1}} = (R_1 + R_2)C \ln 2 \tag{7-50}$$

$$T_2 = R_2 C \ln \frac{0 - V_{R2}}{0 - V_{R1}} = R_2 C \ln 2 \tag{7-51}$$

$$T = T_1 + T_2 = (R_1 + 2R_2)C \ln 2 \tag{7-52}$$

根据式（7-50）和式（7-51），还可以求出输出脉冲的占空比：

$$q = \frac{T_1}{T} = \frac{R_1 + R_2}{R_1 + 2R_2} = \frac{1}{1 + R_2/(R_1 + R_2)} \tag{7-53}$$

可见，通过改变电阻 R_1、R_2 和电容 C 的参数，可以调整输出脉冲的频率和占空比。另外，如果参考电压由外接电压 V_{IC} 控制，通过改变 V_{IC} 的数值也可以调整输出脉冲的频率。

7.4.3 用 555 定时器构成单稳态触发器

由 555 构成的单稳态触发器及其工作波形如图 7-47 所示。参考电压 $V_{R1}=2V_{CC}/3$，$V_{R2}=V_{CC}/3$。

图 7-47 所示电路中，外加触发信号从触发输入端 v_{I2} 输入，所以是输入脉冲的下降沿触发。如果没有触发信号时 v_{I2} 处于高电平，则电路的稳定状态必然是：电路输出 v_O 为低电平，晶体管 T 饱和导通。因为，假设在接通电源后基本 RS 触发器的状态为 Q=1，则晶体管 T 饱和导通，输出 v_O 为低电平，且保持该状态不变。如果在接通电源后基本 RS 触发器的状态为 Q=0，则输出 v_O 为高电平，晶体管 T 截止，电容将会被充电，v_C 的电压上升；当 v_C 上升到略大于 $2V_{CC}/3$ 时，晶体管 T 饱和导通，输出 v_O 变为低电平，电路自动进入稳定状态；同时电容经晶体管 T 迅速放电至 $v_C \approx 0$，电路状态稳定不变。

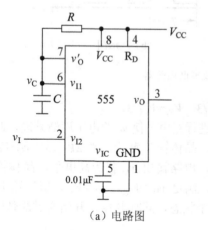

（a）电路图

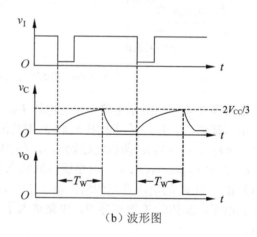

（b）波形图

图 7-47 用 555 定时器构成单稳态触发器

当触发脉冲的下降沿到来时，满足 $v_{I1}<V_{R1}$、$v_{I2}<V_{R2}$，所以输出 v_O 迅速跳变为高电平，晶体管 T 截止，同时电源开始通过电阻 R 对电容 C 充电，即电路进入了暂稳态；随着充电的进行，当 v_C 上升到略大于 $2V_{CC}/3$ 时，如果此时触发脉冲已经消失，则满足 $v_{I1}>V_{R1}$，$v_{I2}>V_{R2}$，所以输出 v_O 迅速跳回到低电平，晶体管 T 饱和导通，电路又回到稳定状态；同时电容 C 经晶体管 T 迅速放电至 $v_C \approx 0$，此时满足 $v_{I1}>V_{R1}$，$v_{I2}<V_{R2}$，所以电路维持稳定状态不变。

电路输出脉冲的宽度 T_W 等于暂稳态持续的时间，如果不考虑晶体管的饱和压降，也就是在电容充电过程中电容电压 v_C 从 0 上升到 $2V_{CC}/3$ 所用的时间。因此，输出脉冲的宽度为：

$$T_W = RC \ln \frac{V_{CC} - 0}{V_{CC} - 2V_{CC}/3} = RC \ln 3 \qquad (7\text{-}54)$$

555 定时器接成单稳态触发器时，一般外接电阻 R 的取值范围为 $2k\Omega \sim 20M\Omega$，外接电容 C 的取值范围为 $100pF \sim 1000\mu F$。因此，其定时时间可以有几微秒到几小时。但要注意，随着定时时间的增大，其定时精度和稳定度也将下降。

7.4.4　用 555 定时器构成施密特触发器

将 555 定时器的触发输入端和阈值输入端连在一起并作为外加触发信号 v_I 的输入端，就构成了施密特触发器，其电路和传输特性如图 7-48 所示。电路的参考电压 $V_{R1}=2V_{CC}/3$，$V_{R2}=V_{CC}/3$。下面来分析其工作过程。

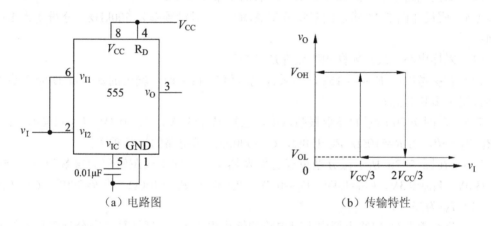

(a) 电路图　　　　　　　　(b) 传输特性

图 7-48　用 555 定时器构成施密特触发器

在 v_I 从 0 开始升高的过程中，当 $v_I < V_{CC}/3$ 时，满足 $v_{I1} < V_{R1}$、$v_{I2} < V_{R2}$，所以电路输出 v_O 为高电平；当 $V_{CC}/3 < v_I < 2V_{CC}/3$ 时，满足 $v_{I1} < V_{R1}$、$v_{I2} > V_{R2}$，555 定时器的状态保持不变，v_O 仍为高电平；当 $v_I > 2V_{CC}/3$ 后，满足 $v_{I1} > V_{R1}$、$v_{I2} > V_{R2}$，v_O 才跳变到低电平。

在 v_I 从高于 $2V_{CC}/3$ 的电压开始下降的过程中，当 $V_{CC}/3 < v_I < 2V_{CC}/3$ 时，满足 $v_{I1} < V_{R1}$、$v_{I2} > V_{R2}$，v_O 仍保持低电平不变；只有当 $v_I < V_{CC}/3$ 后，满足 $v_{I1} < V_{R1}$、$v_{I2} < V_{R2}$，v_O 才又跳变到高电平。

通过以上的分析，显然可以得到该施密特触发器的正向阈值电压 $V_{T+} = V_{R1} = 2V_{CC}/3$，负向阈值电压 $V_{T-} = V_{R2} = V_{CC}/3$，则回差电压 $\Delta V_T = V_{R1} - V_{R2} = V_{CC}/3$。可见这种用 555 定时器构成的施密特触发器的传输特性取决于两个参考电压。当然，我们也可以用外接控制电压 V_{IC} 来控制参考电压 V_{R1}、V_{R2}，这样通过改变控制电压 V_{IC} 的大小即可对施密特触发器的传输特性实现调整。

习 题 7

7-1 在图 7-4 所示的 4 位权电阻网络 DAC 电路中，若 $V_{REF}=-5V$，则当输入数字量各位分别为 1 以及全为 1 时，输出的模拟电压分别为多少？以计数器 74163 的计数值作为该 DAC 电路的数字量输入，用 Multisim 软件仿真其输出信号波形。

7-2 将图 7-5 所示的倒 T 型电阻网络 DAC 电路扩展为 10 位，$V_{REF}=-10V$。为了保证由 V_{REF} 偏离标准值所引起的输出模拟电压误差小于 $0.5V_{LSB}$，试计算 V_{REF} 允许的最大变化量。

7-3 在图 7-15 所示的逐次逼近型 ADC 中，若 $n=4$，参考电压 $V_{REF}=-16V$，输入的模拟电压采样值为 $+9.8V$。

（1）量化单位 Δ 为多少？

（2）仿照表 7-2，列表说明逐次逼近的转换过程。

（3）若时钟频率为 10kHz，这次 A/D 转换用了多长时间？

（4）如果电路中不引入偏移电压，最后的结果是多少？

7-4 假设在图 7-16 所示的双积分型 ADC 中，时钟频率为 500kHz，分辨率为 10 位。试问：

（1）采样电路的最高采样频率允许是多少？

（2）若参考电压 $V_{REF}=-15V$，当采样电压值为 12V 时，输出的数字量 D 是多少？本次转换用了多长时间？

7-5 在图 7-20 所示的环形振荡器中，已知 $V_{OH}=3.6V$，$V_{OL}=0.3V$，$V_{TH}=1.4V$，并且满足 $R_1+R_S \gg R$。若 $R=510\Omega$，$R_S=120\Omega$，$C=3000pF$，求电路的振荡频率。

7-6 在图 7-26 所示微分型单稳态触发器中，已知集成逻辑门的参数为 $V_{CC}=5V$，$V_{OH}=3.6V$，$V_{OL}=0.3V$，$V_{TH}=1.4V$，$V_{BE}=0.7V$，$R_1=3k\Omega$，$R_{OH}=100\Omega$。若 $R=300\Omega$，$C=0.01\mu F$，

（1）T_W 为多少？

（2）若不考虑 G_1 门输出低电平时电路的输出电阻 R_{OL}，试计算该微分型单稳态触发器最大恢复时间 T_{re} 和最大分辨时间 T_d。

7-7 在使用 74121 集成单稳态触发器时：

（1）若定时电阻 $R=15k\Omega$，定时电容 $C=10\mu F$，求输出脉冲宽度 T_W 的值。

（2）若定时电容 $C=20\mu F$，要求 $T_W=100ms$，求定时电阻 R 的值。

（3）使用 Multisim 软件对 74121 的功能进行仿真，并验证其不可重触发性。

7-8 已知反相输出施密特触发器的输入波形如图 7-49 所示，试画出对应的输出信号波形。V_{T+} 和 V_{T-} 是施密特触发器的正向阈值电压和负向阈值电压。

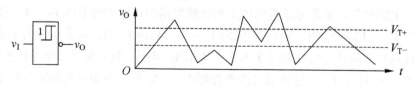

图 7-49　题 7-8 的图

7-9　在图 7-41 所示的由 TTL 门构成的施密特触发器中，门电路的阈值电压 V_{TH}=1.4V，R_1=1.5kΩ，R_2=3 kΩ，二极管的导通压降 V_D=0.7V。求：正向阈值电压 V_{T+}、负向阈值电压 V_{T-}和回差电压 ΔV_T。

7-10　如图 7-46（a）所示由 555 定时器构成的多谐振荡器电路中，V_{CC}=12V，C=0.01μF，R_1=R_2=5.1kΩ，求电路的振荡周期和输出脉冲的占空比，并用 Multisim 软件进行仿真。

7-11　由 555 构成的单稳态触发器如图 7-47(a)所示，若 V_{CC} =10V，C=300pF，R=10kΩ，求输出脉冲宽度 T_W 的数值，并用 Multisim 软件进行仿真。

7-12　试分析图 7-50 所示 555 定时器构成的多谐振荡器电路，与图 7-46（a）所示由 555 定时器构成的多谐振荡器电路比较（图 7-50 中的变阻器被分成两部分，左边为 R_1'，右边为 R_2'）。

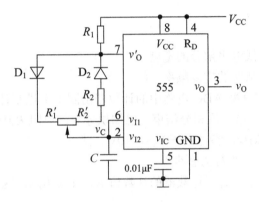

图 7-50　题 7-12 的图

自 测 题 7

1．（22 分）填空

（1）A/D 转换的四个过程是（　　）、（　　）、（　　）和（　　），采样脉冲的频率至少是模拟信号最高有效频率的（　　）倍。

（2）量化有（　　）和（　　）两种量化方式。若量化单位为 Δ，前者的最大量化误差 ε_{max1} =（　　），后者的最大量化误差 ε_{max2} =（　　）。

（3）集成 DAC 和 ADC 的转换精度通常用（　　）和（　　）来描述。

（4）DAC0832 有（　　）、（　　）和（　　）3 种工作方式。

（5）A/D 转换电路可以分成（　　）和（　　）两大类。

（6）多谐振荡器的工作特点是（　　），它主要用于（　　）。

（7）按照电路形式，单稳态触发器可以分为（　　）和（　　）两种；按照触发特性，集成单稳态触发器可以分为（　　）和（　　）。

2．（40 分）简答

（1）在 8 位权电阻 DAC 电路中，设最高有效位的权电阻为 2kΩ，则从高到低其他各位的权电阻值各为多少？

（2）已知某 DAC 电路输入数字量的位数 $n = 8$，参考电压 $V_{REF} = 5V$，求该电路的最大和最小输出电压和分辨率的数值。

（3）设在图 7-14 所示的 3 位并行比较型 ADC 电路中，参考电压 $V_{REF} = 24V$，若有一采样值 $v_S = 3.6V$，则该采样值被量化后产生的量化误差为多少？

（4）在图 7-26 所示微分型单稳态触发器中，对电阻 R_d 和 R 的取值有什么要求？

（5）用 74121 集成单稳态触发器产生脉冲宽度为 3ms 的输出脉冲。如果利用集成电路内部的定时电阻（2kΩ），需要外接多大的定时电容？

3．（10 分）在图 7-26 所示微分型单稳态触发器中，试判断为了增加输出脉冲的宽度，所采取的下列措施哪些是对的，哪些是错的。若是对的，在（　　）内打 √；若是错的，在（　　）内打 ×。

（1）加大 R_d （　　）

（2）减小 R （　　）

（3）加大 C （　　）

（4）增加输入脉冲低电平部分的宽度 （　　）

（5）降低输入触发脉冲的重复频率 （　　）

4．（14 分）某双积分型 ADC 电路中的计数器由四个十进制计数模块构成，当计数器计数至 $N_1 = (10000)_{10}$ 时，第一次积分结束。已知积分器的电阻 $R = 100kΩ$，电容 $C = 1\mu F$，计数脉冲的频率为 $f_{CP} = 50kHz$，参考电压 $V_{REF} = 10V$。试求：

（1）第一次积分的时间 T_1 为多少？

（2）若第二次积分结束时，计数器的计数值 $N_2 = (2250)_{10}$，这表明输入的采样值 v_S 为多少？

5．（14 分）由 555 构成的施密特触发器如图 7-48（a）所示，求：

（1）当 $V_{CC} = 12V$ 且没有外接控制电压时，V_{T+}、V_{T-} 和 ΔV_T 各为多少伏？

（2）当 $V_{CC} = 9V$，外接控制电压 $V_{IC} = 5V$ 时，V_{T+}、V_{T-} 和 ΔV_T 各为多少伏？

自测题参考答案

自 测 题 1

1.

（1）$(174.25)_{10}$，$(0001\ 0111\ 0100.0010\ 0101)_{8421BCD}$　　（2）$(1010\ 1110.01)_2$，$(AE.4)_{16}$

（3）$(1.1010100)_{补码}$　　（4）X、Y 的真值分别为 $(-52)_{10}$、$(-4C)_{16}$

（5）$-128 \sim +127$　　（6）$\overline{A} + AB = \overline{A} + B$，$A \oplus 1 = \overline{A}$

（7）$A_1 \sim A_n$ 中有奇数个 1　　（8）$F_d = A \cdot \overline{\overline{\overline{B + \overline{C}} \cdot (B + \overline{A}C)}}$，$\overline{F} = \overline{A} \cdot \overline{\overline{\overline{B} + \overline{C}} \cdot (\overline{B} + A\overline{C})}$

（9）$F = (A + B + C)(A + B + \overline{C})(A + \overline{B} + C)(A + \overline{B} + \overline{C})(\overline{A} + \overline{B} + C)$

2. （1）$\times$　（2）$\times$　（3）$\times$　（4）$\sqrt{}$　（5）$\sqrt{}$

3. 电路如图 A-1 所示。

4. 真值表略，$F(A,B,C) = \sum m(2,3,4,7) = \prod M(0,1,5,6)$

5. $F = B + \overline{C}$

6.

（1）$Y = \overline{C}\overline{D} + \overline{A}C = (C + \overline{D})(\overline{A} + \overline{C})$，结果不唯一

（2）$Z = AD + \overline{B}CD + BC\overline{D} = (A + C)(\overline{B} + \overline{D})(B + D)$

7. 设 F=1 表示报警，真值表如表 A-1 所示。

表 A-1

ABCD	F	ABCD	F
0000	1	1000	1
0001	0	1001	1
0010	1	1010	1
0011	0	1011	1
0100	1	1100	1
0101	0	1101	0
0110	1	1110	0
0111	0	1111	0

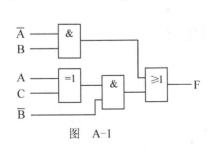

图 A-1

自 测 题 2

1.

（1）互为对偶式

（2）造成输出电平错误，甚至损坏器件；实现线与逻辑；实现输出线路的分时共享。

（3）ECL 速度最快；CMOS 功耗最低。

（4）$Y = \sum\limits_{i=0}^{3} m_i \cdot D_i$

（5）PAL；PLA

（6）实体说明和结构体。

2．见表 A-2。

3．真值表略；$F_1 = \overline{A}B, F_2 = A \odot B, F_3 = A\overline{B}$；该电路是半比较器。

4．真值表略。功能：将余 3 码转换为 5421 码。

5．$Y(A,B,C,D) = \sum m(0,1,2,3,6,9,11,12,15)$，真值表略。

6．最简与或式 $F = B\overline{C}\overline{D} + \overline{B}C\overline{D} + \overline{B}\overline{C}D + \overline{A}BC + ABCD$，与非门电路图略。

7．真值表如表 A-3 所示。VHDL 源程序略。

8．一片 74138 使能端 $G_1\overline{G}_{2A}\overline{G}_{2B} = 100$，编码输入端 $A_2A_1A_0 = ABC$，用两个 4 输入与非门连接如下译码输出端，产生输出信号——和函数 S 和进位输出函数 J。

$$S(A,B,C) = \overline{\overline{Y}_1\overline{Y}_2\overline{Y}_4\overline{Y}_7} \qquad J(A,B,C) = \overline{\overline{Y}_3\overline{Y}_5\overline{Y}_6\overline{Y}_7}$$

9．$F(A,B,C) = \sum m(0,4,6,7)$；74151 的地址输入为 $A_2A_1A_0 = ABC$，数据输入为 $D_0 \sim D_7 = 10001011$。

表 A-2

EN$_1$	D$_1$	EN$_2$	D$_2$	F
0	0	1	1	1
0	1	1	0	0
1	0	0	0	1
1	0	0	1	0
1	1	0	1	0
1	1	1	0	Z

表 A-3

ABC	RG
000	00
001	01
010	01
011	01
100	10
101	10
110	10
111	10

自 测 题 3

1.

（1）略 　　　　（2）略

（3）见表 A-4 　　（4）略

（5）略　　　　　（6）略
（7）8，16，15　　（8）8K×8 位
（9）略　　　　　（10）略

表 A-4				
$Q_1^n Q_0^n$	$Q_1^{n+1} Q_0^{n+1}$	$J_1^n K_1^n$		T_0^n
0　0	0　1	0	Φ	1
0　1	1　0	1	Φ	1
1　0	1　1	Φ	0	1
1　1	0　0	Φ	1	1

2.
（1）与输入波形对应的 Q_1、Q_0 波形如图 A-2 所示。
（2）该电路为同步时序电路。
（3）该电路实现移位寄存器功能。

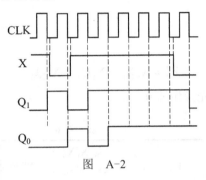

图　A-2

3. 状态图略。状态序列为 ABCDEDEAB，输出序列为 000010100。最后 1 位输入后，电路处于 B 状态。

4. Z 的频率为 4kHz。如果要实现 68 分频，预置数 Y=32=$(00110010)_{8421BCD}$。

5. M=200=16×12+8，电路连接如图 A-3 所示。

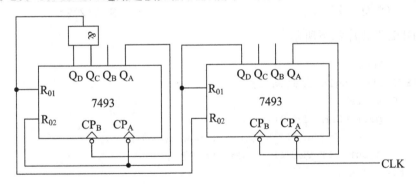

图　A-3

6. 74194 电路连接：$M_1 M_0$=10，$\overline{CLR}$=1，CP=CLK，$D_L=\overline{Q_A Q_B}$。全状态图略。

7. 控制电路本质上为一个百进制可逆计数器，因此，可将两片 74192 级联为一百进制可逆计数器，低位芯片的 CP_U 接上楼传感器信号 X、CP_D 接下楼传感器信号 Y，用高位芯片的进位输出 $\overline{CO}$ 作为横竿控制信号。当 $\overline{CO}$=1 时，横竿抬起；$\overline{CO}$=0 时，横竿放下。

自 测 题 4

1.（1）√（2）×（3）×（4）√（5）×

2．最大等价类：（B，G），（C，F），（D，E），A 删除。最简状态表略。

3．方程组、状态图、工作波形略，状态表如表 A-5 所示。

逻辑功能：同步变模加法计数器，X=0 时，四进制；X=1 时，三进制。

4．$\overline{\text{LD}}$ 表达式和状态图略，电路类型为米里型。

电路功能：X=0 时，为 8421BCD 码加法计数器；X=1 时，为余 3 码加法计数器。

5．状态表如表 A-6 所示。状态分配：A——00，B——01，C——10。

激励表达式：

$$D_1^n = Q_1^n + \overline{X}_1^n X_0^n \overline{Q}_0^n$$

$$D_0^n = Q_0^n + X_1^n \overline{X}_0^n \overline{Q}_1^n$$

输出表达式：

$$Z_1^n = X_1^n \overline{Q}_1^n + X_0^n \overline{Q}_0^n \qquad Z_0^n = X_1^n X_0^n + X_1^n Q_1^n + X_0^n Q_0^n$$

电路略。加电后首先异步清 0。

表 A-5

$Q_1^n Q_0^n$ \ X^n	0	1
00	01/0	01/0
01	10/0	10/0
10	11/0	00/1
11	00/1	01/0

$Q_1^{n+1} Q_0^{n+1} / Z^n$

表 A-6

S^n \ $X_1^n X_0^n$	00	01	11	10
A	A/00	C/10	A/11	B/10
B	B/00	B/01	B/11	B/10
C	C/00	C/10	C/11	C/01

$S^{n+1} / Z_1^n Z_0^n$

6．VHDL 源程序如下所示。

```
library IEEE;
use IEEE.std_logic_1164.all;
entity COMP is
        port (CLK: in BIT;
            X: in BIT_VECTOR (1 downto 0);
        Z:out BIT_VECTOR (1 downto 0));
end entity COMP;

architecture RTL of COMP is
    type STATE_TYPE is (A,B,C);          --定义STATE_TYPE的数据类型
    signal STATE: STATE_TYPE;            --信号STATE定义为STATE_TYPE型
begin
    CIRCUIT_STATE: process (CLK)is       --电路状态进程
    begin
        if (CLK'event and CLK='1') then  --时钟上升沿触发
            case STATE is
                when A => if (X= "01") then STATE <= C;
                    elsif (X= "10") then STATE <= B;
                    else STATE <= A;
                    end if;
```

```
                      when B => STATE <= B;
                      when C => STATE <= C;
                      when others=> STATE <= A;
                  end case;
            end if;
      end process CIRCUIT_STATE;
      OUTPUT: process (STATE,X) is                    --电路输出进程
      begin
            case STATE is
                  when A => if (X= "00") then Z<= "00";
                            elsif (X= "11") then Z<= "11";
                            else Z<= "10";
                            end if;
                  when B => Z<= X;
                  when C => if (X= "00") then Z<= "00";
                            elsif (X= "01") then Z<= "10";
                            elsif (X= "10") then Z<= "01";
                            else Z <= "11";
                            end if;
            end case;
      end process OUTPUT;
end architecture RTL;
```

7. CLK 频率：1kHz。抽样频率：100Hz。分频次数：10。使用 1 片 74160 实现 10 分频，使用 1 片 74160 实现模 8 计数，使用 1 片 74198 完成数据抽取，使用 1 片 74198 保存抽样数据。电路略。

自 测 题 5

1. 略。

2. 略。

3. （1）× （2）× （3）√ （4）× （5）√

4. 略。

5. 状态分配：S_0——00，S_1——01，S_2——10，S_3——11。

74161 激励表达式：$\overline{LD} = (Q_B + Q_A + ST)(\overline{Q_B} + \overline{Q_A} + Q)$，P=T=1， $B = Q_B$， A=0，$\overline{CLR} =1$。

输出表达式：$DONE = \overline{Q_B + Q_A}$， $CR = Q_B + \overline{Q_A}$， $C_0 = Q_B\overline{Q_A}$， $C_1 = Q_BQ_AQ$。

6. VHDL 源程序如下所示。

```
library IEEE;                                --控制器模块CONTR
use IEEE.std_logic_1164.all;
entity CONTR is
    port (CLK,ST,Q: in STD_LOGIC;
            DONE,CR,C0,C1: out STD_LOGIC);
end entity CONTR;
```

```
architecture CONTR_ARCH of CONTR is
    type STATE_TYPE is (S0,S1,S2,S3);          --定义STATE_TYPE的数据类型
    signal STATE: STATE_TYPE;                  --定义STATE为STATE_TYPE型
begin
    CIRCUIT_STATE: process (CLK)is             --电路状态进程
        begin
            if (CLK'event and CLK='1') then    --时钟上升沿触发
                case STATE is
                    when S0 => if (ST='0') then STATE <= S0;
                                  else STATE <= S1;
                                  end if;
                    when S1 => STATE <= S2;
                    when S2 => STATE <= S3;
                    when S3 => if (Q='0') then STATE <= S2;
                                  else STATE <= S0;
                                  end if;
                end case;
            end if;
    end process CIRCUIT_STATE;
    OUTPUT:  process (STATE,Q)                  --电路输出进程
        begin
            case STATE is
                when S0 =>DONE<='1';CR<='1';C0<='0';C1<='0';
                when S1 =>DONE<='0';CR<='0';C0<='0';C1<='0';
                when S2 =>DONE<='0';CR<='1';C0<='1';C1<='0';
                when S3 => DONE<='0';CR<='1';C0<='0';C1<=Q;
            end case;
    end process OUTPUT;
end architecture CONTR_ARCH;
```

7. 系统的结构框图如图 A-4 所示。

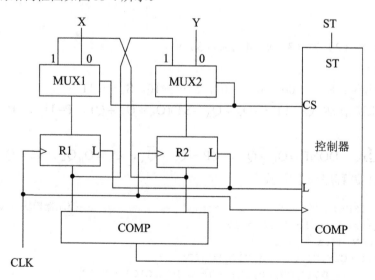

图 A-4

8. ASM 图如图 A-5 所示。

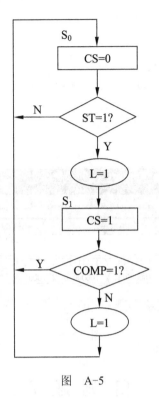

图　A-5

自 测 题 6

1.（1）CAD、CAE、EDA；（2）功能仿真不包含电路的时延信息，时序仿真包含电路的时延信息，更接近于电路实际运行情况；（3）VHDL、Verilog HDL；CUPL、ABEL、AHDL；（4）Quartus Ⅱ、ISE、ispLEVER；（5）基于 HDL 的仿真、基于 HDL 的综合；（6）全定制 ASIC、半定制 ASIC、可编程 ASIC；（7）HDL 输入方式、原理图输入方式、EDIF 网表输入方式。

2.～5. 略。

6. VHDL 源程序如下，部分仿真波形如图 A-6 所示。

```vhdl
library ieee;
use ieee.std_logic_1164.all;
use ieee.std_logic_unsigned.all;
entity conversion is
  port (D_IN : in std_logic_vector (7 downto 0);
        D_OUT : out std_logic_vector (7 downto 0));
end entity conversion;
architecture ARCH of conversion is
begin
  process (D_IN)
```

```
    begin
        if (D_IN (7) = '0') then
            D_OUT <= D_IN;
        else
            D_OUT (7) <= '1';
            D_OUT (6 downto 0) <= (D_IN (6 downto 0) xor "1111111") + '1';
        end if;
    end process;
end architecture ARCH;
```

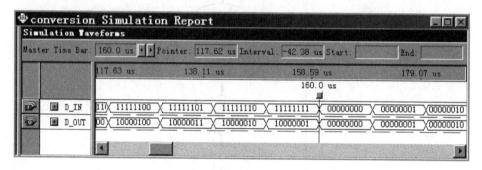

图 A-6

自 测 题 7

1. 略。

2. （1）4kΩ、8kΩ、16kΩ、32kΩ、64kΩ、128kΩ、256kΩ （2）4.98V　0.0195V　0.0039

（3）0.6V 　（4）$R_d > R_{ON}$（开门电阻），$R < R_{OFF}$（关门电阻）（5）2.14μF

3. （1）× （2）× （3）√ （4）× （5）×

4. （1）0.2s 　（2）−2.25V

5. （1）$V_{T+}=8V$，$V_{T-}=4V$，$\Delta V_T=4V$。（2）$V_{T+}=9V$，$V_{T-}=4.5V$，$\Delta V_T=4.5V$

模拟试卷及参考答案

一、模拟试卷

1．填空（每小题 2 分，共 20 分）

（1）设 $B=B_7B_6B_5B_4B_3B_2B_1B_0$ 是 8 位二进制数，它能被 4 整除的条件是（　　　　）。

（2）已知 $X=(-0.625)_{10}$，则 X 的 8 位二进制补码为（　　　　）。

（3）$F=A_1 \odot A_2 \odot \cdots \odot A_n=1$ 的充要条件为（　　　　）。

（4）在图 B-1 所示电路中，G_1 门输出高电平的下限 $V_{OH(min)} = 2.4V$，输出低电平的上限 $V_{OL(max)} = 0.4V$；G_2 门输入高电平的下限 $V_{IH(min)} = 2.0V$，输入低电平的上限 $V_{IL(max)} = 0.7V$。则 G_2 门输入端的高电平抗干扰容限 $V_{NH} =$（　　　　）V，低电平抗干扰容限 $V_{NL} =$（　　　　）V。

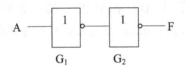

图 B-1　题 1（4）的图

（5）图 B-2 为采用共阴极 7 段数码管的译码显示电路。若要显示的码数是 2，则译码器 T337 的输出端应为 abcdefg=（　　　　）$_2$。

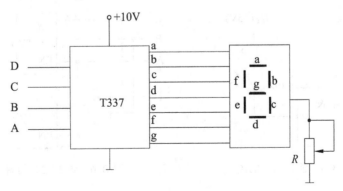

图 B-2　题 1（5）的图

（6）图 B-3 所示电路的初始状态为 Q_1Q_0=10。一个 CP 脉冲作用后，电路的状态为（　　）。

（7）用异步复位、同步预置功能的 4 位二进制加法计数器 74161 构成的计数器电路如图 B-4 所示，该计数器的模为（　　）。

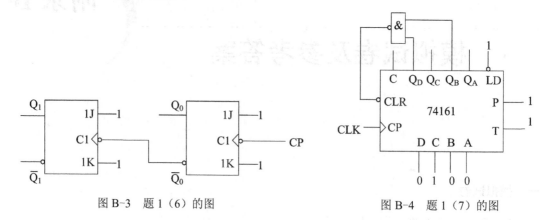

图 B-3　题 1（6）的图　　　　　　图 B-4　题 1（7）的图

（8）VHDL 源程序的设计实体由（　　）和（　　）组成。

（9）任何数字系统都可以按照计算机结构原理从逻辑上划分为（　　）和（　　）两个部分。

（10）某 8 位二进制数 DAC 的参考电压 V_{REF}= –10V，它可以分辨的最小输出电压 V_{LSB} 为（　　）mV，输入数字量 D=$(10100000)_2$ 时的输出模拟电压 V_O 为（　　）V。

2．完成下列各题（每小题 5 分，共 20 分）：

（1）图 B-5 为发光二极管（LED）驱动电路，其中逻辑门的输出低电平 V_{OL}=0.3V，输出低电平时的最大负载电流 I_{OL}=16mA；发光二极管的导通电压 V_D=1.5V，发光时电流 I_D 的正常范围为 10～15mA。

① 说出逻辑门的完整名称；

② 输入变量 A、B 取什么值时，发光二极管亮？

③ 确定电阻 R 的取值范围。

（2）写出图 B-6 所示组合电路的输出函数表达式，并将其转换为最小项表达式。

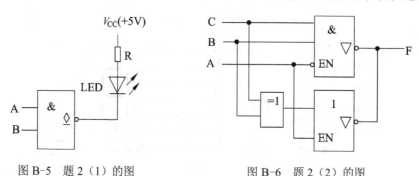

图 B-5　题 2（1）的图　　　　　　图 B-6　题 2（2）的图

（3）用代数法化简逻辑函数 $F = AC + ADE + \overline{C}D$。

（4）用卡诺图化简下面的逻辑函数，写出其最简与或式：

$$\begin{cases} F(W,X,Y,Z)=\prod M(0,2,5,10) \\ \text{约束条件：W、X、Y、和 Z 中最多只有两个同时为 1} \end{cases}$$

3．（15 分）有红、绿、黄 3 个信号灯 R、G、Y，用来指示三台设备 A、B、C 的工作情况。当三台设备都正常工作时，绿灯亮；当有一台设备有故障时，黄灯亮；当有两台设备发生故障时，红灯亮；当三台设备同时发生故障时，红灯和黄灯都亮。试设计一个逻辑电路，实现其控制功能。要求：

（1）列出其真值表；

（2）以 74138 译码器为核心，设计该组合逻辑电路。

4．（15 分）分析图 B-7 所示时序电路，写出其输出方程组、激励方程组和次态方程组，列出其状态表，画出其状态图，并指出电路的功能。

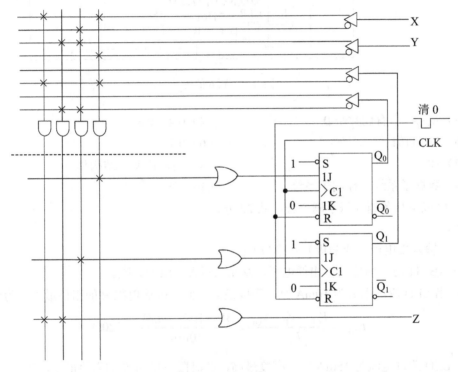

图 B-7　题 4 的图

5．（15 分）某串行码检测器，当串行码中任意相邻的 4 位码内 "1" 的个数不少于 3 时，电路输出 Z=1，否则 Z=0。试列出其原始状态表，并进行状态化简。

6．（15 分）以 4 位二进制数加法计数器 74161 为核心构成的时序电路如图 B-8 所示。

（1）写出 74161 各个输入信号的表达式；

（2）画出电路的全状态图；

（3）分析电路能够实现的逻辑功能。

二、参考答案

1．填空（每小题 2 分，共 20 分）

（1）$B_1B_0 = 00$　　　　　　　　　　　　（2）1.011 0000

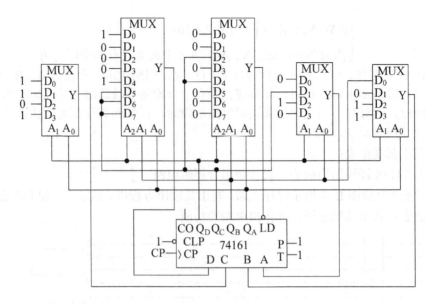

图 B-8　题 6 的图

（3）$A_1 \sim A_n$ 中有偶数个 0　　　　（4）0.4，0.3

（5）110 1101　　　　　　　　　　（6）0 1

（7）10　　　　　　　　　　　　　（8）实体说明，结构体

（9）数据子系统，控制子系统　　　（10）39.1，6.25

2．完成下列各题（每小题 5 分，共 20 分）

（1）

① 2 输入集电极（或漏极）开路与非门。

② AB=11 时，与非门输出低电平，发光二极管（LED）亮。

③ 当 LED 流过电流为 10mA 时，亮度最低，此时限流电阻 R 的阻值最大，为

$$R_{\max} = \frac{V_{CC} - V_D - V_{OL}}{I_{D\min}} = \frac{5V - 1.5V - 0.3V}{10mA} = 320\Omega$$

当 LED 流过电流为 15mA 时，亮度最高，此时限流电阻 R 的阻值最小，为

$$R_{\min} = \frac{V_{CC} - V_D - V_{OL}}{I_{D\max}} = \frac{5V - 1.5V - 0.3V}{15mA} \approx 213\Omega$$

因此，电阻 R 的取值范围为 213～320Ω。

（2）$F(A,B,C) = \overline{A} \cdot \overline{BC} + A \cdot (\overline{B \oplus C}) = \sum m(0,1,2,4,7)$

（3）$F = AC + \overline{C}D + ADE = AC + \overline{C}D + AD + ADE = AC + \overline{C}D + AD = AC + \overline{C}D$

（4）由图 B-9 所示卡诺图可得最简与或式为 $F = W\overline{Y} + X\overline{Z} + \overline{X}Z$。

3．（15 分）

（1）变量定义：设备正常工作用 0 表示，有故障用 1 表示；指示灯亮用 1 表示，灭用 0 表示。电路的真值表如表 B-1 所示。

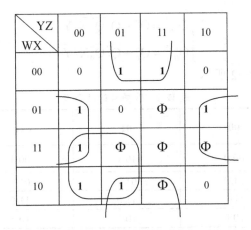

图 B-9　题解 2（4）的卡诺图

（2）根据表 B-1，写出电路的表达式如下：

$$\begin{cases} R(A,B,C)\sum m(3,5,6,7) = \overline{\overline{Y}_3 \overline{Y}_5 \overline{Y}_6 \overline{Y}_7} \\ G(A,B,C) = m_0 = \overline{M}_0 = \overline{\overline{Y}_0} \\ Y(A,B,C)\sum m(1,2,4,7) = \overline{\overline{Y}_1 \overline{Y}_2 \overline{Y}_4 \overline{Y}_7} \end{cases}$$

由此得到以 74138 译码器为核心设计的组合逻辑电路如图 B-10 所示。

表 B-1　题解 3 的真值表

A	B	C	R	G	Y
0	0	0	0	1	0
0	0	1	0	0	1
0	1	0	0	0	1
0	1	1	1	0	0
1	0	0	0	0	1
1	0	1	1	0	0
1	1	0	1	0	0
1	1	1	1	0	1

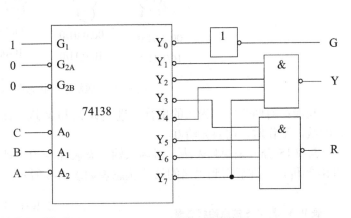

图 B-10　题解 3 的逻辑图

4.（15 分）

输出方程组：

$$Z^n = \overline{Q}_0^n Y^n + \overline{Q}_1^n X^n$$

激励方程组：

$$\begin{cases} J_1^n = \overline{X}^n \overline{Y}^n \overline{Q}_0^n \\ K_1^n = 0 \end{cases} \qquad \begin{cases} J_0^n = X^n \overline{Y}^n \overline{Q}_1^n \\ K_0^n = 0 \end{cases}$$

次态方程组：

$$\begin{cases} Q_1^{n+1} = Q_1^n + \overline{Q}_1^n\,\overline{Q}_0^n\,\overline{X}^n Y^n \\ Q_0^{n+1} = Q_0^n + \overline{Q}_1^n\,\overline{Q}_0^n X^n \overline{Y}^n \end{cases}$$

电路的状态表如表 B-2 所示。

表 B-2　题解 4 的状态表

$X_1^n X_0^n$ / $Q_1^n Q_0^n$	00	01	11	10
00	00/0	10/1	00/1	01/1
01	01/0	01/0	01/1	01/1
11	11/0	11/0	11/0	11/0
10	10/0	10/1	10/1	10/0

$$Q_1^{n+1}Q_0^{n+1}/Z^n$$

电路的状态图如图 B-11 所示。

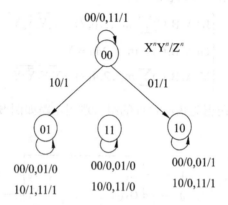

图 B-11　题解 4 的状态图

功能：对两个高位先入的串行二进制数 X 和 Y 进行比较，并从 Z 端输出 X 和 Y 中较大的数。工作时，需要先清 0。

5.（15 分）采用列表法，得到原始状态表如表 B-3 所示。观察表 B-3 可见，状态 S_0 和 S_4 等价，合并后得到电路的最简状态表如表 B-4 所示。

表 B-3　题解 5 的原始状态表

X^n / S^n	0	1
S_0(000)	S_0/0	S_1/0
S_1(001)	S_2/0	S_3/0
S_2(010)	S_4/0	S_5/0
S_3(011)	S_6/0	S_7/1
S_4(100)	S_0/0	S_1/0
S_5(101)	S_2/0	S_3/1
S_6(110)	S_4/0	S_5/1
S_7(111)	S_6/1	S_7/1

$$S^{n+1}/Z^n$$

表 B-4　题解 5 的最简状态表

X^n / S^n	0	1
S_0(000)	S_0/0	S_1/0
S_1(001)	S_2/0	S_3/0
S_2(010)	S_0/0	S_5/0
S_3(011)	S_6/0	S_7/1
S_5(101)	S_2/0	S_3/1
S_6(110)	S_0/0	S_5/1
S_7(111)	S_6/1	S_7/1

$$S^{n+1}/Z^n$$

6.（15 分）

（1）74161 各个输入信号的表达式如下：

$\overline{CLR} = P = T = 1$

$\overline{LD} = Q_C \cdot (\overline{Q_D}Q_B\overline{Q_A} + Q_D\overline{Q_B}\overline{Q_A}) = Q_C\overline{Q_A} \cdot (Q_D \oplus Q_B)$

$D = \overline{Q_D}\overline{Q_B}\overline{Q_A} + Q_D\overline{Q_B}\overline{Q_A} + Q_C \cdot (Q_D\overline{Q_B}Q_A + Q_D Q_B\overline{Q_A} + Q_D Q_B Q_A)$

$\quad = \overline{Q_B}\overline{Q_A} + Q_C Q_D(Q_A + Q_B)$

$C = \overline{Q_D}\,\overline{Q_A} + \overline{Q_D}Q_A + Q_D Q_A = Q_A + \overline{Q_D}$

$B = \overline{Q_D}\,\overline{Q_A} \cdot Q_B + Q_D\overline{Q_A} + Q_D Q_A = Q_D + \overline{Q_A} \cdot Q_B$

$A = Q_C\overline{Q_D}Q_B + Q_D\overline{Q_B}$

（2）电路的全状态图如图 B-12 所示。

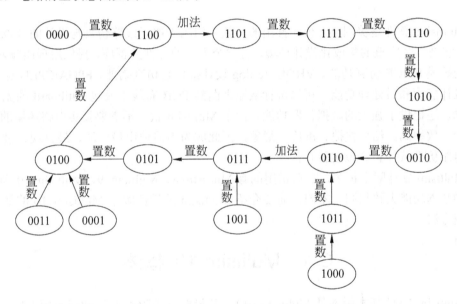

图 B-12　题解 6 的全状态图

（3）电路的逻辑功能：采用余 3 循环码的自启动十进制加法计数器。

附录 C

计算机仿真软件 Multisim 10

Multisim 软件是美国 NI 公司推出的一款专门用于电子线路仿真与设计的 EDA 工具软件。它是一个完整的集成化设计环境，有一个庞大的元件数据库，提供原理图输入接口、全部的数模 SPICE 仿真功能、VHDL/Verilog 设计接口与仿真功能、FPGA/CPLD 综合、RF 射频设计能力和后处理功能，可以进行从原理图到 PCB 布线工具包 Ultiboard 的无缝隙数据传输，还提供了强大的虚拟仪器功能。由于 Multisim 软件不需要真实电路环境的介入，花费少、效率高，结果快捷、准确、形象，因此成为当前使用最广泛、最直观、最方便的电子电路仿真软件和虚拟实验软件。

Multisim 软件版本很多，目前常用的有 Multisim 8、Multisim 9、Multisim 10 等版本，它们的基本功能大致相同。本附录简要介绍 Multisim 的最新版本 Multisim 10 的基本功能与使用方法。

C.1 Multisim 10 概述

Multisim 10 的基本版本是 Multisim 10.1，其最新升级版本为 Multisim 10.1.1。

Multisim 10.1 具有以下特点：

① 直观的图形界面。

② 丰富的元器件：提供了世界主流元件提供商的超过 16 000 多种元件。

③ 强大的仿真能力：包括 SPICE 仿真、RF 仿真、MCU 仿真、VHDL 仿真、电路向导等功能。

④ 丰富的测试仪器：提供了 22 种虚拟仪器进行电路动作的测量，除默认仪器外，还可以创建 LabVIEW 自定义仪器。

⑤ 完备的分析手段：集成 LabVIEW 和 Signalexpress 快速进行原型开发和测试设计，具有符合行业标准的交互式测量和分析功能。

⑥ 独特的射频（RF）模块。

⑦ 强大的 MCU 模块。

⑧ 完善的后处理。

⑨ 详细的报告。

⑩ 兼容性好的信息转换。

作为 Multisim 10 的最新版本，Multisim 10.1.1 还具有以下新特性：

① 增强了半导体器件的参数支持。

② 增加了对 Cadence PSpice 温度参数的支持。

③ 增强了 SPICE DC 的收敛性算法。

④ 316 套 NS 和 ADI 的新元件。

⑤ 工具栏锁定。

⑥ 高级 Multisim 元件搜索。

⑦ RLC 元件可选度量附加。

⑧ 仪器、分析记录仪可设置默认背景色。

⑨ 禁用了引脚数目大的元件自动重新布线。

下面的描述中，不再细分 Multisim 10 的各个子版本。

C.2　Multisim 10 的安装步骤及主界面

C.2.1　安装步骤

① 根据安装向导运行 Multisim 10 的 NI 电路设计套件（安装软件）。

② 默认的安装路径：C:\Program Files\ National Instruments。

③ 安装完毕，重启计算机即可。

C.2.2　Multisim 10 的主界面

安装 multisim 10软件后，运行该程序，出现 multisim 10的主界面，如图 C-1所示。

C.3　Multisim 10 的图标及功能

C.3.1　Multisim 10 的菜单

Multisim 10 和所有的 Windows 应用程序一样，可以在主菜单中找到各个功能的命令：文件操作（File）如图 C-2 所示，编辑操作（Edit）菜单如图 C-3 所示，视图（View）菜单如图 C-4 所示，工具栏（Toolbars）菜单命令列表如图 C-5 所示，Place 菜单如图 C-6 所示，仿真（Simulate）菜单如图 C-7 所示，MCU 菜单如图 C-8 所示，传递（Transfer）菜单如图 C-9 所示，工具（Tools）菜单如图 C-10 所示，报告（Reports）菜单如图 C-11 所示，设置（Options）菜单如图 C-12 所示，窗口（Windows）菜单如图 C-13 所示，帮助（Help）菜单如图 C-14 所示。

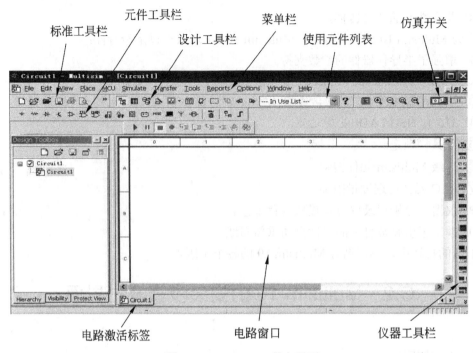

图 C-1 Multisim 10 的主界面

图 C-2 文件操作菜单

图 C-3 编辑菜单

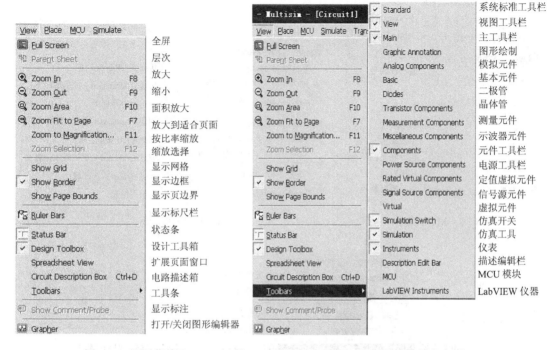

图 C-4　视图菜单　　　　　　　　　　图 C-5　工具栏菜单命令列

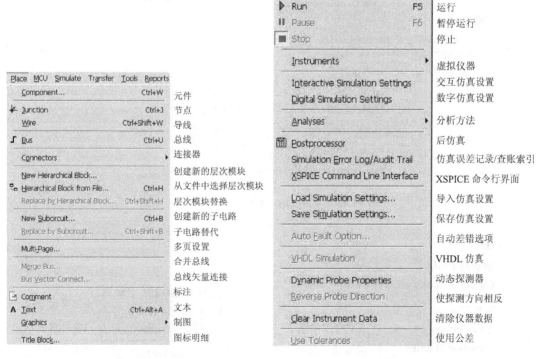

图 C-6　Place 菜单　　　　　　　　　　图 C-7　仿真菜单

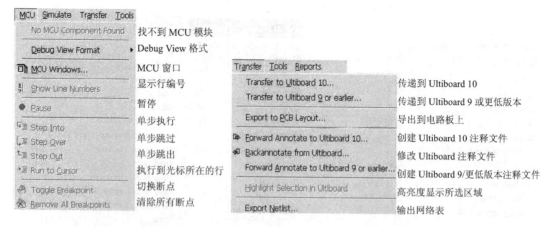

图 C-8　MCU 菜单　　　　　　　　　　　图 C-9　传递菜单

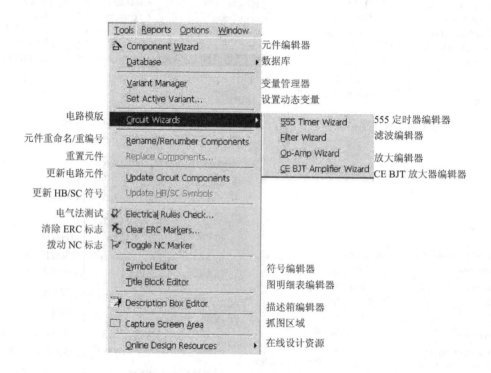

图 C-10　工具菜单

图 C-11　报告菜单 　　　　　　　　　　　图 C-12　设置菜单

图 C-13 窗口菜单

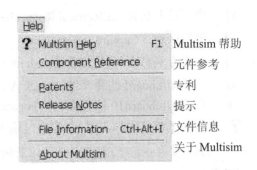

图 C-14 帮助菜单

C.3.2 Multisim 10 的工具栏

与所有的 Windows 界面相同，Multisim 10 包含一些常用的基本功能按钮。工具栏主要分标准工具栏和设计工具栏两个部分：标准工具栏包含最常用的基本功能按钮，设计工具栏是 Multisim 最重要的部分。

1. 标准工具栏

标准工具栏如图 C-15 所示，其中各按钮的名称及功能与 Windows 基本相同。

图 C-15 标准工具栏

2. 设计工具栏

设计工具栏如图 C-16 所示。设计工具栏是 Multisim 的核心部分，为运行程序提供各种复杂功能，指导读者按部就班地进行电路的建立和仿真分析，并最终输出设计数据。

图 C-16 设计工具栏

设计工具栏详解如下：

层次项目按钮（Show or hide design toolbox），开关层次项目栏。

电子数据表按钮（Show or hide Spreadsheet View），开关当前电路电子数据表。

数据库按钮（Database Manager），可开启数据库管理对话框，对元件编辑。

元件编辑器按钮（Create Component），用于增加、创建新元件。

仿真图形/分析按钮（Grapher/Analysis List），选择要进行的分析方法。

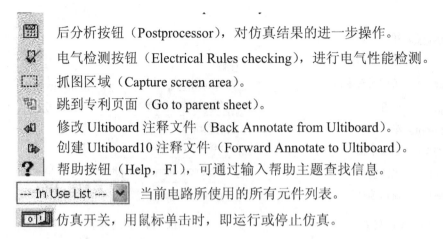

后分析按钮（Postprocessor），对仿真结果的进一步操作。

电气检测按钮（Electrical Rules checking），进行电气性能检测。

抓图区域（Capture screen area）。

跳到专利页面（Go to parent sheet）。

修改 Ultiboard 注释文件（Back Annotate from Ultiboard）。

创建 Ultiboard10 注释文件（Forward Annotate to Ultiboard）。

帮助按钮（Help，F1），可通过输入帮助主题查找信息。

--- In Use List --- ▼ 当前电路所使用的所有元件列表。

仿真开关，用鼠标单击时，即运行或停止仿真。

C.3.3 Multisim 10 的元件栏

1. 元件栏的使用

元件栏如图 C-17 所示，单击每个元件组都会显示一个界面，该界面显示的信息大体相似。在此，以 Basic 组为例说明该界面的内容，如图 C-18 所示。

图 C-17 元件栏

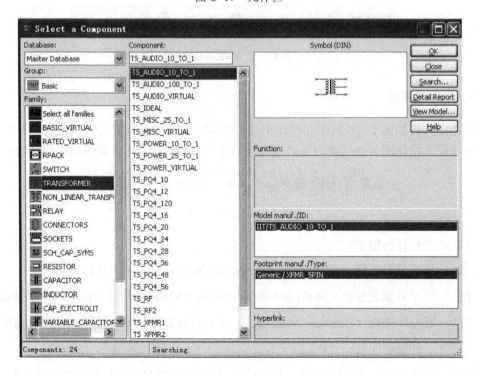

图 C-18 Basic 元件组选择菜单

说明：

① 图 C-18 中 BASIC_VIRTUAL 和 RATED_VIRTUAL 元件系列为虚拟元件系列。

② 主数据库（Master Database）是默认的数据库，如果希望从 Corporate Database 或者 User Database 中选择元件时，必须单击数据库下拉菜单里的数据库，再选择元件。

③ 选择和放置元件时，只需确定相应的元件后，单击对话框中的 OK 按钮即可。要取消放置元件，单击 Close 按钮。

④ 元件旋转命令：

Ctrl + R：元件顺时针旋转 90°；

Ctrl + Shift + R：元件逆时针旋转 90°。

2．组件详解

电源库（Source），包括电源、信号源及受控源等。

基本元件库（Basic），包括常用的电阻、电容、电感、继电器、连接器等。

二极管库（Diode），包括各种二极管。

晶体管库（Transistor），包括各种三极管、场效应管等。

模拟元件库（Analog），包括各种运算放大器、比较器等。

TTL 元件库（TTL），　各种 TTL 数字集成逻辑器件，包括 74 系列。

CMOS 元件库（CMOS），各种 CMOS 数字逻辑器件，包括 74 系列。

数字元件库（Miscellaneous Digital），包括 DSP、FPGA、CPLD、VHDL 等。

混合元件库（Mixed），　包括 555 定时器、A/D 转换器、多谐振荡器等。

指示元件库（Indicator），显示仿真结果。

电源部件（Power Component）。

其他元件库（Miscellaneous），传感器、保险丝、稳压器、晶体等。

高级外设器件库（Advanced Periphrals）

射频元件库（RF），包括射频电容、射频电感、射频晶体管等射频器件。

电机元件库（Electromechanical），包括线性变压器和保护装置等电机器件。

MCU 元件库（MCU）。

层次栏按钮（Hierarchical Block）。

总线按钮（Bus）。

C.3.4　Multisim 10 的仪表栏

Multisim 10 的仪表工具栏如图 C-19 所示，它是 Multisim 最具特色的地方。

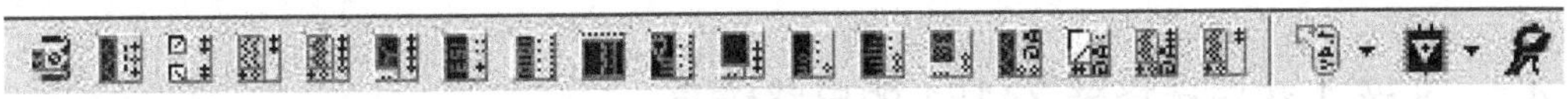

图 C-19　仪表工具栏

仪表工具栏组件详解如下：

万用表（Multimeter）

函数信号发生器（Function Generator）

功率计（Wattmeter）

双通道示波器（Oscilloscope）

4 通道示波器（4 Channel Oscilloscope）

波特图示仪（Bode Plotter）

频率计数器（Frequency Counter）

字信号发生器（Word Generator）

逻辑分析仪（Logic Analyzer）

逻辑转换器（Logic Converter）

IV 特性分析仪（IV-Analysis）

失真度分析仪（Distortion Analyzer）

频谱分析仪（Spectrum Analyzer）

网络分析仪（Network Analyzer）

安捷伦信号发生器（Agilent Function Generation）

安捷伦万用表（Agilent Multimeter）

安捷伦示波器（Agilent Oscilloscope）

泰克示波器（Tektronix Oscilloscope）

动态测量探针（Measurement Probe）

LabVIEW 虚拟仪器按钮（LabVIEW Instruments）

当前探针（Current Probe）

C.4 Multisim 10 的电路仿真实例

此处通过两个电路仿真实例，介绍 Multisim 10 在数字电路仿真中的使用方法。

C.4.1 8 选 1 数据选择器 74151 的电路仿真

图 C-20 是数据选择器仿真电路，它由 1 个 74151、1 个时钟电压源（Clock Voltage Source）V1、2 个 5V 直流电压源 V_{CC}、1 个电阻 R_1、1 个发光二极管 LED1 和 1 台示波器

XSC1 构成。通过示波器可以观察电路的输出波形，进而确定电路的工作状态。图中左上角设置的独立电源 V_{CC} 和独立地 GND，目的在于为集成电路提供工作电能，并可防止仿真结果出错。大多数情况下，省略这两个元件也可以进行电路仿真。

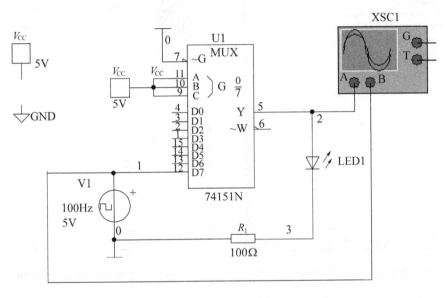

图 C-20　数据选择器仿真电路

1. 仿真电路的建立

（1）编辑原理图

① 建立电路文件

启动 Multisim10 系统，则在 Multisim 主界面上会自动打开一个空白的电路文件，系统自动命名为 Circuit 1，可以在保存电路文件时再重新命名。我们命名该文件名为"数据选择器电路"，扩展名自动命名为.ms10。

② 设计电路界面

Multisim10 仅提供一个基本界面，新文件的电路窗口是空白的。在针对某个具体文件时，可以考虑一个富有个性的电路界面，可以通过 Options / Preferences 对话框中的某些选项来实现。

● Options / Global Preference 选项

如图 C-21 所示，选中 Symbol Standard 区内的 DIN 项。Multisim 提供了两套电气元件符号标准，ANSI 是美国标准，DIN 是欧洲标准。DIN 与我国现行的标准非常相近，所以应选择 DIN 标准，而 Multisim 默认定义的是 ANSI，需加以改变。执行菜单命令 Options/ Global Preferences，打开对话框，如图 C-21 所示，选中 Part 选项卡中的 Symbol Standard 区内的 DIN 项即可。

● Options / Sheet Properties 选项

如图 C-22 所示，打开 Workspace 选项卡，选中 Show 区域内的 Show Grid 项（也可从 View 菜单中选择 Show Grid 项），在电路窗口中出现栅格，方便电路元件之间的连接，使电路图整齐美观。

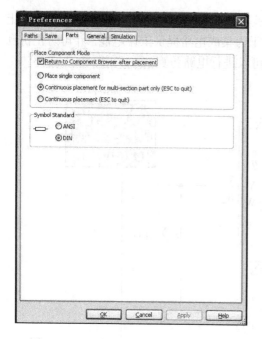

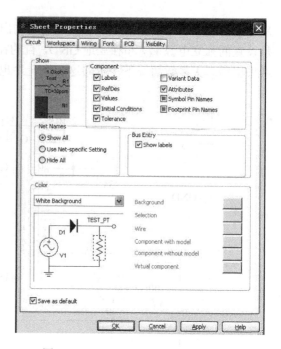

图 C-21　Options / Global Preference 选项　　　图 C-22　Options / Sheet Properties 选项

③ 在电路窗口内选择和放置元件

• 放置电阻

单击元件工具栏上的 Place Basic 元件按钮时，基本元件库打开，如图 C-23 所示。单击电阻箱按钮（RESISTOR），拉动滚动条，找到 100Ω 电阻，单击 OK 按钮，即将 100Ω 电阻选中，选出的电阻紧跟随着光标在电路窗口内移动，移动到合适位置后，单击即可将该电阻放在适当的位置上。使用 Ctrl + R 键可以改变电阻放置的方向。

• 放置 TTL 元件 74151N

单击元件工具栏上的 Place TTL 元件，打开 TTL 元件库，如图 C-24 所示。单击 74STD 按钮，拉动滚动条，找到 74151N 型号，单击 OK 按钮，即将 MUX 选中，选出的 74151N 紧跟随着光标在电路窗口内移动，移动到合适位置后，单击即可。使用 Ctrl+R 键可以改变元件放置的方向。

• 放置发光二极管（LED1）

单击元件工具栏上的 Place Diodes 元件，打开二极管元件库，如图 C-25 所示。选择 LED_red（发光二极管灯亮时为红色的），与前面一样，将其选放在电路窗口的合适位置上。

• 放置 5V 直流电源

单击元件工具栏上的 Place Sources，如图 C-26 所示。包括若干个电源箱、1 个接地端和 1 个数字接地端。这里选用数字电路中的简化表示形式的电压源 V_{CC}，单击后取出恰好是 5V 的电压源。如果需要其他电压值，双击已放置好的电压源，在 Digital Power 属性对话框的 Value 项中进行设置，如图 C-27 所示。

• 放置时钟电压源（Clock Voltage Source）

单击元件工具栏的 Place Sources，如图 C-28 所示。选中 SIGNAL_VOLTAGE_SOURCE 按钮，拉动滚动条，找到 Clock Voltage Source，单击 OK 按钮，将其放在电路窗口的合适位置上。

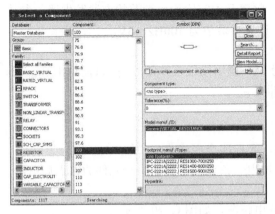

图 C-23　基本元件库/电阻箱

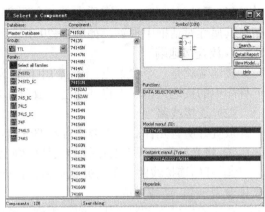

图 C-24　TTL 元件库

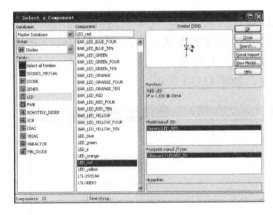

图 C-25　二极管元件库

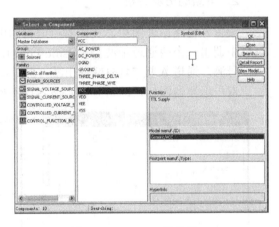

图 C-26　Sources 元件库

图 C-27　Digital Power 属性对话框

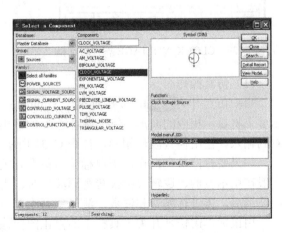

图 C-28　Sources 元件库

Clock Voltage Source 实质上是一个幅度、频率及占空比均可调节的方波发生器，参数值在其属性对话框中设置，如图 C-29 所示，设置参数值为 100Hz、5V。

- 放置接地端

接地端就是一个参考点，该点的电位置为 0V。调用接地端非常方便，只需单击 Sources 元件库中的接地按钮后再将其拖出并放置好即可。

（2）连接线路

放置好所有元件后，需要进行线路连接：

① 将光标指向所需要连接的元件引脚上，光标即会变成✦。

② 开始连接线路，单击并拖动鼠标，即拉出一条虚线，到达另一元件的端点后单击，光标变为⇒✕，连线完成。

依次连接好所有的元件，即可得到完整的电路图，如图 C-20 所示。

2. 电路的仿真分析

编辑好电路原理图后，还需对所编辑的电路进行仿真分析。先要从窗口右边的仪表工具栏中调出一个两通道示波器（Osilloscope），与元件的连接方式一样，示波器的通道 B 接入信号源，通道 A 接 74151N 输出端（5 脚），如图 C-20 所示。

双击示波器图标，即可开启示波器操作界面，如图 C-30 所示。

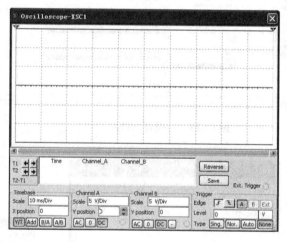

图 C-29　CLOCK_VOLTAGE 属性对话框　　　　图 C-30　示波器操作面板

（1）仿真操作

启动仿真开关 [⓿⓵]，或执行菜单 Simulate→Run 命令，系统启动仿真软件，示波器显示屏上将显示相应的波形，分别为通道 A 的输出信号波形和通道 B 的输入信号波形，可以看到输入、输出信号波形相同，如图 C-31 所示。

如果要暂停仿真操作，用鼠标单击仿真开关工具栏上的暂停图标 [❙❙] 实现仿真暂停。一般在用示波器、逻辑分析仪等观测波形时，为了测量和读数方便准确，执行暂停操作冻结波形后，再进行测量和读数，测量完再次单击暂停图标 [❙❙]，即继续进行仿真。

用鼠标单击仿真开关工具栏上的停止图标 [❙⓿❙]，停止仿真操作。若需要对电路中的元器件、仪器等参数进行修改，或进行其他操作时，一般要在系统已处于停止仿真状态下进行。

示波器面板设置（如图 C-31 所示）：

① Scale：设置 X 轴（时间轴）方向每一刻度代表的时间和 Y 轴（幅度轴）方向每一刻度代表的电压，具体数值要根据被测信号的频率和幅度进行适当调整，以便观察波形。本例中，设置 X 轴方向每一刻度代表的时间为 10ms（10ms/div），设置 A、B 通道 Y 轴方向每一刻度代表的电压均为 5V（5V/div）。

② X position：设置显示屏幕 X 轴上波形的起始位置。通常设置为 0。

③ Y position：设置 Y 轴基线在显示屏幕上的上、下位置。当值大于 0 时，时间基线在屏幕中线的上侧，否则在屏幕中线的下侧。多通道显示时，各通道间要注意适当拉开纵向距离，防止几个通道的波形发生重叠，以便观察、比较。本例中，A、B 通道的 Y 轴基线位置分别设置为 0.4 和-1.6，便于观察和比较 A、B 通道的波形。

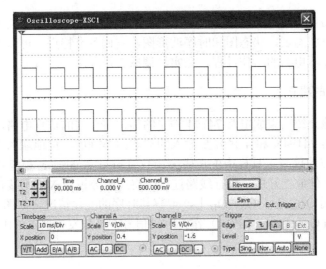

图 C-31　示波器波形

（2）仿真分析

仿真电路如图 C-20 所示。数据选择器 74151N 的功能表如表 C-1 所示。

表 C-1　74151N 的功能表

选　择　输　入			选　　通	输　　出	
C	B	A	$\overline{G}$	Y	W
X	X	X	1	0	1
0	0	0	0	D0	$\overline{D0}$
0	0	1	0	D1	$\overline{D1}$
0	1	0	0	D2	$\overline{D2}$
0	1	1	0	D3	$\overline{D3}$
1	0	0	0	D4	$\overline{D4}$
1	0	1	0	D5	$\overline{D5}$
1	1	0	0	D6	$\overline{D6}$
1	1	1	0	D7	$\overline{D7}$

其中，74151N 的地址输入端 A、B、C 均接 V_{CC} 高电平，芯片低电平有效的使能控制端接低电平，对应于表 C-1 的最后一行，即 74151N 的 7 脚作为选通接入端。D7 数据输入端接一个周期性方波信号 V1。数据输出端接一个双通道示波器，同时接一个发光二极管 LED1 作为输出数据流指示。

由分析得知，74151N 的输出端 Y 的波形应该与 D7 输入端的方波周期信号 V1 波形相同，即在双通道示波器上的 A、B 通道的波形相同。打开示波器显示面板，并按下仿真开关，可以看到发光二极管周期性地闪烁。示波器显示的选通输出波形如图 C-31 所示，与理论上的一致。

改变 74151N 输入信号的连接位置，可以全面验证表 C-1 所示的功能表。

C.4.2　4 位双向移位寄存器 74194 的电路仿真

时序逻辑电路任意时刻的输出不仅和该时刻的输入有关，还和电路的状态有关。描述时序电路的方法有状态表、状态图和时序波形图，它们各有特点，可以相互转换。时序波形图能更直观地显示电路的工作过程，在实验调试中最适用。

1. 仿真电路的建立

这里只简单地介绍由集成电路 74194 构建的移位寄存器的仿真电路，其中电源 V_{CC}、4 位双向移位寄存器 74194N 和 4 封装 2 输入的与非门 7400N、接地端的选择和放置与前面相同。单击窗口右边仪表工具栏中的逻辑分析仪 Logic Analyzer 和函数发生器 Function Generator。所有元件放置好后，进行线路连接，将逻辑分析仪 XLA1 接在 4 位双向移位寄存器的 4 个输出端 Q_A、Q_B、Q_C、Q_D 上，观察其时序的变化情况，如图 C-32 所示。用函数发生器 Function Generator（XFG1）作为时钟信号。函数发生器 XFG1 的设置如图 C-33 所示。

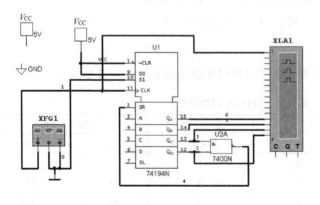
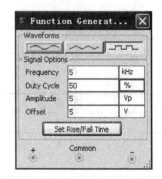

图 C-32　移位寄存器的仿真电路　　　　　　图 C-33　函数发生器设置

2. 电路的仿真分析

结合图 C-32 与表 C-2 可以知道，S_1S_0=01 即 74194 工作在同步右移的模式下，Q_C 和 Q_D 的与非作为 74194 的数据输入。函数发生器 XFG1 作为时钟信号，逻辑分析仪 XLA1 的 6、5、3、2 路分别观察输出端 Q_A、Q_B、Q_C、Q_D 时序的变化情况。由分析得到图 C-32

仿真电路的状态图，如图 C-34 所示。

表 C-2　74194 的功能表

输　入										输　出				工 作 模 式
$\overline{\text{CLR}}$	S_1	S_0	CLK	S_R	S_L	A	B	C	D	Q_A	Q_B	Q_C	Q_D	
0	Φ	Φ	Φ	Φ	Φ	Φ	Φ	Φ	Φ	0	0	0	0	异步清 0
1	0	0	↑	Φ	Φ	Φ	Φ	Φ	Φ	Q_A^n	Q_B^n	Q_C^n	Q_D^n	数据保持
1	0	1	↑	0	Φ	Φ	Φ	Φ	Φ	0	Q_A^n	Q_B^n	Q_C^n	
1	0	1	↑	1	Φ	Φ	Φ	Φ	Φ	1	Q_A^n	Q_B^n	Q_C^n	同步右移
1	1	0	↑	Φ	0	Φ	Φ	Φ	Φ	Q_B^n	Q_C^n	Q_D^n	Q_E^n	
1	1	0	↑	Φ	1	Φ	Φ	Φ	Φ	Q_B^n	Q_C^n	Q_D^n	1	同步左移
1	1	1	↑	Φ	Φ	a	b	c	d	a	b	c	d	同步置数

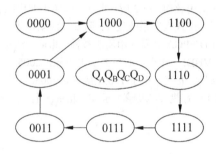

图 C-34　状态图

按下仿真开关，双击逻辑分析仪 XLA1 图标，打开显示面板，可以看到 Q_A、Q_B、Q_C、Q_D 4 个输出端的时序变化情况如图 C-35 所示，所显示的结果与理论分析的结果图 C-34 完全一致。

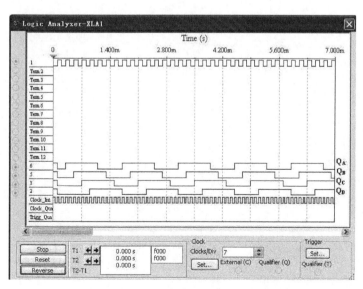

图 C-35　Q_A、Q_B、Q_C、Q_D 输出端的时序

参 考 文 献

1　Wakerly J F. Digital Design Principles & Practices. Third Edition. Prentice Hall, Inc., 2000.

2　Brown S, Vranesic Z. Fundamentals of Digital Logic with VHDL Design. Second Edition. McGraw-Hill Companies, 2004.

3　Floyd T L. Digital Fundamentals. Eighth Edition. Prentice Hall,Inc., 2002.

4　David Money Harris，Sarah L Harris. Digital Design and Computer Architecture. 北京：机械工业出版社，2008.

5　邓元庆，贾鹏. 数字电路与系统设计. 第2版. 西安：西安电子科技大学出版社，2008.

6　蒋璇，臧春华. 数字系统设计与PLD应用（第二版）. 北京：电子工业出版社，2005.

7　韩桂英. 数字电路与逻辑设计实用教程. 第2版. 北京：国防工业出版社，2008.

8　侯伯亨，徐君国，刘高平，等. 现代数字系统设计. 西安：西安电子科技大学出版社，2004.

9　刘爱荣，等. EDA技术与CPLD/FPGA开发应用简明教程. 北京：清华大学出版社，2007.

10　潘松，黄继业. EDA技术与VHDL. 北京：清华大学出版社，2005.

11　黄智伟. FPGA系统设计与实践. 北京：电子工业出版社，2005.

12　黄培根，任清褒. Multisim 10计算机虚拟仿真实验室. 北京：电子工业出版社，2008.

相关课程教材推荐

ISBN	书　名	定价（元）
9787302169444	电路分析基础教程与实验	26.00
9787302160670	电子技术	34.00
9787302163688	模拟电子技术教程与实验	24.00
9787302154334	数字信号处理及 MATLAB 实现（第二版）	23.00
9787302156758	电子技术工艺基础	25.00
9787302146902	信号与系统（第二版）	34.00
9787302144151	模拟电路基础	24.00
9787302144137	Protel 99SE 原理图和印制板设计	19.00
9787302132042	数字信号处理——原理与算法实现	23.50
9787302118503	电气工程专业英语实用教程	23.00
9787302117698	电子设计自动化技术及应用	46.00
9787302104407	数字设计基础与应用	29.00
9787302090724	数字电路与逻辑设计	24.00

以上教材样书可以免费赠送给授课教师，如果需要，请发电子邮件与我们联系。

教学资源支持

敬爱的教师：

感谢您一直以来对清华版计算机教材的支持和爱护。为了配合本课程的教学需要，本教材配有配套的电子教案（素材），有需求的教师可以与我们联系，我们将向使用本教材进行教学的教师免费赠送电子教案（素材），希望有助于教学活动的开展。

相关信息请拨打电话 010-62776969 或发送电子邮件至 weijj@tup.tsinghua.edu.cn 咨询，也可以到清华大学出版社主页（http://www.tup.com.cn 或 http://www.tup.tsinghua.edu.cn）上查询和下载。

如果您在使用本教材的过程中遇到了什么问题，或者有相关教材出版计划，也请您发邮件或来信告诉我们，以便我们更好为您服务。

地址：北京市海淀区双清路学研大厦 A 座 708　　　计算机与信息分社魏江江　收
邮编：100084　　　　　　　　　　　　电子邮件：weijj@tup.tsinghua.edu.cn
电话：010-62770175-4604　　　　　　　邮购电话：010-62786544